编审委员会

中国科学技术大学精品教材

模式识别

MOSHI SHIBIE

汪增福　编著

中国科学技术大学出版社

内 容 简 介

本书主要介绍统计模式识别和结构模式识别的相关内容.全书由7章组成.第1章为绪论.第2章介绍统计模式识别中的几何方法,着重介绍特征空间的概念和相关分类器的设计方法.第3章介绍统计模式识别中的概率方法,着重介绍最小错误概率分类器、最小风险分类器、纽曼皮尔逊分类器和最小最大分类器以及概率密度函数的参数估计和非参数估计等.第4章讨论典型分类器错误概率的计算问题.第5章讨论无监督情况下的模式识别问题,着重介绍几种典型的聚类算法:基于分裂的聚类方法、基于合并的聚类方法、动态聚类方法、基于核函数的聚类方法和近邻函数值聚类方法等.第6章讨论结构模式识别问题,给出几种典型的文法规则和与之相关联的识别装置,包括有限状态自动机、下推自动机和图灵机等.最后,在第7章对全书进行总结.

本书可作为电子信息类各专业高年级本科生和硕士研究生模式识别课程的教材,也可供从事模式识别相关研究的教师和科研人员参考.

图书在版编目(CIP)数据

模式识别/汪增福编著.—合肥:中国科学技术大学出版社,2010.1(2021.9重印)
(中国科学技术大学精品教材)
"十一五"国家重点图书
ISBN 978-7-312-02654-6

Ⅰ.模… Ⅱ.汪… Ⅲ.模式识别—高等学校—教材 Ⅳ.O235

中国版本图书馆CIP数据核字(2009)第206409号

中国科学技术大学出版社出版发行
安徽省合肥市金寨路96号,230026
http://press.ustc.edu.cn
https://zgkxjsdxcbs.tmall.com
安徽省瑞隆印务有限公司印刷
全国新华书店经销
开本:710×960 1/16 印张:20.75 插页:2 字数:370千
2010年1月第1版 2021年9月第3次印刷
定价:50.00元

总　　序

2008 年是中国科学技术大学建校五十周年.为了反映五十年来办学理念和特色,集中展示教材建设的成果,学校决定组织编写出版代表中国科学技术大学教学水平的精品教材系列.在各方的共同努力下,共组织选题 281 种,经过多轮、严格的评审,最后确定 50 种入选精品教材系列.

1958 年学校成立之时,教员大部分都来自中国科学院的各个研究所.作为各个研究所的科研人员,他们到学校后保持了教学的同时又作研究的传统.同时,根据"全院办校,所系结合"的原则,科学院各个研究所在科研第一线工作的杰出科学家也参与学校的教学,为本科生授课,将最新的科研成果融入到教学中.五十年来,外界环境和内在条件都发生了很大变化,但学校以教学为主、教学与科研相结合的方针没有变.正因为坚持了科学与技术相结合、理论与实践相结合、教学与科研相结合的方针,并形成了优良的传统,才培养出了一批又一批高质量的人才.

学校非常重视基础课和专业基础课教学的传统,也是她特别成功的原因之一.当今社会,科技发展突飞猛进、科技成果日新月异,没有扎实的基础知识,很难在科学技术研究中作出重大贡献.建校之初,华罗庚、吴有训、严济慈等老一辈科学家、教育家就身体力行,亲自为本科生讲授基础课.他们以渊博的学识、精湛的讲课艺术、高尚的师德,带出一批又一批杰出的年轻教员,培养了一届又一届优秀学生.这次入选校庆精品教材的绝大部分是本科生基础课或专业基础课的教材,其作者大多直接或间接受到过这些老一辈科学家、教育家的教诲和影响,因此在教材中也贯穿着这些先辈的教育教学理念与科学探索精神.

改革开放之初,学校最先选派青年骨干教师赴西方国家交流、学习,他们在带回先进科学技术的同时,也把西方先进的教育理念、教学方法、教学内容等带回到中国科学技术大学,并以极大的热情进行教学实践,使"科学与技术相结合、理论与实践相结合、教学与科研相结合"的方针得到进一步深化,取得了非常好的效果,培养的学生得到全社会的认可.这些教学改革影响深远,直到今天仍然受到学生的欢迎,并辐射到其他高校.在入选的精品教材中,这种理念与尝试也都有充分的体现.

中国科学技术大学自建校以来就形成的又一传统是根据学生的特点,用创新的精神编写教材.五十年来,进入我校学习的都是基础扎实、学业优秀、求知欲强、勇于探索和追求的学生,针对他们的具体情况编写教材,才能更加有利于培养他们的创新精神.教师们坚持教学与科研的结合,根据自己的科研体会,借鉴目前国外相关专业有关课程的经验，注意理论与实际应用的结合，基础知识与最新发展的结合，课堂教学与课外实践的结合，精心组织材料、认真编写教材，使学生在掌握扎实的理论基础的同时，了解最新的研究方法，掌握实际应用的技术.

这次入选的50种精品教材，既是教学一线教师长期教学积累的成果，也是学校五十年教学传统的体现，反映了中国科学技术大学的教学理念、教学特色和教学改革成果.该系列精品教材的出版，既是向学校50周年校庆的献礼，也是对那些在学校发展历史中留下宝贵财富的老一代科学家、教育家的最好纪念.

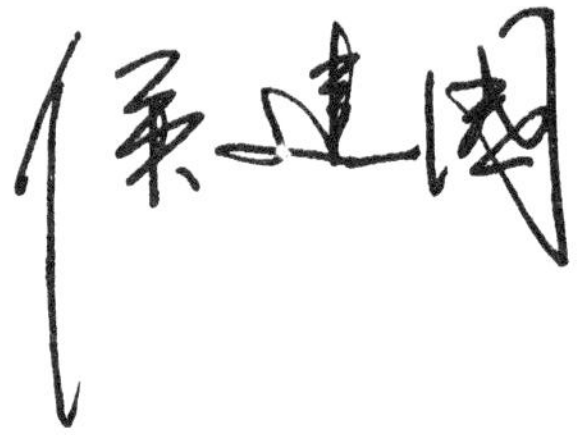

2008年8月

前　言

时光荏苒，岁月如梭. 自从 1998 年首次担任中国科学技术大学自动化系研究生课程“模式识别”的主讲以来，不知不觉中已过去十一个年头. 其间，主讲过的“模式识别”课堂有十几个，修过这门课的学生超过千人. 每次开讲，大家都很关心教材的事. 虽然国内外同类教材很多，其中有一些称得上是力作、佳作和经典之作，但是要挑选一本完全适合于自己口味的教材倒也不是一件容易的事. 这里面既有内容安排上的问题，也有体系结构和讲述风格上的考虑. 在这样一个背景下，自然就萌生了自己写一本的想法. 其实，讲义经过若干次的充实、修改后，已形成了一定的雏形. 但是，真要动手写的时候才深深体会到，要将讲义转化为教材同样不是一件容易的事. 在此，十分感谢中国科学技术大学出版社的同志们，如果没有他们的张罗、引导、鞭策、容忍和鼓励，这本书的面世恐怕还要拖上几年. 同时，还要感谢我的母校中国科学技术大学. 去年，适逢母校 50 周年校庆. 本来这本书是作为献给校庆的厚礼而准备的. 但遗憾的是，由于自己的懒惰，再加上教学和科研工作繁忙，最终未能如愿. 因此，作为亡羊补牢之举，本书最终得以出版也算是了了自己的一桩心愿. 时间上虽然晚了点，但能够作为一份“后”礼（当然，希望同时也是一份厚礼）敬献给母校同样是令人欣慰的.

本书涵盖了模式识别的大部分基础内容，由统计模式识别和结构模式识别两部分组成. 本书的写作遵循由浅入深、循序渐进、力求严格、易于理解的原则展开，但能否实现这个写作初衷，尚需读者朋友的评判.

模式识别领域的发展称得上是日新月异. 本书作为一本入门书，希望能给有志于模式识别研究的学生和科技人员提供一点参考. 从酝酿到最后成书，其间经历的甘苦只有作者自己最有体会. 有时，为了一处的表达绞尽脑汁、煞费苦心，几天写不了一页，很有点“衣带渐宽终不悔，为伊消得人憔悴”的劲头. 这些难啃的骨头就如同一个个要攻克的阵地横在面前，似乎在考验着你的智力和耐力. 每当随着键盘的敲击声终于将这些难啃的骨头搞定的时候，那种如释重负、小有成就的感觉是相当美妙的.

经过各方的努力，本书就要和读者见面了. 说实话，此时此刻的心情还是有些复杂的. 一方面，自然是非常高兴，毕竟一年的心血没有白费，就要见到果实了. 另一方面，内心也确实有些忐忑不安. 如果本书能得到读者的首肯，将没有比这更让人高兴的事了.

限于本人的水平，不妥和错漏之处在所难免. 这里，恳请读者来信批评指正，把在阅读过程中发现的问题及时反馈给我，以便日后进行修订和改正.

成书之际，要感谢的人很多. 首先感谢在前期立项过程中给予过帮助的中国科学技术大学出版社的有关编辑，在日常教学过程中承蒙关照的中国科学技术大学自动化系的洪力奋老师和张淑梅老师，在课程教学过程中担任过助教工作的各位同学. 此外，还要感谢中国科学技术大学自动化系视听觉信息处理与模式识别实验室的各位老师和同学，特别是郑志刚讲师、曹洋讲师，已毕业的胡元奎博士、郑颖博士、查正军博士和金学成博士，以及在读的王琦同学、孙曦同学、赵立恒同学等，没有你们在日常工作中的无私付出，我很难有充裕的时间写成此书.

此外，郑志刚博士、王琦同学、孙曦同学、赵立恒同学、皮志明同学和李立武同学参加了本书的审阅和校对工作. 在此一并致谢.

最后，要特别感谢我的妻子范晓燕和爱女汪珂玮，没有你们的理解和支持，要完成这部书的写作是很难想象的.

谨以此书献给我的父母!

汪增福(zfwang@ustc.edu.cn)

2009年9月吉日写于合肥

目　　次

第1章　绪　　论

模式识别的历史源远流长.早在20世纪30年代前后就有人尝试用当时的技术来解决现在看来应该属于模式识别范畴的若干问题,而模式识别相关概念的出现则要更早一些.以指纹识别为例,我国很早以前就有将指纹应用于民间契约的传统.到了19世纪后期,现代意义上的指纹识别已初具雏形.Henry Fauld和William Herschel在《Nature》上分别撰文专门讨论指纹识别问题,提出人的指纹各不相同、恒久不变,可用于身份鉴别的观点,从而揭开了现代指纹识别的序幕.但是,模式识别作为一门学科出现并得到快速发展还只是近五十余年的事情.模式识别是一个典型的交叉学科,它和人工智能、计算机视觉、认知心理学和数理统计学等许多学科之间存在着千丝万缕的联系.到目前为止,虽然已经取得了不少富有意义的成果,形成了相关的理论和技术,但是,仍然有许多问题没有得到很好的解决.因此,可以说模式识别是一门既古老又年轻、仍然处在不断发展中的学科.

1.1　模式和模式识别

"模式识别"一词是英文"Pattern Recognition"的中文翻译.所谓"模式",本意是指可供模仿用的、完美无缺的标本.在模式识别领域中,把存在于空间和时间中的可观测事物的全体称为**模式**,把由彼此相似的模式构成的集合称为**模式类**,而把赋予每个模式类的标识符称为**模式类别**.可以认为,模式类别是为在不同的模式类之间进行区分而给每个模式类的冠名,是被观测的一类事物的代名词.

按照上述定义,模式可视为以一定的观测手段,在一定的观测条件下对特定的事物进行观测所获得的关于被观测事物的具体表象.这里所说的模式不是指事物本身,而是指通过观测所获得的被观测事物在空间和时间中的分布信息.在模式识别领域中,把在一次观测中所获得的被观测事物在空间和时间中的分布信息称为**观测样本**(简称**样本**),把获取观测样本所进行的观测称为**试验**.

"识别"一词的涵义可以从它的英文对应物中找到答案.英文的 Recognition 是一个复合词,由前缀 Re-和 cognition 复合而成. Cognition 的意思是认知, Recognition就是再认知的意思.人类的认知过程是一个复杂多样的过程,涉及感知与注意、知识表示、记忆与学习、问题求解等各个方面.模式识别主要侧重于对人的认知行为进行模仿,把人的知识和经验转化为可以为机器所利用的一些规则和方法,赋予机器对被观测事物进行综合分析和自动分类的能力,使机器可以根据被观测事物过往的观测样本形成相应的分类规则并据此完成对新的观测样本进行分类的任务.

一般而言,观测样本中不仅包含有待识别的特定事物本身的固有信息,还同时叠加了在观测过程中混入的对识别而言有害的环境信息.因此,模式识别的任务就是要从观测样本出发,排除环境因素的干扰,给出被观测事物的类别归属和进一步的描述.由于特定事物的观测样本的个数可以成千上万甚至无限,而其表现形态也可能千差万别,因此,如何从一个特定事物的观测样本出发给出该观测样本的类别归属有时是一件非常困难的事情.

为了帮助读者尽快建立对模式识别的感性认识,举一个人脸识别的例子.这里,所关注的模式是人脸.

图 1.1 给出了待识别人脸集合中两名儿童的各四张人脸照片的示例.其中,每个儿童的所有照片各构成一个模式类.每个模式类中所包含的每一张照片被称为该模式类中的一个观测样本.为方便起见,用每个儿童的名字作为相应模式类的标识符.例如,用 KW 对 KW 的所有照片形成的模式类进行冠名.相应的模式识别的任务可以规定为:设计一个**识别器**,使对于给定的一个人脸观测样本,能够判断该人脸观测样本的类别归属,即判断该人脸观测样本的身份.

这样一个任务对人来说是轻而易举的.经过几千万年的进化所获得的认知能力可以帮助人类毫无困难地解决这个问题.但是,这件事让机器来做,就非常困难了.到目前为止,还没有一个人脸识别系统可以在没有配合的情况下很好地完成人脸识别功能.其根源在于:所给定的样本集合是在不同的摄像条件下获得的;不仅拍摄时的光照条件存在差异,而且在拍摄时的人脸姿态、人脸表情和发型等也存在较大的差异.这些差异的存在导致同一个人在不同照片上的彩色分布信息有较大的不同.

(a) 由KW的所有照片形成的模式类KW

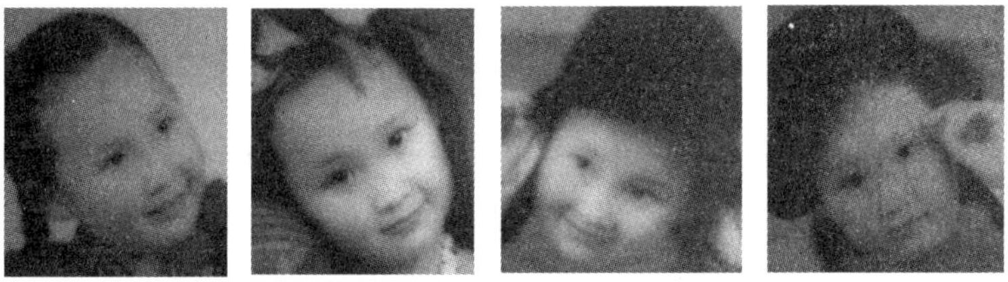

(b) 由YZ 的所有照片形成的模式类YZ

图 1.1　观测样本和模式类

作为模式识别学科研究对象的模式一般应该具有以下特性:

(1) **可观测性**　即待处理模式可由某种类型的传感装置获取或采集.这样的传感装置可以是基于某种物理效应的传感器,也可以是基于某种化学效应或生物效应的传感器,甚至可以是某种基于数学模型的虚拟传感器.

(2) **可区分性**　不同模式类的观测样本之间应该具有可区分的特征.

(3) **相似性**　同一模式类的观测样本之间应该具有某种相似的特征.

日常生活中离不开模式识别过程的参与.例如,学生在课堂上听老师讲课.为了听懂讲课的内容,需要把老师讲课时所发出的声音同某种特定的语句联系起来.这个过程叫语音识别.在听老师讲课的同时,还需要看老师在黑板上写的板书,识别出其中所包含的文字信息.这个过程叫文字识别.再如,到车站或机场接站时,当事人需要从熙熙攘攘的人群中辨认出自己要接的人.这个过程叫人脸识别.其他像指纹识别、虹膜识别、掌纹识别、病情的计算机辅助诊断以及用计算机进行地震预报等都和模式识别存在着千丝万缕的联系,都离不开模式识别过程的参与.

那么,如何来完成一个模式识别任务呢?一种做法是从所取得的观测样本中提取能够对所述模式做出区分的特征,这个过程称为**特征提取**.然后,利用这些特征根据以往的经验和知识完成对待识别模式的分类.这个过程有时也被称为分类判决.例如,在语音识别的应用中,可以将静音以及母音作为特征将输入的语音信号分割成一些合适的语音单位，然后，利用知识对这样得到的语音单位进行分类判决，即判断它与哪一个单字或单词相联系.

模式识别的分类目标是随用途而异的.我们从具体的例子入手进行说明.首先举一个语音识别的例子.这里，我们的目标是要识别出输入语音所表达的语言符号.为此，从输入语音信号出发，先将输入的语音信号分解成一些区段，然后将这些区段同某些语言要素(例如音素或单词等)联系起来.换句话说，我们希望对这些区段进行分类，将其归到一定的语言符号所标记的类别中去.接下来，我们可能需要对这样得到的分类结果进行进一步的描述，例如，通过语法分析将其中的一些单词组合成词组或句子，等等.对于同样的语音输入，如果关注的不是语音所对应的语言符号，而是说话人的个体身份，则分类的目标就变成了判断输入语音为哪一个话者所发出.相应的问题是一个**话者识别**的问题.

从上面的举例不难理解:模式识别的过程实际上就是通过对观测样本的分析完成对输入模式的分类并进而给出关于输入模式的描述的过程.在日常生活中，模式识别的任务通常是由人运用自己过去所积累的经验和知识来完成的.研究表明，人的识别能力是非常强的.例如，我们可以毫不费力地从成千上万张人脸中立即辨认出自己熟悉的人;我们也可以从电话的只言片语中立即知道是谁打来的电话.既然人脑具有如此高的模式识别能力，那么，为什么还要对模式识别进行研究呢？很明显，目的有两个:一是希望能由机器来代替人完成所需要的识别任务进而把人从繁重的或是枯燥的劳动中解放出来;二是希望能够扩展人的能力，代替人完成人所不能完成的识别任务.例如，印刷电路板的质量检测过去通常由人来完成.虽然人可以胜任这项工作，但是，这是一项非常繁重和枯燥的劳动.人在短时间内还可以忍受，随着时间的延长，极易产生疲劳，从而导致检测能力的下降，影响产品质量.但是，机器就不一样了.机器是不知疲倦的.如果能造出和人一样具有检测能力的机器，那么，不仅可以把人从繁重的劳动中解放出来，还可以达到改善产品质量和提高劳动生产率的目的.另外，人的能力毕竟是有限的，有些工作人是做不来的.例如，要让人去做 X 射线透视并据此对伤病者的骨骼恢复状况做出说明可以说是勉为其难.但是，一台 CT 机加上一台电脑或许就能很好地做到这一点.

从上面的讨论，我们可以得到下面的结论:模式识别是一门应用范围非常广、目的性特别强的学科.作为一门技术学科，模式识别学科的任务是研究相应的自动技术，依靠这种技术可以让机器自动地对输入模式(即观测样本)进行分类和识别以完成通常需要由人类来完成的分类和识别功能.

1.2　模式的分类

根据需要可以将模式分为**简单模式**和**复杂模式**两大类.所谓"简单"模式是指可以将其作为一个整体进行处理的模式.对于这一类模式而言,要寻求一种技术手段将待识别的模式分配到各自所属的模式类中去.与此不同,对于"复杂"模式而言,仅仅将其作为一个整体进行分类是不够的.也就是说,不仅要通过处理给出模式所属的类别,还需要对所属模式进行进一步的分析和描述.一个文字,一个乐音和一个电路符号可以看作是一个简单模式;而一篇文章,一段音乐和一张电路图则可以看作是复杂模式的代表.显然,对于复杂模式而言,仅仅指出这是一篇文章,一段音乐或是一张电路图是不够的,还需要将它分解为更为简单的组成部分,并分析各组成部分之间的相互关系.以电路图为例,我们不仅要识别出其上用于表征电阻、电容、集成块等器件的电路符号以及表征这些器件物理参数的字符信息,还需要确认各个器件之间的连接关系乃至电路的实际功能和用途.

当然,在所谓"简单"模式和"复杂"模式之间,不存在一个明确的界限.根据需要,一个模式既可以被视为简单模式,也可以被看作复杂模式.例如,如果我们希望了解某一段文字所表达的具体内涵,仅指出这是一篇文章是不够的,还需要对组成这段文字的各个句子乃至单词做进一步的分析和描述.但是,如果我们仅仅是为了对报纸的某一个版面进行区划分割,那么,仅仅指出某一个文字区域属于某一篇文章就已经足够了.

也可以根据模式的来源对其进行分类.由于在实际问题中所涉及的模式识别问题多来自我们所置身的物理世界,因此,在实际中碰到最多的模式当属以下三种:**空间模式**、**时间模式**和**时空模式**.

例如,图1.1中的模式涉及待识别对象在二维投影空间中的彩色分布信息,这样的模式称为空间模式.除此之外,在实际中还经常遇到图1.2中所示的模式.其中,图1.2(a)所示为一段语音信号,是一种典型的时间模式;而图1.2(b)所示则为一段视频,是一种典型的时空模式.除了上述三种模式之外,实际中会遇到的模式还包括:遥感领域中的多光谱图像、医疗诊断中的化验参数表格等.

此外,也可以根据观测样本测量值的性质进行分类.如果在测量条件不变的情况下所获得的被观测模式的各次测量值均相同,即测量具有可重复性,则称这样的模式为**确定性模式**.否则,如果在测量条件不变的情况下所获得的被观测模式的各次测量值不全相同,即测量不具有可重复性,则称这样的模式为**随机模式**.

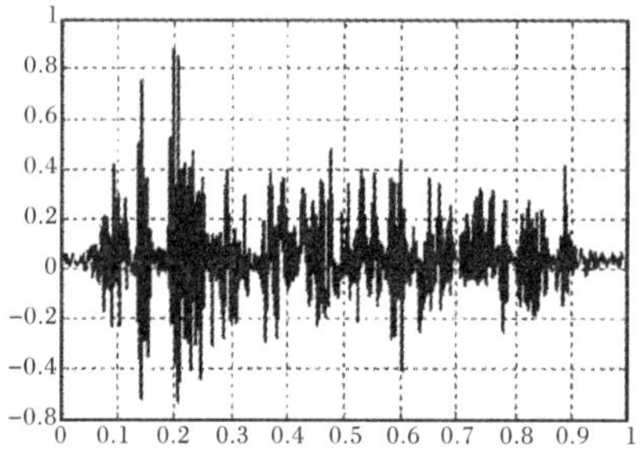

(a) 语音信号(时间模式)

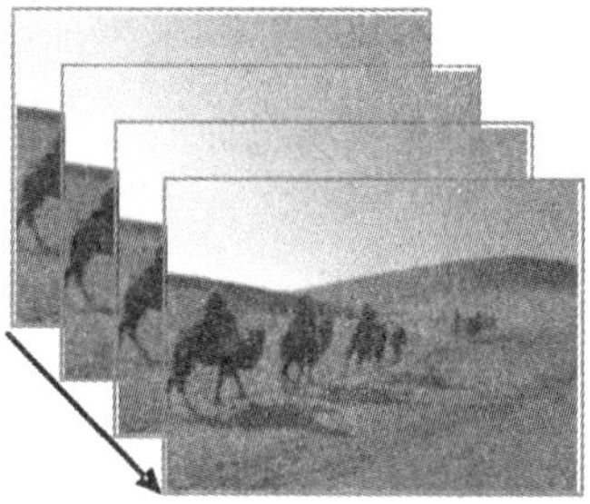

(b) 视频片断(时空模式)

图 1.2 时间模式和时空模式示例

1.3 模式识别系统的基本构成

一个典型的模式识别系统的基本构成可用图 1.3 表示.主要由模式采集、预处理、特征抽取和表达以及识别与分类等模块组成.其中,各模块的主要功能如下所示.

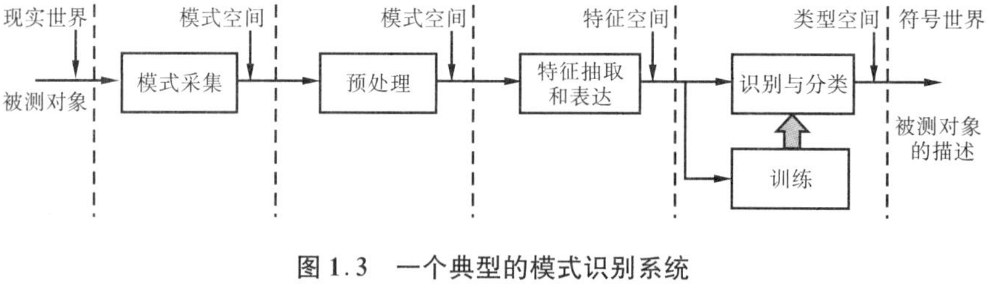

图 1.3 一个典型的模式识别系统

模式采集 该模块一般由传感器、模/数转换器以及辅助电路组成.其主要功能是根据一定的物理效应(或化学、生物等效应)将现实世界中的被测对象的具体表象转换成对应的时间或空间分布信息.这里的被测对象一般是现实物理世界中的具体事物.而被测对象的表象则具有各种不同的形式.其中,大多以非电量的形式出现,如灰度、彩色、声强、压力和温度等.在一次测量中所获得的非电量的全体是对被测对象的几何构造、表面反射特性、振动模式、状态以及包括上述方面在内的基本表象的组合的一种直接或间接的反映和记录.为了能用数字计算装置对获得的非电量进行处理,需要将它们转换为电信号,并将它们数字化.这两个任务通常分别由传感器和模/数转换器来完成.该模块的每一次输出为输入模式的一个观测样本,一定范围内的所有观测样本组成相应的模式空间.每个观测样本是该模式空间中的一个点.一般而言,模式空间的维数很大,但是对一个由数字化的观测样本所组成的模式空间而言,其维数是一个有限值.例如,一个空间分辨率为 1024×1024 的数字相机的输出为一幅数字图像,由 1024×1024 个像素组成,每个像素又由若干个比特(bit,一般是 8 比特,高精度图像可达 12 比特甚至更高)构成,其维数为 1024×1024.

预处理 数字化后的电信号在做后续处理之前,一般需做预处理以滤除在模式采集中可能引入的干扰和噪声,并视需要人为地突出输入模式中所包含的有用信息,为在后续步骤中取得良好的识别效果打下基础.预处理一般包括数字滤波、坐标变换、图像增强和图像恢复等步骤.在实际系统中具体采用何种预处理操作视具体情况而定.预处理的主要目的是为了提高输入模式的质量,一个输入模式经预处理后其维数可以认为基本保持不变.限于篇幅,在此不对预处理的细节内容作更多的讨论.

特征选择和抽取 经预处理改善后的有用信号一般还不能被直接用于模式识别和分类的目的.为了后续高效率的处理,需要引入特征抽取环节.这里的特征大致可分为两类:一类为**度量或属性特征**,另一类为**基元特征**.其中,度量或属性特征通常指形成待识别对象有效描述的一组度量或属性参数,而基元特征则通常指形成待识别对象有效描述的**基本子模式**.在本书中,将基元视为不能或无需再进行分割的基本子模式的同义语.实际中的长度、灰度、重量等是度量特征,性别、文化程度等是属性特征,而边缘、纹理、轮廓、区域等是基元特征.例如,一个人可用其身高、体重、性别、文化程度等一组度量和属性参数进行描述,而一个汉字可用点、横、竖、撇、捺等一组基元和相应基元之间的连接关系进行表达.由于不同的对象一般具有不同的特征,因此在此环节上没有泛泛的规律可循,只能是具体情况具体对待.也就是说,对于不同的对象要选用不同的特征,并选用适当的方法有针对性地完成所需的特征抽取任务.但是,在选择特征时也存在一些应该遵循的基本原则.例如,一方面要求所选择的特征应能够足以表达所述模式,另一方面则要求所选择特征的数量应尽可能地少以便能够高效率地完成后续的分类和识别任务.当然,特征抽取的难易程度也是决定相应的特征是否被选择的一个主要因素.在一个模式识别系统中,特征的选择对后续的识别目的有着非常直接的影响,它是决定一个系统成败的关键步骤.

特征表达 特征的表达方式和特征本身密切相关.如果所选择的特征是一组度量和属性特征,那么可以用相应的度量和属性参量构建一个**特征向量**.其中,每一个相关的度量和属性参量构成该特征向量的一个分量.一定范围内的所有特征向量组成一个**特征空间**,而前述的特征向量成为该模式空间中的一个点.为叙述方便起见,在不至于引起混淆的情况下今后将这样的特征向量也称为**观测样本**.和模式空间一般具有很大维数这一点不同,相应特征空间的维数一般很小.这样,通过引入特征抽取和表达这一关键步骤,我们可以实现从模式空间到特征空间的映射;这个映射过程实质上是一个降维的过程.实施降维操作的目的是为了获取输入模式的更本质的特征表达以便于后续的识别与分类.

此外,如果所选择的特征是一组基元特征,则从基元之间的连接关系出发来表达输入模式可能是一种更为恰当的选择.此时,相应的模式可用一个具有一定结构的树或图来表示.当然,通过适当定义基元的度量和属性,输入模式同样也可以用特征向量进行表达,虽然这种表达方式有些时候显得有些牵强.

分类与识别 一旦输入模式的特征被选择和抽取,接下来的工作是根据所获得的输入模式的特征描述,判断该输入模式的类别.当一个输入模式可被表征为特征空间中的一个特征向量时,相应的问题被转化为特征空间的分割问题.为了实现对特征空间的正确分割从而解决相应的分类问题,一种做法是进行大量的试验,即在各种观测条件下对待识别对象进行大量的观测,获得待识别对象大量的观测样本;并依据所选择的特征通过特征抽取步骤将这些观测样本映射到相应的特征空间中.然后,根据观测样本所对应的特征向量在特征空间中的分布情况对特征空间实施分割,将其分割成若干个区域,使得每一个区域中尽可能只包含来自同一个类别的样本.通过这种操作,可以在特征空间中的一个分割区域和一个类别之间建立关联.这样,对此后所采集到的每一个新的样本,我们可以根据它在特征空间中的位置进行判决,即当这个样本属于某个分割区域时将其归入和相应分割区域存在关联关系的那个模式类别.获得上述关联关系的过程称为**训练**,依据训练得到的结果对新的输入模式所做出的判决称为**分类**或**识别**.在上面的情况下,我们得到的输出是输入模式的类别.显然,类别一般只有若干种离散的取值,在本书中把由离散的类别所构成的空间称为**类型空间**.有别于前面的模式空间和特征空间,类型空间本质上是一个离散空间.

当一个输入模式不是像上面一样被表征为特征空间中的一个特征向量,而是由一个具有一定结构的树或图所表示时，相应的识别和分类问题可以转化为树或图之间的一个匹配问题进行求解. 此时，识别与分类模块不仅输出输入模式的类别，也将同时给出输入模式的一个结构描述.

当然，一个输入模式不只是可以表达为上面所述的一个特征向量、一个树或图，根据需要也可以表达为由特征向量、树和图作为基元的一个多层次结构，甚至于各个组成单元之间存在复杂相互作用的一个分布式网络. 此时，相应的识别和分类问题与上述多层次结构的组成参数和网络的动力学行为有关.

综上所述，所谓模式识别实际上是一个过程，它将现实世界中的被测对象通过一系列的变换和处理映射为符号世界中被测对象的分类和描述.

1.4　模式识别方法及其分类

一般而言，所采用的模式表达方式不同，相应的识别和分类方法也不同. 模式的表达方式在某种程度上直接决定了所采用的识别方法本身.

按照所采用的模式表达方式，大致可以将模式识别领域中已有的识别方法做如下分类：

当采用特征向量作为输入模式的表达方式时，相应的识别工作主要在特征空间中进行. 所采用的识别方法是利用统计学的手段根据观测样本在特征空间中的分布情况将特征空间划分为与类别数相等的若干个区域，每一个区域对应一个类别. 我们把这样的方法称为**统计模式识别**. 可以根据是直接还是间接利用观测样本在特征空间的分布将统计模式识别细分为以下两类：**统计模式识别中的几何方法**和**统计模式识别中的概率方法**. 其中，前者直接根据观测样本在特征空间中的分布设计相应的**分类器**. 这里的分类器指在某种准则之下利用判别函数确定不同类别的观测样本在特征空间中的分界面的一种自动分类机器，通常表现为一种算法. 根据所采用的判别函数的形式可以进一步对分类器进行分类. 当采用的判别函数为线性函数时，相应的分类器称为**线性分类器**，而当采用的判别函数为非线性函数时，相应的分类器称为**非线性分类器**. 与统计模式识别的几何方法不同，统计模式识别的概率方法不是直接根据观测样本在特征空间中的分布来设计相应的分类器，而是利用观测样本在特征空间中的分布首先估计观测样本在特征空间中的概率分布，得到相应的**概率密度函数**，然后利用所得到的概率密度函数根据数理统计学中的相关理论和方法来设计相应的分类器．为叙述方便起见，在以后的陈述中有时将统计模式识别中的几何方法简称为**几何分类法**，而把统计模式识别中的概率方法简称为**概率分类法**．

当采用树或图等具有一定结构的表达方式时，相应的识别工作主要通过分析被测对象的结构信息完成．相应的方法被称为**结构模式识别方法**．由于模式的结构与语言中句子的结构相类似，因此，可以借助于形式语言学中的理论对被测对象的所属类别做出判决．我们知道，句子是由单词按照一定的文法规则生成的；同样，模式也可以由模式基元按照一定的规则组合而成，两者之间所具有的可类比性允许我们可以使用句法分析的方法（指对句子进行分析时所采用的方法）完成对待识别对象的结构分析并做出相应的判决．具体言之，我们可以检查代表模式的句子，看其是否符合事先拟定的一组文法规则．如果符合，就把该句子对应的模式归类于该组文法规则所代表的那个模式类；否则，判对应的模式不属于那个模式类．结构模式识别方法也称为**句法模式识别方法**，简称为**句法结构法**．该方法除了给出模式的分类结果，还同时给出模式的结构信息．

上面给出的两种方法各有所长，各有所短．通过取长补短，可以拓宽各自方法的适用范围，提高判决的可靠性和有效性．其中，基于统计的方法对模式本身的结构信息未加利用，因此对不能通过简单分类就可解决的模式识别问题不太适用．与此相比，单纯的句法模式识别方法由于没有考虑到环境噪声的影响，对环境噪声比较敏感．这在一定程度上妨碍了它在实际中的应用．因此，如何根据实际需求将上述两种方法很好地结合起来，是在解决实际问题时应该考虑的一个问题，也是未来的一个研究方向．

除了上述按照模式的表达方式对模式识别方法进行分类之外，也可以根据用于分类的观测样本的类别属性是否为已知而将相应的方法分为**有监督的模式分类方法**和**无监督的模式分类方法**．有监督的模式分类方法也称为**有教师的模式分类方法**，简称**有监督分类法**；无监督的模式分类方法也称为**无教师的模式分类方法**，简称**无监督分类法**．各种**聚类算法**是无监督的模式分类方法的重要组成部分．

此外，可以将上面的按照模式的表达方式进行分类的方法和按照观测样本的类别属性是否为已知进行分类的方法加以组合．相应地，我们可以将现有的模式识别方法进一步细分．例如，将几何分类方法和有监督的模式分类方法组合为有监督的几何分类法，将几何分类方法和无监督的模式分类方法组合为基于聚类的几何分类法，以及将概率分类方法和有监督的模式分类方法组合为有监督的概率分类法，等等．本书拟对上述各分类方法逐一进行介绍．

除了上述分类法之外,也可以根据所使用的工具对相应的分类方法命名.属于此类命名范畴的有模糊判别法和神经网络判别法.这些方法也可以和其他方法进行组合,得到新的分类方法.例如,将基于模糊数学的方法和聚类方法相结合,可以得到模糊聚类法,等等.通过类似的组合往往可以大大改善分类性能,取得单个分类方法所没有的分类效果.

另外,从仿生学的角度研究模式识别问题也是近来受到广泛关注的一种方法.其中,神经网络方法以其全局相关的特色备受青睐,取得了许多传统方法难以企及的成果.其他如基于逻辑推理的方法、基于知识的方法和前面提到的基于模糊数学的方法等也都在模式识别领域获得了巨大的成功.

可以相信,上述这些方法的建立和发展、各种方法之间的相互融合和相互渗透必将对模式识别学科本身的发展起到积极的推进作用.

1.5 模式识别举例

为了增加读者对模式识别的感性认识,下面举一个具体的例子.假设用二维图像处理的方法对被测试珍珠个体的品质做出评判.为此,可构建一个如图 1.4 所示的图像识别系统.

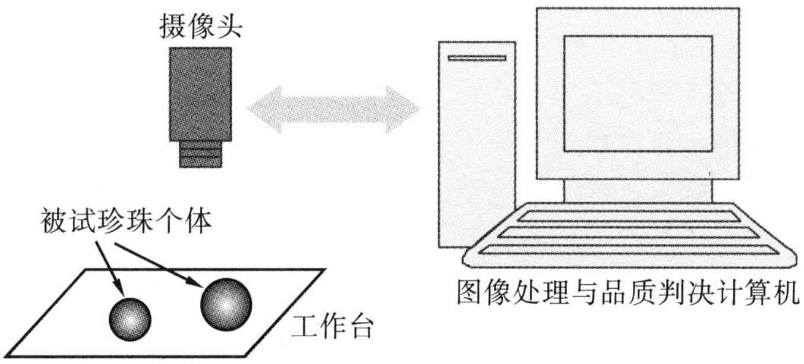

图 1.4 珍珠品质识别系统

该系统由工作台、摄像头以及图像处理与品质判决计算机等三部分组成.其中,工作台和摄像头分别用于放置珍珠和获取珍珠的观测图像.摄像头被安放于工作台的上方,其光轴垂直向下指向工作台.系统工作时,首先通过摄像头采集均匀散布在工作台上的珍珠颗粒的图像;然后,将其输入到图像处理计算机中通过相关处理以抽取珍珠个体的图像特征;最后,依据这些图像特征对珍珠个体进行分类判决.为此,需要首先确定识别时所使用的图像特征.实际中一颗珍珠品质的好坏是由多方面因素决定的.其中,圆度、大小和光泽等是衡量珍珠品质好坏的主要指标.为简单起见,假设所设计的系统用圆度和大小两个指标来实现对珍珠个体的综合评价.这里,珍珠的圆度指标用下式定义

$$RD = \frac{R_{\max} - R_{\min}}{\bar{R}}$$

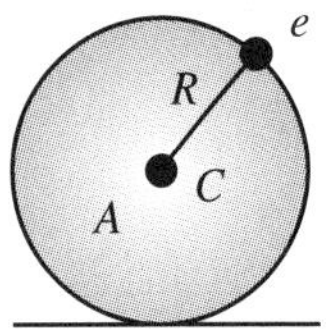

图 1.5 欧氏距离 R

如图 1.5 所示,设待测珍珠的形状中心为 C,其图像边界上一点 e 到 C 的欧氏距离为 R,则上式中的 $R_{\max}$、$R_{\min}$ 和 $\bar{R}$ 分别为沿珍珠图像边界扫描一周时 R 的最大值、最小值和平均值.显然,RD 的取值越小,则待测珍珠的圆度越好.

珍珠颗粒的大小则可由所摄取珍珠图像的面积 A 来衡量.A 的取值越大,则待测珍珠的品质越好.实际中,可根据需要,或单独使用圆度或大小的图像测量值,或联合使用圆度和大小的图像测量值对待测珍珠的品质进行评判.

下面,举例说明如何采用一定的分类法来完成对珍珠等级的分类任务.

(1) 基于圆度指标的有监督概率分类法

假设该分类法以圆度指标为特征.为了完成给定的分类任务,首先需要建立珍珠圆度的概率模型.为此,利用一定数量的珍珠作为训练样本来建立相应的模型.首先,由质量管理专家对用于训练的珍珠样本进行分类.这里,质量管理专家充当着教师的职责.为简单起见,假设将珍珠样本分成两类:合格品和次品.当然,实际中根据需要也可将珍珠样本细分为更多的种类:极品、优等品、合格品、等外品和次品等.然后,对所有样本进行图像测量,获取每一个珍珠样本的圆度指标信息,并按照类别对属于每一个分类中的珍珠样本圆度指标的实际测量值进行统计,建立相应的统计直方图.例如,当仅考虑合格品和次品两个类别时,经过上述步骤后可建立合格品圆度指标和次品圆度指标两个统计直方图.作为示例,图 1.6 给出了合格品圆度指标和次品圆度指标两个统计直方图的图示.

其中,横坐标为圆度指标,而纵坐标为圆度指标取值的频度.易见,合格品圆度指标的取值范围集中在低值区域,而次品圆度指标的取值范围则分布较广,并且通常取较大的值.这和我们的直观感觉是一致的.接着,依据上述合格品圆度指标和

次品圆度指标两个统计直方图,可建立所谓的分类判决规则:当一个珍珠样本的圆

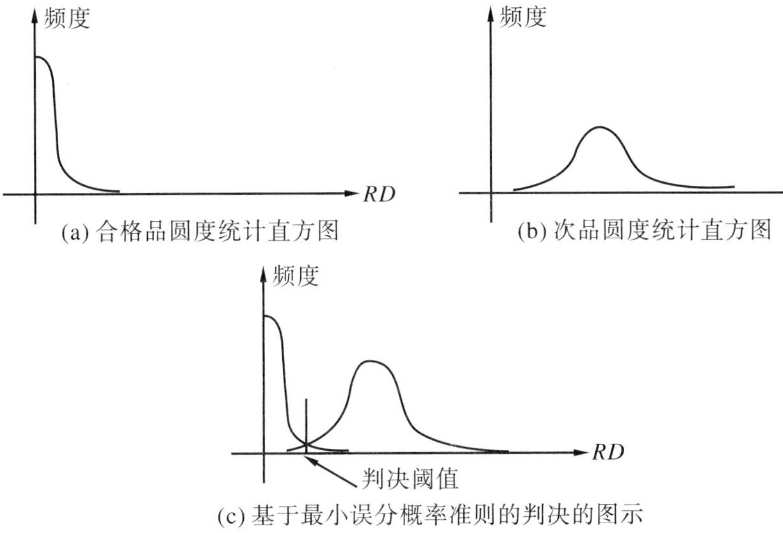

图 1.6　基于珍珠分类别统计直方图的概率判决

度指标取值小于某个给定的阈值时,判该样本为合格品;否则,判该样本为次品.显然,不同的阈值选择一般会给出不同的分类结果.那么,如何确定相应的阈值呢?通常的做法是使用某种判决准则使系统的性能在一定的意义上达到最优.根据需要,这里的判决准则可有多种选择.例如,一种可能的方案是选择使系统的误分概率为最小,而另一种可行的方案是使系统的风险最小化,等等.图 1.6 中给出了基于最小误分概率准则的判决的图示.相关的技术细节,例如,如何确定判决阈值等问题留待以后讨论.值得指出的是,当相关的两个统计直方图具有较复杂的形状时,最终确定的判决阈值可能不止一个.一旦得到了上述分类判决规则,则珍珠个体的分类问题就非常简单了.首先,作为一种可行的方案,系统可将存放在料箱中的珍珠通过漏斗装置均匀置于工作台上;然后,启动摄像头拍摄待测珍珠的图像;接着,图像处理与品质判决计算机根据所输入的珍珠图像,经过图像分割、图像特征提取和品质分类等步骤对工作台上的各个珍珠的品质做出判决.这里的图像分割是指利用某种算法将输入珍珠图像划分为互不相连的一些区域.其中,除去背景区域之外的每个区域对应于一个待测珍珠个体.图像特征提取步骤进一步计算每个区域的圆度指标,为后续的判决提供依据.最后,品质分类步骤将每个区域的圆度计算值和系统设定的阈值进行比较,给出最终的评判结果.根据评判结果,系统驱动机械手抓取相应的珍珠,放入对其品质对应的目标盒中,从而完成一次分拣操作.

(2) 基于圆度和大小指标的二维几何分类法

除了概率分类法之外,也可以使用几何分类法来完成相应的品质判别任务.假设选用圆度和大小两个指标作为评判的依据.为简单起见,仍假设将珍珠样本分成合格品和次品两个类别.与概率分类法不同,几何分类法直接利用训练样本在特征空间中的分布进行分类判决.为此,首先以圆度和大小为参数构建一个二维的特征空间.然后,利用一定数量的珍珠作为训练样本以获得珍珠样本在特征空间中的分布.对每一个用于训练的珍珠样本,除了使用图像测量的方法获取其圆度和大小等图像特征之外,还同时获得由质量管理专家提供的分类标签.然后,根据圆度和大小的取值以及所属类别标签将训练样本映射到圆度—大小特征空间中.最后,根据训练样本在特征空间中的分布情况,确定一个分界面将特征空间划分为分属于合格品和次品的两个区域.划分结果应使得属于同一个类别的样本尽可能被划分到同一个区域中,而不同类别的样本则分属于不同的区域.此外,一般还希望分界面具有相对简单的形式.最后,特征空间的维数与所选用的特征的个数有关.在本例中,因选用圆度和大小两个特征,故相应的特征空间是一个二维平面,相应的用于判决的分界面是二维特征平面上的一条曲线,如图 1.7 所示.

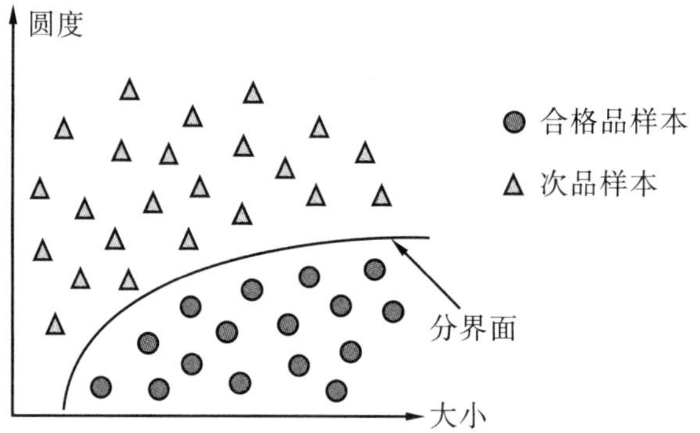

图 1.7 基于珍珠在特征空间中分布的几何判决

1.6 本书内容安排

全书由七章和一个附录组成.主要讨论统计模式识别和结构模式识别的相关

内容.第 1 章为绪论,就本书中所涉及的主要概念进行概括性说明.之后,本着由简到繁、循序渐进的理念逐步对常用的模式识别方法展开讨论.第 2 章介绍统计模式识别中的几何方法,着重介绍特征空间的概念以及分类器的设计方法和相关的算法.第 3 章介绍统计模式识别中的概率方法,着重介绍包括最小错误概率分类器、最小风险分类器、纽曼皮尔逊分类器和最小最大分类器在内的各种分类器.除此之外,还将讨论概率密度函数的参数估计和非参数估计等方面的内容.第 4 章主要介绍几种典型的分类器的错误概率的计算问题.第 5 章讨论无监督情况下的模式识别问题,介绍几种典型的聚类算法:基于分裂的聚类方法、基于合并的聚类方法、动态聚类方法、基于核函数的聚类方法和近邻函数值聚类方法等.第 6 章主要讨论结构模式识别问题,给出几种典型的文法规则和与之相关联的识别装置,包括有限状态自动机、下推自动机和图灵机等.最后,在第 7 章对全书进行总结.

第 2 章　统计模式识别中的几何方法

本章主要讨论有监督的确定性简单模式的分类问题，重点讨论统计模式识别中的几何分类法.相应的方法虽然是针对确定性模式的分类问题而提出的，但其中的一些结果也可用于解决随机模式的分类问题.

2.1　统计分类的基本思想

2.1.1　特征空间和分类器设计

在第 1 章中已经述及，在统计模式识别中如何抽取表征模式的特征是一个关键步骤.一旦根据某种方法确定了表征模式的特征，那么，我们可以利用这些特征构造一个特征空间，从而将所述模式分类问题变成相应特征空间中的区域分割问题进行求解.

一个简单模式是可以识别的是指：① 该模式具有表征其类别的类属性特征；② 属于同一个模式类的各个模式，其类属性特征在特征空间中应组成某种程度上的一个集群区域；③ 不同模式类的类属性特征在特征空间中组成的区域应是彼此分离的.

上面三点给出了一个模式是可以识别的前提条件.假定我们已经确定了用于模式分类的若干特征，并且这些特征满足上面所给出的三个前提条件.现在，我们来看一下如何在特征空间中完成给定的模式分类任务.

当我们对模式进行观察时，由于观察条件上的差异，每次所观察到的样本一般都是不同的.由此出发而抽取出来的模式的特征自然也会存在差异.但是，由于假定抽取出来的模式特征满足上面提到的三个前提条件，因此，只要样本数足够多，则样本的分布应在相当可靠的程度上反映各模式类别的总体分布规律.这样,根据实际观测样本的分布情况,我们可以在相应的观测样本之间建立起相应的边界,并据此将特征空间划分成若干个区域,从而完成规定的模式分类任务.

为增加可读性,本书除句法模式识别之外的各章符号的使用遵循如下约定:用希腊字母作为模式类别的标示符,用花体的英文字母表示样本集合,用黑体的大写英文字母表示向量和矩阵,用白体的小写英文字母表示标量、向量的分量和矩阵元素.除非特别声明,向量通常指列向量.例如,书中用 ω 标记一个模式类别,用 $\mathscr{X}=\{\boldsymbol{X}_1,\boldsymbol{X}_2,\cdots,\boldsymbol{X}_n\}$ 表示由 n 个样本组成的样本集合,用 $\boldsymbol{M}_{m\times n}$ 表示一个 m 行 n 列的矩阵,用 $\boldsymbol{X}=(x_1,x_2,\cdots,x_n)^{\mathrm{T}}$ 表示一个 n 维的列向量,等等.

在本书中,把能够完成相应分类任务的系统称为**分类器**.下面具体考虑分类器的设计问题.为简单起见,首先考虑待识别的模式类别数为 2 的情形.假设相应的两个模式类别分别用○和△表示,用于识别的观测样本(或简称样本)用 $\boldsymbol{X}=(x_1,x_2,\cdots,x_n)^{\mathrm{T}}$ 表示,它是 n 维特征空间中的一个点.这样,相应的模式分类问题可以表述为:对于给定的观测样本,根据其在特征空间中的位置,判断其属于○和△中的哪一个模式类别.为了解决这个问题,我们可以先进行大量的试验,获得大量的类别已知的观测样本.如图 2.1 所示,每获得一个观测样本,根据其观测值找到它在特征空间中的实际位置,并用其所属类别的标识符加以标记.在本书中,把用于此种目的的观测样本称为**训练样本**.接下来的工作是要根据所得到的训练样本找到一个分界面将整个特征空间分割成两个区域,使得每一个区域内仅包含来自同一个类别的样本.一旦上述工作得以进行,则分类器的设计即告完成.此后,每输入一个观测样本到分类器,分类器会依据它在特征空间中的位置对其所属类别进行判断.显然,可以满足上面要求的分类器一般不止一个.这些分类器对于给定的训练样本均可以做到正确分类.但是,对于训练样本集之外的输入样本,不同的分类器给出的分类结果一般会存在差异.为了对所设计的分类器的性能进行评估,通常的做法是借助于另外一组类别已知的样本.具体做法是:依次将该组样本中的每一个样本输入分类器,并对判决结果进行统计,算出正确判决的样本数占样本总数的百分比,以此作为分类器性能的估计.这里,为有别于前述的训练样本,把用于性能评估的样本称为**测试样本**.

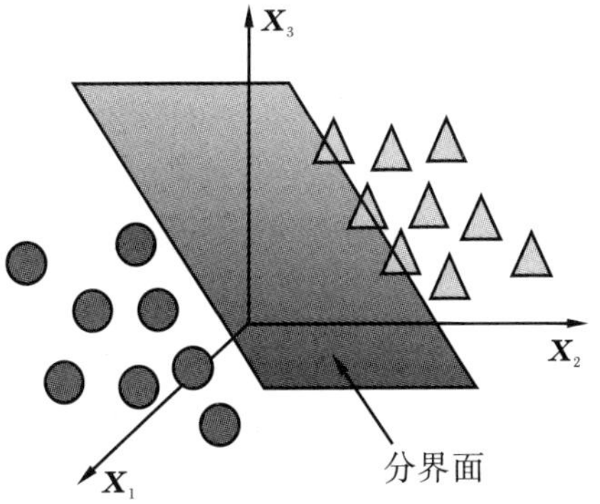

图 2.1　观测样本和分界面

2.1.2 两个例子

为了便于理解，下面举两个实际的例子.

例 2.1 首先请看图 2.2 所示的一个简单的一维三类的例子. 假定三个待识别的模式类别分别为"高个子"、"中等个子"和"矮个子". 相应的分类问题是希望通过对一个待识别的人的个体的观察来判断该个体所属的类别，即判断被观察的个体应该被归入"高个子"、"中等个子"和"矮个子"三个类别中的哪一个. 为此，选择身高为特征量. 这样，可以构造一个以身高为唯一分量的一维的特征空间. 相应地，分类器设计的任务就是依据某种方法将上述一维的特征空间划分为三个子区间，使得每一个子区间分别和所述三个类别中的一个类别建立对应关系. 为叙述方便起见，我们用每个类别的名字给对应的子区间加以冠名. 显然，我们希望所得到的每一个子区间应该尽可能只包含与其同名的类别的样本. 那么，如何实现上述对特征空间的分割操作呢？一种方法是依据训练样本来完成任务. 假定通过大量试验并根据过去的经验获得了如图 2.2 所示的类别已知的训练样本集合. 如果该训练样本集合中所包含样本的个数足够多，则可以认为这些训练样本相当可靠地刻画了所述的三个模式类别在以身高为特征的一维特征空间中的总体分布情况. 这样，我们可以从上述给定的训练样本集合出发，在属于不同类别的样本子集之间建立起两个边界 $g_1(x) = x - T_t = 0$ 和 $g_2(x) = x - T_s = 0$. 这里，这两个边界分别是一维特征空间上的一个点，它们把所述一维特征空间划分成如下所示对应于"高个子"、"中等个子"和"矮个子"的三个区间：

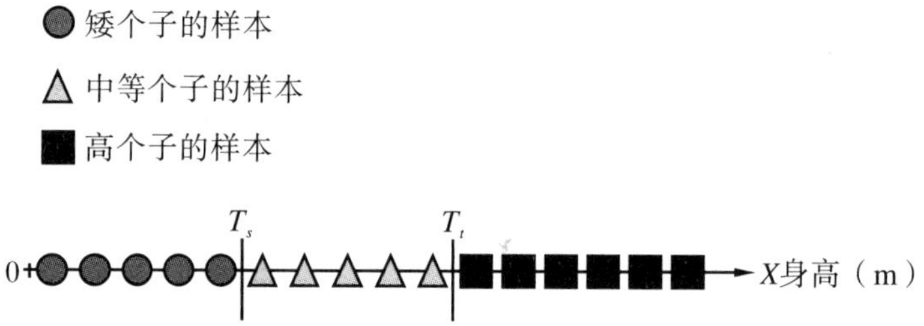

图 2.2 一个一维三类模式的例子

$$高个子：x \geqslant T_t$$

$$中等个子：T_t > x > T_s$$

$$矮个子：x \leqslant T_s$$

至此，分类器的设计工作即告完成. 以后可用这样设计的分类器来完成对输入样本的分类工作.例如,为判断一个人的高矮,可先测量其身高,然后将身高的测量值映射到一维空间的某一点,再根据该点所处的区间范围就可作出正确判断.例如,假定根据已知类别的训练样本确定的两个阈值分别为:$T_t = 1.75$ m, $T_s = 1.65$ m,那么,一个身高为 1.80 m 的人被归入高个子的模式类别,而一个身高 1.60 m 的人被归入矮个子的范畴.

再举一个稍微复杂一些的例子.

例 2.2　这是一个二维三类的例子.相应的分类问题是判断一个人的胖瘦,即将一个作为被测试对象的人归入"胖子"、"适中体重"和"瘦子"三个类别中的某一个.在本例中,我们选择身高和体重为特征量,据此可以构造一个如图 2.3 所示的二维特征空间.相应地,分类器设计的任务是依据某种方法将上述二维的特征空间

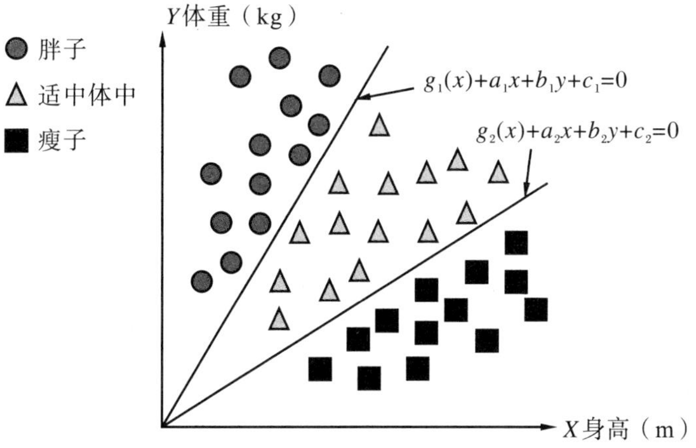

图 2.3　一个两维三类模式的例子

划分为三个子区域,使得每一个子区域分别和所述三个类别中的某一个建立对应.与例 2.1 类似,首先通过大量试验并根据过去的经验获得如图 2.3 所示的类别已知的训练样本集合,然后,从给定的训练样本集合出发,在属于不同类别的样本子集之间建立起两个边界 $g_1(x) = a_1x + b_1y + c_1 = 0$ 和 $g_2(x) = a_2x + b_2y + c_2 = 0$.这两个边界分别是所述二维特征空间上的一条直线,它们把所述二维特征空间划分成对应于"胖子"、"适中体重"和"瘦子"的三个区域.以后可根据测试样本在所述二维空间中的具体位置来完成对输入样本的分类工作.其细节内容不再赘述.

综上所述,分类器设计的主要步骤包括:① 选择合适的特征并据此构建特征空间;② 获取已知类别的观测样本并将其映射到所构建的特征空间中;③ 根据观测样本在特征空间中的分布情况,确定相应的分界面将整个特征空间划分为与待

分类的类别数相等的子区域.

2.2 模式的相似性度量和最小距离分类器

上面介绍了基于特征空间进行分类器设计的基本思想,但如何完成分类器的设计仍有许多细节问题有待进一步探讨.其中一个问题就是如何根据给定的训练样本确定相应的分界面.所设计的分界面应满足以下要求:① 应将属于同一个类别的已知训练样本归入相同的子区域;② 应将不同类别的已知训练样本归入不同的子区域;③ 对未知类别的测试样本应有较好的分类能力.

前两个要求一般总能得到满足.但是,如果分类器设计得不是很合理,则后一个要求未必能很好地得到满足.特别是当训练样本的个数不是很多且不能很好地反映相应模式类别在特征空间中的实际分布的时候,情况更是如此.因此,需要研究相应的分类法则使据此设计的分类器有一定的预测能力,能对未知类别的测试样本很好地进行分类.

一种直观上易于理解的分类法则是利用样本之间存在的相似性.所采用的相似性度量应保证使相同类别的样本之间的相似性大,不同类别的样本之间的相似性小.一般而言,它和相应模式类别在特征空间中的具体分布有关.如果有途径能够确定相应模式类别在特征空间中的具体分布,那么据此可以定义相应的相似性度量并进而完成模式分类的任务.例如,可以用一个模式类别的概率密度函数在某一个点的取值作为该点和相应模式类别的代表之间的相似性度量.有关这部分的详细讨论将在第 3 章中展开.本章只讨论两个模式之间的相似性度量问题.

一种最简单也最直接的方法是利用两个模式在特征空间中的距离作为两者之间的相似性度量.即认为在特征空间中两个模式距离越近,则相应的两个模式越相似.这种方法在有训练样本可以利用的时候特别有效.此时,可以通过计算待分类样本到各个类别最近的样本之间的距离作为将它归入某个类别的依据.

下面介绍经常使用的几种距离函数.实际中,具体使用何种距离函数作为模式之间相似性的度量应根据所研究问题的性质和计算量的大小而定.

2.2.1 相似性度量和距离函数

作为相似性度量的距离函数一般应满足下列性质:

(1) $d(\boldsymbol{X},\boldsymbol{Y})=d(\boldsymbol{Y},\boldsymbol{X})$;

(2) $d(\boldsymbol{X},\boldsymbol{Y})\leqslant d(\boldsymbol{X},\boldsymbol{Z})+d(\boldsymbol{Z},\boldsymbol{Y})$;

(3) $d(\boldsymbol{X},\boldsymbol{Y})\geqslant 0$;

(4) $d(\boldsymbol{X},\boldsymbol{Y})=0$,当且仅当 $\boldsymbol{X}=\boldsymbol{Y}$.

这里,$\boldsymbol{X}$,$\boldsymbol{Y}$ 和 $\boldsymbol{Z}$ 是对应特征空间中的三个点.

在模式识别领域中经常用到的距离函数列举如下.其中,$\boldsymbol{X}=(x_1,x_2,\cdots,x_n)^{\mathrm{T}}$ 和 $\boldsymbol{Y}=(y_1,y_2,\cdots,y_n)^{\mathrm{T}}$ 分别是 n 维特征空间中的一个点,$d(\boldsymbol{X},\boldsymbol{Y})$为相应的距离函数,它给出了 $\boldsymbol{X}$ 和 $\boldsymbol{Y}$ 之间的距离测度.

(1) Minkowsky 距离

$$d(\boldsymbol{X},\boldsymbol{Y})=\left[\sum_{i=1}^{n}|x_i-y_i|^{\lambda}\right]^{\frac{1}{\lambda}} \tag{2.1}$$

这里,λ 一般取整数值.不同的 λ 取值对应于不同的距离.

(2) Manhattan 距离

$$d(\boldsymbol{X},\boldsymbol{Y})=\sum_{i=1}^{n}|x_i-y_i| \tag{2.2}$$

该距离是 Minkowsky 距离在 $\lambda=1$ 时的一个特例.

(3) Cityblock 距离

$$d(\boldsymbol{X},\boldsymbol{Y})=\sum_{i=1}^{n}w_i|x_i-y_i| \tag{2.3}$$

该距离是对 Manhattan 距离的加权修正.其中,w_i,$i=1,2,\cdots,n$ 是权重因子.

(4) Euclidean 距离

$$d(\boldsymbol{X},\boldsymbol{Y})=\left[\sum_{i=1}^{n}|x_i-y_i|^{2}\right]^{\frac{1}{2}} \tag{2.4}$$

该距离即为在实际中进行使用的欧几里德距离,简称欧氏距离.它是 Minkowsky 距离在 $\lambda=2$ 时的一个特例.

(5) Camberra 距离

$$d(\boldsymbol{X},\boldsymbol{Y})=\sum_{i=1}^{n}\frac{|x_i-y_i|}{|x_i+y_i|} \tag{2.5}$$

(6) Mahalanobis 距离

$$d^2(\boldsymbol{X},\boldsymbol{M})=(\boldsymbol{X}-\boldsymbol{M})^{\mathrm{T}}\boldsymbol{\Sigma}^{-1}(\boldsymbol{X}-\boldsymbol{M}) \tag{2.6}$$

这里,$d(\boldsymbol{X},\boldsymbol{M})$给出了特征空间中的点 $\boldsymbol{X}$ 和 $\boldsymbol{M}$ 之间的一种距离测度.其中,$\boldsymbol{M}$ 为某一个模式类别的均值向量,$\boldsymbol{\Sigma}$ 为相应模式类别的协方差矩阵($\boldsymbol{M}$ 和 $\boldsymbol{\Sigma}$ 的具体定义参见附录).该距离测度考虑了以 $\boldsymbol{M}$ 为代表的模式类别在特征空间中的总体分布. 为今后叙述方便起见,将其简称为马氏距离. 易见,到 $\boldsymbol{M}$ 的马氏距离为常数的点组成特征空间中的一个超椭球面.

相似性度量除了可以用距离函数刻画外,根据所考虑的问题中各模式类别的实际分布情况,也可以用其他形式的函数加以定义. 例如,当所涉及的各模式类别呈例 2.2 中所示的扇状分布时,可以用下式所示的两个向量之间夹角的余弦作为其相似性测度

$$\boldsymbol{S}(\boldsymbol{X},\boldsymbol{Y}) = \cos\theta = \frac{\boldsymbol{X}^{\mathrm{T}}\boldsymbol{Y}}{\|\boldsymbol{X}\|\ \|\boldsymbol{Y}\|} \tag{2.7}$$

这里,θ 为两个向量 $\boldsymbol{X}$ 和 $\boldsymbol{Y}$ 之间的夹角,而 $\|\boldsymbol{X}\|$ 和 $\|\boldsymbol{Y}\|$ 分别为向量 $\boldsymbol{X}$ 和 $\boldsymbol{Y}$ 的模.

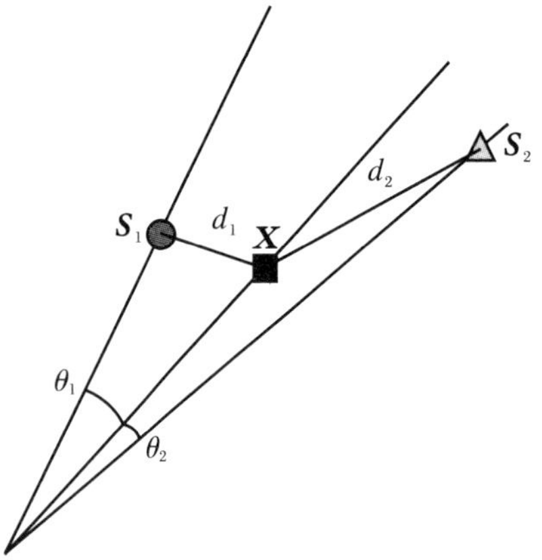

图 2.4　相似性测度和距离测度

显然,式(2.7)所定义的相似性测度明显不同于前面给出的距离测度. 如图2.4 所示,设$\boldsymbol{S}_1$ 和$\boldsymbol{S}_2$ 分别是来自于两个已知模式类别 ω_1 和 ω_2 的训练样本,$\boldsymbol{X}$ 是用于测试的样本. 如果按照基于欧氏距离的相似性测度进行判决,由于 $d_1 < d_2$,此时应将 $\boldsymbol{X}$ 归入 ω_1 类别;但是,若按式(2.7)所定义的相似性测度进行判决,由于 $\cos\theta_1 < \cos\theta_2$,此时则应将 $\boldsymbol{X}$ 归入 ω_2 类别. 显然,在现在的情况下,采用后一种相似性测度较为合理. 在实际中到底采用何种相似性测度应对具体问题作具体分析,根据实际情况来决定.

2.2.2　最小距离分类器

利用上面介绍的距离函数和最小距离分类原理,可以得到各种情况下的最小距离分类器.

(1) 基于标准样本的距离分类器

假设 $\omega_1, \omega_2, \cdots, \omega_N$ 是需要处理的 N 个模式类别,其中的每个模式类别依次可由相应的标准样本$\boldsymbol{M}_1, \boldsymbol{M}_2, \cdots, \boldsymbol{M}_N$ 所代表. 那么,基于标准样本的最小距离分类器可如下得到:对于给定的未知样本 $\boldsymbol{X}$,计算 $\boldsymbol{X}$ 与诸标准样本 $\boldsymbol{M}_1, \boldsymbol{M}_2, \cdots, \boldsymbol{M}_N$ 之间的距离,如果 $\boldsymbol{X}$ 与 $\boldsymbol{M}_i$ 之间的距离为其中的最小者,则将$\boldsymbol{M}_i$ 的类别作为 $\boldsymbol{X}$ 的类别. 分类规则可表示为

若对 $\forall j \neq i$,有 $d(\boldsymbol{X},\boldsymbol{M}_i) < d(\boldsymbol{X},\boldsymbol{M}_j)$,$j = 1,2,\cdots,N$ 成立,则判决 $\boldsymbol{X} \in \omega_i$,

即将 $\boldsymbol{X}$ 归入 ω_i 类中. (2.8)

上述规则可简记为

$$d(\boldsymbol{X},\boldsymbol{M}_i) < d(\boldsymbol{X},\boldsymbol{M}_j), \forall j \neq i \Rightarrow \boldsymbol{X} \in \omega_i, \quad j = 1,2,\cdots,N \tag{2.9}$$

或等价地表述为

$$d(\boldsymbol{X},\boldsymbol{M}_i) = \underset{j}{Min}\{d(\boldsymbol{X},\boldsymbol{M}_j)\} \Rightarrow \boldsymbol{X} \in \omega_i, \quad j = 1,2,\cdots,N \tag{2.10}$$

上式中的距离函数可根据需要进行选择.当采用欧氏距离作为距离测度时,有

$$\begin{aligned} d^2(\boldsymbol{X},\boldsymbol{M}_j) &= (\boldsymbol{X} - \boldsymbol{M}_j)^{\mathrm{T}}(\boldsymbol{X} - \boldsymbol{M}_j) \\ &= \boldsymbol{X}^{\mathrm{T}}\boldsymbol{X} - 2\boldsymbol{M}_j^{\mathrm{T}}\boldsymbol{X} + \boldsymbol{M}_j^{\mathrm{T}}\boldsymbol{M}_j \\ &= \boldsymbol{X}^{\mathrm{T}}\boldsymbol{X} - 2\left(\boldsymbol{M}_j^{\mathrm{T}}\boldsymbol{X} - \frac{1}{2}\boldsymbol{M}_j^{\mathrm{T}}\boldsymbol{M}_j\right) \end{aligned} \tag{2.11}$$

由距离的非负性,知

$$d(\boldsymbol{X},\boldsymbol{M}_i) < d(\boldsymbol{X},\boldsymbol{M}_j), \forall j \neq i \Leftrightarrow d^2(\boldsymbol{X},\boldsymbol{M}_i) < d^2(\boldsymbol{X},\boldsymbol{M}_j), \forall j \neq i$$

若记

$$g_j(\boldsymbol{X}) = \boldsymbol{M}_j^{\mathrm{T}}\boldsymbol{X} - \frac{1}{2}\boldsymbol{M}_j^{\mathrm{T}}\boldsymbol{M}_j \tag{2.12}$$

则上面的判决条件成为

$$\boldsymbol{X}^{\mathrm{T}}\boldsymbol{X} - 2g_i(\boldsymbol{X}) < \boldsymbol{X}^{\mathrm{T}}\boldsymbol{X} - 2g_j(\boldsymbol{X})$$

即

$$g_i(\boldsymbol{X}) > g_j(\boldsymbol{X})$$

这样,最终的分类规则可写成以下的形式

$$g_i(\boldsymbol{X}) > g_j(\boldsymbol{X}), \forall j \neq i \Rightarrow \boldsymbol{X} \in \omega_i, \quad j = 1,2,\cdots,N \tag{2.13}$$

我们把上述判决称为最大值判决,把其中的 $g_j(\boldsymbol{X}), j = 1,2,\cdots,N$ 称为判别函数.易见,当取欧氏距离作为距离测度时,判别函数 $g_j(\boldsymbol{X})_i, j = 1,2,\cdots,N$ 具有线性的形式.当取其他定义的距离作为距离测度时,判别函数 $g_j(\boldsymbol{X})_i, j = 1,2,\cdots,N$ 也可以具有非线性的形式.在各种形式的判别函数中,线性判别函数是最简单的一类判别函数.

下面对式(2.12)进行改写.为此,记

$$\boldsymbol{M}_j = (m_{j,1}, m_{j,2}, \cdots, m_{j,n})^{\mathrm{T}}$$

如下构造一个$(n+1)$维的加长向量

$$\boldsymbol{W}_j' = (w_{j,1}, w_{j,2}, \cdots, w_{j,n}, w_{j,n+1})^{\mathrm{T}}$$

其中,$w_{j,k} = m_{j,k}, k = 1,2,\cdots,n, w_{j,n+1} = -\dfrac{1}{2}\boldsymbol{M}_j^{\mathrm{T}}\boldsymbol{M}_j$.

另外,在 $\boldsymbol{X}$ 的基础上,定义如下所示的$(n+1)$维的加长向量

$$X' = (x_1, x_2, \cdots, x_n, 1)^{\mathrm{T}}$$

于是,式(2.12)所示的线性判别函数可写成以下形式

$$g_j(\boldsymbol{X}') = \boldsymbol{W}_j'^{\mathrm{T}}\boldsymbol{X}' \tag{2.14}$$

其中的加长型向量 $\boldsymbol{W}_j'$ 称为权向量.在有些书中,上述加长型向量有时也被称为增广型向量.

(2) 基于分散样本的最小距离分类器

上面讨论了基于标准样本的最小距离分类器的设计问题.这种最小距离分类器仅适用于每个类别中的观测样本可由所属类别的标准样本很好地进行描述的情况.在实际中,受畸变和噪声等因素的影响,每个类别中的观测样本散布在较大的范围内,往往不能由所属类别的标准样本很好地进行描述.例如,考虑手写汉字的识别问题.不仅不同人写出的同一个汉字在形状上存在较大的差异,就是同一个人在不同的时间里写出的同一个汉字在形状上也会表现出一定的差异性.因此,当同一个类别的观测样本在特征空间中存在较大的散布时,为了提高分类器的性能,需要区分不同的情况,采取不同的对策.下面介绍几种常用的处理方法.

平均样本法 最简单的处理方法是所谓的平均样本法.这种方法适合于处理样本散布较小的情况.首先从各类别的训练样本集出发,求其平均值作为各类别的标准样本;然后,据此设计基于标准样本的最小距离分类器.

其中,ω_j 类的标准样本 $\boldsymbol{M}_j$ 由下式计算

$$\boldsymbol{M}_j = \frac{1}{S_j}\sum_{k=1}^{S_j} \boldsymbol{Y}_{j,k} \tag{2.15}$$

这里,假设用于训练的样本中有 S_j 个属于 ω_j 类,$\boldsymbol{Y}_{j,k}$ 是其中的第 k 个样本.

这种设计方法特别简单.和标准样本法一样,每一个类别仅需要存储一个平均样本.但是由于没有考虑样本散布对分类器性能的影响,其分类性能往往不是很理想.

平均距离法 平均距离法考虑了样本散布对分类性能的影响.和基于标准样本的平均样本法不同,平均距离法用待识别样本 $\boldsymbol{X}$ 到各类别的所有训练样本的平均距离作为分类的依据.

其中,$\boldsymbol{X}$ 到类别 ω_j 的距离测度 $\bar{d}(\boldsymbol{X}, \omega_j)$ 由下式计算

$$\bar{d}(\boldsymbol{X}, \omega_j) = \frac{1}{S_j}\sum_{k=1}^{S_j} d(\boldsymbol{X}, \boldsymbol{Y}_{j,k}), \quad j = 1,2,\cdots,N \tag{2.16}$$

相应的判决规则如下

$$\bar{d}(\boldsymbol{X}, \omega_i) < \bar{d}(\boldsymbol{X}, \omega_j), \forall j \neq i \Rightarrow X \in \omega_i, \quad j = 1,2,\cdots,N \tag{2.17}$$

平均距离法的优点是有一定的抗噪声能力,其缺点是计算量较大,并需要存储

所有的训练样本.

最近邻法 另一个考虑了样本散布对分类性能影响的方法是所谓的最近邻法.对于给定的待识别的测试样本,该方法从整个训练样本集合中找出与待识别的测试样本最近邻的那个训练样本,并将该训练样本所属的类别作为待识别的测试样本的类别.

用 $d_{\min}(\boldsymbol{X},\omega_j)$表示待识别样本 X 到类别ω_j 的最小距离,即

$$d_{\min}(\boldsymbol{X},\omega_j) = \underset{k=1,2,\cdots,S_j}{Min}\{d(\boldsymbol{X},\boldsymbol{Y}_{j,k})\},\quad j = 1,2,\cdots,N \tag{2.18}$$

则最近邻法的判决规则由下式给出

$$d_{\min}(\boldsymbol{X},\omega_i) < d_{\min}(\boldsymbol{X},\omega_j),\forall j \neq i \Rightarrow \boldsymbol{X} \in \omega_i,\quad j = 1,2,\cdots,N \tag{2.19}$$

最近邻法的优点是简单而且实用,其缺点是计算和存储的代价较高.另外,该方法在样本点受到噪声污染时容易造成误分类.

上面简述了最小距离分类器的几种常用设计方法.这些方法各有优缺点,实际使用时选用何种方法应根据具体情况而定.图 2.5 给出了样本在特征空间中的几种典型的分布情况.其中,对图 2.5(a)的情况而言,选用上述三种方法中的任一种方法应该都是可以的;但比较起来,因平均样本法最简单,计算和存储代价都小,是最为合理的一种选择.对图 2.5(b)的情况而言,选用平均样本法或平均距离法较为合适.此时,不适宜选用最近邻法,因为图中所示噪声样本的存在会使最近邻法极易产生误分类的结果.而对图 2.5(c)的情况而言,选用最近邻法最为合适、之所以作这样的选择,其理由可从图 2.5(c)得到说明.由图可见,将待识别样本 $\boldsymbol{X}$ 归于 ω_1 类是较为合理的.但是,若适用平均样本法或平均距离法却会将其归于 ω_2 类.

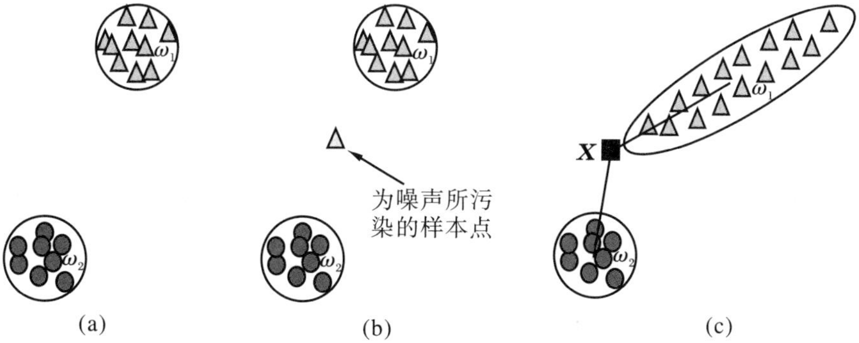

图 2.5 最近邻法的图示

进一步讨论 从上面关于最小距离分类器的描述可以看出:平均样本法和最近邻法代表了两种极端的情形.平均样本法用一个点代表一个类别(过分集中),当

某些类别的样本点在特征空间中的分布散布程度较大时将导致对有的样本点的误分类.与此不同,在最近邻法中每一个样本点都被视为所属类别的一个代表(过分分散),当样本点受到噪声污染时容易造成误分类.

鉴于上述情况,可以考虑引入某些折衷的方法来提高上述基于距离的分类器的性能.其中,一种方法是引入集群操作.首先,按照一定的准则把属于同一个类别的样本集合划分成若干个具有一定"凝聚性"的子集(具体参见第5章的相关内容),并用各个子集的平均样本作为其标准样本;这里,可要求这样得到的每个子集中所包含的样本个数不小于某个设定的阈值,对于样本个数小于设定阈值的样本子集,将其视为噪声并舍弃之.然后,可利用所获得的标准样本集合借助于最近邻法最终完成分类工作.这种做法的好处是:一方面,由于对每一个得到的样本子集均采用了平均处理,可抑制掉样本集合中所包含的零星噪声样本的不良影响;另一方面,由于减少了用于判决的训练样本的个数,可以节省分类判决时所需要的存储空间和计算时间.图2.6给出了这种方法的一个图示.其中,根据训练样本之间的"凝聚性",将属于 ω_1 和 ω_2 两个类别的样本集合进一步划分为两个子集,每个子集的均值向量被作为其标准样本.判决的时候,只需要分别计算待识别的测试样本到上述四个标准样本的距离,并比较其大小、作出判决即可.例如,在图示的情况下,$\boldsymbol{X}_1$ 被判作属于 ω_1,$\boldsymbol{X}_2$ 被判作属于 ω_2.

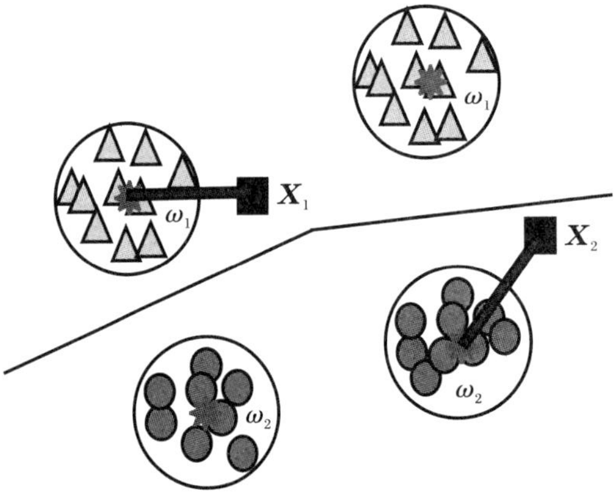

图 2.6 基于集群操作的分类

另一种折衷的方法是采用所谓的 **K 近邻法**.这种方法实际上是前述最近邻法的一个拓展.设待识别的测试样本为 $\boldsymbol{X}$,该方法首先计算 $\boldsymbol{X}$ 到训练样本集合中的每一个样本的距离,并按照大小进行排序;然后,提取与 $\boldsymbol{X}$ 最近邻的 K 个样本点作为进一步进行判决的依据.为了进行判决,统计与 $\boldsymbol{X}$ 最近邻的上述 K 个样本点中属于 ω_j 类别的样本个数,记为 $k_j, j=1,2,\cdots,N$.

这样,最终的判决规则如下所示

$$k_i > k_j, \forall j \neq i \Rightarrow \boldsymbol{X} \in \omega_i, \quad j = 1,2,\cdots,N \tag{2.20}$$

这里,$\sum_{j=1}^{N} k_j = K$.

可以看到,K 近邻法利用了比最近邻法更多的样本信息来确定待识别样本的类别. K 的选取受两方面因素的制约. 一方面,希望 K 值取大些;这样,有利于减小噪声的影响. 另一方面,希望所取到的 K 个近邻样本离待识别样本都很近以保证它们对分类有同等的影响.

图 2.7 给出了 K 近邻法的大要. 由图可见,待识别样本 $\boldsymbol{X}$ 离被污染的 ω_1 类的样本最近,若使用最近邻法,$\boldsymbol{X}$ 将被归入 ω_1 类,从而导致误判. 使用 K 近邻法可以避免这个问题. 由图可知,在距离待识别样本 $\boldsymbol{X}$ 最近的三个训练样本中,有两个属于 ω_2 类. 因此,若选择 $K=3$,则可以消除噪声样本的影响,作出正确判决.

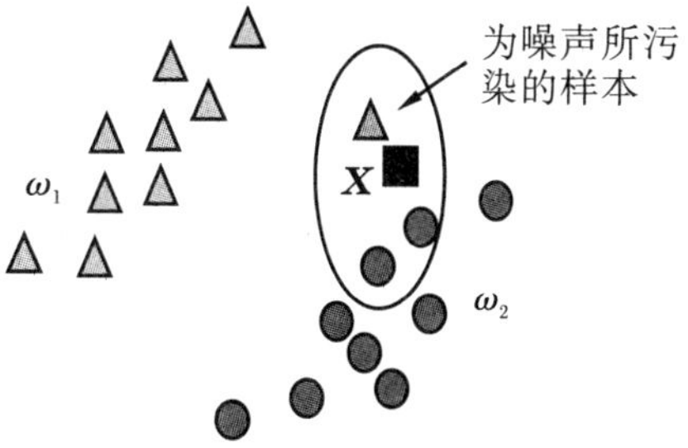

图 2.7　K 近邻法之图示

2.3　线性可分情况下的几何分类法

上一节初步讨论了如何在特征空间中对给定的模式进行分类的问题,并基于最小距离分类原理给出了几种最小距离分类器的设计方法. 我们看到,这些方法是建立在几何直观上的、基于特征空间中的距离概念的一类方法. 在本书中,我们把像上面这样通过几何的方法将特征空间分解成对应于不同类别子区域的方法称为**几何分类法**,相应的分类器称为**几何分类器**.

本节讨论几何分类器设计的一般方法. 和设计最小距离分类器的情况一样,仅考虑有监督的情况. 此时,可以依赖的是类别已知的样本集合.

2.3.1　线性判别函数和线性分类器

为简单起见,首先从一个两类问题入手,借助于基于标准样本的最小距离分类器的设计思路得到相应几何分类器设计的一般方法. 然后,将结果应用于多类情况,导出多类情况下几何分类器设计的一般步骤.

根据上一节的结果,在两类情况下基于标准样本的最小距离分类器的分类规则一般可写成如下的形式:

$$g_i(\boldsymbol{X}) > g_j(\boldsymbol{X}),\ \forall j \neq i \Rightarrow \boldsymbol{X} \in \omega_i,\quad j = 1,2 \tag{2.21}$$

其中，$g_j(\boldsymbol{X})$，$j=1,2$ 分别为两个类别的判别函数.若采用欧氏距离作为距离测度，则 $g_j(\boldsymbol{X})$，$j=1,2$ 具有线性函数的形式.

(1) 两类情况下的线性分类器

现在，我们将上述问题一般化.也就是说，和上面对每个类别都定义一个判别函数并据此进行分类判决的情况不同，我们希望找到一个函数 $G(\boldsymbol{X})$，并通过对 $G(\boldsymbol{X})$ 的操作来解决相应的分类问题.为了有别于前述的 $g_j(\boldsymbol{X})$，$j=1,2$，把 $G(\boldsymbol{X})$ 称为**决策面函数**.显然，$G(\boldsymbol{X})=0$ 定义了相应特征空间中的一个曲面.称这样一个曲面为分界面或决策面.这样一个分界面将除自身之外的整个特征空间划分为 $G(\boldsymbol{X})>0$ 和 $G(\boldsymbol{X})<0$ 两个部分.对于一个两类问题而言，我们希望找到一个决策面函数 $G(\boldsymbol{X})$ 和相应的分界面 $G(\boldsymbol{X})=0$ 使得以此分界面为界，同一类别的所有样本都位于分界面的同一侧，而不同类别的样本位于分界面的不同一侧.例如，规定使 ω_1 类别的所有样本都位于 $G(\boldsymbol{X})>0$ 一侧，而 ω_2 类别的所有样本都位于 $G(\boldsymbol{X})<0$ 一侧.这样，如果找到了使所有训练样本都能被正确分类的 $G(\boldsymbol{X})$，则分类器设计问题即告解决.相应的分类规则如下

$$G(\boldsymbol{X})\begin{cases}>0 \Rightarrow \boldsymbol{X}\in\omega_1\\ =0 \Rightarrow \text{任意判决或拒绝判决}\\ <0 \Rightarrow \boldsymbol{X}\in\omega_2\end{cases} \tag{2.22}$$

需要强调指出的是：$G(\boldsymbol{X})$ 不是针对每个类别而定义的，它是为在不同类别之间进行区分而定义的函数.有时，在不至于引起混淆的情况下亦将 $G(\boldsymbol{X})$ 统称为判别函数.显然，要找到这样的决策面函数，必须解决两个问题.一是要确定 $G(\boldsymbol{X})$ 的函数形式，二是要确定其中所包含的参数.第一个问题的解决，依赖于对训练样本在特征空间中的分布情况的了解.根据实际情况，$G(\boldsymbol{X})$ 可以是线性函数，也可以是非线性函数.如果没有足够的先验知识可以利用，一般可采用试探的办法.例如，先尝试用较简单的函数，看是否可据此完成分类任务；如果不能，再尝试使用更复杂的函数，直至得到能对给定的训练样本作出正确分类的分类器为止.第二个问题的解决也依赖于训练样本，但相对第一个问题而言情况比较单纯.只要对选定的 $G(\boldsymbol{X})$ 而言模式分类问题有解，原则上总能找到合适的方法确定相应的参数.

最简单的决策面函数和判别函数是线性函数.它可以被表示为一个模式所有特征分量的线性组合.在现在的情形下，若假设相应特征空间的维数为 n，则待求的决策面函数 $G(\boldsymbol{X})$ 可以写成

$$G(\boldsymbol{X}) = \boldsymbol{W}^{\mathrm{T}}\boldsymbol{X} + w_{n+1} = \sum_{k=1}^{n} w_k x_k + w_{n+1} \tag{2.23}$$

若采用加长向量表示，则相应的决策面函数 $G(\boldsymbol{X})$ 可表示为

$$G(\boldsymbol{X}) = \boldsymbol{W}'^{\mathrm{T}} X' = \sum_{k=1}^{n+1} w_k x_k \tag{2.24}$$

这里，$\boldsymbol{W}' = (w_1, w_2, \cdots, w_n, w_{n+1})^{\mathrm{T}}$ 和 $\boldsymbol{X}' = (x_1, x_2, \cdots, x_n, 1)^{\mathrm{T}}$. 我们的任务就是要根据训练样本确定所述权向量，即确定包括 $w_1, w_2, \cdots, w_n, w_{n+1}$ 在内的所有权系数.

为方便起见，称 $G(\boldsymbol{X}) = 0$ 为决策面方程. 它给出了两类模式之间的分界面. 当特征空间是一维空间时，它是一个点；当特征空间是二维空间时，它是一条直线；当特征空间是三维空间时，它是一个平面；当特征空间是多维空间时，它是一个超平面.

根据式(2.22)所示的分类规则和式(2.23)或式(2.24)所示的决策面函数，可以构造如图 2.8 所示两类情况下的线性分类器.

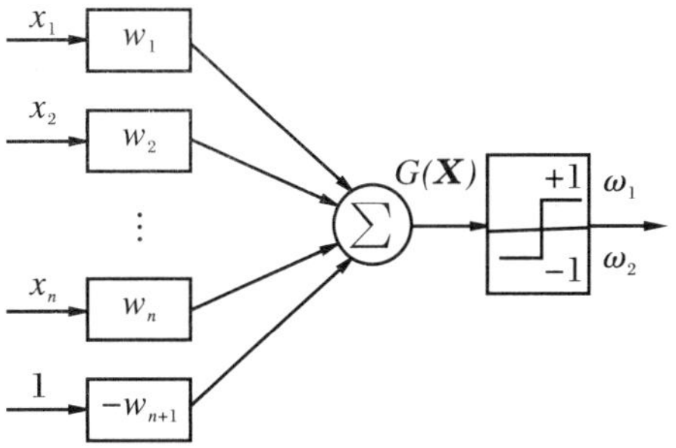

图 2.8　线性分类器

下面讨论权向量的一个重要性质. 如图 2.9 所示，设 $\boldsymbol{X}_1$ 和 $\boldsymbol{X}_2$ 是决策面 π 上的任意两个点，显然，根据式(2.23)，我们有

$$\boldsymbol{W}^{\mathrm{T}} \boldsymbol{X}_1 + w_{n+1} = \boldsymbol{W}^{\mathrm{T}} \boldsymbol{X}_2 + w_{n+1} = 0$$

即

$$\boldsymbol{W}^{\mathrm{T}}(\boldsymbol{X}_1 - \boldsymbol{X}_2) = 0 \tag{2.25}$$

由于 $\boldsymbol{X}_1 - \boldsymbol{X}_2$ 是决策面上的任意一个向量，上式说明，权向量 $\boldsymbol{W}$ 和决策面 π 正交. 所以，权向量的方向和决策面的法线方向是一致的.

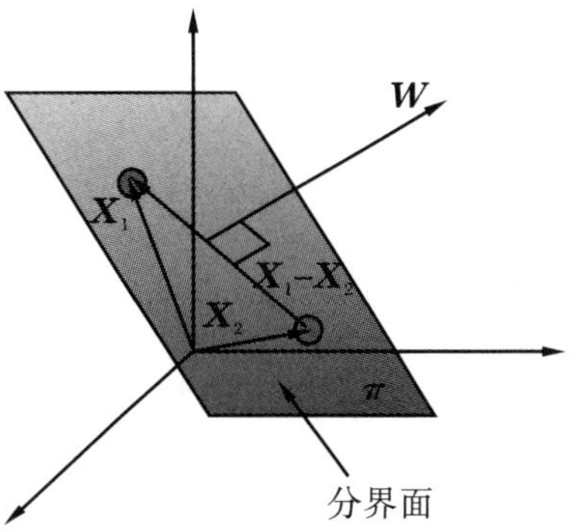

图 2.9　权向量的性质

一般说来，在两类情况下决策面把整个特征空间分成两个半空间：ω_1 的决策域 R_1 构成

的半空间和 ω_2 的决策域 R_2 构成的半空间. 因为当一个样本 $\boldsymbol{X}$ 在 R_1 中时,有 $G(\boldsymbol{X})>0$,所以,决策面法向量的正方向指向 R_1. 为叙述方便起见,称 R_1 位于决策面的正面一侧(如图,标有"+"号的一侧),R_2 位于决策面的反面一侧(如图,标有"-"号的一侧). 图 2.10 给出了用线性决策面函数对二维两类的模式进行分类的情况.

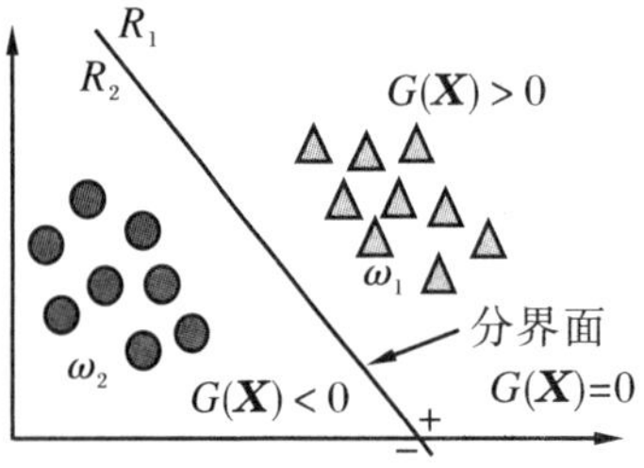

图 2.10　线性决策面的图示

下面,对决策面函数 $G(\boldsymbol{X})$ 在点 $\boldsymbol{X}$ 处取值的几何意义进行解释.

如图 2.11 所示,决策面 π 由 $G(\boldsymbol{X})=0$ 给出,$\boldsymbol{W}$ 是其权向量. 由前知,$\boldsymbol{W}$ 的方向和决策面的法线方向保持一致.

首先计算特征空间中的一点 $\boldsymbol{X}$ 到决策面的距离. 为此,自 $\boldsymbol{X}$ 引垂线至决策面,使之与决策面交于 $\boldsymbol{X}_p$ 点. 那么,所求距离由 $\boldsymbol{X}-\boldsymbol{X}_p$ 的模给出. 由图可见,由于 $\boldsymbol{X}-\boldsymbol{X}_p$ 和决策面 $G(\boldsymbol{X})=0$ 正交,所以,它和权向量的方向或者一致或者相反. 因此,$\boldsymbol{X}-\boldsymbol{X}_p$ 可由下式表示

$$\boldsymbol{X}-\boldsymbol{X}_p = r\frac{\boldsymbol{W}}{\|\boldsymbol{W}\|} \tag{2.26}$$

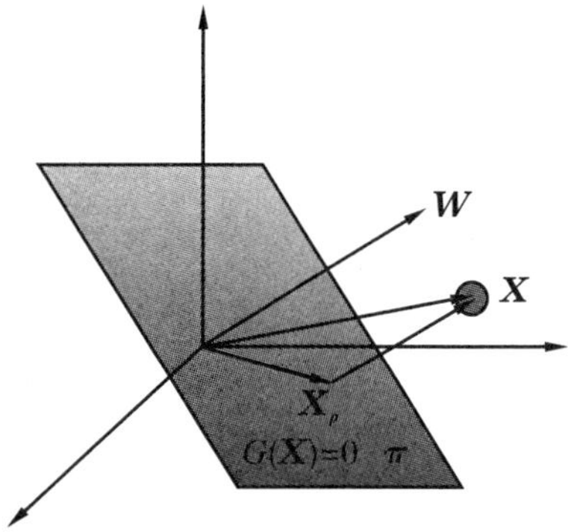

图 2.11　$G(X)$在点 X 处取值的几何意义

这里,r 是一个代数量,其大小等于所要求的距离,而其符号则反映了 $\boldsymbol{X}$ 所处的位置. 当 $\boldsymbol{X}$ 位于决策面的正面一侧时为正,否则为负.

r 的取值可用 $G(\boldsymbol{X})$ 表出. 为此,用 $\boldsymbol{W}^{\mathrm{T}}$ 左乘式(2.26)的两边,有

$$\boldsymbol{W}^{\mathrm{T}}\boldsymbol{X}-\boldsymbol{W}^{\mathrm{T}}\boldsymbol{X}_p = r\frac{\boldsymbol{W}^{\mathrm{T}}\boldsymbol{W}}{\|\boldsymbol{W}\|} = r\|\boldsymbol{W}\| \tag{2.27}$$

$$(\boldsymbol{W}^{\mathrm{T}}\boldsymbol{X}+w_{n+1})-(\boldsymbol{W}^{\mathrm{T}}\boldsymbol{X}_p+w_{n+1}) = r\|\boldsymbol{W}\| \tag{2.28}$$

由前,知

$$G(\boldsymbol{X}) = \boldsymbol{W}^{\mathrm{T}}X+w_{n+1}$$

又因 $\boldsymbol{X}_p$ 在决策面上,故有

$$G(\boldsymbol{X}_p) = \boldsymbol{W}^{\mathrm{T}}\boldsymbol{X}_p+w_{n+1} = 0$$

因此,式(2.28)成为

$$G(\boldsymbol{X}) = r\|\boldsymbol{W}\|$$

也即

$$r = \frac{G(\boldsymbol{X})}{\|\boldsymbol{W}\|} \tag{2.29}$$

因此，$G(\boldsymbol{X})$给出了点 $\boldsymbol{X}$ 到决策面距离的度量. 作为上述结论的一个特例，我们有以下的结果：如果用 D_0 表示原点到决策面的距离，则

$$D_0 = \frac{G(\boldsymbol{0})}{\|\boldsymbol{W}\|} = \frac{w_{n+1}}{\|\boldsymbol{W}\|}$$

因此，若 $w_{n+1}>0$，则原点在决策面的正面一侧；反之，若 $w_{n+1}<0$，则原点在决策面的反面一侧；若 $w_{n+1}=0$，则决策面过原点.

(2) 多类情况下的线性分类器

给定属于 N 个类别 $\omega_1,\omega_2,\cdots,\omega_N$ 的样本集合，若能用一个超平面将任意一个类别的样本同其他所有类别的样本分开，则称该样本集合是总体线性可分的；又若能用一个超平面将所有类别中任意两个类别的样本分开，则称该样本集合是成对线性可分的. 如果输入样本集合是总体线性可分的或成对线性可分的，则称该样本集合是线性可分的. 对于线性可分的样本集合可讨论线性分类器的设计问题. 特别地，我们将看到，多类情况下的线性分类器可由求解两类问题的线性分类器得到.

下面根据已有的技术途径，并结合样本集合本身的可分性质分三种情况讨论多类情况下的线性分类器的设计问题.

第一种情况：输入样本集合为总体线性可分的情况.

此时，由于每一个模式类别与其他所有剩余的模式类别之间可用单个决策超平面分开，故可采用 $\omega_i/\bar{\omega}_i$ 两分法把相应的N类判决问题转化为N个两类问题求解. 这里，$\bar{\omega}_i$ 表示非 ω_i 类，即 ω_i 类之外的所有剩余的模式类. 相应的 $\omega_i/\bar{\omega}_i$ 两分问题的判决规则如下所示

$$G_i(\boldsymbol{X}) = \boldsymbol{W}_i'^{\mathrm{T}}\boldsymbol{X}' \begin{cases} >0 \Rightarrow \boldsymbol{X} \in \omega_i \\ =0 \Rightarrow \text{任意判决或拒绝判决} \\ <0 \Rightarrow \boldsymbol{X} \in \bar{\omega}_i \end{cases} \tag{2.30}$$

这里，$\boldsymbol{W}_i'=(w_{i,1},w_{i,2},\cdots,w_{i,n},w_{i,n+1})^{\mathrm{T}}$ 为决策面函数的权向量.

图 2.12 给出了对两维三类问题利用 $\omega_i/\bar{\omega}_i$ 两分法进行分类的结果图示. 每一次求解一个 $\omega_i/\bar{\omega}_i$，$i=1,2,3$ 两分问题，都会产生一个分界面. 在本例中，共产生三个这样的分界面(三条直线)：$G_1(\boldsymbol{X})=0$、$G_2(\boldsymbol{X})=0$ 和 $G_3(\boldsymbol{X})=0$. 每一个这样的分界面将整个特征空间划分为两个区域：由 $G_i(\boldsymbol{X})>0$ 表示的分界面正面一侧的区域和由 $G_i(\boldsymbol{X})<0$ 表示的分界面反面一侧的区域.

模式类 ω_i 的决策域由下式给出

$$G_i(\boldsymbol{X}) > 0,\ G_j(\boldsymbol{X}) < 0,\quad \forall j \neq i \tag{2.31}$$

显然,在现在的情况下存在不满足上述决策域条件的区域.这些区域或者同时属于两个以上的类别,或者不属于其中的任何一个类别.对于这样一些区域,不宜作出最后的判决.一般的做法是将其作为不确定区域(图中标有 IR 的区域)处理.

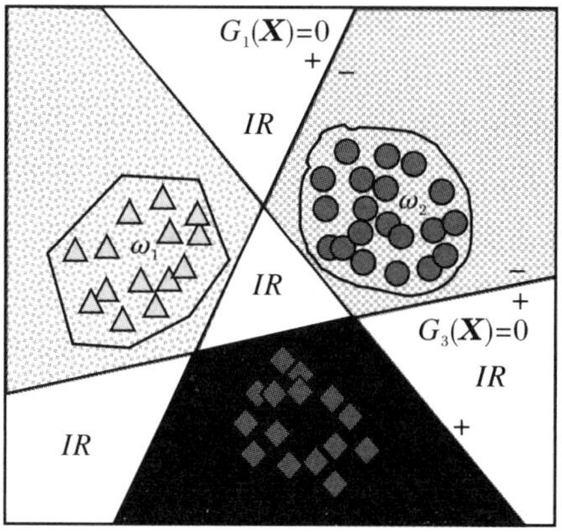

图 2.12　输入样本集合总体线性可分情况下的多类分类器设计:$\omega_i/\overline{\omega_i}$ 两分法

第二种情况:输入样本集合为成对线性可分的情况.

此时,由于每两个模式类别之间可用单个决策面分开,故可采用 ω_i/ω_j 两分法把相应的 N 类判决问题转化为 C_N^2 个两类问题求解.这里,$C_N^2 = N(N-1)/2$ 为组合运算符,表示从 N 个数中取 2 的组合数.相应的 ω_i/ω_j 两分问题的判决规则如下所示

$$G_{ij}(\boldsymbol{X}) = W_{ij}'^{\mathrm{T}} \boldsymbol{X}' \begin{cases} > 0 \Rightarrow \boldsymbol{X} \in \omega_i \\ = 0 \Rightarrow \text{任意判决或拒绝判决} \\ < 0 \Rightarrow \boldsymbol{X} \in \omega_i \end{cases} \tag{2.32}$$

这里,$W_{ij}' = (w_{ij,1}, w_{ij,2}, \cdots, w_{ij,n}, w_{ij,n+1})^{\mathrm{T}}$ 为用于区分 ω_i 类和 ω_j 类的决策面函数的权向量.显然,此时有 $G_{ij}(\boldsymbol{X}) = -G_{ji}(\boldsymbol{X})$ 成立.

模式类 ω_i 的决策域由下式给出

$$G_{ij}(\boldsymbol{X}) > 0,\quad \forall j \neq i \tag{2.33}$$

在第二种情况下,也存在不满足上述决策域条件的不确定区域(图中标有 IR 的区域),但不确定区域的数目减少到只有一个.

第二种情况下的分类结果之图示见图 2.13.

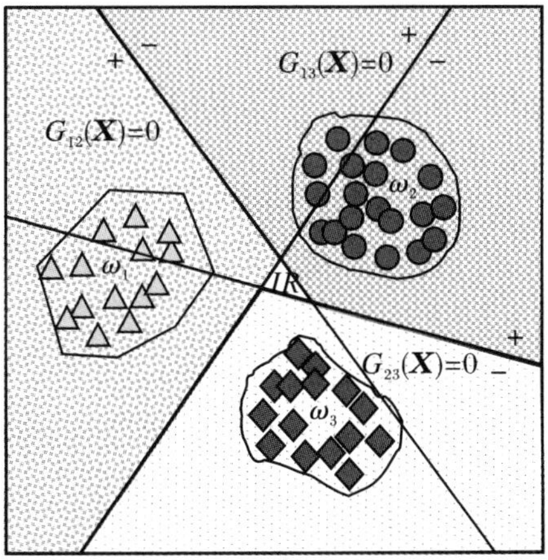

图 2.13 输入样本集合成对线性可分情况下的多类分类器设计：ω_i/ω_j 两分法

第三种情况：输入样本集合不仅成对线性可分，而且存在没有不确定区域的解.

这种情况是第二种情况的一个特例.为了确保最终得到的决策域中不存在不确定区域，采用如下的策略：对于每个类别定义一个判别函数，并采用最大值判决准则完成分类.

此时，共需设置和类别数相等的 N 个判别函数：$g_j(\boldsymbol{X})=\boldsymbol{W}_j'^{\mathrm{T}}\boldsymbol{X}'$，$j=1,2,\cdots,N$. 用于分类的判决规则为

$$g_i(\boldsymbol{X})>g_j(\boldsymbol{X}),\forall j\neq i\Rightarrow \boldsymbol{X}\in\omega_i,\quad j=1,2,\cdots,N \tag{2.34}$$

相应的分类问题可转化为 ω_i/ω_j 两分问题进行求解.事实上，若如下定义决策面函数 $G_{ij}(\boldsymbol{X})=g_i(\boldsymbol{X})-g_j(\boldsymbol{X})$，则类 ω_i 的分类规则可由下式表示

$$G_{ij}(\boldsymbol{X})=\boldsymbol{W}_{ij}'^{\mathrm{T}}\boldsymbol{X}'>0,\ \forall j\neq i\Rightarrow \boldsymbol{X}\in\omega_i,\quad j=1,2,\cdots,N$$

这里，$\boldsymbol{W}_{ij}'=(w_{ij,1},w_{ij,2},\cdots,w_{ij,n},w_{ij,n+1})^{\mathrm{T}}$ 为用于区分 ω_i 类和 ω_j 类的决策面函数的权向量.

相应的决策域为

$$G_{ij}(\boldsymbol{X})>0,\ \forall j\neq i,\quad j=1,2,\cdots,N \tag{2.35}$$

值得注意的是，虽然第三种情况和第二种情况所得到的判决规则形式上相似，但两者在内涵上是存在区别的，最终得到的结果也是不同的.

例如，在第二种情况下，一个 N 类判决问题被分解成 C_N^2 个 ω_i/ω_j 两分问题求解.这些 ω_i/ω_j 两分问题之间是彼此独立的.而在第三种情况下，虽然也可形式上将相应的 N 类判决问题转化为 C_N^2 个 ω_i/ω_j 两分问题进行求解，但是，所得到的

C_N^2 个两类问题之间并不是完全独立的，其中的一些两类问题的解之间存在一定的关联.表现在权向量 $\boldsymbol{W}'_{ij}$ 的求解上，其取值不仅和 ω_i 类和 ω_j 类的样本有关，也和其他与之有关联关系的类别的样本有关.

之所以出现这样的情况，是因为在第三种情况下我们对每一个模式类别分别建立了一个判别函数.例如，用于求解 ω_i/ω_j 两分问题的决策面函数 $G_{ij}(\boldsymbol{X})=g_i(\boldsymbol{X})-g_j(\boldsymbol{X})$ 是由 ω_i 类和 ω_j 类的判别函数 $g_i(\boldsymbol{X})$ 和 $g_j(\boldsymbol{X})$ 所定义的，这就使得不同的决策面函数之间可能存在关联.其中的一些决策面函数可由其他一些决策面函数的线性组合得到.

举一个例子来具体说明这个问题.考虑三类问题，假设对所有三个类别分别建立了如下所示的判别函数：$\omega_1:g_1(\boldsymbol{X})$，$\omega_2:g_2(\boldsymbol{X})$ 和 $\omega_3:g_3(\boldsymbol{X})$.另外，为了求解相关的 ω_i/ω_j，$i=1,2,3$ 两分问题，定义了如下的决策面函数

$$G_{12}(\boldsymbol{X}) = g_1(\boldsymbol{X}) - g_2(\boldsymbol{X})$$

$$G_{13}(\boldsymbol{X}) = g_1(\boldsymbol{X}) - g_3(\boldsymbol{X})$$

$$G_{23}(\boldsymbol{X}) = g_2(\boldsymbol{X}) - g_3(\boldsymbol{X})$$

上面定义的三个决策面函数彼此之间不是完全独立的.其中，$G_{23}(\boldsymbol{X})$ 可写为

$$\begin{aligned} G_{23}(\boldsymbol{X}) &= g_2(\boldsymbol{X}) - g_3(\boldsymbol{X}) \\ &= (g_1(\boldsymbol{X}) - g_3(\boldsymbol{X})) - (g_1(\boldsymbol{X}) - g_2(\boldsymbol{X})) \\ &= G_{13}(\boldsymbol{X}) - G_{12}(\boldsymbol{X}) \end{aligned}$$

上式表明，$G_{23}(\boldsymbol{X})$ 可由 $G_{13}(\boldsymbol{X})$ 和 $G_{12}(\boldsymbol{X})$ 线性表出，即三者之间不是相互独立的.

事实上，可以证明：在一个 N 类分类问题中，独立决策面函数的个数不是 C_N^2 个，而是 $(N-1)$ 个.

在第三种情况下，由于采用最大值判决，因此，只要给定的分类问题在第三种情况下确是线性可分的，则其决策域除了边界之外不存在任何不确定区域.

对一个两维三类问题利用最大值判决规则进行分类的结果如图 2.14 所示.

上面分三种情况介绍了多类线性分类器的设计问题.下面简述一下三种情况之间的关系.先看第一种情况和第二种情况之间的关系.对于 N 类分类问题而言，第一种情况需要设置 N 个决策面函数，而第二种情况则需要确定 C_N^2 个决策面函数.显然，在 N 取值较大的时候，后者需要处理更多的决策面函数.但是，第一种情况需要在一种类别和剩余的其他所有模式类别之间作出区分，而第二种情况仅需在两个类别之间作出区分.因此，从可区分性来看，第二种情况明显占有优势.也就是说，在第二种情况下线性可分的样本集在第一种情况下未必是线性可分的，而在第一种情况下线性可分的样本集在第二种情况下也一定是线性可分的.再来看第

二种情况和第三种情况之间的关系.显然,作为第二种情况的一个特例,如果一个

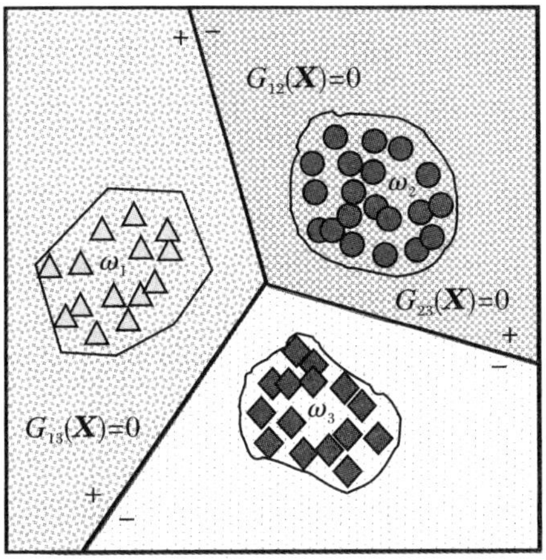

图 2.14　基于最大值判决规则的多类分类器设计

样本集合在第三种情况下是线性可分的,则它在第二种情况下也是线性可分的;反之,则不一定成立.也就是说,如果一个样本集合在第二种情况下是线性可分的,则在第三种情况下有可能有解,也可能无解.

上面所介绍的分类器的设计思路也同样适用于求解多类非线性可分问题.以后除非特别声明,一般我们只考虑两类问题.这是因为如上所述,一个多类问题可以转化为多个两类问题进行求解.

在本小节的最后,简短讨论一下对所设计的分类器的评价问题.从一般设计者的设计初衷来看,似乎希望所设计的分类器中最好不存在所谓的不确定区域.这固然是一个分类器性能好坏的一个标志,但更重要的评价指标应该是分类器的分类错误率.一个分类器如果对测试集有较低的分类错误率,我们说这个分类器是一个好的分类器,否则,即使它给出没有不确定区域的分类结果,从分类的角度来看也未必是一个可以接受的结果.关于分类错误率,我们将在第 4 章作更深入的讨论.

2.3.2　线性判别函数的参数确定

上一小节介绍了应用线性判别函数对线性可分的确定性模式进行分类的方法.我们看到,一个线性分类器在数学上可用线性判别函数来表征

$$G(\boldsymbol{X}) = \boldsymbol{W}'^{\mathrm{T}}\boldsymbol{X}'$$

这里,$\boldsymbol{W}'$和$\boldsymbol{X}'$分别是加长型(或增广型)权向量和特征向量.

显然,对于一个线性分类器而言,一旦所选择的特征量确定下来,相应的判别函数

的形式也随之确定.因此,要完成一个线性分类器的设计,只需要确定相应的线性判别函数的权向量即可.那么,如何确定待求的权向量呢?下面就重点考察这个问题.

为了确定相应的权向量,需要利用已经预分类的训练样本集合.为叙述方便起见,用 $\mathscr{X}=\{\boldsymbol{X}_1,\boldsymbol{X}_2,\cdots,\boldsymbol{X}_N\}$ 表示这样的训练样本集合.其中,N 为训练样本集合中所包含的样本的个数.把根据训练样本集合 $\mathscr{X}=\{\boldsymbol{X}_1,\boldsymbol{X}_2,\cdots,\boldsymbol{X}_N\}$ 所确定的权向量称为解权向量,用 $\boldsymbol{W}^*$ 表示.

首先考虑最简单的 ω_i/ω_j 两分问题.看一下如何由给定的训练样本集合确定待求的解权向量 $\boldsymbol{W}^*$.将相应的判决规则重写如下

$$G(\boldsymbol{X}) = \boldsymbol{W}^{\mathrm{T}}\boldsymbol{X}\begin{cases} > 0 \Rightarrow \boldsymbol{X} \in \omega_i \\ < 0 \Rightarrow \boldsymbol{X} \in \omega_j \end{cases}$$

这里,为书写简便起见,略去了表征类别的下标和作为加长型向量标记的上标.

假定经过预分类的输入训练样本集合为 $\mathscr{X}=\{\boldsymbol{X}_1,\boldsymbol{X}_2,\cdots,\boldsymbol{X}_N\}$.其中,$n_i$ 个属于类别 ω_i,n_j 个属于类别 ω_j,$n_i+n_j=N$.不失一般性,可设 $\mathscr{X}=\{\boldsymbol{X}_1,\boldsymbol{X}_2,\cdots,\boldsymbol{X}_N\}$ 中的前 n_i 个样本属于类别 ω_i,后 n_j 个样本属于类别 ω_j,即有

$$\boldsymbol{X}_1,\boldsymbol{X}_2,\cdots,\boldsymbol{X}_{n_i}\in\omega_i,\quad \boldsymbol{X}_{n_i+1},\boldsymbol{X}_{n_i+2},\cdots,\boldsymbol{X}_N\in\omega_j$$

显然,根据预分类的结果,所求解权向量 $\boldsymbol{W}^*$ 应满足

$$\boldsymbol{W}^{\mathrm{T}}\boldsymbol{X}_k > 0,\quad k = 1,2,3,\cdots,n_i \tag{2.36}$$

以及

$$\boldsymbol{W}^{\mathrm{T}}\boldsymbol{X}_k < 0,\quad k = n_i+1,\cdots,N \tag{2.37}$$

为后续讨论方便起见,通过移项操作将式(2.37)改写成

$$\boldsymbol{W}^{\mathrm{T}}(-\boldsymbol{X}_k) > 0,\quad k = n_i+1,\cdots,N$$

对 $\mathscr{X}$ 中的后 n_j 个样本作如下规范化处理:将其各分量分别乘以 -1,并将所得到的新的向量仍旧用原来的符号加以标记.那么,引入上述规格化处理和相应的标记法后,(2.36)和(2.37)两式可统一写成如下的形式

$$\boldsymbol{W}^{\mathrm{T}}\boldsymbol{X}_k > 0,\quad k = 1,2,\cdots,N \tag{2.38}$$

上述联立不等式组对应的一组决策面方程为

$$\boldsymbol{W}^{\mathrm{T}}\boldsymbol{X}_k = 0,\quad k = 1,2,\cdots,N \tag{2.39}$$

由于点积运算是可以交换的,故式(2.38)可改写成如下的形式

$$\boldsymbol{X}_k^{\mathrm{T}}\boldsymbol{W} = 0,\quad k = 1,2,\cdots,N \tag{2.40}$$

其中,诸 $\boldsymbol{X}_k$ 为已知的训练样本.能获得这样一个结果得益于采用了向量的加长表示.如果将式(2.40)中的权向量 $\boldsymbol{W}$ 视为一个变量,那么,由 $\boldsymbol{W}$ 的所有可能取值组成的权向量的全体构成一个$(n+1)$维的权向量空间,记为 $\boldsymbol{W}^{n+1}$.根据前一小节中关于超平面的讨论可知,在权向量空间 $\boldsymbol{W}^{n+1}$ 中,式(2.40)表示以 $\boldsymbol{X}_k$, $k=1,2,\cdots,N$

为法向量的一组超平面.每个这样的超平面均通过权向量空间 $\boldsymbol{W}^{n+1}$ 的原点,并将权向量空间分成两个半空间,$\boldsymbol{X}_k$ 指向的一侧为正半空间(即 $\boldsymbol{W}^{\mathrm{T}}\boldsymbol{X}_k>0$ 的区域).如图 2.15 所示,一般而言,由这样一组超平面所确定的正的半空间的交集确定了权向量空间中的一个以原点为顶点的凸的 N 面超锥体区域(以下,简称为 N 面锥体).显而易见,位于该 N 面锥体内部的任何一个点均满足式(2.38)所给出的联立不等式,因而均有资格作为待求的解权向量 $\boldsymbol{W}^*$.为叙述方便起见,把位于权向量空间中的上述凸的 N 面超锥体区域称作解区.

综合上面的讨论,我们有下面的结论:

(1) 解权向量 $\boldsymbol{W}^*$ 一般不是唯一的.落在如图 2.15 所示由训练样本所确定的解区内的任何一点均有资格作为解权向量.

(2) 训练样本集合中的每一个样本都对解区提供了一个限制.所使用的训练样本越多,对解区的限制越严格,得到的解区相对也越小.一般而言,在没有更多训练样本可以利用的情况下,越远离解区边界的解权向量,其可靠性越高.

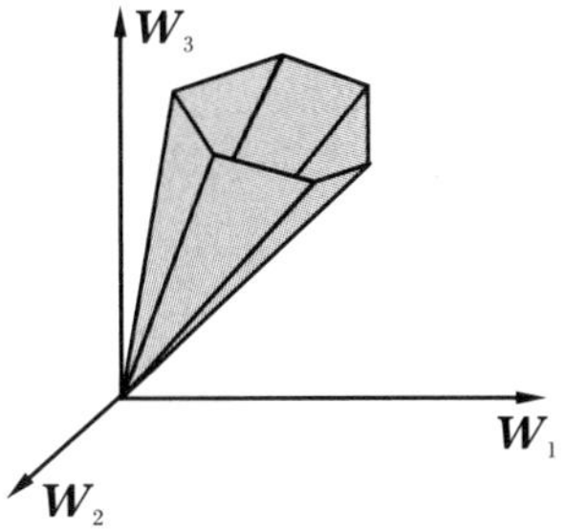

图 2.15　解权向量 $\boldsymbol{W}^*$ 可能取值范围的图示

例 2.3　作为一个例子,图 2.16 给出了在二维加长权向量空间根据训练样本获得解区的示意图.图中共有四个训练样本,其中,前两个属于 ω_i 类,后两个属于 ω_j 类.获得解区的过程如下所示.首先,根据训练样本 $\boldsymbol{X}_1$,画出由方程 $\boldsymbol{X}_1^{\mathrm{T}}\boldsymbol{W}=0$ 所表示的超平面(本例情况下为一条直线).位于该直线两侧的两个半空间中,$\boldsymbol{X}_1$ 指向的一侧为正半空间;它提供了对解区的一个限制.依次对所有剩余的三个样本执行类似的操作,可得到三个类似的正半空间.这些正半空间的交集即为最终的解区.注意:在图中同时画出了属于 ω_j 类的两个样本及其规范化表示.其中,经规范化处理以后的样本用点划线表示.

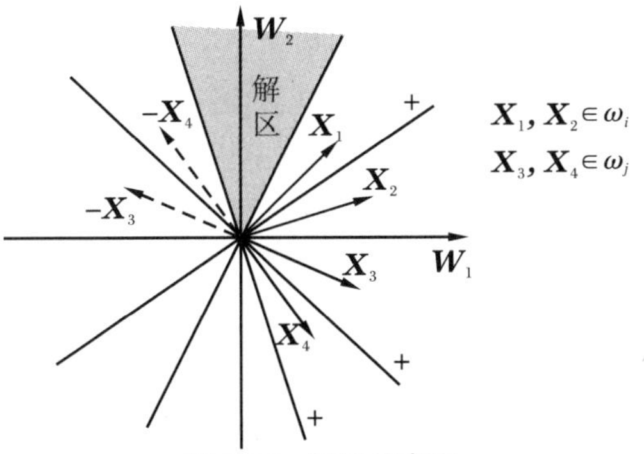

图 2.16　解区示意图

上面从概念上给出了由训练样本集获取解权向量的方法.实际中,不论采用何种方法,只要能得到满足要求的一个解权向量即算完成任务.通常的做法是利用某种优化技术来完成求解解权向量的任务.一般包括以下几个步骤:

(1) 采集训练样本,并在此基础上构成类别属性已知的样本集合 $\mathscr{X}=\{\boldsymbol{X}_1,\boldsymbol{X}_2,\cdots,\boldsymbol{X}_N\}$.

(2) 根据实际情况选用或确定一个准则函数 J. 这里,要求 J 满足以下两个条件:

2a. J 是权向量 $\boldsymbol{W}$ 和模式样本 $\boldsymbol{X}$ 的函数,即 $J=J(\boldsymbol{W},\boldsymbol{X})$. 其中,$\boldsymbol{W}$,$\boldsymbol{X}$ 一般取加长型向量.

2b. 准则函数的取值应能反映分类器的性能. 例如,要求准则函数的极值解和最优分类判决相对应.

(3) 求准则函数 $J=J(\boldsymbol{W},\boldsymbol{X})$ 的极值解得到待求的解权向量 $\boldsymbol{W}^*$.

其中,第 1 步与具体问题密切相关,在此不予赘述. 下面着重讨论第 2 步和第 3 步所涉及的内容.

2.3.3 感知器算法

首先考虑准则函数的选择问题. 一种较好的准则函数是所谓的感知准则函数. 它被定义为

$$J_p(W,X)=\sum_{X\in\mathscr{X}_W}-\boldsymbol{W}^{\mathrm{T}}\boldsymbol{X},\quad \boldsymbol{W}\neq\boldsymbol{0} \tag{2.41}$$

这里,$\mathscr{X}_W$ 表示由于使用权向量 $\boldsymbol{W}$ 进行分类而被误分的样本集合. 当采用样本的规范化表示时,一个样本被误分是指 $\boldsymbol{W}^{\mathrm{T}}\boldsymbol{X}\leqslant 0$. 因此,根据式(2.41)的定义,$J_p(\boldsymbol{W},\boldsymbol{X})\geqslant 0$ 对所有的 $\boldsymbol{W}$ 和 $\boldsymbol{X}\in\mathscr{X}_W$ 均成立. 容易看到,$J_p(\boldsymbol{W},\boldsymbol{X})$ 是解权向量和样本的函数. 当且仅当 $\mathscr{X}_W$ 为空集时,$J_p(\boldsymbol{W},\boldsymbol{X})$ 达到极小值(也是最小值). 此时,$J_p(\boldsymbol{W},\boldsymbol{X})=0$. 显然,在现在的情况下使感知准则函数 $J_p(\boldsymbol{W},\boldsymbol{X})$ 达到极小值的权向量 $\boldsymbol{W}^*$ 即为所求的解权向量. 此时,没有输入训练样本被误分类. 从感知器准则函数的定义式(2.41)可以看到,感知器准则函数的取值正比于所有被错分样本到决策面的距离之和.

定义了准则函数之后,接下来是要利用某种优化技术来寻找使感知器准则函数 $J_p(\boldsymbol{W},\boldsymbol{X})$ 达到极小值的解权向量 $\boldsymbol{W}^*$. 有多种优化技术可以帮助完成确定解权向量. 下面首先介绍一种基于固定增量的**感知器算法**.

该算法是一个迭代算法,其大致思路如图 2.17 所示.

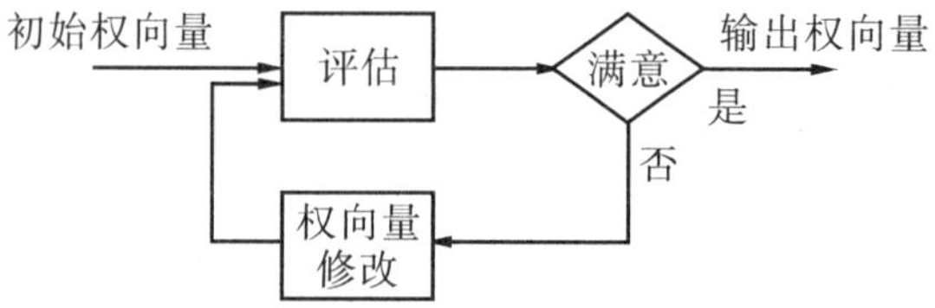

图 2.17 感知器算法的迭代思路

首先任意设置一个初始权向量，然后对其进行评估. 如果该权向量能够对所有的输入训练样本正确分类，则接受该权向量，并将其输出作为解权向量. 否则，按照既定的某种修改规则对其进行修改，进入下一轮的评估程序. 上述过程被不断重复直到获得正确的解权向量为止.

这里，有两个问题值得关注. 第一个问题是：如果所选择的权向量不能做到对所有的输入训练样本正确分类，那么应该如何对其进行修改从而使其有资格或者有可能发展成为一个解权向量？第二个问题是：这个迭代算法收敛吗？它在什么情况下收敛？如何判断其收敛性？

其中，第一个问题涉及感知器算法的关键内容. 本小节重点讨论这个问题. 有关算法收敛性的讨论将在下一小节及以后展开.

下面以 ω_i/ω_j 两分问题为例说明该算法. 首先介绍该算法的大要.

假定算法在执行前已经获得了经过预分类的训练样本集 $\mathscr{X}=\{\boldsymbol{X}_0,\boldsymbol{X}_1,\cdots,\boldsymbol{X}_{N-1}\}$. 这里，从叙述算法的便利性考虑，将样本的下标从 0 开始计数. 若采用加长型的向量表示，则相应的判决规则为

$$G(\boldsymbol{X}) = \boldsymbol{W}^{\mathrm{T}}\boldsymbol{X}\begin{cases} > 0 \Rightarrow X \in \omega_i \\ < 0 \Rightarrow X \in \omega_j \end{cases}$$

以下为**感知器算法**的主要步骤：

〈1〉赋初值：

迭代步数 $k=0$；

固定比例因子 $\rho=$ 常数，$0\leqslant\rho\leqslant1$；

/＊ 用于对解权向量进行修改的比例因子，在程序执行过程中为定值 ＊/

解权向量的初值 $\boldsymbol{W}(0)=$ 任选的一个向量；

连续正确分类计数器 $N_c=0$.

/＊ 一个计数器. 用于计数在现行的解权向量的选择下可以被连续正确分类的样本的个数. 一旦发现有一个样本不能被现行的解权向量所正确分类，则该计数器将被清零 ＊/

〈2〉输入训练样本集合 $\mathscr{X}=\{\boldsymbol{X}_0,\boldsymbol{X}_1,\cdots,\boldsymbol{X}_{N-1}\}$.

〈3〉取样本 $\boldsymbol{X}=\boldsymbol{X}_{[k]_N}$. 这里，$[k]_N = k \bmod(N)$；

/＊ 引入上述模运算的目的是为了实现对输入训练样本集合中的样本的循环获取功能 ＊/

计算判别函数 $G(\boldsymbol{X})=\boldsymbol{W}^{\mathrm{T}}(k)\boldsymbol{X}$ 的取值.

〈4〉按以下规则对权向量进行修正：

4a. 当 $\boldsymbol{X}\in\omega_i$ 时，若 $G(\boldsymbol{X})\leqslant0$，则 $\boldsymbol{W}(k+1)=\boldsymbol{W}(k)+\rho\boldsymbol{X}$，并置 $N_c=0$；否

则，$\boldsymbol{W}(k+1)=\boldsymbol{W}(k)$，$N_c+=1$.

4b. 当 $\boldsymbol{X}\in\omega_j$ 时，若 $G(\boldsymbol{X})\geqslant 0$，则 $\boldsymbol{W}(k+1)=\boldsymbol{W}(k)-\rho\boldsymbol{X}$，并置 $N_c=0$；否则，$\boldsymbol{W}(k+1)=\boldsymbol{W}(k)$，$N_c+=1$.

〈5〉若 $N_c\geqslant N$，则输出 $\boldsymbol{W}(k)$，算法结束；

否则，$k=k+1$，返回步骤〈3〉.

例 2.4 为了加深读者对算法过程的理解，举一个具体的例子来看一下感知器算法是如何通过迭代运算，使权向量收敛于解区的.

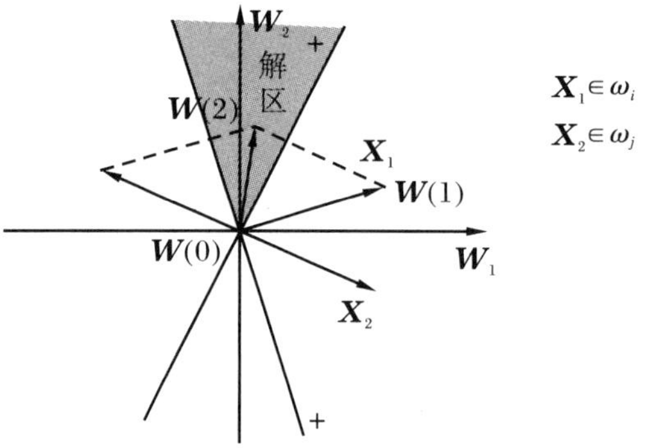

图 2.18 权向量收敛于解区的过程

如图 2.18 所示，为简单起见假设只有两个训练样本 $\boldsymbol{X}_1$ 和 $\boldsymbol{X}_2$. 其中，$\boldsymbol{X}_1\in\omega_i$，$\boldsymbol{X}_2\in\omega_j$；另外，选固定比例因子 $\rho=1$. 若算法选零向量作为权向量的初值，即 $\boldsymbol{W}(0)=\boldsymbol{0}$，那么，这样的权向量显然不能对训练样本 $\boldsymbol{X}_1$ 正确分类. 因此，需要修改权向量. 因 $\boldsymbol{X}_1\in\omega_i$，故根据算法按规则 4a 修改权向量，修改后的权向量为 $\boldsymbol{W}(1)=\boldsymbol{X}_1$. $\boldsymbol{W}(1)$ 没有进入解区，不能对训练样本 $\boldsymbol{X}_2$ 正确分类. 再一次修改权向量. 因 $\boldsymbol{X}_2\in\omega_j$，故根据算法按规则 4b 修改权向量，修改后的权向量为 $\boldsymbol{W}(2)=\boldsymbol{X}_1-\boldsymbol{X}_2$. 权向量 $\boldsymbol{W}(2)$ 已进入解区，可以对训练样本 $\boldsymbol{X}_1$ 和 $\boldsymbol{X}_2$ 正确分类. 算法结束.

上面讨论了感知器算法的主要步骤，并用一个例子对算法的收敛过程进行了说明. 下面我们对其中涉及的权向量的修改规则做进一步的探讨，并就以下问题展开讨论：① 算法中所设置的修改规则为什么是合理的？ ② 有没有其他(更好的)修改规则可以利用.

首先看第一个问题. 在上面的算法中，涉及修改权向量的地方有两处. 第一个地方是 4a. 此时，$\boldsymbol{X}\in\omega_i$，且 $G(\boldsymbol{X})\leqslant 0$；由于现行的权向量 $\boldsymbol{W}(k)$ 不能对 $\boldsymbol{X}$ 进行正确分类，故做了如下修改：$\boldsymbol{W}(k+1)=\boldsymbol{W}(k)+\rho\boldsymbol{X}$. 我们来看一下修改权向量后在下一次迭代过程中会出现什么情况. 显然，在下一次迭代中，我们有

$$\begin{aligned}G(\boldsymbol{X}) &= \boldsymbol{W}^{\mathrm{T}}(k+1)\boldsymbol{X}\\ &= (\boldsymbol{W}(k)+\rho\boldsymbol{X})^{\mathrm{T}}\boldsymbol{X}\\ &= \boldsymbol{W}^{\mathrm{T}}(k)\boldsymbol{X}+\rho\boldsymbol{X}^{\mathrm{T}}\boldsymbol{X}\end{aligned}$$

上式中的第一项 $\boldsymbol{W}^{\mathrm{T}}(k)\boldsymbol{X}\leqslant 0$，第二项 $\rho\boldsymbol{X}^{\mathrm{T}}\boldsymbol{X}\geqslant 0$. 由于第二项是修改后的新加项，故总的效果可能是：要么因为新加项的缘故使得修改权向量后出现判别函数

$G(\boldsymbol{X})>0$ 的情况(此时,修改后的权向量已能对 $\boldsymbol{X}$ 实现正确分类);要么同样因为新加项的缘故使得修改权向量后虽然仍维持判别函数 $G(\boldsymbol{X})\leqslant 0$ 的状态,但其值相比先前朝着大于0的方向发生了变化.因此,总的效果是修改权向量后使对训练样本 $\boldsymbol{X}$ 的处理得到了改善.

算法中修改权向量的第二个地方是4b.此时,$\boldsymbol{X}\in\omega_j$,且 $G(\boldsymbol{X})\geqslant 0$;由于现行的权向量 $\boldsymbol{W}(k)$不能对 $\boldsymbol{X}$ 进行正确分类,故做了如下修改:$\boldsymbol{W}(k+1)=\boldsymbol{W}(k)-\rho\boldsymbol{X}$.我们也来看一下修改权向量后在下一次迭代过程中会出现什么情况.显然,在下一次迭代中,我们有

$$\begin{aligned}G(\boldsymbol{X}) &= \boldsymbol{W}^{\mathrm{T}}(k+1)\boldsymbol{X}\\ &= (\boldsymbol{W}(k)-\rho\boldsymbol{X})^{\mathrm{T}}\boldsymbol{X}\\ &= \boldsymbol{W}^{\mathrm{T}}(k)\boldsymbol{X}-\rho\boldsymbol{X}^{\mathrm{T}}\boldsymbol{X}\end{aligned}$$

上式中的第一项 $\boldsymbol{W}^{\mathrm{T}}(k)\boldsymbol{X}\geqslant 0$,第二项 $\rho\boldsymbol{X}^{\mathrm{T}}\boldsymbol{X}\leqslant 0$.由于第二项是修改后的新加项,故总的效果可能是:要么因为新加项的缘故使得修改权向量后出现判别函数 $G(\boldsymbol{X})<0$ 的情况(此时,修改后的权向量已能对 $\boldsymbol{X}$ 实现正确分类);要么同样因为新加项的缘故使得修改权向量后虽然仍维持判别函数 $G(\boldsymbol{X})\geqslant 0$ 的状态,但其值相比先前朝着小于0的方向发生了变化.因此,总的效果是修改权向量后也使对训练样本 $\boldsymbol{X}$ 的处理得到了改善.

下面,接着讨论第二个问题.总起来说,大致有两种方法可以帮助我们修改权向量.第一种方法即是在上面的算法中给出的方法.在这种情况下,逐个检查所选择的权向量对每个样本的“适应”情况.一旦找到一个不能被现行的权向量所正确分类的样本,即相应地修改权向量.为了确保所有样本均能被正确分类,要求训练样本集中的所有样本均能被不断地访问到.这个问题可以用循环检查的方法得到解决.在上面的算法中是通过对迭代步数的模运算实现的.第二种方法是在一次迭代中检查所选择的权向量对所有样本的“适应”情况,找出所有被误分的样本,并据此修改权向量.在一个 ω_i/ω_j 两分问题中,相应的修改规则是

$$\boldsymbol{W}(k+1)=\boldsymbol{W}(k)+\rho\sum_{\boldsymbol{X}\in\mathscr{X}_{\boldsymbol{W}}}\boldsymbol{X} \tag{2.42}$$

这里,假定所有属于 ω_j 类别的样本均被执行了规范化处理.关于修改算法的细节,读者可以参阅相关书籍,在此不予赘述.

在上面的感知器算法中,针对不同类别的样本,采用了不同的权向量修改策略.这样,在处理上略显累赘.下面是一个**修正的感知器算法**的主要步骤.和前面的感知器算法的最大区别是引入了对 ω_j 类的样本的规范化处理.该处理的引入使算法在表示上显得更简洁.

修正的感知器算法:

〈1〉赋算法初值:

迭代步数 $k=0$;

固定比例因子 $\rho=$ 常数,$0\leqslant\rho\leqslant1$;

解权向量的初值 $\boldsymbol{W}(0)=$ 任选的一个向量;

连续正确分类计数器 $N_c=0$.

〈2〉对所有训练样本$\boldsymbol{X}_m$,$m=0,1,\cdots,N-1$,做以下规范化处理:若$\boldsymbol{X}_m\in\omega_j$,则 $-\boldsymbol{X}_m\rightarrow\boldsymbol{X}_m$;据此得到规范化的训练样本集合 $\mathscr{X}=\{\boldsymbol{X}_0,\boldsymbol{X}_1,\cdots,\boldsymbol{X}_{N-1}\}$.

〈3〉取样本 $\boldsymbol{X}=\boldsymbol{X}_{[k]_N}$. 这里,$[k]_N=k\ \mathrm{mod}(N)$.

计算判别函数 $G(\boldsymbol{X})=\boldsymbol{W}^{\mathrm{T}}(k)\boldsymbol{X}$ 的取值.

〈4〉若 $G(\boldsymbol{X})\leqslant0$,则 $\boldsymbol{W}(k+1)=\boldsymbol{W}(k)+\rho\boldsymbol{X}$,并置 $N_c=0$;

否则,$\boldsymbol{W}(k+1)=\boldsymbol{W}(k)$,$N_c+=1$.

〈5〉若 $N_c\geqslant N$,则输出 $\boldsymbol{W}(k)$,算法结束;

否则,$k=k+1$,返回步骤〈3〉.

细心的读者可能会注意到这样一个事实,即在前面给出的感知器算法中,并没有明确地使用感知准则函数作为分类判决的依据. 情况确实如此. 在前面给出的算法中,感知准则函数的作用是通过连续正确分类计数器 N_c 体现的,即通过对连续正确分类计数器计数值的检查,起到了和使用感知准则函数相同的效果. 事实上,当 $N_c=N$ 时,由式(2.41)定义的 $J_p(\boldsymbol{W},\boldsymbol{X})$ 达到极小值. 此时,所得到的权向量 $\boldsymbol{W}$ 实现对所有输入训练样本的正确分类.

在结束本小节的时候,讨论一下 ρ 的选择问题. 正如算法中所指出的那样,通常选择 $0\leqslant\rho\leqslant1$. ρ 值的大小影响算法的收敛速度和稳定性. 一般而言,若 ρ 过小,则收敛速度慢;而 ρ 过大,则会使权向量变得不稳定. 在上面所介绍的感知器算法中,ρ 值保持不变. 这也是相应算法被称为固定增量法的由来.

2.3.4 收敛性定理

本小节讨论感知器算法的收敛性问题. 关于感知器算法,我们有如下的收敛性定理.

定理 2.1 如果训练样本集 $\boldsymbol{X}$ 是线性可分的,则基于固定增量法则的感知器算法经过有限次迭代后将收敛到正确的解权向量.

下面给出该定理的证明. 如前所述,因为多类判别问题可化为相应的两类判别问题求解,所以,仅需对 ω_i/ω_j 两类判别问题给出证明即可.

为简单起见,假设算法中所涉及的向量均采用加长型表示. 另外,假设对训练样本集进行了如下规范化处理，即对$\boldsymbol{X}_m \in \omega_j$，执行如下操作：$-\boldsymbol{X}_m \to \boldsymbol{X}_m$. 最后，选择步长因子$\rho = 1$.

这样，感知器算法权向量的更新规则可表为：

对$\boldsymbol{X} \in \mathscr{X}$，计算$G(\boldsymbol{X}) = \boldsymbol{W}^{\mathrm{T}}\boldsymbol{X}$，如果$G(\boldsymbol{X}) \leqslant 0$，则$\boldsymbol{W} + \boldsymbol{X} \to \boldsymbol{W}$，否则保持$\boldsymbol{W}$不变.

定理2.1和上述感知器算法程序的收敛性是一致的，即如果我们能够证明上述程序的收敛性，也就证明了定理2.1.

显然，经过规范化处理后，训练样本集$\mathscr{X}$是线性可分的是指存在一个权向量$\boldsymbol{W}^*$，使得对于所有的$\boldsymbol{X} \in \mathscr{X}$，有$G(\boldsymbol{X}) = \boldsymbol{W}^{*\mathrm{T}}\boldsymbol{X} > 0$成立. 显然，满足条件的解权向量不是唯一的. 任一解权向量乘上一个正数后仍然是一个解权向量.

设$\boldsymbol{W}^*$是任一个解权向量，则对于预先任意给定的正的常数C_p，我们总可以找到相应的大正数C，使得$(C\boldsymbol{W}^*)^{\mathrm{T}}\boldsymbol{X} > C_p$，$\forall \boldsymbol{X} \in \mathscr{X}$成立.

特别地，若设M为如下定义的正常数

$$M = Max(\|\boldsymbol{X}\|^2)$$

这里，$\|\boldsymbol{X}\|$表示向量$\boldsymbol{X}$的范数，则根据上面的讨论，知：对任一个解权向量$\boldsymbol{W}^*$，总可以找到一个大正数，使得将此大正数乘以解权向量$\boldsymbol{W}^*$后得到的新的解权向量$\boldsymbol{W}_s$，满足

$$\boldsymbol{W}_s^{\mathrm{T}}\boldsymbol{X} > M, \quad \forall \boldsymbol{X} \in \mathscr{X} \tag{2.43}$$

$\boldsymbol{W}_s$显然是一个解权向量. 因此，只要证明每进行一次权向量的更新（即$\boldsymbol{W}(k+1) = \boldsymbol{W}(k) + \boldsymbol{X}$），都使$\boldsymbol{W}(k+1)$接近$\boldsymbol{W}_s$一个正的非无穷小量就可以了. 因为，如果能做到这一点，则经过有限次的迭代后将使$\boldsymbol{W}(k+1)$收敛于$\boldsymbol{W}_s$，而我们知道$\boldsymbol{W}_s$是一个解权向量. 这样，定理将得到证明. 值得注意的是：$\boldsymbol{W}(k+1)$保持不变的更新步骤不影响感知器算法在程序上的收敛性. 因为，在算法的执行过程中，这样的步骤只能是有限次的. 如若不然，则根据输入训练样本的个数为有限的事实以及感知器算法本身的内容可知，算法必定已在前面的某个步骤上收敛到了一个正确的解权向量.

下面考察在感知器算法执行过程中，每次权向量的更新所导致的现行权向量$\boldsymbol{W}(k+1)$与$\boldsymbol{W}_s$之间的欧氏距离（或等价地欧氏距离的平方）的变化情况.

设第$k+1$次更新所使用的更新规则由下式表示

$$\boldsymbol{W}(k+1) = \boldsymbol{W}(k) + \boldsymbol{X}$$

由于$\boldsymbol{W}(k+1)$与$\boldsymbol{W}_s$之间的欧氏距离为$\|\boldsymbol{W}_s - \boldsymbol{W}(k+1)\|$，而$\boldsymbol{W}(k)$与$\boldsymbol{W}_s$之间的欧氏距离为$\|\boldsymbol{W}_s - \boldsymbol{W}(k)\|$. 因此，上述两个欧氏距离平方之差可由下式表示

$$
\begin{aligned}
e_{k+1} &= \|\boldsymbol{W}_s - \boldsymbol{W}(k)\|^2 - \|\boldsymbol{W}_s - \boldsymbol{W}(k+1)\|^2 \\
&= (\boldsymbol{W}_s - \boldsymbol{W}(k))^{\mathrm{T}}(\boldsymbol{W}_s - \boldsymbol{W}(k)) - (\boldsymbol{W}_s - \boldsymbol{W}(k+1))^{\mathrm{T}}(\boldsymbol{W}_s - \boldsymbol{W}(k+1)) \\
&= -2\boldsymbol{W}_s^{\mathrm{T}}\boldsymbol{W}(k) + \boldsymbol{W}(k)^{\mathrm{T}}\boldsymbol{W}(k) + 2\boldsymbol{W}_s^{\mathrm{T}}\boldsymbol{W}(k+1) - \boldsymbol{W}(k+1)^{\mathrm{T}}\boldsymbol{W}(k+1)
\end{aligned}
$$

将更新规则的表达式代入上式，并化简、整理后，有

$$e_{k+1} = -2\boldsymbol{W}^{\mathrm{T}}(k)\boldsymbol{X} + 2\boldsymbol{W}_s^{\mathrm{T}}\boldsymbol{X} - \boldsymbol{X}^{\mathrm{T}}\boldsymbol{X}$$

由于权向量 $\boldsymbol{W}(k)$不能对训练样本 $\boldsymbol{X}$ 实现正确分类，因此，有 $\boldsymbol{W}(k)^{\mathrm{T}}\boldsymbol{X}<0$. 又由 M 的定义，知

$$\boldsymbol{X}^{\mathrm{T}}\boldsymbol{X} = \|\boldsymbol{X}\|^2 \leqslant M$$

故根据上面的结果以及式(2.43)，有

$$e_{k+1} \geqslant M \tag{2.44}$$

根据定义可知，e_{k+1}实际上刻画了现行权向量 $\boldsymbol{W}(k+1)$与 $\boldsymbol{W}_s$ 之间的欧氏距离相比于更新前的权向量 $\boldsymbol{W}(k)$与 $\boldsymbol{W}_s$ 之间的欧氏距离的减小情况. 因此，式(2.44)告诉我们，权向量的每一次更新都使它接近 $\boldsymbol{W}_s$ 一个正的非无穷小量. 这就证明了：经过有限次的迭代后 $\boldsymbol{W}(k+1)$将收敛于 $\boldsymbol{W}_s$.

其次，可以证明 $\boldsymbol{W}_s$ 不在解区的边界上. 为此，先来考察一下权向量空间中存在的一些关系. 若把 $\mathscr{X}$ 中的每一个样本 $\boldsymbol{X}$ 看作是一个常值向量，则在权向量空间中，每个这样的 $\boldsymbol{X}$ 均可确定一个方程为$\boldsymbol{X}^{\mathrm{T}}\boldsymbol{W}=0$ 的超平面. 根据 2.3.1 节所得到的超平面的几何性质可知：权向量空间中的任一权向量 $\boldsymbol{W}$ 到超平面 $\boldsymbol{X}^{\mathrm{T}}\boldsymbol{W}=0$ 的距离由下式给出

$$d = \frac{G(\boldsymbol{W})}{\|\boldsymbol{X}\|} = \frac{\boldsymbol{X}^{\mathrm{T}}\boldsymbol{W}}{\|\boldsymbol{X}\|} = \frac{\boldsymbol{W}^{\mathrm{T}}\boldsymbol{X}}{\|\boldsymbol{X}\|}$$

另外，将式(2.43)的两边同除以不为零的向量 $\boldsymbol{X}$ 的模 $\|\boldsymbol{X}\|$，有

$$\frac{\boldsymbol{W}_s^{\mathrm{T}}\boldsymbol{X}}{\|\boldsymbol{X}\|} = \frac{\boldsymbol{X}^{\mathrm{T}}\boldsymbol{W}_s}{\|\boldsymbol{X}\|} > \frac{M}{\|\boldsymbol{X}\|}$$

上式表明，$\boldsymbol{W}_s$ 到以 $\boldsymbol{X}$ 为法向量的超平面 $\boldsymbol{X}^{\mathrm{T}}\boldsymbol{W}=0$ 的距离比 $M/\|\boldsymbol{X}\|$ 还要大. 因此，任何到 $\boldsymbol{W}_s$ 的距离比$M/\|\boldsymbol{X}\|$ 小的权向量 $\boldsymbol{W}$ 一定与 $\boldsymbol{W}_s$ 位于超平面 $\boldsymbol{X}^{\mathrm{T}}\boldsymbol{W}=0$ 的同一侧，而且是正面一侧(因为，已知 $\boldsymbol{W}_s^{\mathrm{T}}\boldsymbol{X}>M, \forall \boldsymbol{X}\in\mathscr{X}$). 这个结论对于由所有的 $\boldsymbol{X}\in\mathscr{X}$所决定的超平面 $\boldsymbol{X}^{\mathrm{T}}\boldsymbol{W}=0$ 都是成立的. 因此，任何到 $\boldsymbol{W}_s$ 的距离小于$M/\|\boldsymbol{X}\|$ 的权向量都有资格作为解权向量. 这表明，$\boldsymbol{W}_s$ 是解区的一个内点.

综上所述，如果解权向量 $\boldsymbol{W}_s$ 存在，即如果输入样本集是线性可分的，则上述基于固定增量法则的感知器算法必定收敛.

2.3.5 梯度下降法

前一小节讨论了用于求解两类问题的基于固定增量的感知器算法. 该算法相

对比较简单，并且当给定的训练样本集是线性可分的时候，由收敛性定理可知该算法能保证在经过有限次迭代后收敛到正确的解权向量.但应该指出的是，该算法的收敛速度并不理想.

事实上，由于求解解权向量的问题可形式化为一个优化问题，因此，原则上任何一种优化技术都可用于问题的求解.本小节所介绍的梯度下降法就是其中的一种技术.

在具体介绍梯度下降法之前，先就其基本原理进行简要说明.

梯度法是用于求解无约束极值问题的一种方法.所谓无约束极值问题在数学上可表述为

$$Minimise\ f(\boldsymbol{X}),\ \boldsymbol{X} \in \mathscr{E}^n \tag{2.45}$$

这里，$\boldsymbol{X}$ 是 n 维欧几里德空间中的一个向量，而 $f(\boldsymbol{X})$ 表示目标函数 f 在 $\boldsymbol{X}$ 处的取值.上式表示的无约束极值问题就是要确定使目标函数 $f(\boldsymbol{X})$ 取得极小值的 $\boldsymbol{X}^*$.

虽然在目标函数 f 的数学形式为已知的情况下有可能求得无约束极值问题的解析解，但是，由于目标函数 f 本身的复杂性，通常求助于迭代算法进行求解.

假设式(2.45)所示无约束极值问题中的目标函数 $f(\boldsymbol{X})$ 具有一阶的连续偏导数，并在 $\boldsymbol{X}^*$ 处取得极小值.现在考察如何通过迭代运算求解极小点 $\boldsymbol{X}^*$（目标函数取得极小值的点）.以 $\boldsymbol{X}(k)$ 表示极小点 $\boldsymbol{X}^*$ 的第 k 次近似.为了由此出发，求得该极小点的第 $k+1$ 次近似，如图 2.19 在 $\boldsymbol{X}(k)$ 处沿方向 $\boldsymbol{p}(k)$ 作射线

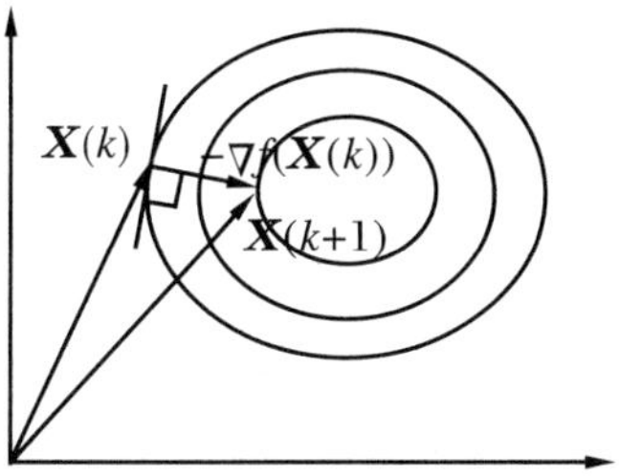

图 2.19　梯度下降法

$$\boldsymbol{X}(k+1)=\boldsymbol{X}(k)+\lambda\boldsymbol{p}(k),\quad \lambda \geqslant 0$$

将 $f(\boldsymbol{X}(k+1))$ 在点 $\boldsymbol{X}(k)$ 处进行泰勒展开，有

$$\begin{aligned} f(\boldsymbol{X}(k+1)) &= f(\boldsymbol{X}(k)+\lambda\boldsymbol{p}(k)) \\ &= f(\boldsymbol{X}(k))+\lambda\nabla^{\mathrm{T}}f(\boldsymbol{X}(k))\boldsymbol{p}(k)+o(\lambda) \end{aligned}$$

其中，$o(\lambda)$ 是关于 λ 的一个高阶无穷小量，即 $\lim\limits_{\lambda\to 0}\dfrac{o(\lambda)}{\lambda}=0$.

显然，对于充分小的 λ 而言，只要

$$\lambda\nabla^{\mathrm{T}}f(\boldsymbol{X}(k))\boldsymbol{p}(k)<0 \tag{2.46}$$

即可保证，$f(\boldsymbol{X}(k)+\lambda\boldsymbol{p}(k))<f(\boldsymbol{X}(k))$.

因此，若取满足式(2.46)的 $\boldsymbol{p}(k)$，使极小点 $\boldsymbol{X}^*$ 的第 $k+1$ 次近似由下式给出

$$\boldsymbol{X}(k+1)=\boldsymbol{X}(k)+\lambda\boldsymbol{p}(k),\ \lambda>0$$

则该次近似能较上一次近似使目标函数的取值进一步得到改善（在极小化问题中

目标函数在本次近似后的取值更小). 显然,在满足条件式(2.46)的 $\boldsymbol{p}(k)$ 当中,不同的 $\boldsymbol{p}(k)$ 使目标函数的取值得到改善的程度是不同的. 假设 $\boldsymbol{p}(k)$ 的模是不为零的一个定数,并设 $\nabla f(\boldsymbol{X}(k))\neq 0$(否则,$\boldsymbol{X}(k)$ 已是极值点),现考察沿不同的 $\boldsymbol{p}(k)$ 方向,目标函数值得到改善的程度. 由线性代数的知识,可知

$$\nabla^{\mathrm{T}} f(\boldsymbol{X}(k))\boldsymbol{p}(k) = \|\nabla f(\boldsymbol{X}(k))\| \|\boldsymbol{p}(k)\| \cos\theta$$

这里,$\|\nabla f(\boldsymbol{X}(k))\|$ 是梯度的幅度,当 $\boldsymbol{X}(k)$ 一定时为一定值,$\|\boldsymbol{p}(k)\|$ 由假定是不为零的一个定数,而 θ 为 $\nabla f(\boldsymbol{X}(k))$ 和 $\boldsymbol{p}(k)$ 之间的夹角. 因此,当 $\nabla f(\boldsymbol{X}(k))$ 和 $\boldsymbol{p}(k)$ 反向,即 $\theta=180^{\circ}$ 时,$\cos\theta=-1$. 上式的左端取最小值,相应目标函数的取值得到最大的改善. 称 $\boldsymbol{p}(k)=-\nabla f(\boldsymbol{X}(k))$ 时的方向为负梯度方向. 显然,在 $\boldsymbol{X}(k)$ 附近的一个小范围内它是使目标函数值下降最快的方向. 为了得到极小点 $\boldsymbol{X}^*$ 的第 $k+1$ 次近似,可按上述负梯度方向选择搜索方向. 注意到:目标函数在一点的负梯度方向总是垂直于目标函数过该点的等值面的切线方向.

再讨论一下步长 λ 的选择问题. 通常有以下两种方法可以选择.

(1) 试探法. 这种方法首先取一个较大的步长值进行试探,看是否满足以下不等式

$$f(\boldsymbol{X}(k)) - \lambda\nabla f(\boldsymbol{X}(k)) < f(\boldsymbol{X}(k))$$

若条件成立,则以此步长继续迭代算法. 否则,缩小步长 λ 直到上述条件成立为止. 由于是沿负梯度方向搜索,符合要求的 λ 总是存在的.

(2) 最佳步长法. 这种方法沿负梯度方向作一维搜索并选择使 $f(\boldsymbol{X}(k+1))$ 取最小值的步长 λ. 此时的梯度法称为最陡下降法. 值得注意的是,沿负梯度方向的搜索表现出的最陡下降性很容易使人误以为负梯度方向是理想的搜索方向. 实际上,这是一种误解. 只有当目标函数的等值面为超球面(在二维和三维的情况下分别为圆和球面)的时候,负梯度方向才指向极小点;否则,负梯度方向并不指向极小点. 因此,当目标函数的等值面不是超球面的时候,沿负梯度方向的搜索一般并不能保证一步到位地找到极小点. 相反,它的收敛速度比其他一些方法(例如,牛顿法等)要慢. 有关这方面的细节描述可参阅最优化方面的书籍,限于篇幅,在此不予赘述.

上述用于求解通用无约束问题的梯度下降法可以用来确定解权向量. 具体做法是用权向量 $\boldsymbol{W}$、准则函数 $J(\boldsymbol{W},\boldsymbol{X})$ 和步长因子 ρ 分别替代梯度法中的向量 $\boldsymbol{X}$、准则函数 $f(\boldsymbol{X})$ 和步长 λ. 作以上代换后,可以得到权向量的迭代公式如下

$$\boldsymbol{W}(k+1) = \boldsymbol{W}(k) - \rho\nabla J(\boldsymbol{W}(k),\boldsymbol{X}), \quad \rho > 0 \tag{2.47}$$

其中,$\boldsymbol{X}$ 表示经规范化处理后的训练样本,而准则函数 $J(\boldsymbol{W},\boldsymbol{X})$ 可取为

$$J(\boldsymbol{W},\boldsymbol{X}) = c(|\boldsymbol{W}^{\mathrm{T}}\boldsymbol{X}| - \boldsymbol{W}^{\mathrm{T}}\boldsymbol{X}) \tag{2.48}$$

其中,$c>0$. 显然,当 $\boldsymbol{W}^{\mathrm{T}}\boldsymbol{X}>0$ 时,上面定义的准则函数 $J(\boldsymbol{W},\boldsymbol{X})$ 有最小值 0. 因

此,根据解权向量的定义可知,使准则函数取最小值 0 的 $\boldsymbol{W}$ 即为所求的解权向量 $\boldsymbol{W}^*$.

下面,探讨一下用于求解权向量的感知器准则算法和梯度下降法两者之间的关系.为此,不妨设 $c=1/2$.此时,准则函数可写为

$$J(\boldsymbol{W},\boldsymbol{X})=\frac{1}{2}(|\boldsymbol{W}^{\mathrm{T}}\boldsymbol{X}|-\boldsymbol{W}^{\mathrm{T}}\boldsymbol{X})=\frac{1}{2}(\operatorname{sgn}(\boldsymbol{W}^{\mathrm{T}}\boldsymbol{X})\boldsymbol{W}^{\mathrm{T}}\boldsymbol{X}-\boldsymbol{W}^{\mathrm{T}}\boldsymbol{X})$$

这里,$\operatorname{sgn}(\boldsymbol{W}^{\mathrm{T}}\boldsymbol{X})$为符号函数,由下式定义

$$\operatorname{sgn}(\boldsymbol{W}^{\mathrm{T}}\boldsymbol{X})=\begin{cases}1 & \text{若 } \boldsymbol{W}^{\mathrm{T}}\boldsymbol{X}>0\\ -1 & \text{若 } \boldsymbol{W}^{\mathrm{T}}\boldsymbol{X}\leqslant 0\end{cases}$$

此时,$J(\boldsymbol{W},\boldsymbol{X})$的梯度可表示为

$$\nabla J(\boldsymbol{W},\boldsymbol{X})=\frac{\partial J}{\partial \boldsymbol{W}}=\frac{1}{2}(\operatorname{sgn}(\boldsymbol{W}^{\mathrm{T}}\boldsymbol{X})\boldsymbol{X}-\boldsymbol{X})$$

将$\nabla J(\boldsymbol{W},\boldsymbol{X})$的上述表达式代入式(2.47)中,有

$$\begin{aligned}\boldsymbol{W}(k+1)&=\boldsymbol{W}(k)-\frac{\rho}{2}(\operatorname{sgn}(\boldsymbol{W}(k)^{\mathrm{T}}\boldsymbol{X})\boldsymbol{X}-\boldsymbol{X}),\ \lambda\geqslant 0\\ &=\begin{cases}\boldsymbol{W}(k) & \text{若 } \boldsymbol{W}(k)^{\mathrm{T}}\boldsymbol{X}>0\\ \boldsymbol{W}(k)+\rho\boldsymbol{X} & \text{若 } \boldsymbol{W}(k)^{\mathrm{T}}\boldsymbol{X}\leqslant 0\end{cases}\end{aligned}$$

这就是当选择 $J(\boldsymbol{W},\boldsymbol{X})=1/2(|\boldsymbol{W}^{\mathrm{T}}\boldsymbol{X}|-\boldsymbol{W}^{\mathrm{T}}\boldsymbol{X})$时,用于求解权向量的梯度下降法的一般表现形式.当 $\rho>0$ 为常数时,上式与基于固定增量的感知器算法的修正公式完全一致.由此可见,基于固定增量的感知器算法只是梯度下降法的一个特例.实际中,可根据情况使 ρ 的取值随迭代步数而变.相对于固定增量的感知器算法,把 ρ 的取值随迭代步数而变的梯度下降法称为可变增量法.若记第 k 步的ρ为ρ_k,则 ρ_k 的更新规则如下:对于当前的迭代步数 k 和当前的输入训练样本 $\boldsymbol{X}$,若现行权向量 $\boldsymbol{W}(k)$的选择使 $\boldsymbol{W}^{\mathrm{T}}(k)\boldsymbol{X}>0$ 成立,则维持 $\boldsymbol{W}(k)$不变;否则更改 ρ_k 使据此更新后的 $\boldsymbol{W}(k+1)$满足以下条件

$$\boldsymbol{W}^{\mathrm{T}}(k+1)\boldsymbol{X}>0$$

也即要求

$$\boldsymbol{W}^{\mathrm{T}}(k+1)\boldsymbol{X}=(\boldsymbol{W}(k)+\rho_k\boldsymbol{X})^{\mathrm{T}}\boldsymbol{X}>0$$

整理之,可得到 ρ_k 的计算公式如下

$$\rho_k=\frac{-\boldsymbol{W}^{\mathrm{T}}(k)\boldsymbol{X}}{\boldsymbol{X}^{\mathrm{T}}\boldsymbol{X}}=\frac{|\boldsymbol{W}^{\mathrm{T}}(k)\boldsymbol{X}|}{\|\boldsymbol{X}\|^2}\tag{2.49}$$

讨论一下 ρ 的选择问题.和固定增量的感知器算法一样,ρ 值的大小影响算法的收敛速度和稳定性.一般而言,若 ρ 取得过小,则收敛速度可能较慢;而 ρ 取得过大,则可能使迭代过程变得不稳定,甚至引起发散和振荡.

此外,和固定增量的感知器算法一样,梯度下降法也只适用于训练样本线性可分的情况.当给定的训练样本集线性不可分时,此法将失效.

2.3.6 最小平方误差法

前面介绍的两个算法有一个共同的缺点,就是不能对训练样本集是否线性可分作出判断.这在一定程度上妨碍了它们在实际中的应用.我们希望的算法应具有以下功能:① 能对输入的训练样本集是否线性可分作出判断;② 在训练样本集线性不可分的情况下能够给出某种准则下的最优解.例如,给出一个线性分类器使被误分的样本个数最少.

下面首先介绍一种基于最小二乘法求 $\boldsymbol{W}$ 的**伪逆解**的算法.为简便起见,仍然针对 ω_j/ω_j 两分问题展开讨论.假定共有 N 个经过预分类和规范化处理的训练样本构成的样本集 $\mathscr{X}=\{\boldsymbol{X}_1,\boldsymbol{X}_2,\cdots,\boldsymbol{X}_N\}$.其中,不失一般性,假设样本集 $\mathscr{X}=\{\boldsymbol{X}_1,\boldsymbol{X}_2,\cdots,\boldsymbol{X}_N\}$中的前 n_i 个样本属于类别 ω_i,后 n_j 个样本属于类别 ω_j.这里,$n_i+n_j=N$.另外,假设采用加长型的向量表示,其维数为$(d+1)$.那么,相应于样本集 $\mathscr{X}=\{\boldsymbol{X}_1,\boldsymbol{X}_2,\cdots,\boldsymbol{X}_N\}$的解权向量 $\boldsymbol{W}^*$ 由满足以下不等式组的解给出

$$\boldsymbol{W}^{\mathrm{T}}\boldsymbol{X}_i>0,\quad i=1,2,\cdots,N$$

上述联立不等式组可以写成以下的矩阵形式

$$[\boldsymbol{X}]\boldsymbol{W}>0,\quad i=1,2,\cdots,N \tag{2.50}$$

这里,$[\boldsymbol{X}]$称为训练样本的增广矩阵,由下式定义

$$[\boldsymbol{X}]=\begin{bmatrix}\boldsymbol{X}_1^{\mathrm{T}}\\ \vdots\\ \boldsymbol{X}_{n_i}^{\mathrm{T}}\\ \boldsymbol{X}_{n_i+1}^{\mathrm{T}}\\ \vdots\\ \boldsymbol{X}_N^{\mathrm{T}}\end{bmatrix}=\begin{bmatrix}x_{1,1} & x_{1,2} & \cdots & x_{1,d} & 1\\ \vdots & \vdots & & \vdots & \vdots\\ x_{n_i,1} & x_{n_i,2} & \cdots & x_{n_i,d} & 1\\ -x_{n_i+1,1} & -x_{n_i+1,2} & \cdots & -x_{n_i+1,d} & -1\\ \vdots & \vdots & & \vdots & \vdots\\ -x_{N,1} & -x_{N,2} & \cdots & -x_{N,d} & -1\end{bmatrix}$$

为了得到所求的解权向量 $\boldsymbol{W}^*$,最小误差平方算法把对式(2.50)所示不等式组的求解问题变成对下述线性方程组的求解

$$[\boldsymbol{X}]\boldsymbol{W}=\boldsymbol{b},\quad i=1,2,\cdots,N \tag{2.51}$$

这里,$\boldsymbol{b}=(b_1,b_2,\cdots,b_{n_i},b_{n_i+1},\cdots,b_N)^{\mathrm{T}}$ 是各分量均为正值的一个向量,称为余量向量.

一般而言,$N>d+1$.可以证明,在此条件下,如果给定的训练样本集是线性可分的,则$[\boldsymbol{X}]$的任意$(d+1)\times(d+1)$的子矩阵的秩均等于$(d+1)$.此时,可借助于

最小二乘法完成对 $\boldsymbol{W}$ 的求解. 为此,定义如下的误差向量和平方误差准则函数

$$\boldsymbol{e} = [\boldsymbol{X}]\boldsymbol{W} - \boldsymbol{b} \tag{2.52}$$

$$J_s(\boldsymbol{W},[\boldsymbol{X}],\boldsymbol{b}) = \|\boldsymbol{e}\|^2 = \|[\boldsymbol{X}]\boldsymbol{W} - \boldsymbol{b}\|^2 = \sum_{i=1}^{N}(\boldsymbol{W}^{\mathrm{T}}\boldsymbol{X}_i - b_i)^2 \tag{2.53}$$

这样,权向量 $\boldsymbol{W}$ 可通过极小化式(2.53)所示的平方误差准则函数得到. 为此,求 $J_s(\boldsymbol{W},[\boldsymbol{X}],\boldsymbol{b})$关于 $\boldsymbol{W}$ 的偏导数并令之为 0,有

$$\begin{aligned}\nabla_{\boldsymbol{W}} J_s(\boldsymbol{W},[\boldsymbol{X}],\boldsymbol{b}) &= \frac{\partial J_s(\boldsymbol{W},[\boldsymbol{X}],\boldsymbol{b})}{\partial \boldsymbol{W}} = \frac{\partial \|[\boldsymbol{X}]\boldsymbol{W} - \boldsymbol{b}\|^2}{\partial \boldsymbol{W}} \\ &= \frac{\partial}{\partial \boldsymbol{W}}[([\boldsymbol{X}]\boldsymbol{W} - \boldsymbol{b})^{\mathrm{T}}([\boldsymbol{X}]\boldsymbol{W} - \boldsymbol{b})] = 2[\boldsymbol{X}]^{\mathrm{T}}([\boldsymbol{X}]\boldsymbol{W} - \boldsymbol{b}) = 0\end{aligned}$$

即

$$[\boldsymbol{X}]^{\mathrm{T}}[\boldsymbol{X}]\boldsymbol{W} = [\boldsymbol{X}]^{\mathrm{T}}\boldsymbol{b} \tag{2.54}$$

这里,$[\boldsymbol{X}]^{\mathrm{T}}[\boldsymbol{X}]$是$(d+1)\times(d+1)$的方阵. 在训练样本集是线性可分的条件下,该方阵一般是非奇异的. 因此

$$\boldsymbol{W} = [[\boldsymbol{X}]^{\mathrm{T}}[\boldsymbol{X}]]^{-1}[\boldsymbol{X}]^{\mathrm{T}}\boldsymbol{b} = [\boldsymbol{X}]^{\#}\boldsymbol{b} \tag{2.55}$$

这里,$[\boldsymbol{X}]^{\#} = [[\boldsymbol{X}]^{\mathrm{T}}[\boldsymbol{X}]]^{-1}[\boldsymbol{X}]^{\mathrm{T}}$ 被称为$[\boldsymbol{X}]$的伪逆,而由上式给出的 $\boldsymbol{W}$ 被称为 $\boldsymbol{W}$ 的一个伪逆解.

显然,$\boldsymbol{W}$ 的伪逆解依赖于 $\boldsymbol{b}$. 另外,根据误差向量的定义,知

$$\boldsymbol{e} = [\boldsymbol{X}]\boldsymbol{W} - \boldsymbol{b} = [\boldsymbol{X}][\boldsymbol{X}]^{\#}\boldsymbol{b} - \boldsymbol{b} = ([\boldsymbol{X}][\boldsymbol{X}]^{\#} - \boldsymbol{I})\boldsymbol{b}$$

由于$[\boldsymbol{X}][\boldsymbol{X}]^{\#}$一般不为单位阵,故误差向量一般不为 $\boldsymbol{0}$. 所选择的 $\boldsymbol{b}$ 不同,误差向量 $\boldsymbol{e}$ 一般也不同,也会得到不同的伪逆解 $\boldsymbol{W}$.

关于伪逆解 $\boldsymbol{W}$,我们有下面的结论:

(1) 即使在训练样本集线性可分的情况下,对于某些 $\boldsymbol{b}$ 的选择,$\boldsymbol{W}$ 的伪逆解也不一定构成一个正确的解权向量.

(2) 更进一步,由于 $\boldsymbol{W}$ 的伪逆解依赖于 $\boldsymbol{b}$,不同 $\boldsymbol{b}$ 的选择所导致的伪逆解 $\boldsymbol{W}$ 对已知样本的误分情况是不一样的. 特别是某个 $\boldsymbol{b}$ 的选择导致的伪逆解 $\boldsymbol{W}$ 对已知训练样本的分类结果不理想并不意味着不存在其他 $\boldsymbol{b}$ 的选择导致的伪逆解 $\boldsymbol{W}$ 可对已知训练样本做到正确分类.

(3) $\boldsymbol{W}$ 的伪逆解是在 $\boldsymbol{b}$ 一定的情况下极小化平方误差准则函数的结果. 不管是在训练样本集线性可分的情况下,还是线性不可分的情况下,它都会提供一个对分类有益的、最小二乘意义上的最优解. 虽然这样的伪逆解不一定可做到对所有已知训练样本的正确分类.

在训练样本集线性可分的情况下,可以通过引入如下的约束条件将按照上面

的方法得到的伪逆解改造成一个可对所有的训练样本实现正确分类的解权向量

$$\boldsymbol{W}^{\mathrm{T}}\boldsymbol{X}_i - b_i \geqslant 0, \quad i = 1,2,\cdots,N$$

或等价地,

$$[\boldsymbol{X}]\boldsymbol{W} - \boldsymbol{b} \geqslant \boldsymbol{0} \tag{2.56}$$

下面介绍一种可以在训练样本集线性可分的情况下获得正确的解权向量的改造方案.相应的算法称为 **LMSE**(Least Mean Square Error)**算法**,也称为 **Ho-Kashyap 算法或 H-K 算法**.

该算法的关键是首先根据任意选择的 $\boldsymbol{b} > \boldsymbol{0}$ 得到待求 $\boldsymbol{W}$ 的一个伪逆解,然后对 $\boldsymbol{W}$ 的伪逆解和 $\boldsymbol{b}$ 同时进行迭代优化处理,使两者满足式(2.56)所示的约束条件.可以利用基于固定增量的梯度下降法进行迭代求解.用于确定 $\boldsymbol{b}$ 的迭代公式为

$$\begin{aligned}\boldsymbol{b}(k+1) &= \boldsymbol{b}(k) + o\boldsymbol{b}(k) \\ &= \boldsymbol{b}(k) - \rho \nabla_b J_s(\boldsymbol{W},[\boldsymbol{X}],\boldsymbol{b})\big|_{\boldsymbol{b}=\boldsymbol{b}(k)} \\ &= \boldsymbol{b}(k) - \rho \frac{\partial J_s(\boldsymbol{W},[\boldsymbol{X}],\boldsymbol{b})}{\partial \boldsymbol{b}}\bigg|_{\boldsymbol{b}=\boldsymbol{b}(k)}\end{aligned} \tag{2.57}$$

其中,用 $\delta\boldsymbol{b}(k)$表示在第 k 次迭代中的增量,而步长因子 $\rho > 0$ 取为常数.

由于

$$\begin{aligned}\frac{\partial J_S(\boldsymbol{W},[\boldsymbol{X}],\boldsymbol{b})}{\partial \boldsymbol{b}}\bigg|_{\boldsymbol{b}=\boldsymbol{b}(k)} &= \frac{\partial}{\partial \boldsymbol{b}}[([\boldsymbol{X}]\boldsymbol{W} - \boldsymbol{b})^{\mathrm{T}}([\boldsymbol{X}]\boldsymbol{W} - \boldsymbol{b})]\big|_{\boldsymbol{b}=\boldsymbol{b}(k)} \\ &= -2([\boldsymbol{X}]\boldsymbol{W}(k) - \boldsymbol{b}(k))\end{aligned}$$

所以,式(2.57)可写为

$$\begin{aligned}\boldsymbol{b}(k+1) &= \boldsymbol{b}(k) + \delta\boldsymbol{b}(k) \\ &= \boldsymbol{b}(k) + 2\rho([\boldsymbol{X}]\boldsymbol{W}(k) - \boldsymbol{b}(k))\end{aligned}$$

显然,为保证余量向量经迭代后各分量不减,即保持 $\boldsymbol{b}(k+1) \geqslant \boldsymbol{b}(k) > \boldsymbol{0}$ 的条件成立,要求$[\boldsymbol{X}]\boldsymbol{W} - \boldsymbol{b} \geqslant 0$.因此,可取

$$\delta\boldsymbol{b}(k) = \begin{cases}\boldsymbol{0} & \text{若 } [\boldsymbol{X}]\boldsymbol{W}(k) - \boldsymbol{b}(k) \leqslant \boldsymbol{0} \\ 2\rho([\boldsymbol{X}]\boldsymbol{W}(k) - \boldsymbol{b}(k)) & \text{若 } [\boldsymbol{X}]\boldsymbol{W}(k) - \boldsymbol{b}(k) > \boldsymbol{0}\end{cases}$$

又由于根据误差向量的定义式(2.52),知

$$\boldsymbol{e}(k) = [\boldsymbol{X}]\boldsymbol{W}(k) - \boldsymbol{b}(k)$$

故 $\delta\boldsymbol{b}(k)$可用 $\boldsymbol{e}(k)$统一表示为

$$\delta\boldsymbol{b}(k) = \rho(\boldsymbol{e}(k) + |\boldsymbol{e}(k)|) \tag{2.58}$$

这里,$|\boldsymbol{e}(k)|$表示由 $\boldsymbol{e}(k)$的各分量取绝对值后构成的新的向量.这样,将 $\boldsymbol{b}$ 的迭代公式$\boldsymbol{b}(k+1) = \boldsymbol{b}(k) + \delta\boldsymbol{b}(k)$代入式(2.55)中,可得到用于确定 $\boldsymbol{W}$ 的迭代公式

$$\boldsymbol{W}(k+1) = [\boldsymbol{X}]^{\#}\boldsymbol{b}(k+1)$$

$$
\begin{aligned}
&= [\boldsymbol{X}]^{\#}(\boldsymbol{b}(k) + \delta\boldsymbol{b}(k)) \\
&= \boldsymbol{W}(k) + [\boldsymbol{X}]^{\#}\delta\boldsymbol{b}(k) \\
&= \boldsymbol{W}(k) + \rho[\boldsymbol{X}]^{\#}(\boldsymbol{e}(k) + |\boldsymbol{e}(k)|)
\end{aligned} \tag{2.59}
$$

根据上面推导出的迭代公式和关系式，可以得到如下的 H-K 算法：

〈1〉由训练样本集构建增广矩阵$[\boldsymbol{X}]$，并求其伪逆$[\boldsymbol{X}]^{\#}=[[\boldsymbol{X}]^{\mathrm{T}}[\boldsymbol{X}]]^{-1}[\boldsymbol{X}]^{\mathrm{T}}$.

〈2〉赋算法初值：

迭代步数 $k=0$；

余量向量的初值 $\boldsymbol{b}(0)=$任选的一个正向量；

解权向量的初值 $\boldsymbol{W}(0)=[\boldsymbol{X}]^{\#}\boldsymbol{b}(0)$.

〈3〉计算：$\boldsymbol{e}(k)=[\boldsymbol{X}]\boldsymbol{W}(k)-\boldsymbol{b}(k)$.

〈4〉若 $\boldsymbol{e}(k)$的各分量停止变为正值或者不全部为 0，则判训练样本集不是线性可分的，中止迭代并输出相关信息、算法结束；否则，若 $\boldsymbol{e}(k)$的各分量均接近于 0，则判迭代过程完成，输出相关信息、算法结束；否则，若 $\boldsymbol{e}(k)$的有些分量大于等于零，有些分量小于零，则继续下一步骤.

〈5〉完成更新计算：

$$\boldsymbol{W}(k+1) = \boldsymbol{W}(k) + \rho[\boldsymbol{X}]^{\#}(\boldsymbol{e}(k) + |\boldsymbol{e}(k)|)$$

$$\boldsymbol{b}(k+1) = \boldsymbol{b}(k) + \rho(\boldsymbol{e}(k) + |\boldsymbol{e}(k)|)$$

〈6〉置 $k=k+1$，返回步骤〈3〉.

对算法第 4 步中的判断作进一步的讨论. 显然，$\boldsymbol{e}(k)$的取值有两种可能：

(1) 为零向量. 即 $\boldsymbol{e}(k)$的各个分量的取值均为 0(实际中为接近于 0). 此时，所得到的权向量已是解权向量. 据此可实现对所有训练样本的正确分类.

(2) 为非零向量. 此时，可进一步分为以下几种情况.

2a. $\boldsymbol{e}(k)$的各个分量均大于等于零. 此时，和(1)的情况一样，算法已收敛到正确的解权向量.

2b. $\boldsymbol{e}(k)$的各个分量均小于等于零，但不是全部为零. 此时，给定的训练样本集不是线性可分的. 显然，此时有

$$\boldsymbol{e}(k) + |\boldsymbol{e}(k)| = \boldsymbol{0} \quad \text{和} \quad [\boldsymbol{X}]\boldsymbol{W}(k) - \boldsymbol{b}(k) \leqslant \boldsymbol{0}$$

从逻辑上来说，仅从上面的公式并不能得到给定的训练样本集不是线性可分的判断. 但是，幸运的是可以证明：当给定的训练样本集线性可分时，不会出现上面的情况.

事实上，当给定的训练样本集线性可分时，可知：存在 $\hat{\boldsymbol{W}}(k)$和 $\hat{\boldsymbol{b}}(k)>0$，使$[\boldsymbol{X}]\hat{\boldsymbol{W}}(k)=\hat{\boldsymbol{b}}(k)$成立. 以$[\boldsymbol{X}]^{\mathrm{T}}$ 左乘$[\boldsymbol{X}]\hat{\boldsymbol{W}}(k)=\hat{\boldsymbol{b}}(k)$的两端，有

$$[\boldsymbol{X}]^{\mathrm{T}}[\boldsymbol{X}]\hat{\boldsymbol{W}}(k)=[\boldsymbol{X}]^{\mathrm{T}}\hat{\boldsymbol{b}}(k)$$

但是,由于 $\hat{e}(k)=[\boldsymbol{X}]\hat{\boldsymbol{W}}(k)-\hat{b}(k)$,所以,我们有

$$[\boldsymbol{X}]^{\mathrm{T}}\hat{\boldsymbol{e}}(k)=\boldsymbol{0} \tag{2.60}$$

故,$\hat{\boldsymbol{e}}^{\mathrm{T}}(k)[\boldsymbol{X}]=\boldsymbol{0}^{\mathrm{T}}$. 这里,$\boldsymbol{0}^{\mathrm{T}}$ 是一个 $1\times(d+1)$的零向量. 以 $\hat{\boldsymbol{W}}(k)$右乘$\hat{\boldsymbol{e}}^{\mathrm{T}}(k)[\boldsymbol{X}]=\boldsymbol{0}^{\mathrm{T}}$ 的两端,可推出

$$\hat{\boldsymbol{e}}^{\mathrm{T}}(k)[\boldsymbol{X}]\hat{\boldsymbol{W}}(k)=\hat{\boldsymbol{e}}^{\mathrm{T}}(k)\hat{\boldsymbol{b}}(k)=0 \tag{2.61}$$

上式中的右端为标量 0. 另一方面,上式中的左端表现为两个向量的点积. 其中,$\hat{\boldsymbol{b}}(k)$是一个其各分量均为正值的正向量. 这样,若出现 $\boldsymbol{e}(k)$的各个分量均小于等于零,但不是全部为零的情况,则必然推出其左端的点积小于零的结论,这与式(2.61)的结果矛盾. 于是,结论只有一个:一旦出现 $\boldsymbol{e}(k)$的各个分量均小于等于零,但不是全部为零的情况,则给定的训练样本集必定不是线性可分的. 事实上,此时有:$\boldsymbol{e}(k)+|\boldsymbol{e}(k)|=0$ 成立. 这表明,算法即使再往下执行,程序中的 $\boldsymbol{b}(k)$和 $\boldsymbol{W}(k)$也不会再发生任何变化.

2c. $\boldsymbol{e}(k)$的有些分量大于等于零,有些分量小于零. 此时,给定的训练样本集是否线性可分尚不明了,需进一步执行程序看一看后面会发生什么. 一般而言,经过若干次迭代后,程序或者收敛于正确的解权向量,或者出现 $\boldsymbol{e}(k)$的各个分量均小于等于零,但不是全部为零的情况. 在前者的情况下,训练样本集线性可分;此时程序输出待求的解权向量,据此可得到所需的线性分类器. 在后面的情况下,则表明训练样本集线性不可分.

综合上面的讨论,可知 H-K 算法具有以下特点:① 能在算法执行过程中对输入训练样本集的线性可分性作出正确判断;② 能在训练样本集线性可分的情况下给出正确的解权向量,并能在训练样本集线性不可分的情况下给出 LMSE 准则下的一个最优解.

H-K 算法的一个美中不足之处是:在程序的起始阶段需要执行一次矩阵$[\boldsymbol{X}]^{\mathrm{T}}[\boldsymbol{X}]$的求逆运算. 当$[\boldsymbol{X}]^{\mathrm{T}}[\boldsymbol{X}]$的维数很高时,其计算代价非常大;不仅如此,当$[\boldsymbol{X}]^{\mathrm{T}}[\boldsymbol{X}]$为奇异矩阵或接近奇异时,上述求逆运算将面临困难. 为了解决这个问题,可考虑用与$[\boldsymbol{X}]^{\mathrm{T}}[\boldsymbol{X}]$的行列式相关联的一个值来替代$[\boldsymbol{X}]^{\mathrm{T}}[\boldsymbol{X}]$的逆. 例如,选 $0\leqslant\gamma\leqslant|[\boldsymbol{X}]^{\mathrm{T}}[\boldsymbol{X}]|$来代替$([\boldsymbol{X}]^{\mathrm{T}}[\boldsymbol{X}])^{-1}$.

2.4　非线性可分情况下的几何分类法

上一节主要介绍了线性可分情况下的几何分类法.我们看到,当训练样本集线性可分时,可用线性判别函数把特征空间分解为对应于不同类别的若干个子区域.这种基于线性判别函数的分类方法简单易行,在实际中获得了广泛的应用.但是,除了上述可以用线性判别函数解决的问题之外,我们也会常常遇到不能用线性判别函数,但可以用非线性判别函数进行分类的情况.此时,相应的决策面表现为特征空间中的一些超曲面的组合.

对于非线性可分的情况,可采用以下几种方法完成分类任务:

(1) 运用广义线性判别函数的概念完成分类.即通过施行某种映射,将待分类的训练样本从特征空间$\boldsymbol{X}$映射到一个新的特征空间$\boldsymbol{X}^*$,使在原来的特征空间$\boldsymbol{X}$中非线性可分的训练样本集被映射到新的特征空间后成为线性可分的.

(2) 利用多个线性判别函数对非线性判别函数进行分段近似.即在特征空间中用多个超平面逼近可以对训练样本产生正确分类的超曲面,从而达到利用线性分类器完成非线性分类的目的.

(3) 直接采用非线性判别函数构造非线性分类器.

为叙述方便起见,将上述第一种方法称为广义线性判别函数法、第二种方法称为分段线性判别函数法、第三种方法称为非线性判别函数法.下面依次介绍这三种方法.

2.4.1　广义线性判别函数法

首先介绍广义线性判别函数法.假设给定的分类问题是一个非线性可分问题.即在所定义的特征空间中虽然不能用线性判别函数,但可以用非线性判别函数进行求解.此时,如果所使用的非线性判别函数的形式为已知,则可以根据所使用的非线性判别函数定义一种映射,使在映射后的特征空间中相应的分类问题变成一个线性可分问题.从而可以在新的特征空间中用线性判别函数完成对训练样本的分类.

事实上,这种映射总是存在的.设映射前的特征空间为n维的特征空间$\boldsymbol{X}^n$,其

中的一个向量用 $\boldsymbol{X}=(x_1,x_2,\cdots,x_n)^{\mathrm{T}}$ 表示.另外,假设存在非线性判别函数 $g(\boldsymbol{X})$可对所有的输入训练样本产生正确分类.如果 $g(\boldsymbol{X})$由形式已知的有限个非线性函数所构成,则它总可以写成以下的形式

$$g(\boldsymbol{X}) = w_1 f_1(\boldsymbol{X}) + w_2 f_2(\boldsymbol{X}) + \cdots + w_K f_K(\boldsymbol{X}) + w_{K+1} \tag{2.62}$$

这里,$w_i, i=1,2,\cdots,K+1$ 为加权系数,$f_i(\boldsymbol{X}), i=1,2,\cdots,K$ 为特征空间中的模式向量$\boldsymbol{X}$ 的单值实函数.

如果引入变换

$$y_i = f_i(\boldsymbol{X}), \quad i = 1,2,\cdots,K \tag{2.63}$$

并将上述各映射值分别作为向量 $\boldsymbol{Y}=(y_1,y_2,\cdots,y_K)^{\mathrm{T}}$ 的一个分量,则所有可能的 $\boldsymbol{Y}$ 构成一个新的特征空间$\boldsymbol{Y}^K$.在 K 维的特征空间$\boldsymbol{Y}^K$ 中,上述非线性判别函数 $g(\boldsymbol{X})$具有以下线性的形式

$$g(\boldsymbol{Y}) = w_1 y_1 + w_2 y_2 + \cdots + w_K y_K + w_{K+1} \tag{2.64}$$

因此,只要 $f_i(\boldsymbol{X}), i=1,2,\cdots,K$ 的函数形式是已知的,则总可以将一个待分类的非线性可分问题变为一个线性可分问题进行求解.

需要指出的是,在进行上述非线性变换的过程中,往往伴随着特征空间维数的增加.

下面举一个实际的例子对广义线性判别函数法进行具体说明.如图 2.20 所示,考虑一个一维特征空间$\boldsymbol{X}^1$ 中的模式分类问题.显然,此时我们找不到一个分界点能将两类样本分开.换句话说,这个模式分类问题不是一个线性可分问题.然而,该问题是非线性可分的.例如,在本例中我们可以通过设置两个分界点达到正确分类的目的.设这两个分界点分别为 $x=a$ 和$x=b$,则相应的决策面函数应该具有以

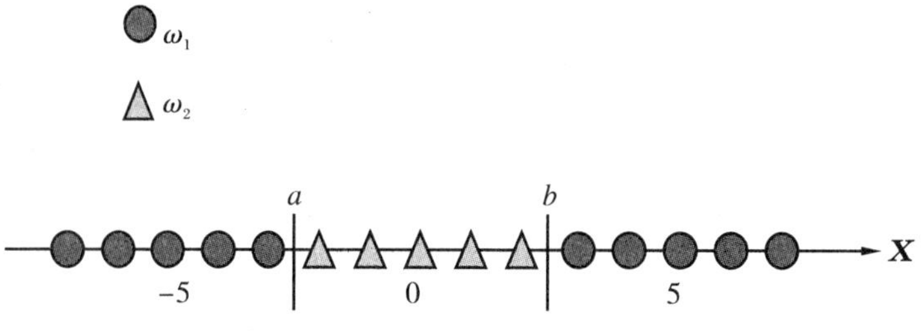

图 2.20 一维特征空间中的非线性可分问题

下的形式

$$g(x) = (x-a)(x-b) = x^2 - (a+b)x + ab \tag{2.65}$$

正确的判决规则是

$$\begin{cases} 若\ x < a\ 或\ x > b & 则\ x \in \omega_1 \\ 若\ a < x < b & 则\ x \in \omega_2 \end{cases}$$

或者，等价地

$$\begin{cases} g(x) > 0 \\ g(x) < 0 \end{cases} \Rightarrow \begin{cases} x \in \omega_1 \\ x \in \omega_2 \end{cases}$$

可以通过引入非线性变换将这个问题变成一个线性可分问题进行求解. 在本例中，根据式(2.65)，可如下定义所需要的变换

$$y_1 = x^2, \quad y_2 = x \tag{2.66}$$

经过上述非线性变换后，相应的决策面函数具有以下线性的形式

$$g(\boldsymbol{Y}) = w_1 y_1 + w_2 y_2 + w_3$$

在新的特征空间 $\boldsymbol{Y}^2$ 中，样本的分布如图 2.21 所示. 注意：为看得更清晰、明了，纵坐标被压缩了. 显然，此时我们可用一条直线将两类样本区分开. 换句话说，在新的特征空间中相应的分类问题是一个线性可分问题.

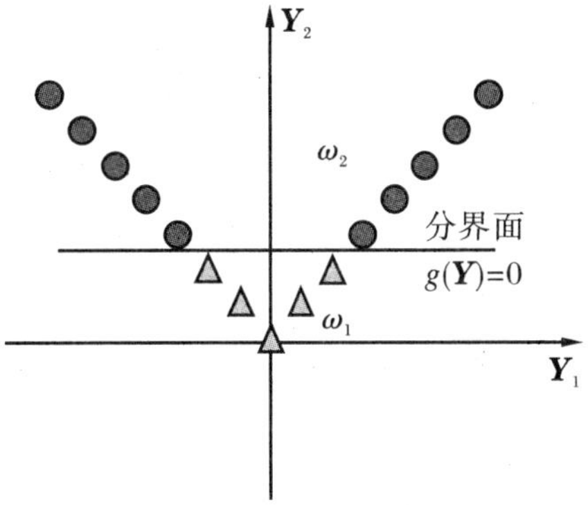

图 2.21　引入非线性变换将非线性可分问题变成线性可分问题进行求解

如果样本的分布更加复杂，例如具有图 2.22 所示的分布，那么，相应的决策面函数可用更复杂的非线性函数，例如在本例中可用一个三次多项式函数进行表示

$$\begin{aligned} g(x) &= (x-a)(x-b)(x-c) \\ &= x^3 - (a+b+c)x^2 + \\ &\quad (ab+ac+bc)x - abc \end{aligned}$$

若如下定义非线性变换

$$y_1 = x^3, \quad y_2 = x^2, \quad y_3 = x \tag{2.67}$$

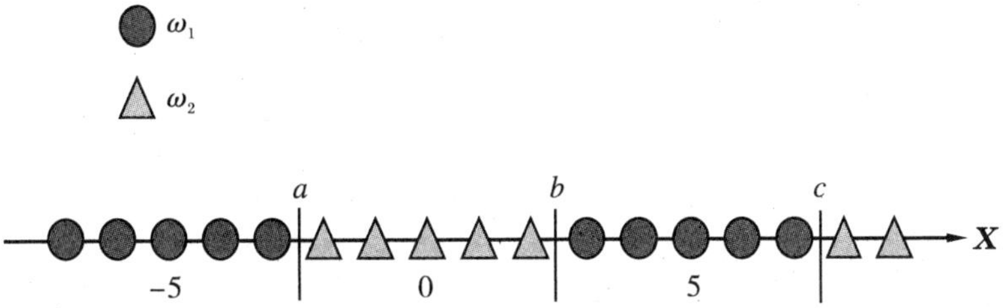

图 2.22　所需引入的非线性变换与样本的分布有关

则相应的决策面函数在新的特征空间 $\boldsymbol{Y}^3$ 中具有以下线性形式

$$g(\boldsymbol{Y}) = w_1 y_1 + w_2 y_2 + w_3 y_3 + w_4$$

此时,可用一个平面将两类样本分开.

那么,如何确定所需要的非线性变换呢? 一般而言,需要利用关于样本分布的先验知识.例如,像上面的例子中所表示的那样.此时,往往可用较少量的非线性函数完成从一个特征空间到另一个特征空间的映射,使在映射后的特征空间中相应的分类问题变成一个线性可分问题.在没有先验知识可以利用的情况下,可考虑采用函数逼近的方法.在模式识别领域中,常采用正交的多项式函数对未知的非线性函数进行逼近.这样做主要有两个原因:一是多项式函数容易生成,二是根据函数逼近理论,闭合区间上的任意连续函数(大多数非线性函数均在此列)可用多项式函数在预定的容限范围内任意地逼近.

例如,考虑一个其样本在二维特征空间 $\boldsymbol{X}^2$ 中分布的非线性可分问题.假定相应的非线性函数 $g(\boldsymbol{X})$的形式未知.此时,可用二次的(或根据需要,用更高次的)多项式函数对 $g(\boldsymbol{X})$进行逼近.当使用二次多项式函数时,$g(\boldsymbol{X})$可近似表示为

$$g(\boldsymbol{X}) \approx \omega_{11} x_1^2 + \omega_{12} x_1 x_2 + \omega_{22} x_2^2 + \omega_1 x_1 + \omega_2 x_2 + \omega_3$$

此时,若令

$$y_1 = x_1^2, \quad y_2 = x_1 x_2, \quad y_3 = x_2^2, \quad y_4 = x_1, \quad y_5 = x_2$$

则经上述非线性变换后,在新的特征空间 $\boldsymbol{Y}^5$ 中相应的决策面函数 $g(\boldsymbol{Y})$具有以下线性形式

$$g(\boldsymbol{Y}) = w_1 y_1 + w_2 y_2 + w_3 y_3 + w_4 y_4 + w_5$$

可见,如果原二维特征空间$\boldsymbol{X}^2$ 中的非线性决策面函数可用二次多项式逼近,则经过上述处理后,在新的特征空间 $\boldsymbol{Y}^5$ 中相应的非线性决策面函数将具有线性的形式.此时,可用新的五维特征空间中的一个超平面将两类模式分开.如果原二维特征空间中的非线性决策面函数不能用二次多项式很好地近似,则可以考虑用更高次的多项式函数对其进行逼近.如果待求的非线性决策面函数可用一个连续函数加以表示,则根据函数逼近理论,只要用来近似的多项式的次数取得足够高,总可以在预定的容限范围内任意地逼近该非线性决策面函数.

2.4.2 分段线性判别函数法

如上所述,广义线性判别函数法可以较好地解决非线性可分问题.但是,该方法也有一定的局限性.例如,在缺乏关于样本分布的先验知识的情况下(当相应的特征空间是一个高维特征空间的时候,这种情况表现得尤为明显),如何选择合适的非线性变换成为一个问题.例如,使用多项式函数逼近时,为了"保险"起见,往往

会选择较高次数的多项式.这将导致“维数灾难”问题.

在实际问题中,我们往往会遇到这样的情况:一个在低维空间中很容易解决的问题到了高维空间中就变得非常难求解.这就是所谓的“维数灾难”问题(有时也简称为“维数灾”问题).

为了避免“维数灾”问题,一种方法是采用分段线性逼近的方法来解决非线性可分问题.其基本思想是采用分段线性判别函数代替非线性判别函数以完成所需要的分类任务.

考虑一个二维两类分类问题.假设样本具有如图 2.23 所示的分布.显然,在现在的情况下不存在一个线性判别函数可以将两个类别的模式分开.如果硬性地使用线性判别函数对上述问题进行分类(例如,采用 H-K 算法),当然也可以得到一个结果.然而,这样的分类结果往往给出较大的分类误差,不能满足实际的需求.事实上,此时的分类问题是一个非线性可分问题.我们可以用如图点线所示的曲线将感兴趣的区域划分成两个子区域从而实现对两类样本的分类.

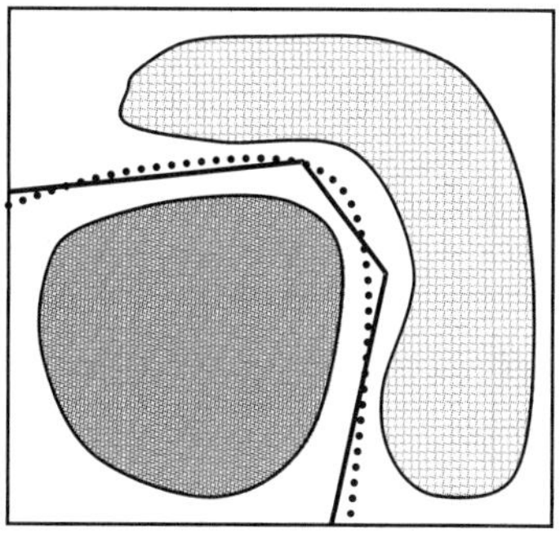

图 2.23　分段线性判别函数法

显然,如果我们能用某种方法得到上述点线的一个折线近似(如图折线所示),那么,可用这条折线将感兴趣的区域划分成分别对应于两个类别的两个子区域从而完成对两类样本的分类任务.这种做法不仅可以得到能对已知样本正确分类的分段线性分类器、取得较好的分类效果,而且为设计相应的分类器所需要的计算也比较简单.

下面具体介绍两种分段线性分类器的设计方法.

(1) 单超平面法

该方法的大要如下:首先用一个线性判别函数找出一个分界面将对应的特征空间划分为两部分.相应地,所有的输入样本也被分成两个部分.由于输入样本集不是线性可分的,故最初得到的两个区域中不会出现两个区域都只包含来自同一个类别的样本的情况.此时,或者其中的一个区域包含来自不同类别的样本;或者所有两个区域均包含来自不同类别的样本.在前一种情况下,将只包含来自同一个类别的样本的一侧区域划给与所包含的样本同名的类别;同时对包含来自不同类别样本的一侧区域则递归地使用线性判别函数对其进行再分类.在后一种情况下,对分界面的两侧区域均递归地使用线性判别函数对其进行再分类.其后的处理对每一个需要进行再分类的区域递归地展开,直到每一个这样给出的分界面的两侧区域均只包含来自相同类别的样本为止.最后,对在此分类过程中得到的分类区域进行综合即可得到最终的分类结果,形成相应的分段线性的决策面.

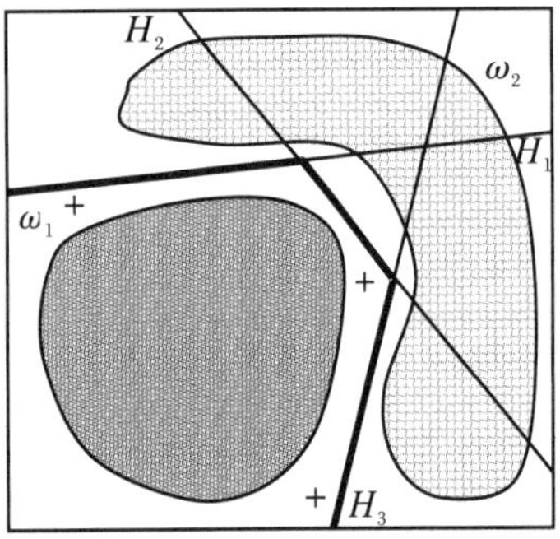

图 2.24　单超平面法的工作过程

下面,以图 2.24 为例说明单超平面法的工作过程.首先按照某种准则使用线性判别函数对特征空间进行划分,得到如图所示的分界线 H_1.该直线将整个特征空间一分为二,划分为两个区域.其中,位于 H_1 反面一侧的区域由于只包含来自 ω_2 类别的样本,故将其判给 ω_2 类别;而位于 H_1 正面一侧的区域由于包含来自两个类别的样本,故须对其进行进一步的处理.接下来的分类工作对 H_1 的正面一侧展开.与前类似,按照某种准则使用线性判别函数对此区域进行划分,得到如图所示的分界线 H_2.该直线将此区域划分为两个子区域.其中,此区域中位于 H_2 反面一侧的子区域仅包含来自 ω_2 类别的样本,将其判给 ω_2 类别;最后,用线性判别函数对剩余的区域(H_1 正面一侧区域和 H_2 正面一侧区域的交集)进行划分得到如图所示的分界线 H_3.由于位于 H_3 正、反两侧的子区域都只包含来自同一类别的样本,故根据每个子区域所包含样本的类别分别对其的归属进行判决.这里,将位于 H_3 正面一侧的子区域判给 ω_1 类别,而将位于 H_3 反面一侧的子区域判给 ω_2 类别.最终的判决结果如图中的粗实线所示.

(2) 双超平面法

也可以使用相互平行的两个超平面来实现分段线性化处理.这种方法每一次用一对相互平行的区分超平面将待处理区域划分为三个部分:两个外侧的子区域和一个内侧的子区域.划分的结果使每一个这样得到的外侧子区域中仅包含来自同一个类别的样本,而内侧子区域则可能同时混杂有两个类别的样本.对混杂有两个类别样本的内侧区域递归地执行上述处理直到混杂区为零为止.

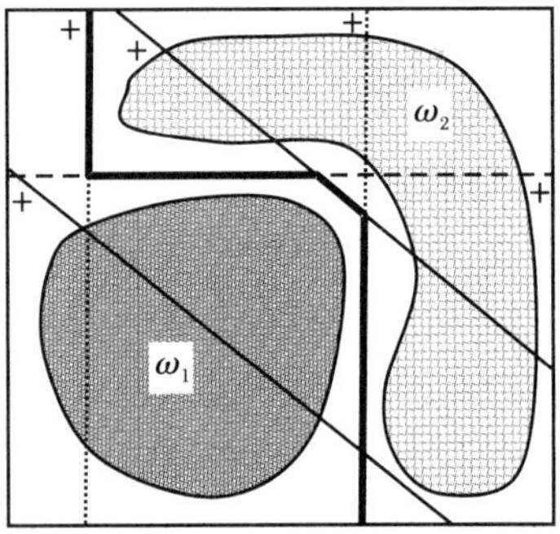

图 2.25　双超平面法的工作过程

下面用一个具体的例子对这种方法进行说明.如图 2.25 所示,首先根据某种准则用一对相互平行的直线对特征空间进行划分.划分的原则是使相互平行的两条直线的外侧只包含来自同一类别的样本.在本例中,首先得到用细实线所示的两条分界线.这两条直线将整个特征空间划分为三个部分:两条直线所夹的内侧区域和两个外侧区域.其中,两个外侧区域只包含来自同一个类别的样本,故判这两个区域分别属于其各自所含样本的类别.而两条直线所夹的内侧区域同时包含来自两个类别的样本,对该区域需做进一步的处理.接下来用点线所示的两条分界线对该内侧区域进行划分,得到三个子区域.与前类似,两个外侧子区域只包含来自同一个类别的样本,故判这两个子区域分别属于其各自所含样本的类别.而两条直线所夹的内侧区域同时包含来自两个类别的样本,需做进一步的处理.最后,用虚线所示的分界线(由两条分界线重叠而成)对剩余的内侧区域进行划分,得到两个子区域(此时,没有内侧区域存在).由于这两个子区域中只包含来自同一个类别的样本,故将它们分别判属其所含样本具有的类别.最终的判决结果如图中的粗实线所示.

在上面两种分段线性分类器的设计方法中,如何确定每一步所使用的线性判别函数的参数是一个值得深入研究的问题.这里,所使用的准则是影响所设计分类器性能的一个重要因素.限于篇幅,在此不予赘述.

2.4.3 非线性判别函数法:位势函数法

前面介绍的两种用于非线性分类器的设计方法都是基于线性化的方法.其共同点是所使用的判别函数均为线性判别函数.当然,也可以直接使用非线性判别函数来设计非线性分类器.本小节介绍其中的一种设计方法,即基于位势函数的非线性分类器的设计方法.这种方法不仅适用于非线性可分问题,也同样适用于线性可分问题.

首先介绍一下位势函数的概念.为简单起见,考虑 ω_i/ω_j 两类问题.我们知道,一个训练样本在特征空间中表现为一个点.每一个这样的点都有一个确定的类别.在一个 ω_i/ω_j 两类问题中,这样一个训练样本要么属于 ω_i 类别,要么属于 ω_j 类别,两者必居其一.对于特定的样本而言,它们是特征空间中的一些确定的点.对一个属于 ω_i 类别的样本点而言,其在特征空间中的近邻点属于同一个类别 ω_i 的可能性会比较大.同理,对一个属于 ω_j 类别的样本点而言,其在特征空间中的近邻点属于同一个类别 ω_j 的可能性也会比较大.每一个样本点都会在其所属的特征空间中形成一个属于自己的势力范围.同类别的样本之间相互促进,不同类别的样本之间相互竞争.这种样本之间的相互促进、相互竞争的结果导致在特征空间中形成规模更大、分布范围更广的两股势力.可以认为,特征空间中反映分类结果的分界面正是由这两股势力相互竞争、相互妥协而形成的结果.

为了对上面所论及的势力进行定量描述,可以采用某种物理的(或数学的)方法.例如,可以借助于电场的概念,用位势函数来描述样本的势力分布.把属于类别

ω_i 的样本点看作是正电荷.其在特征空间上的电位分布恒取正值,并具有以下特点:其取值在样本点上达到最大,而随着远离样本点取值将变得越来越小.与此类似,把属于类别 ω_j 的样本点看作是负电荷.其在特征空间上的电位分布恒取负值,并具有以下特点:其取值的绝对值在样本点上达到最大,而随着远离样本点取值的绝对值将变得越来越小.这样,由类别 ω_i 的样本所聚集的区域在特征空间中形成电位势能的“高地”,而由类别 ω_j 的样本所聚集的区域则在特征空间中形成电位势能的“低谷”.“高地”和“低谷”交界处零电位点的全体则“自然”形成两个类别的区分边界.

下面讨论位势函数的具体定义.为此,用 $K(\boldsymbol{X},\boldsymbol{X}_n)$标记位势函数.这里,$\boldsymbol{X}_n$ 表示样本点,而 $K(\boldsymbol{X},\boldsymbol{X}_n)$表示由样本点$\boldsymbol{X}_n$ 在 $\boldsymbol{X}$ 处引起的电位值.通常要求位势函数满足以下条件:

(1) $K(\boldsymbol{X},\boldsymbol{X}_n)=K(\boldsymbol{X}_n,\boldsymbol{X})$.

(2) 当且仅当 $\boldsymbol{X}=\boldsymbol{X}_n$ 时,$K(\boldsymbol{X},\boldsymbol{X}_n)$达到极值.

(3) 当 $\boldsymbol{X}$ 和$\boldsymbol{X}_n$ 之间的距离趋向于无穷大时,$K(\boldsymbol{X},\boldsymbol{X}_n)$趋向于 0.

(4) $K(\boldsymbol{X},\boldsymbol{X}_n)$是其定义域上的光滑函数,并且是 $\boldsymbol{X}$ 和 $\boldsymbol{X}_n$ 之间距离的单调下降(或增加)函数.

能满足上述条件的函数很多,下面列出其中几种常用的位势函数.

(1) $K(\boldsymbol{X},\boldsymbol{X}_n)=\sum_{i=1}^{m}\phi_i(\boldsymbol{X})\phi_i(\boldsymbol{X}_n)$.

其中,$\{\phi_i(X),i=1,2,\cdots,m\}$为 $\boldsymbol{X}$ 的定义域上的完备正交多项式函数.

(2) $K(\boldsymbol{X},\boldsymbol{X}_n)=\exp\{-\alpha\ \|\boldsymbol{X}-\boldsymbol{X}_n\|^2\}$.

(3) $K(\boldsymbol{X},\boldsymbol{X}_n)=\dfrac{1}{1+\alpha\ \|\boldsymbol{X}-\boldsymbol{X}_n\|^2}$.

(4) $K(\boldsymbol{X},\boldsymbol{X}_n)=\left|\dfrac{\sin\alpha\ \|\boldsymbol{X}-\boldsymbol{X}_n\|^2}{\alpha\ \|\boldsymbol{X}-\boldsymbol{X}_n\|^2}\right|$.

其中,后三个位势函数中的 α 是用于控制位势函数衰减速度的常数.另外,值得注意的是:上面所列的第四种位势函数具有振荡的特点,严格讲不符合作为位势函数的条件.具体使用时,可通过限制其取值范围将其改造成严格满足要求的位势函数.

接下来,讨论基于位势函数的分类算法.为此,考虑由所有样本点$\boldsymbol{X}_n$,$n=1,2,\cdots,N$ 的位势函数在特征空间中的任一点$\boldsymbol{X}$ 产生的位势“总和”$K_A(\boldsymbol{X})$.为方便起见,称 $K_A(\boldsymbol{X})$为积累位势函数.该总和不是各样本点所引起的位势的简单叠加,而是一种考虑到了各样本点对分类贡献程度的加权和.实际中,将上述积累位势函数取为判别函数，并据此对输入样本进行分类. 方法是逐个加入训练样本，并根据用现行的积累位势函数 $K_A(\boldsymbol{X})$ 对其进行分类的结果正确与否确定是否对 $K_A(\boldsymbol{X})$ 进行修正. 具体修正的规则如下：若分类结果正确，则维持 $K_A(\boldsymbol{X})$ 不变；否则，对 $K_A(\boldsymbol{X})$ 进行修正. 上述过程被不断进行直到所有训练样本均能被正确分类为止.

下面，具体看一下上述位势函数法的训练过程和修正规则.

假定训练样本集为 $\mathscr{X}=\{\boldsymbol{X}_1,\boldsymbol{X}_2,\cdots,\boldsymbol{X}_N\}$. 其中，所有样本分属于两个不同的类别 ω_i 和 ω_j. 另外，用 $K_{A,k}(\boldsymbol{X})$ 表示程序第 k 步得到的积累位势函数. 显然，程序执行的目的就是要寻找可以对所有训练样本进行正确分类的 $K_{A,k}(\boldsymbol{X})$. 这里的正确分类是指：当 $\boldsymbol{X}\in\omega_i$ 时，$K_{A,k}(\boldsymbol{X})$ 为正；当 $\boldsymbol{X}\in\omega_j$ 时，$K_{A,k}(\boldsymbol{X})$ 为负.

假定没有任何关于样本分布的先验知识，故在 $k=0$ 的起始时刻，可置 $K_{A,0}(\boldsymbol{X})=0$.

为了使最终的 $K_{A,k}(\boldsymbol{X})$ 能对所有样本正确分类，采用迭代法从训练样本集中循环地取样本进行检验并根据分类结果对 $K_{A,k}(\boldsymbol{X})$ 进行修正.

假定在 $k=1$ 时，输入了第一个样本 $\boldsymbol{X}_1$. 因为 $K_{A,0}(\boldsymbol{X})$ 没有任何分类能力，不能对输入的样本 $\boldsymbol{X}_1$ 实现正确分类，故应对其进行修正. 显然，修正的目的是希望修正后的 $K_{A,1}(\boldsymbol{X})$ 能对输入的样本 $\boldsymbol{X}_1$ 做到正确分类. 一种可能的修正策略是选择

$$K_{A,1}(\boldsymbol{X}) = \begin{cases} K(\boldsymbol{X},\boldsymbol{X}_1) & \text{当}\boldsymbol{X}_1 \in \omega_i \text{ 时} \\ -K(\boldsymbol{X},\boldsymbol{X}_1) & \text{当}\boldsymbol{X}_1 \in \omega_j \text{ 时} \end{cases}$$

这里，假设所选择的位势函数恒为正. 上式表明，当 $\boldsymbol{X}_1\in\omega_i$ 时，$K_{A,1}(\boldsymbol{X})$ 为正；当 $\boldsymbol{X}_1\in\omega_j$ 时时，$K_{A,1}(\boldsymbol{X})$ 为负. 因此，修正后的 $K_{A,1}(\boldsymbol{X})$ 可以做到对 $\boldsymbol{X}_1$ 的正确分类.

假定在 $k=2$ 时，输入了第二个样本 $\boldsymbol{X}_2$. 此时，根据样本 $\boldsymbol{X}_2$ 所归属的类别，可能遇到以下几种情况：

(1) 对于输入的样本 $\boldsymbol{X}_2$ 而言，现行的积累位势函数 $\boldsymbol{K}_{A,1}(\boldsymbol{X})$ 已能对其进行正确分类，即有：

当 $\boldsymbol{X}_2\in\omega_i$ 时，$K_{A,1}(\boldsymbol{X}_2)>0$ 或者当 $\boldsymbol{X}_2\in\omega_j$ 时，$K_{A,1}(\boldsymbol{X}_2)<0$.

此时，可取 $K_{A,2}(\boldsymbol{X})=K_{A,1}(\boldsymbol{X})$；即不必对积累位势函数做任何修正.

(2) 对于输入的样本 $\boldsymbol{X}_2$ 而言，现行的积累位势函数 $K_{A,1}(\boldsymbol{X})$ 不能对其进行正确分类. 此时，根据不能正确分类的缘由，又可分为以下两种情况.

2a. 当 $\boldsymbol{X}_2\in\omega_i$ 时，有 $K_{A,1}(\boldsymbol{X}_2)\leqslant 0$. 对于这种情况，为使修正后的 $K_{A,2}(\boldsymbol{X})$ 能对样本 $\boldsymbol{X}_2$ 作出正确分类，可根据下面的修改规则选择 $K_{A,2}(\boldsymbol{X})$

$$K_{A,2}(\boldsymbol{X}) = K_{A,1}(\boldsymbol{X}) + K(\boldsymbol{X},\boldsymbol{X}_2)$$

按照上式对积累位势函数 $K_{A,2}(\boldsymbol{X})$进行修正的依据是：导致对样本$\boldsymbol{X}_2$ 错分的原因是积累位势函数在$\boldsymbol{X}_2$ 处的取值太低了，应该予以增强. 加入修正项 $K(\boldsymbol{X},\boldsymbol{X}_2)$正是为了达到这个目的.

2b. 当$\boldsymbol{X}_2\in\omega_j$ 时，有 $K_{A,1}(\boldsymbol{X}_2)\geqslant 0$. 此时，为使修正后的 $K_{A,2}(\boldsymbol{X})$能对$\boldsymbol{X}_2$ 作出正确分类，可如下选择 $K_{A,2}(\boldsymbol{X})$

$$K_{A,2}(\boldsymbol{X}) = K_{A,1}(\boldsymbol{X}) - K(\boldsymbol{X},\boldsymbol{X}_2)$$

进行上述修正的依据是：在现在的情况下，导致对样本$\boldsymbol{X}_2$ 错分的原因是积累位势函数在$\boldsymbol{X}_2$ 处的取值太高了，应该予以削弱. 加入修正项 $-K(\boldsymbol{X},\boldsymbol{X}_2)$的目的正在于此.

如法炮制，可对陆续输入的样本做类似的处理.

假定算法在第$(k-1)$步结束的时候，已输入$(k-1)$个样本，并得到了相应的积累位势函数 $K_{A,k-1}(\boldsymbol{X})$. 这里，因为算法是从样本集 $\mathscr{X}=\{\boldsymbol{X}_1,\boldsymbol{X}_2,\cdots,\boldsymbol{X}_N\}$中循环地取样本，故可有 $k-1>N$ 成立.

现假定算法在 k 时刻，输入了第 k 个样本 $\boldsymbol{X}_k$. 下面讨论如何根据输入样本的类别归属对积累位势函数进行修改. 综合上面的讨论可知，相应的修改规则可由下式统一表示为

$$K_{A,k}(\boldsymbol{X}) = K_{A,k-1}(\boldsymbol{X}) + \gamma_k K(\boldsymbol{X},\boldsymbol{X}_k) \tag{2.68}$$

其中

$$\gamma_k = \begin{cases} 0 & \text{若}\boldsymbol{X}_k \in \omega_i\text{，且 } K_{A,k-1}(\boldsymbol{X}_k) > 0 \\ 0 & \text{若}\boldsymbol{X}_k \in \omega_j\text{，且 } K_{A,k-1}(\boldsymbol{X}_k) < 0 \\ 1 & \text{若}\boldsymbol{X}_k \in \omega_i\text{，且 } K_{A,k-1}(\boldsymbol{X}_k) \leqslant 0 \\ -1 & \text{若}\boldsymbol{X}_k \in \omega_j\text{，且 } K_{A,k-1}(\boldsymbol{X}_k) \geqslant 0 \end{cases}$$

如上设置修改规则的目的是：如果现行的积累位势函数 $K_{A,k-1}(\boldsymbol{X})$能对输入样本$\boldsymbol{X}_k$ 正确分类，则维持 $K_{A,k-1}(\boldsymbol{X})$不变；如果 $K_{A,k-1}(\boldsymbol{X})$不能对输入样本$\boldsymbol{X}_k$ 正确分类，则修改 $K_{A,k-1}(\boldsymbol{X})$，使修改后的积累位势函数 $K_{A,k}(\boldsymbol{X})$能对输入样本 $\boldsymbol{X}_k$ 正确分类.

最后，讨论一下上述算法的终止条件. 显然，当算法给出的积累位势函数能对所有的输入训练样本正确分类时算法的目的就达到了，这就是算法的终止条件.

至此，根据上面的讨论，经过归纳我们可以得到**基于位势函数的非线性分类器**的主要步骤如下：

〈1〉 赋初值：

迭代步数 $k=0$；

积累位势函数 $K_{A,0}(\boldsymbol{X})=0$；

连续正确分类计数器 $N_c=0$.

〈2〉输入训练样本集合 $\mathscr{X}=\{\boldsymbol{X}_0,\boldsymbol{X}_1,\cdots,\boldsymbol{X}_{N-1}\}$.

〈3〉取样本 $\boldsymbol{X}'=\boldsymbol{X}_{[k]_N}$. 这里,$[k]_N=k\ \mathrm{mod}(N)$,并计算 $K_{A,k}(\boldsymbol{X}')$.

〈4〉根据选定的修正规则,如下更新积累位势函数:

若 $\boldsymbol{X}'\in\omega_i$,且 $K_{A,k}(\boldsymbol{X}')>0$,则 $K_{A,k+1}(\boldsymbol{X})=K_{A,k}(\boldsymbol{X})$,$N_c+=1$;

若 $\boldsymbol{X}'\in\omega_i$,且 $K_{A,k}(\boldsymbol{X}')\leqslant 0$,则 $K_{A,k+1}(\boldsymbol{X})=K_{A,k}(\boldsymbol{X})+K(\boldsymbol{X},\boldsymbol{X}')$,$N_c=0$;

若 $\boldsymbol{X}'\in\omega_j$,且 $K_{A,k}(\boldsymbol{X}')<0$,则 $K_{A,k+1}(\boldsymbol{X})=K_{A,k}(\boldsymbol{X})$,$N_c+=1$;

若 $\boldsymbol{X}'\in\omega_j$,且 $K_{A,k}(\boldsymbol{X}')\geqslant 0$,则 $K_{A,k+1}(\boldsymbol{X})=K_{A,k}(\boldsymbol{X})-K(\boldsymbol{X},\boldsymbol{X}')$,$N_c=0$.

〈5〉若 $N_c\geqslant N$,则输出 $K_{A,k+1}(\boldsymbol{X})$,算法结束;

否则,$k=k+1$,返回步骤〈3〉.

位势函数法的分类能力很强,但该方法也有一个缺点,就是算法的存储量和计算量随训练样本的维数和个数的增加而有非常明显的增加.另外,由这个方法得到的分界面可能相当复杂.尤其在特征空间为高维空间的情况下更是如此.

2.5　线性可分问题的非迭代解法

前面几节介绍了几种用于求解分类问题的算法.这些算法不尽相同、各有特点,有的只适用于求解线性可分问题,有的也适用于求解非线性可分问题.但是,它们有一个共同的地方就是其求解过程都表现为一个对样本进行训练的迭代过程.这种迭代解法有其固有的优势,但其求解过程有时候也显得有些冗长.不仅如此,如何对由迭代方法得到的分类器的性能进行分析和评估也是一个问题.

在有些情况下,例如待分类的训练样本是线性可分的情况下,可以不经过迭代、直接从样本在特征空间中的分布情况推出所求的线性分类器.而且,更重要的是在构建分类器的过程中引入的某些操作和所遵循的准则将有助于我们更好地对所构建的线性分类器进行评价.历史上,最先研究这种方法的人是 R. A. Fisher.因此,也将相应的方法称作 Fisher 线性判别法.

Fisher 线性判别法的基本思想是:把特征空间(通常是一个高维特征空间)中的样本投影到该空间的一条直线上以实现从高维到一维的数据压缩.显然,改变直线的空间取向,可以得到不同的投影结果.在众多的投影方向中如果存在这样的投影方向使得训练样本在投影后的直线上具有很好的分布,那么,可以通过一个简单的操作实现对输入样本的分类.例如,如果在某些投影方向上进行投影使得所有的样本在投影后的直线上分布在没有交叠的两个连续的区间上,那么,可以用一个分界点实现对输入样本的分类.具体言之,可以根据投影后的样本位于分界点的哪一侧而对样本的类别作出正确判断.

这种分类思想可以用图 2.26 得到很好的说明.图中示出了一个两类模式样本在二维空间中的分布情况.显然,我们可以方便地将这些样本投影到某条直线上.例如,可以将这些样本分别投影到两个坐标轴上.作为参考,图 2.26(a)给出了样本在 $\boldsymbol{X}_1$ 轴上的投影结果.在本例中,由于两类样本被投影到两个坐标轴后会出现混杂现象,因此,沿坐标轴方向的投影并不能给我们带来实质性的好处,使我们可以根据样本的投影在相应坐标轴上的分布情况简单地作出正确判决.但是,如果我们不是将样本投影到两个坐标轴上,而是投影到图 2.26(b)所示的直线上(注意:考虑到表示上的原因,没有将所有的投影都画出),则可以根据投影的结果很容易地将两类样本分开,得到正确的分类判决结果.值得注意的是:满足分类要求的投影方向不是唯一的.这些投影方向虽然都可以帮助我们获得正确的分类结果,但它们之间是有差异的.其中的一些相比于另一些具有更好的性能.一个很自然的需求是希望找到一个最好的、最易于分类的投影方向.为叙述方便起见,把这样的投影方向称为最佳投影方向.显然,最佳投影方向的获取依赖于所选定的最佳准则.最佳准则不同,结论也不同.

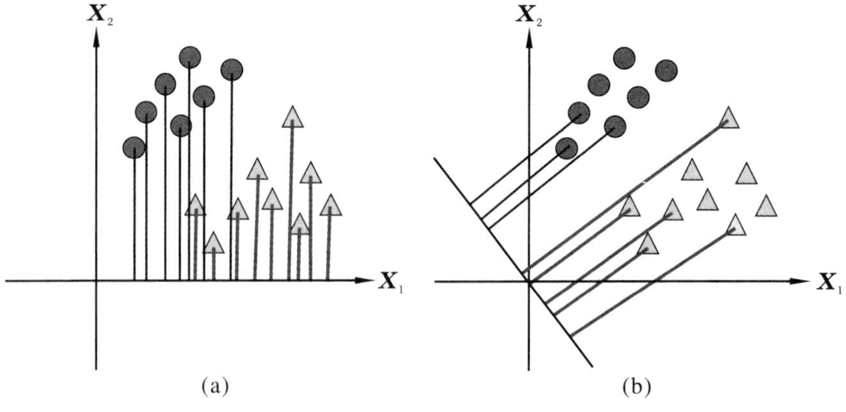

图 2.26　Fisher 线性判别法和最佳投影方向

下面,具体讨论如何获得这样的最佳投影方向,从而更好地完成分类器的设计任务.

和前面各节一样,考虑两类问题.假定 $\mathscr{X}=\{\boldsymbol{X}_1,\boldsymbol{X}_2,\cdots,\boldsymbol{X}_N\}$是由 N 个样本组成的样本集.其中,n_i 个属于类别 ω_i,n_j 个属于类别 ω_j,$n_i+n_j=N$.

根据定义,样本$\boldsymbol{X}_k$,$k=1,2,\cdots,N$ 在 $\boldsymbol{W}$ 方向上的投影由下式给出

$$y_k = \boldsymbol{W}^{\mathrm{T}}\boldsymbol{X}_k,\quad k=1,2,\cdots,N \tag{2.69}$$

这里,y_k 是一个标量.显然,如果样本集 $\mathscr{X}=\{\boldsymbol{X}_1,\boldsymbol{X}_2,\cdots,\boldsymbol{X}_N\}$本身是线性可分的,那么使得来自于不同类别的样本的投影易于区分开的 W 方向正是区分超平面的法线方向.

为得到用于分类的最佳投影方向,引入一个用于衡量分类器分类性能的准则函数.首先,定性地看一下投影方向和类别分类效果之间的关系.如图2.27所示,沿不同投影方向进行投影效果是非常不一样的.虽然沿图中的两个投影方向投影均能得到相应的线性分类器,但两者的性能明显有差异.从抑制噪声的角度来看用实线标记的投影方向明显好于用虚线标记的.一般而言,我们希望所选择的投影方向能使:① 投影后不同类别的样本均值的差别应尽可能大,即类间距离应尽可能大;② 投影后相同类别的样本方差应尽可能小,即类内距离应尽可能小.

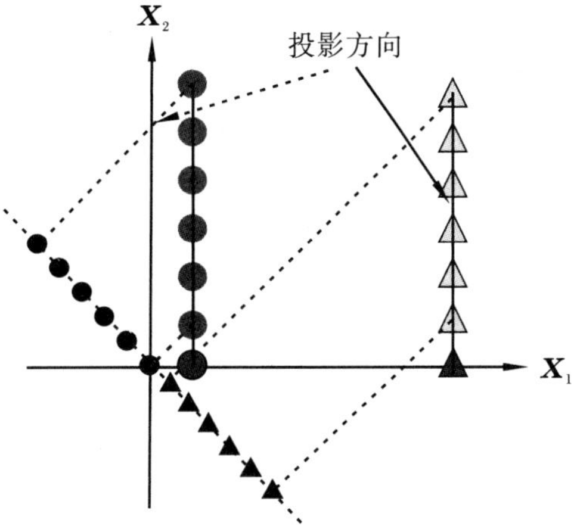

图 2.27 不同投影方向的差异

为了构建拟使用的准则函数,引入若干定义.令

$$\boldsymbol{m}_x^l = \frac{1}{n_l}\sum_{\boldsymbol{X}_k\in\omega_l}\boldsymbol{X}_k,\quad l=i,j$$

$$m_y^l = \frac{1}{n_l}\sum_{y_k\in\omega_l}y_k,\quad l=i,j$$

分别为投影前后两个类别的样本均值.显然,两者之间满足以下关系

$$\begin{aligned} m_y^l &= \frac{1}{n_l}\sum_{y_k\in\omega_l}y_k = \frac{1}{n_l}\sum_{X_k\in\omega_l}\boldsymbol{W}^{\mathrm{T}}\boldsymbol{X}_k \\ &= \boldsymbol{W}^{\mathrm{T}}\left(\frac{1}{n_l}\sum_{X_k\in\omega_l}\boldsymbol{X}_k\right) = \boldsymbol{W}^{\mathrm{T}}\boldsymbol{m}_x^l,\quad l=i,j \end{aligned}$$

进一步,定义投影后两个类别的类间距离的平方为

$$
\begin{aligned}
|m_y^i - m_y^j|^2 &= \| \boldsymbol{W}^{\mathrm{T}} \boldsymbol{m}_x^i - \boldsymbol{W}^{\mathrm{T}} \boldsymbol{m}_x^j \|^2 = \| \boldsymbol{W}^{\mathrm{T}} (\boldsymbol{m}_x^i - \boldsymbol{m}_x^j) \|^2 \\
&= \boldsymbol{W}^{\mathrm{T}} (\boldsymbol{m}_x^i - \boldsymbol{m}_x^j) [\boldsymbol{W}^{\mathrm{T}} (\boldsymbol{m}_x^i - \boldsymbol{m}_x^j)]^{\mathrm{T}} \\
&= \boldsymbol{W}^{\mathrm{T}} (\boldsymbol{m}_x^i - \boldsymbol{m}_x^j)(\boldsymbol{m}_x^i - \boldsymbol{m}_x^j)^{\mathrm{T}} \boldsymbol{W} \\
&= \boldsymbol{W}^{\mathrm{T}} \boldsymbol{S}_b \boldsymbol{W}
\end{aligned}
$$

其中,$\boldsymbol{S}_b$ 是投影前样本的类间离散度矩阵.上式刻画了投影后两类样本均值之间的差异程度.显然,该式的取值越大,表明投影后两个类别之间越容易区分.

另外,定义

$$
\bar{S}_l^2 = \sum_{y_k \in \omega_l} (y_k - m_y^l)^2 = \sum_{\boldsymbol{X}_k \in \omega_l} (\boldsymbol{W}^{\mathrm{T}} \boldsymbol{X}_k - \boldsymbol{W}^{\mathrm{T}} \boldsymbol{m}_x^l)^2, \quad l = i, j
$$

为两个类别的类内离散度,它反映了投影后各样本偏离其均值的程度.

根据定义,易证

$$
\begin{aligned}
\bar{S}_i^2 + \bar{S}_j^2 &= \sum_{\boldsymbol{X}_k \in \omega_i} (\boldsymbol{W}^{\mathrm{T}} \boldsymbol{X}_k - \boldsymbol{W}^{\mathrm{T}} \boldsymbol{m}_x^i)^2 + \sum_{\boldsymbol{X}_k \in \omega_j} (\boldsymbol{W}^{\mathrm{T}} \boldsymbol{X}_k - \boldsymbol{W}^{\mathrm{T}} \boldsymbol{m}_x^j)^2 \\
&= \boldsymbol{W}^{\mathrm{T}} \Big[\sum_{\boldsymbol{X}_k \in \omega_i} (\boldsymbol{X}_k - \boldsymbol{m}_x^i)(\boldsymbol{X}_k - \boldsymbol{m}_x^i)^{\mathrm{T}} \\
&\quad + \sum_{\boldsymbol{X}_k \in \omega_j} (\boldsymbol{X}_k - \boldsymbol{m}_x^j)(\boldsymbol{X}_k - \boldsymbol{m}_x^j)^{\mathrm{T}} \Big] \boldsymbol{W} \\
&= \boldsymbol{W}^{\mathrm{T}} \boldsymbol{S}_w \boldsymbol{W}
\end{aligned}
$$

其中,$\boldsymbol{S}_w$ 为样本的类内总离散度矩阵.上式刻画了投影后两类样本偏离各自均值的总的差异程度.显然,该式的取值越小,表明投影后两个类别的样本在类内分布得越集中,也越容易区分.

综合以上的分析和讨论,我们可以如下定义准则函数

$$
J_F(\boldsymbol{W}) = \frac{|m_y^i - m_y^j|^2}{i^2 + j^2} = \frac{\boldsymbol{W}^{\mathrm{T}} \boldsymbol{S}_b \boldsymbol{W}}{\boldsymbol{W}^{\mathrm{T}} \boldsymbol{S}_w \boldsymbol{W}} \tag{2.70}
$$

通常称 $J_F(\boldsymbol{W})$ 为 Fisher 准则函数.显然,在上述准则函数的选择下,使 $J_F(\boldsymbol{W})$ 最大化的 $\boldsymbol{W}^*$ 就是所要求的最佳权向量.这样,就把求解最佳投影方向的问题转化为了求解准则函数 $J_F(\boldsymbol{W})$ 的极值问题.

注意到对于任意实数 a,有

$$
J_F(a\boldsymbol{W}) = \frac{(a\boldsymbol{W})^{\mathrm{T}} \boldsymbol{S}_b (a\boldsymbol{W})}{(a\boldsymbol{W})^{\mathrm{T}} \boldsymbol{S}_w (a\boldsymbol{W})} = \frac{\boldsymbol{W}^{\mathrm{T}} \boldsymbol{S}_b \boldsymbol{W}}{\boldsymbol{W}^{\mathrm{T}} \boldsymbol{S}_w \boldsymbol{W}} = J_F(\boldsymbol{W})
$$

故 $J_F(\boldsymbol{W})$ 的极值仅与 $\boldsymbol{W}$ 的方向有关.又由于 $\boldsymbol{S}_w$ 和 $\boldsymbol{W}$ 无关,故可用 Lagrange 乘子法求解相应的极值问题.此时,可令 $J_F(\boldsymbol{W})$ 的分母等于一个常数作为求解相应极值问题的一个约束条件.

这样,可定义如下的 Lagrange 函数

$$L(\boldsymbol{W},\lambda)=\boldsymbol{W}^{\mathrm{T}}\boldsymbol{S}_b\boldsymbol{W}-\lambda(\boldsymbol{W}^{\mathrm{T}}S_w\boldsymbol{W}-c) \tag{2.71}$$

式中,c 为非零常数,λ 是所谓的 Lagrange 乘子,为待定系数.

下面求 $L(\boldsymbol{W},\lambda)$的极值.为此,求式(2.71)关于 $\boldsymbol{W}$ 的偏导数并令其为零,得到 $L(\boldsymbol{W},\lambda)$取得极值的必要条件

$$\frac{\partial}{\partial \boldsymbol{W}}L(\boldsymbol{W},\lambda)=2(\boldsymbol{S}_b\boldsymbol{W}-\lambda\boldsymbol{S}_w\boldsymbol{W})=0$$

解之,有

$$\boldsymbol{S}_b\boldsymbol{W}^*=\lambda\boldsymbol{S}_w\boldsymbol{W}^* \tag{2.72}$$

另外,根据定义,我们有

$$\begin{aligned}\boldsymbol{S}_b\boldsymbol{W}^*&=[(\boldsymbol{m}_x^i-\boldsymbol{m}_x^j)(\boldsymbol{m}_x^i-\boldsymbol{m}_x^j)^{\mathrm{T}}]\boldsymbol{W}^*\\&=(\boldsymbol{m}_x^i-\boldsymbol{m}_x^j)[(\boldsymbol{m}_x^i-\boldsymbol{m}_x^j)^{\mathrm{T}}\boldsymbol{W}^*]\end{aligned}$$

由于 $\boldsymbol{r}=(\boldsymbol{m}_x^i-\boldsymbol{m}_x^j)^{\mathrm{T}}\boldsymbol{W}^*$ 是一个标量,所以,$\boldsymbol{S}_b\boldsymbol{W}^*$ 的方向和$(\boldsymbol{m}_x^i-\boldsymbol{m}_x^j)$的方向相同或相反.另外,根据$\boldsymbol{S}_w$ 的定义,知$\boldsymbol{S}_w$ 比例于两类样本的协方差矩阵,是对称和半正定的.设$\boldsymbol{S}_w$ 的维数为$d\times d$,则当样本数 $N>d$ 时,通常$\boldsymbol{S}_w$ 是非奇异的.因此,根据式(2.72),$\boldsymbol{W}^*$ 可写成为

$$\boldsymbol{W}^*=\frac{r}{\lambda}\boldsymbol{S}_w^{-1}(\boldsymbol{m}_x^i-\boldsymbol{m}_x^j) \tag{2.73}$$

式中的 r/λ 为比例因子,不影响对最佳投影方向的求解,可将其从表达式中去除.这样,最终得到的$\boldsymbol{W}^*$ 的解析解可表示为

$$\boldsymbol{W}^*=\boldsymbol{S}_w^{-1}(\boldsymbol{m}_x^i-\boldsymbol{m}_x^j) \tag{2.74}$$

称上式为 Fisher 线性判别式,它给出了将样本从高维空间投影到其中的直线时的最佳投影方向.由于我们的目的是确定最佳投影方向,既然现在目的已经达到,其他的一些参数(例如,一般条件极值问题中的待定系数 λ)就不需要再求取了.

综上所述,求解最佳投影方向的具体步骤可归纳如下:

(1) 输入训练样本集 $\mathscr{X}=\{\boldsymbol{X}_1,\boldsymbol{X}_2,\cdots,\boldsymbol{X}_N\}$.

(2) 计算两个类别的均值向量

$$\boldsymbol{m}_x^l=\frac{1}{n_l}\sum_{\boldsymbol{X}_k\in\omega_l}\boldsymbol{X}_k,\quad l=i,j$$

(3) 计算类内总离散度矩阵

$$\boldsymbol{S}_w=\sum_{\boldsymbol{X}_k\in\omega_i}(\boldsymbol{X}_k-\boldsymbol{m}_x^i)(\boldsymbol{X}_k-\boldsymbol{m}_x^i)^{\mathrm{T}}+\sum_{\boldsymbol{X}_k\in\omega_j}(\boldsymbol{X}_k-\boldsymbol{m}_x^j)(\boldsymbol{X}_k-\boldsymbol{m}_x^j)^{\mathrm{T}}$$

(4) 计算的$\boldsymbol{S}_w$ 逆矩阵$\boldsymbol{S}_w^{-1}$.

(5) 按下式求解最佳投影方向

$$W^* = S_w^{-1}(m_x^i - m_x^j) \tag{2.75}$$

一旦最佳投影方向得以确立,可以据此设计相应的分类器,完成规定的分类任务.分类器的具体设计既可在投影前的高维特征空间中进行,也可在投影后的一维空间中完成.视具体需要而定.一般的做法是:沿所确定的最佳投影方向将所有的训练样本投影到一条直线上,然后根据样本在此直线上的分布情况确定一个分界点.以后,对于一个新的输入样本,可根据该样本的投影位于分界点的哪一侧而对该样本的类别作出判断.

在结束本节的时候,我们再来讨论一下所谓的"维数灾"问题.前已述及,在很多实际问题中,我们往往会遇到这样的情况:一个在低维空间中行得通的方法到了高维空间中就变得往往不那么容易行得通.因此,如何通过降维操作将一个高维空间中的模式识别问题变为可以在低维空间中求解的问题就显得尤为重要.Fisher线性判别法为求解这一类问题提供了一个思路.例如,非线性分类器的设计问题是在实际中经常会遇到的一个难题.一种比较可行的方法是通过引入非线性变换将待处理的非线性分类器的设计问题变成一个线性分类器的设计问题.然而,这个过程往往是以增维为代价的.此时,如果将这种线性化的方法和 Fisher 线性判别法相结合,则有望可以避免由于线性化操作而导致的维数灾问题.图 2.28 给出了上述方法的一个图示.首先通过增维将一个非线性可分问题转化为一个高维特征空间中的线性可分问题,然后利用 Fisher 线性判别法确定最佳投影方向,并据此在投影后的一维空间中完成相关的分类.

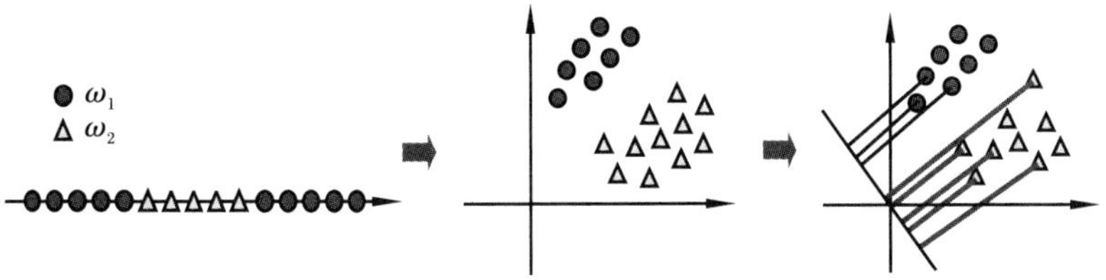

图 2.28 降维操作

2.6 最优分类超平面

本节讨论另外一种适用于两类线性可分问题的设计方法.该方法采用的准则

是:在所有可以对两类训练样本正确分类的超平面中,寻找与两类中最靠近的样本点的距离同时达到最大的超平面.将满足上述要求的超平面称作最优分类超平面,将相应的分类器称作最大余量分类器.

下面讨论如何得到这样的最优分类超平面.

设线性可分的样本集为 $\mathscr{X}=\{\boldsymbol{X}_1,\boldsymbol{X}_2,\cdots,\boldsymbol{X}_N\}$.其中,样本集取自 d 维特征空间,各样本所对应的类别用$(y_1,y_2,\cdots,y_N)$表示.规定当 $\boldsymbol{X}_k\in\omega_i$ 时,$y_k=1$;当 $\boldsymbol{X}_k\in\omega_j$ 时,$y_k=-1$.

另设对应于样本集 $\mathscr{X}=\{\boldsymbol{X}_1,\boldsymbol{X}_2,\cdots,\boldsymbol{X}_N\}$的区分超平面由下式表示

$$\boldsymbol{W}^{\mathrm{T}}\boldsymbol{X}+w_{d+1}=0$$

一般而言,这样的区分超平面不是唯一的.特别地,存在具有不同法向的超平面可同时对样本集 $\mathscr{X}=\{\boldsymbol{X}_1,\boldsymbol{X}_2,\cdots,\boldsymbol{X}_N\}$正确分类.如图 2.29 所示,现考虑其中法向为 $\boldsymbol{W}$ 的超平面.显然,从这样的超平面中总可以找到与两类中最靠近的样本点的距离相等的超平面.为叙述方便起见,用$\boldsymbol{W}^{\mathrm{T}}\boldsymbol{X}+w_{d+1}=0$ 标记这个超平面,并设两侧最靠近的样本点到超平面的距离为 Δ.若使用该超平面作为分界面,并在其两侧各留有间隔为 Δ 的余量,则相应的判决规则可表示为

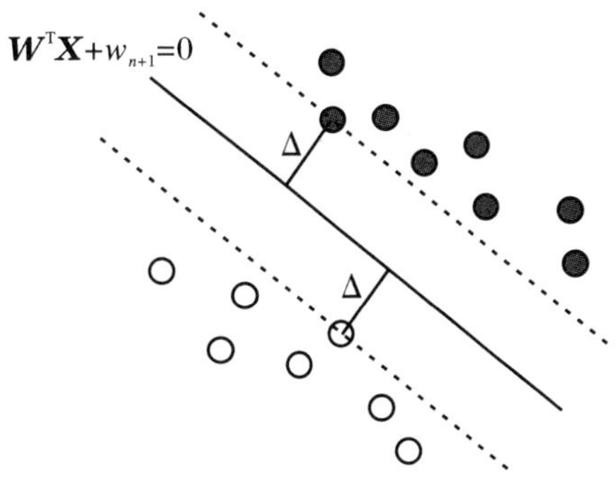

图 2.29　最优分类超平面

$$\begin{cases}\boldsymbol{W}^{\mathrm{T}}\boldsymbol{X}+w_{d+1}\geqslant\Delta\\ \boldsymbol{W}^{\mathrm{T}}\boldsymbol{X}+w_{d+1}\leqslant-\Delta\end{cases}\Rightarrow\begin{cases}y=1\\ y=-1\end{cases}$$

更进一步,若对判决式进行归一化处理,则相应的判决规则变为

$$\begin{cases}\boldsymbol{W}^{\mathrm{T}}\boldsymbol{X}+w_{d+1}\geqslant1\\ \boldsymbol{W}^{\mathrm{T}}\boldsymbol{X}+w_{d+1}\leqslant-1\end{cases}\Rightarrow\begin{cases}y=1\\ y=-1\end{cases}$$

需要注意的是,这里仍用 $\boldsymbol{W}$ 和 w_{d+1}表示归一化以后的相关超平面参数.

上述判决规则可统一表示为

$$y(\boldsymbol{W}^{\mathrm{T}}\boldsymbol{X}+w_{d+1})-1\geqslant0$$

将上述判决规则适用于样本集 $\mathscr{X}=\{\boldsymbol{X}_1,\boldsymbol{X}_2,\cdots,\boldsymbol{X}_N\}$,有

$$y_k(\boldsymbol{W}^{\mathrm{T}}\boldsymbol{X}_k+w_{d+1})-1\geqslant0,\quad k=1,2,\cdots,N \tag{2.76}$$

现在希望从满足分类要求的 $\boldsymbol{W}$ 中找到一个最优的 $\boldsymbol{W}^*$ 使相应的超平面与两

类中最靠近的样本点的距离最大,或等价地使最靠近区分超平面的样本点的间隔最大.由 2.3.1 小节中关于超平面的几何性质的讨论可知,所求间隔为

$$\frac{1}{\|\boldsymbol{W}\|}-\frac{-1}{\|\boldsymbol{W}\|}=\frac{2}{\|\boldsymbol{W}\|}$$

因此,要求分类间隔最大相当于要求使 $\|\boldsymbol{W}\|$ 最小.

这样,求解最优区分超平面的问题成为:在满足式(2.76)所示的条件(对所有的训练样本均能正确分类)下,寻找使 $\|\boldsymbol{W}\|$ 最小的超平面.

这个问题是一个有不等式约束的极值问题,可用 Lagrange 乘子法求解.相应的 Lagrange 函数为

$$L(\boldsymbol{W},w_{n+1},\lambda)=\frac{1}{2}\boldsymbol{W}^{\mathrm{T}}\boldsymbol{W}-\sum_{k=1}^{N}\lambda_k[y_k(\boldsymbol{W}^{\mathrm{T}}\boldsymbol{X}_k+w_{d+1})-1] \quad (2.77)$$

其中, $\lambda_k\geqslant 0,k=1,2,\cdots,N$ 为待定的 Lagrange 系数.

直接求解上述极值问题比较困难.一般的做法是将其转化为对偶形式进行求解.为此,对 $L(\boldsymbol{W},w_{d+1},\lambda)$ 分别求关于 $\boldsymbol{W}$ 和 w_{d+1} 的偏导数并令之等于零,得到 Lagrange 函数取得极值的必要条件:

$$\frac{\partial}{\partial\boldsymbol{W}}L(\boldsymbol{W},w_{d+1},\lambda)\Big|_{\boldsymbol{W}=\boldsymbol{W}^*}=\boldsymbol{W}^*-\sum_{k=1}^{N}\lambda_k y_k\boldsymbol{X}_k=0$$

$$\frac{\partial}{\partial w_{n+1}}L(\boldsymbol{W},w_{d+1},\lambda)\Big|_{w_{d+1}=w_{d+1}^*}=-\sum_{k=1}^{N}\lambda_k y_k=0$$

即

$$\boldsymbol{W}^*=\sum_{k=1}^{N}\lambda_k y_k\boldsymbol{X}_k \quad (2.78)$$

和

$$\sum_{k=1}^{N}\lambda_k y_k=0 \quad (2.79)$$

将式(2.78)和(2.79)代入(2.77)中,可得到 $L(\boldsymbol{W},w_{d+1},\lambda)$ 的对偶表示

$$\begin{aligned}L_D(\lambda)&=\frac{1}{2}\boldsymbol{W}^{\mathrm{T}}\boldsymbol{W}-\sum_{k=1}^{N}\lambda_k[y_k(\boldsymbol{W}^{\mathrm{T}}\boldsymbol{X}_k+w_{d+1})-1]\\&=\frac{1}{2}(\sum_{i=1}^{N}\lambda_i y_i\boldsymbol{X}_i^{\mathrm{T}})(\sum_{j=1}^{N}\lambda_j y_j\boldsymbol{X}_j)-\sum_{k=1}^{N}\lambda_k y_k(\boldsymbol{W}^{\mathrm{T}}\boldsymbol{X}_k+w_{d+1})+\sum_{k=1}^{N}\lambda_k\end{aligned}$$

$$\begin{aligned}\because\ \sum_{k=1}^{N}\lambda_k y_k(\boldsymbol{W}^{\mathrm{T}}\boldsymbol{X}_k+w_{d+1})&=\sum_{i=1}^{N}\lambda_i y_i(\sum_{j=1}^{N}\lambda_j y_j\boldsymbol{X}_j^{\mathrm{T}}\boldsymbol{X}_i+w_{d+1})\\&=\sum_{i=1}^{N}\sum_{j=1}^{N}\lambda_i\lambda_j y_i y_j\boldsymbol{X}_i^{\mathrm{T}}\boldsymbol{X}_j+w_{d+1}\sum_{i=1}^{N}\lambda_i y_i\end{aligned}$$

$$= \sum_{i=1}^{N}\sum_{j=1}^{N}\lambda_i\lambda_j y_i y_j \boldsymbol{X}_i^{\mathrm{T}}\boldsymbol{X}_j$$

$$\therefore \qquad L_D(\lambda) = -\frac{1}{2}\sum_{i=1}^{N}\sum_{j=1}^{N}\lambda_i\lambda_j y_i y_j \boldsymbol{X}_i^{\mathrm{T}}\boldsymbol{X}_j + \sum_{k=1}^{N}\lambda_k \tag{2.80}$$

上述对偶形式是非常重要的.它把优化准则函数 $L(\boldsymbol{W}, w_{d+1}, \lambda)$ 表示为样本的内积.由于此时的对偶变量为 $\lambda_i, i=1,2,\cdots,N$,故待求参数的个数和样本的个数相同,为 N.

我们把上述对偶问题重新表述如下

$$Maximise\ L_D(\lambda) = Maximise\ \left\{\sum_{k=1}^{N}\lambda_k - \frac{1}{2}\sum_{i=1}^{N}\sum_{j=1}^{N}\lambda_i\lambda_j y_i y_j \boldsymbol{X}_i^{\mathrm{T}}\boldsymbol{X}_j\right\}$$

$$Subject\ to \quad \lambda_k \geqslant 0, k = 1,2,\cdots,N \text{ 和 } \sum_{k=1}^{N}\lambda_k y_k = 0$$

这是一个比较简单的二次规划问题,有标准的算法可对其求解.这样,一旦解出待求的 $\lambda_k \geqslant 0$, $k=1,2,\cdots,N$,则根据式(2.78),可得到最优的权向量 $\boldsymbol{W}^*$

$$\boldsymbol{W}^* = \sum_{k=1}^{N}\lambda_k y_k \boldsymbol{X}_k$$

显然,上式中只有 $\lambda_k > 0, k=1,2,\cdots,N$ 的样本对 $\boldsymbol{W}^*$ 有贡献,把这样的样本称为**支持向量**.若将由所有支持向量组成的集合记为 SV,则最优权向量 $\boldsymbol{W}^*$ 可表示为

$$\boldsymbol{W}^* = \sum_{\boldsymbol{X}_k \in SV}\lambda_k y_k \boldsymbol{X}_k$$

最后,考虑 w_{d+1} 的求解.设 $\boldsymbol{X}_k$ 是一个支持向量,故对应的 $\lambda_k > 0$.从而有

$$y_k(\boldsymbol{W}^{*\mathrm{T}}\boldsymbol{X}_k + w_{d+1}) - 1 = 0$$

由上式可解出 w_{d+1}.实际中,亦可利用所有的支持向量来求解 w_{d+1}.由于有

$$y_k\boldsymbol{W}^{*\mathrm{T}}\boldsymbol{X}_k + y_k w_{d+1} = 1$$

也即

$$\boldsymbol{W}^{*\mathrm{T}}\boldsymbol{X}_k + w_{d+1} = y_k$$

所以

$$\boldsymbol{W}^{*\mathrm{T}}\sum_{\boldsymbol{X}_k \in SV}\boldsymbol{X}_k + N_{SV}w_{d+1} = \sum_{\boldsymbol{X}_k \in SV}y_k$$

其中,N_{SV} 为训练样本集中支持向量的个数.

因此,我们有

$$w_{d+1} = \frac{1}{N_{SV}}\sum_{\boldsymbol{X}_k \in SV}y_k - \frac{1}{N_{SV}}\boldsymbol{W}^{*\mathrm{T}}\sum_{\boldsymbol{X}_k \in SV}\boldsymbol{X}_k$$

一旦确定了最优权向量 $\boldsymbol{W}^*$ 和 w_{d+1}，可以据此构建分类器.本节所介绍的基于最优分类超平面的方法主要用于求解线性可分问题.但是，将其与其他方法相结合，也可以用于非线性可分问题的求解.做法是：首先引入非线性变换将待处理的非线性分类器的设计问题变成一个线性分类器的设计问题，然后，用基于最优分类超平面的方法构建完成线性分类器的设计.图 2.30 给出了该方法的一个图示.

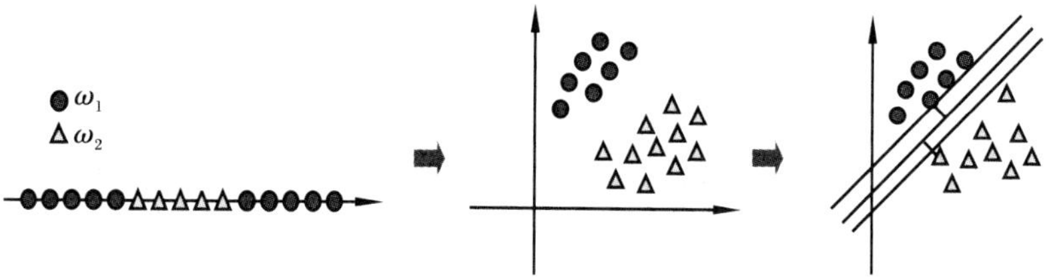

图 2.30　用最优分类超平面的方法求解非线性可分问题

本章小结　本章主要讨论线性可分问题.给出了几种典型的线性分类器的设计方法.每种方法都有自己的特色和相应的设计准则.感知器算法通过极小化感知准则函数 $J_p(\boldsymbol{W},\boldsymbol{X})$ 来寻找可以对所有训练样本正确分类的权向量.最小平方误差法及其改进算法在最小二乘的框架下通过最小化平方误差准则函数 $J_s(\boldsymbol{W},[\boldsymbol{X}],\boldsymbol{b})$ 来求解线性分类器. Fisher 线性判别法通过最大化准则函数 $J_F(\boldsymbol{W})$ 来确定最佳的投影方向.而基于最优分类超平面的方法则通过寻找与两类中最靠近的样本点的距离同时达到最大的超平面来构造最大余量分类器.此外，还讨论了非线性分类器的设计问题，介绍了几种基于线性分类器的解决方案.

第 3 章　统计模式识别中的概率方法

第 2 章主要针对有监督情况讨论了统计模式识别中的几何分类法.这种方法在模式类别几何可分的前提下是一种行之有效的方法.然而,在实际中经常会遇到不能用几何分类法简单解决的问题.出现这种情况主要有以下原因:第一个原因是所选用的特征不合适,导致在特征空间中不同类别的模式样本之间出现混叠现象.此时,即使观测过程不受任何不确定因素的影响,从理论上来说也不可能实现没有错误的分类.第二个原因是观测样本本身所存在的不确定性.我们知道,在客观世界中,存在大量的事物和事件,它们在基本观测条件不变的情况下具有某种不确定性.具有这种性质的模式被称作随机模式.对于这一类模式而言,不论选择何种特征,由于模式本身存在的不确定性,导致在相应的特征空间中各类模式之间不可避免地会出现交叠现象.此时,不可能实现没有错误的分类.

显然,对于模式识别而言,不论是上述两种情况中的哪一种,正确选择特征都是最重要的一个环节.如何选择特征,和所涉及的具体问题相关,在很大程度上取决于我们对相关领域知识的了解.本章不拟对这个问题作过多的讨论.本章主要讨论在相关特征已经被选择的前提下如何根据被观测模式所表现出来的统计特性建立相应的判决规则使对模式的误分概率最小.

3.1　用概率方法描述分类问题

前已述及,一个确定性模式分类问题可以通过引入判别函数加以解决.此时,相应的特征空间将被按照类别划分成若干个不同的区域.考虑一个二维两类问题.假定相应的两个模式类别 ω_1 和 ω_2 在特征空间中是线性可分的.此时,存在一条直线把特征空间划分为两个半空间 Ω_1 和 Ω_2.因为待测试的模式在特征空间中是线性可分的，故当观测样本 $\boldsymbol{X}$ 属于 ω_1 类别时，它必定会落入半空间 Ω_1 中. 反之，当观测样本 $\boldsymbol{X}$ 属于 ω_2 类别时，它也必定会落入半空间 Ω_2 中. 不会出现属于 ω_1 类别的样本落入半空间 Ω_2 中以及属于 ω_2 类别的样本落入半空间 Ω_1 中的情况. 上述现象可用概率语言描述如下：当观测样本 $\boldsymbol{X}$ 属于 ω_1 类别时，它落入半空间 Ω_1 中的概率为 1，落入半空间 Ω_2 中的概率为 0；反之，当观测样本 $\boldsymbol{X}$ 属于 ω_2 类别时，它落入半空间 Ω_2 中的概率为 1，落入半空间 Ω_1 中的概率为 0. 上述情况是一种极端的情况. 现实中的大多数情况是：即使观测样本 $\boldsymbol{X}$ 属于 ω_1 类别时，它落入半空间 Ω_1 中的概率也不为 1，而是小于 1；落入半空间 Ω_2 中的概率不为 0，而是大于 0. 同样，对观测样本 X 属于 ω_2 类别的情况也是如此. 显然，在两种情况下均不可避免地会出现所谓的样本交叠现象. 此时，不可能实现完全没有错误的分类. 对于此类问题，如何实现样本的最佳分类呢？这正是本章要讨论的主要内容. 一种比较自然的做法是将上一章的结果加以推广以完成对随机模式的分类任务.

在具体讨论如何完成分类任务之前，首先介绍几个重要的概念.

3.2 几个相关的概念

第一个概念涉及先验概率. 举一个具体的例子加以说明. 假定有一对长相极为相似的双胞胎兄弟，单从长相上很难对两人进行区分，但两人的喜好却存在较大差异. 其中，哥哥喜欢照相，而弟弟却不大喜欢. 两人的父母为兄弟二人定制了一本内含 1000 张照片的相册. 其中，有哥哥的照片 900 张，弟弟的照片 100 张. 现从中任取一张照片，让猜一下是谁的照片. 本来，因为照片是随机选取的，不论猜是谁的均可能猜中也可能猜错. 但是，如果事先知道两人的喜好，则猜是哥哥的照片，猜中的可能性（即概率）会大一些. 这种先于某个事件的发生就已知道的概率称为先验概率.

对于先验概率而言，有下面的结果. 设哥哥的照片的全体组成类别 ω_1，弟弟的照片的全体组成类别 ω_2，并用 $P(\omega_1)$ 和 $P(\omega_2)$ 分别表示两个类别发生的先验概率，则有

$$P(\omega_1)+P(\omega_2)=1$$

这个结果是显然的. 因为从相册中任取一张照片，该照片不是哥哥的就是弟弟

的，两者必居其一．更一般地，在一个 N 类问题中，若以 $\omega_1,\omega_2,\cdots,\omega_N$ 表示类别，并用 $P(\omega_1),P(\omega_2),\cdots,P(\omega_N)$ 表示相应类别发生的先验概率，则有

$$P(\omega_1)+P(\omega_2)+\cdots+P(\omega_N)=1 \tag{3.1}$$

这里，假设 N 个类别是互斥的．即当一个样本属于某个类别时，它必定不属于其他类别．

第二个概念涉及类条件概率密度．它被定义为在输入模式属于某个类别 ω 的条件下，观测样本作为 $\boldsymbol{X}$ 出现的概率密度函数，用 $p(\boldsymbol{X}|\omega)$ 表示．显然，它反映了类别 ω 的样本在所属的特征空间中的分布情况．仍以双胞胎兄弟的例子进行说明．假定这些照片是从不同角度拍摄的．为简单起见，假定拍摄角度仅在方位上存在差异．如图 3.1 所示，若对兄弟两人所拍摄照片的拍摄角度进行统计，并以方位角 x 为参数制作图示的经规范化处理的统计图表（即规格化统计直方图），则作为一种近似，该图表可视为定义在方位角 x 空间上的一个类条件概率密度函数．显然，类条件概率密度函数在分类中起着至关重要的作用，它刻画了在特定的类别条件下观测样本的概率分布．在模式识别领域中，通常假定类条件概率密度函数的函数形式及主要参数是已知的，或者可以通过大量的抽样试验进行估计．

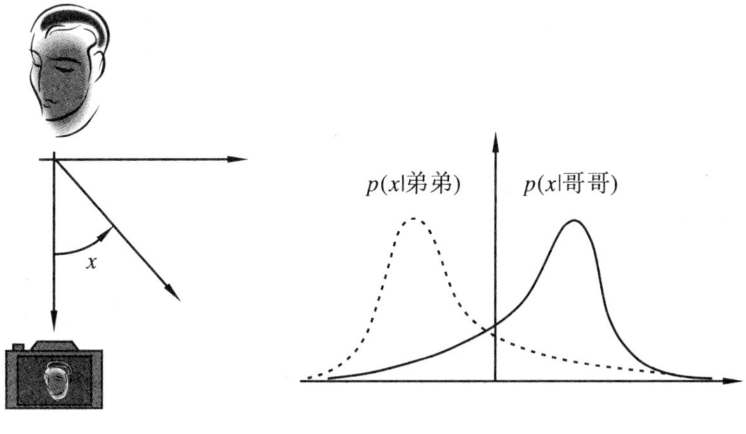

图 3.1　类条件概率密度函数的概念

最后一个概念是所谓的后验概率．它被定义为在观测样本 $\boldsymbol{X}$ 被观测的情况下，该观测样本属于某个类别 ω 的概率，用 $P(\omega|\boldsymbol{X})$ 表示．后验概率可以根据概率论中的贝叶斯公式进行计算．它可以直接被用作进行分类判决的依据．

为便于读者阅读，在涉及概率的各章节中作如下的约定：用大写的英文字母表示概率，用小写的英文字母表示概率密度．例如，在上面的讨论中，我们用 $P(\omega)$ 和

$P(\omega|\boldsymbol{X})$分别表示相应类别发生的先验和后验概率，而用 $p(\boldsymbol{X}|\omega)$表示相应类别的类条件概率密度函数.

先验概率、后验概率以及相应类别的类条件概率密度函数三者之间存在以下关系

$$p(\boldsymbol{X}) = \sum_j p(\boldsymbol{X}|\omega_j)P(\omega_j) \tag{3.2}$$

$$P(\omega_j|\boldsymbol{X}) = \frac{p(\boldsymbol{X}|\omega_j)P(\omega_j)}{p(\boldsymbol{X})} \tag{3.3}$$

式(3.2)和(3.3)通常分别被称为全概率公式和贝叶斯公式.

3.3 最小错误概率判决准则

我们以最简单的两类问题为例讨论最小错误概率判决准则.

为方便起见，用 ω_1 和 ω_2 分别表示两个不同的类别，用 $P(\omega_1)$和 $P(\omega_2)$分别表示 ω_1 和 ω_2 各自的先验概率，用 $p(\boldsymbol{X}|\omega_1)$和 $p(\boldsymbol{X}|\omega_2)$分别表示 ω_1 和 ω_2 的类条件概率密度函数.则由全概率公式，可知观测样本 $\boldsymbol{X}$ 出现的全概率密度由下式表示

$$p(\boldsymbol{X}) = p(\boldsymbol{X}|\omega_1)P(\omega_1) + p(\boldsymbol{X}|\omega_2)P(\omega_2) \tag{3.4}$$

而由贝叶斯公式，在观测样本 $\boldsymbol{X}$ 出现的情况下，$\boldsymbol{X}$ 属于两个类别 ω_1 和 ω_2 的后验概率分别可表示为

$$P(\omega_1|\boldsymbol{X}) = \frac{p(\boldsymbol{X}|\omega_1)P(\omega_1)}{p(\boldsymbol{X})} \tag{3.5}$$

$$P(\omega_2|\boldsymbol{X}) = \frac{p(\boldsymbol{X}|\omega_2)P(\omega_2)}{p(\boldsymbol{X})} \tag{3.6}$$

这里，$p(\boldsymbol{X})$由式(3.4)给出.如果规定把观测样本 $\boldsymbol{X}$ 判归后验概率较大的类别，则相应的判决规则可表示为

$$\begin{cases} P(\omega_1|\boldsymbol{X}) > P(\omega_2|\boldsymbol{X}) \Rightarrow X \in \omega_1 \\ P(\omega_2|\boldsymbol{X}) > P(\omega_1|\boldsymbol{X}) \Rightarrow \boldsymbol{X} \in \omega_2 \end{cases} \tag{3.7}$$

将式(3.5)和(3.6)代入上式并经过整理，可得到等价的判决规则

$$\begin{cases} p(\boldsymbol{X}|\omega_1)P(\omega_1) > p(\boldsymbol{X}|\omega_2)P(\omega_2) \Rightarrow \boldsymbol{X} \in \omega_1 \\ p(\boldsymbol{X}|\omega_2)P(\omega_2) > p(\boldsymbol{X}|\omega_1)P(\omega_1) \Rightarrow \boldsymbol{X} \in \omega_2 \end{cases} \tag{3.8}$$

上述判决规则被称为最大后验概率判决规则. 可以证明,由上述最大后验概率判决规则给出的判决结果的错误概率是最小的. 为说明这一点,我们来看一个一维两类分类问题的例子. 此时,相应的区分超平面退化为一个点(称该分界点为判决阈值). 如图 3.2 所示,假设最佳判决阈值由 t 给出. 显然,在所涉及的一维特征空间

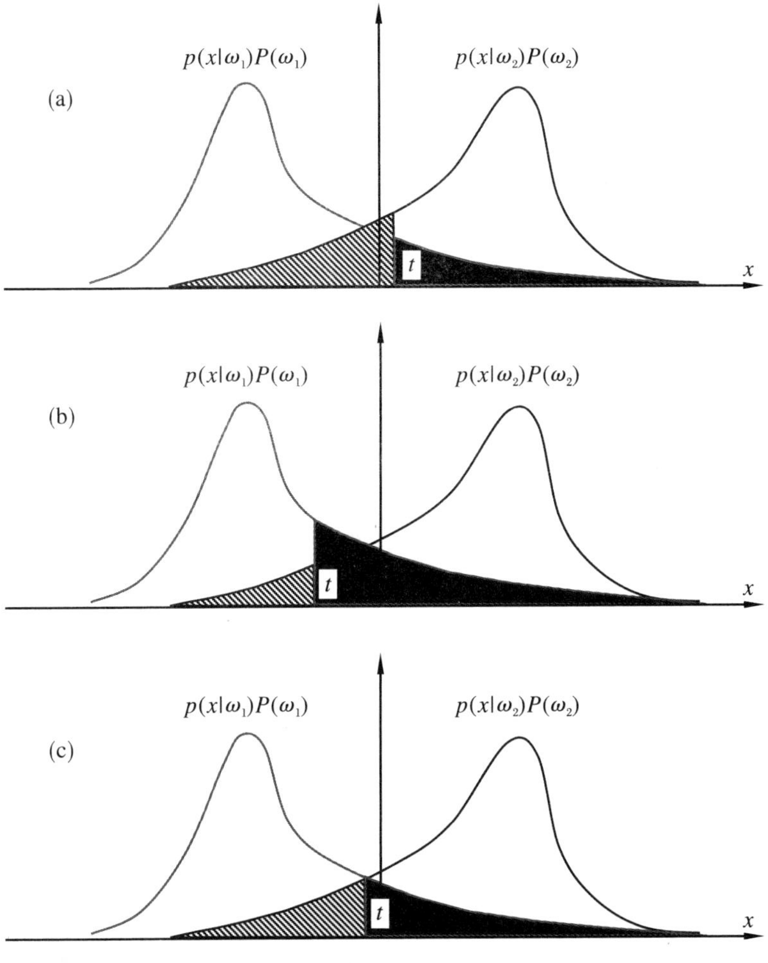

图 3.2　$x>t$ 的区域为 Ω_2, $x<t$ 的区域为 Ω_1

中,该判决阈值将整个空间划分为分别属于两个不同类别 ω_1 和 ω_2 的两个区域: Ω_1 和 Ω_2. 其中,在区域 Ω_1 中,有

$$p(x|\omega_1)P(\omega_1) > p(x|\omega_2)P(\omega_2)$$

在区域 Ω_2 中,有

$$p(x|\omega_2)P(\omega_2) > p(x|\omega_1)P(\omega_1)$$

现在,我们来考察一下判决阈值 t 对判决错误概率的影响.图 3.2 给出了三种不同的判决阈值 t 所造成的误分情况.相应的错误概率由各自图中阴影区域面积给出.如下两种情况导致分类错误:① 给定的属于 ω_1 的样本 x 被误判为属于 ω_2;② 给定的属于 ω_2 的样本 x 被误判为属于 ω_1.故总的分类错误概率 $P(e)$由下式表示

$$\begin{aligned}P(e) &= P(x\text{ 在 }\Omega_2\text{ 中}|\omega_1) + P(x\text{ 在 }\Omega_1\text{ 中}|\omega_2)\\ &= \int_{\Omega_2} P(\omega_1)p(x|\omega_1)\mathrm{d}x + \int_{\Omega_1} P(\omega_2)p(x|\omega_2)\mathrm{d}x\\ &= P(\omega_1)\int_{\Omega_2} p(x|\omega_1)\mathrm{d}x + P(\omega_2)\int_{\Omega_1} p(x|\omega_2)\mathrm{d}x\\ &= P(\omega_1)P_1(e) + P(\omega_2)P_2(e)\end{aligned} \tag{3.9}$$

这里,$P_1(e) = \int_{\Omega_2} p(x|\omega_1)\mathrm{d}x, P_2(e) = \int_{\Omega_1} p(x|\omega_2)\mathrm{d}x$.

显然,为使总的错误概率 $P(e)$最小,判决阈值 t 应按(c)图所示的那样进行选择.因为,在其他选择下,阴影区域的面积(也即总的分类错误概率)都比(c)图所示的选择多出一块面积(意味着总的分类错误概率会更大一些).由于(c)图所示的选择正是最大后验概率准则所建议的选择,因此,有些时候也把最大后验概率判决称为最小错误概率判决.

把上面关于两类问题的相关结果一般化,可以得到多类(N 类)情况下的最大后验概率判决规则为

$$P(\omega_i|\boldsymbol{X}) = \underset{j=1,2,\cdots,N}{Maximum}\{P(\omega_j|\boldsymbol{X})\} \Rightarrow \boldsymbol{X} \in \omega_i \tag{3.10}$$

或者,等价地

$$p(\boldsymbol{X}|\omega_i)P(\omega_i) = \underset{j=1,2,\cdots,N}{Maximum}\{p(\boldsymbol{X}|\omega_j)P(\omega_j)\} \Rightarrow \boldsymbol{X} \in \omega_i \tag{3.11}$$

从上面的讨论可知,最小错误概率判决的结果取决于样本的类条件概率密度和先验概率.

3.4 最小风险判决规则

上一节导出的最小错误概率判决规则虽然可以使相应判决给出的错误概率达到最小,但是,并没有考虑到错误判决所带来的风险,也即错误判决所带来的损失

情况.一般而言,某种判决总会带来一定的风险.特别地,错误判决总会带来风险,不同的错误判决会有不同的风险.例如,考虑使用雷达预警的问题.此时,共有如表3.1所示的四种可能的判断结果.

表 3.1 四种可能的判断结果

实际情况	判决结果
敌方的飞机或导弹来袭	敌方的飞机或导弹来袭
敌方的飞机或导弹来袭	敌方的飞机或导弹未来袭
敌方的飞机或导弹未来袭	敌方的飞机或导弹未来袭
敌方的飞机或导弹未来袭	敌方的飞机或导弹来袭

其中,第一种和第三种情况为正确判决情况,其他两种情况为错误判决情况.在两种错误判决中,第二种情况所对应的错误判决概率称为**漏警概率**,第四种情况所对应的错误判决概率称为**虚警概率**.显然,当两种错误判决发生时,都会导致一定的损失.例如,在第二种情况下,可能造成己方的人员和重要设施遭受袭击,从而导致重大的人员伤亡和重要设施被摧毁的不利情况;在第四种情况下,虽然不至于导致己方人员和重要设施的直接损失,但此错误判决也会造成一些其他方面的损失.例如,需要承担为应付所判断的情况所花费的费用(人员疏散所需要的费用和停产所导致的经济损失等).显然,不同的错误判决所导致的损失情况是不一样的.在第二种情况下,错误判决所造成的损失可能是非常巨大的;而在第四种情况下,如果处理得当,则损失相对来说可能是微不足道的.

因此,在观测条件和技术水平一定的条件下,采用恰当的决策手段作出恰当的判断是至关重要的.在有些情况下,仅仅采用最小错误概率判决使误判的概率最小就显得很不够了.例如,前述使用雷达预警的例子即是如此.此时,采用最小风险判决也许是一种不错的选择.

下面具体讨论最小风险判决.这也是一种贝叶斯分类方法.

考虑 N 个类别的分类问题.用 $\omega_j, j=1,2,\cdots,N$ 表示类别,用 $\alpha_j, j=1,2,\cdots,A$ 表示可能的判决,用 $L(\alpha_i \mid \omega_j)$ 表示 $\boldsymbol{X}\in\omega_j$ 但作出判决 α_i 时所承担的风险和损失.注意:在实际问题中,类别数 N 和判决数 A 可能相等,也可能不相等.例如,若没有充足理由作出判决,可选择拒绝判决.当把拒绝判决也作为一种选择时,判决数 $A=N+1$.显然,对于每一个类别,都存在 A 种不同的判决.因此,相应判决问题中的总的风险情况可由下式所示的 $A\times N$ 维的风险矩阵所刻画

$$\mathscr{L}=\begin{bmatrix} L(\alpha_1|\omega_1) & L(\alpha_1|\omega_2) & \cdots & L(\alpha_1|\omega_N) \\ L(\alpha_2|\omega_1) & L(\alpha_2|\omega_2) & \cdots & L(\alpha_2|\omega_N) \\ \vdots & \vdots & & \vdots \\ L(\alpha_A|\omega_1) & L(\alpha_A|\omega_2) & \cdots & L(\alpha_A|\omega_N) \end{bmatrix} \tag{3.12}$$

若假定观测样本为 $\boldsymbol{X}$,其后验概率为 $P(\omega_j|\boldsymbol{X}), j=1,2,\cdots,N$,则在此情况下作出的每一种判决 $\alpha_i, i=1,2,\cdots,A$ 的条件平均风险由下式给出

$$R(\alpha_i|\boldsymbol{X})=\sum_{j=1}^{N}L(\alpha_i|\omega_j)P(\omega_j|\boldsymbol{X}) \tag{3.13}$$

这里,$\sum_{j=1}^{N}P(\omega_j|\boldsymbol{X})=1$.

若实际中仅知道相关类别的类条件概率密度和先验概率,则根据式(3.3)所示的贝叶斯公式和式(3.2)所示的全概率公式,有

$$P(\omega_j|\boldsymbol{X})=\frac{p(\boldsymbol{X}|\omega_j)P(\omega_j)}{p(\boldsymbol{X})}=\frac{p(\boldsymbol{X}|\omega_j)P(\omega_j)}{\sum_{j=1}^{N}p(\boldsymbol{X}|\omega_j)P(\omega_j)} \tag{3.14}$$

因此,式(3.13)所示的条件平均风险可由相关类别的类条件概率密度和先验概率以及式(3.12)所示的风险矩阵得到.

这样,最小风险判决规则可由下式给出

$$R(\alpha_i|\boldsymbol{X})=\underset{j=1,2,\cdots,A}{Minimum}\{R(\alpha_j|\boldsymbol{X})\}\Rightarrow \boldsymbol{X}\in\omega_i \tag{3.15}$$

综上所述,最小风险判决的具体步骤可归纳如下:

(1) 对给定的观测样本 $\boldsymbol{X}$,按式(3.14)计算各个类别的后验概率 $P(\omega_j|\boldsymbol{X})$,$j=1,2,\cdots,N$.

(2) 计算各种判决下的条件平均风险 $R(\alpha_j|\boldsymbol{X}), j=1,2,\cdots,A$.

(3) 比较诸条件平均风险的取值,判观测样本 $\boldsymbol{X}$ 归属于使条件平均风险最小化的那一种判决所指定的类别.

下面考察一下最小错误概率判决规则和最小风险判决规则两者之间的关系.为简单起见,仅考虑类别数和判决数相等的情况.假设采用 0-1 损失,规定正确判决没有损失,即损失为 0,而错误判决有损失,且损失为 1.此时,风险矩阵 L 中的第 (i,j) 个元素可由下面所示的函数定义

$$L(\alpha_i|\omega_j)=\begin{cases}0 & i=j\\ 1 & i\neq j\end{cases}$$

若记

$$\delta_{ij}=\begin{cases}1 & i=j\\ 0 & i\neq j\end{cases}$$

则

$$L(\alpha_i|\omega_j) = 1 - \delta_{ij}$$

根据定义,此时的条件平均风险 $R(\alpha_i|\boldsymbol{X})$可表示为

$$\begin{aligned} R(\alpha_i|\boldsymbol{X}) &= \sum_{j=1}^{N} L(\alpha_i|\omega_j)P(\omega_j|\boldsymbol{X}) = \sum_{j=1}^{N}(1-\delta_{ij})P(\omega_j|\boldsymbol{X}) \\ &= \sum_{j=1}^{N} P(\omega_j|\boldsymbol{X}) - P(\omega_i|\boldsymbol{X}) \end{aligned}$$

即 $R(\alpha_i|\boldsymbol{X})=1-P(\omega_i|\boldsymbol{X})$.

把上面的结果代入最小风险判决规则中,有

$$P(\omega_i|\boldsymbol{X}) = \underset{j=1,2,\cdots,N}{Maximum}\{P(\omega_j|\boldsymbol{X})\} \Rightarrow \boldsymbol{X} \in \omega_i$$

显然,此式与最小错误概率判决规则的表达式完全相同.因此,在上述0-1损失函数的情况下,最小风险判决规则退化为最小错误概率判决规则.一般把最小错误概率判决规则看成是最小风险判决规则的一个特例.

3.5　贝叶斯统计判决规则的似然比表现形式

在前面两节中,分别介绍了最小错误概率判决规则和最小风险判决规则.本节进一步介绍这两种判决规则的似然比表现形式.这里的似然比指相应两个类别的类条件概率密度函数之比.之所以将这个比值称作似然比是因为类条件概率密度函数又称为似然函数.在模式识别领域中,把基于似然比的判决规则称为最大似然判决规则.

下面,具体给出最小错误概率判决规则和最小风险判决规则的似然比表现形式.首先讨论最小错误概率判决规则的相关情况.

3.5.1　最小错误概率判决规则的似然比表现形式

为简单起见,考虑 ω_1/ω_2 两类问题.此时,由式(3.8),相应的分类判决规则可表示为

$$\begin{cases} p(\boldsymbol{X}|\omega_1)P(\omega_1) > p(\boldsymbol{X}|\omega_2)P(\omega_2) \Rightarrow \boldsymbol{X} \in \omega_1 \\ p(\boldsymbol{X}|\omega_2)P(\omega_2) > p(\boldsymbol{X}|\omega_1)P(\omega_1) \Rightarrow \boldsymbol{X} \in \omega_2 \end{cases}$$

用 $p(\boldsymbol{X}|\omega_2)P(\omega_1)$分别除上两式的两端,有

$$\begin{cases}\dfrac{p(\boldsymbol{X}|\omega_1)}{p(\boldsymbol{X}|\omega_2)} > \dfrac{P(\omega_2)}{P(\omega_1)} \Rightarrow \boldsymbol{X} \in \omega_1 \\ \dfrac{p(\boldsymbol{X}|\omega_1)}{p(\boldsymbol{X}|\omega_2)} < \dfrac{P(\omega_2)}{P(\omega_1)} \Rightarrow \boldsymbol{X} \in \omega_2\end{cases} \tag{3.16}$$

若如下定义两个类别 ω_1 和 ω_2 的似然比

$$l_{12}(\boldsymbol{X}) = \frac{p(\boldsymbol{X}|\omega_1)}{p(\boldsymbol{X}|\omega_2)} \tag{3.17}$$

并记判决阈值为

$$\theta_{12} = \frac{P(\omega_2)}{P(\omega_1)} \tag{3.18}$$

则相应的最小错误概率判决规则可由下式表示

$$\begin{cases} l_{12}(\boldsymbol{X}) > \theta_{12} \Rightarrow \boldsymbol{X} \in \omega_1 \\ l_{12}(\boldsymbol{X}) < \theta_{12} \Rightarrow \boldsymbol{X} \in \omega_2 \end{cases} \tag{3.19}$$

下面,进一步讨论在应用基于最小错误概率判决规则的似然比表现形式时可能遇到的一些细节问题.首先考虑 $P(\omega_1)$和(或)$p(\boldsymbol{X}|\omega_2)$取零值的情况.此时,$\theta_{12}$和(或)$l_{12}(\boldsymbol{X})$没有定义.当上述情况发生时,可作如下处理:若 $P(\omega_1)=0$,则根据先验概率的定义,可判决 $\boldsymbol{X}\in\omega_2$;而当 $p(\boldsymbol{X}|\omega_2)=0$ 时,相应的似然比 $l_{12}(\boldsymbol{X})$的取值趋向于无穷大,当 $P(\omega_1)\neq 0$ 时,它比预先给定的任何判决阈值当然都要大,故此时可判 $\boldsymbol{X}\in\omega_1$.又若 $p(\boldsymbol{X}|\omega_1)$和 $p(\boldsymbol{X}|\omega_2)$同时为 0 时,可视两个类别发生的先验概率的大小作出判决.另外,若发生 $l_{12}(\boldsymbol{X})=\theta_{12}$的情况,则可选择拒绝判决(或选择任意判决).事实上,特征空间中满足 $l_{12}(\boldsymbol{X})=\theta_{12}$的样本点构成了相应分类器的判决边界.上述结论对于后续的分类器也同样适用(当然,细节之处可能存在差异).以后,遇到类似问题时不再赘述.

3.5.2 最小风险判决规则的似然比表现形式

接着,再讨论最小风险判决规则的似然比表现形式.仍以 ω_1/ω_2 两类问题为例进行说明.

由式(3.15),在两类问题下,相应的判决规则可写为

$$\begin{cases} R(\alpha_1=\omega_1|\boldsymbol{X}) < R(\alpha_2=\omega_2|\boldsymbol{X}) \Rightarrow \boldsymbol{X}\in\omega_1 \\ R(\alpha_2=\omega_2|\boldsymbol{X}) < R(\alpha_1=\omega_1|\boldsymbol{X}) \Rightarrow \boldsymbol{X}\in\omega_2 \end{cases} \tag{3.20}$$

根据条件平均风险的定义,在两类情况下,有

$$R(\alpha_1=\omega_1|\boldsymbol{X}) = \sum_{j=1}^{2} L(\alpha_1|\omega_j)P(\omega_j|\boldsymbol{X})$$

$$= L(\alpha_1|\omega_1)P(\omega_1|\boldsymbol{X}) + L(\alpha_1|\omega_2)P(\omega_2|\boldsymbol{X})$$

$$R(\alpha_2 = \omega_2|\boldsymbol{X}) = \sum_{j=1}^{2} L(\alpha_2|\omega_j)P(\omega_j|\boldsymbol{X})$$

$$= L(\alpha_2|\omega_1)P(\omega_1|\boldsymbol{X}) + L(\alpha_2|\omega_2)P(\omega_2|\boldsymbol{X})$$

将上两式代入式(3.20)并整理之,有

$$\begin{cases}(L(\alpha_2|\omega_1) - L(\alpha_1|\omega_1))P(\omega_1|\boldsymbol{X}) > (L(\alpha_1|\omega_2) - L(\alpha_2|\omega_2))P(\omega_2|\boldsymbol{X}) \Rightarrow \boldsymbol{X} \in \omega_1 \\ (L(\alpha_2|\omega_1) - L(\alpha_1|\omega_1))P(\omega_1|\boldsymbol{X}) < (L(\alpha_1|\omega_2) - L(\alpha_2|\omega_2))P(\omega_2|\boldsymbol{X}) \Rightarrow \boldsymbol{X} \in \omega_2\end{cases}$$

即

$$\begin{cases}\dfrac{P(\omega_1|\boldsymbol{X})}{P(\omega_2|\boldsymbol{X})} > \dfrac{L(\alpha_1|\omega_2) - L(\alpha_2|\omega_2)}{L(\alpha_2|\omega_1) - L(\alpha_1|\omega_1)} \Rightarrow \boldsymbol{X} \in \omega_1 \\ \dfrac{P(\omega_1|\boldsymbol{X})}{P(\omega_2|\boldsymbol{X})} < \dfrac{L(\alpha_1|\omega_2) - L(\alpha_2|\omega_2)}{L(\alpha_2|\omega_1) - L(\alpha_1|\omega_1)} \Rightarrow \boldsymbol{X} \in \omega_2\end{cases} \tag{3.21}$$

又根据贝叶斯公式,有

$$\frac{P(\omega_1|\boldsymbol{X})}{P(\omega_2|\boldsymbol{X})} = \frac{p(\boldsymbol{X}|\omega_1)P(\omega_1)}{p(\boldsymbol{X}|\omega_2)P(\omega_2)}$$

这样,式(3.21)所示判决规则可进一步改写为

$$\begin{cases}\dfrac{p(\boldsymbol{X}|\omega_1)}{p(\boldsymbol{X}|\omega_2)} > \dfrac{(L(\alpha_1|\omega_2) - L(\alpha_2|\omega_2))P(\omega_2)}{(L(\alpha_2|\omega_1) - L(\alpha_1|\omega_1))P(\omega_1)} \Rightarrow \boldsymbol{X} \in \omega_1 \\ \dfrac{p(\boldsymbol{X}|\omega_1)}{p(\boldsymbol{X}|\omega_2)} < \dfrac{(L(\alpha_1|\omega_2) - L(\alpha_2|\omega_2))P(\omega_2)}{(L(\alpha_2|\omega_1) - L(\alpha_1|\omega_1))P(\omega_1)} \Rightarrow \boldsymbol{X} \in \omega_2\end{cases} \tag{3.22}$$

若记

$$l_{12} = \frac{p(\boldsymbol{X}|\omega_1)}{p(\boldsymbol{X}|\omega_2)}$$

$$\theta_{12} = \frac{(L(\alpha_1|\omega_2) - L(\alpha_2|\omega_2))P(\omega_2)}{(L(\alpha_2|\omega_1) - L(\alpha_1|\omega_1))P(\omega_1)}$$

则式(3.22)所示最小风险判决规则可写成如下的似然比的形式

$$\begin{cases}l_{12}(\boldsymbol{X}) > \theta_{12} \Rightarrow \boldsymbol{X} \in \omega_1 \\ l_{12}(\boldsymbol{X}) < \theta_{12} \Rightarrow \boldsymbol{X} \in \omega_2\end{cases} \tag{3.23}$$

和前面一样,分别称 l_{12} 和 θ_{12} 为似然比和判决阈值.

比较式(3.19)和式(3.23)可以发现:最小错误概率判决规则的似然比表现形式和最小风险判决规则的似然比表现形式两者在形式上是完全相同的,所不同的只是在相应判决阈值的计算上存在差异.把由式(3.19)和式(3.23)所表示的判决规则统称为最大似然比判决规则.

上面就两类问题给出了最大似然比判决规则.类似的结果可推广到多类情况.

假设有 N 个类别 $\omega_j, j=1,2,\cdots,N$，若定义

$$L_{ij}=\frac{p(\boldsymbol{X}|\omega_i)}{p(\boldsymbol{X}|\omega_j)},\quad i,j=1,2,\cdots,N,\ j\neq i \tag{3.24}$$

为其中第 i 个类别 ω_i 和第 j 个类别 ω_j 的似然比函数，则相应的最大似然比判决规则可表示为

$$L_{ij}(\boldsymbol{X})>\theta_{ij},\forall j\neq i,i,j=1,2,\cdots,N\ \Rightarrow\ \boldsymbol{X}\in\omega_i \tag{3.25}$$

其中，θ_{ij} 为判决阈值.在最小错误概率判决的情况下，该判决阈值由下式定义

$$\theta_{ij}=\frac{P(\omega_j)}{P(\omega_i)},\quad i,j=1,2,\cdots,N,\ j\neq i \tag{3.26}$$

而在最小风险判决的情况下，其计算公式为

$$\theta_{ij}=\frac{(L(\alpha_i|\omega_j)-L(\alpha_j|\omega_j))P(\omega_j)}{(L(\alpha_j|\omega_i)-L(\alpha_i|\omega_i))P(\omega_i)},\quad i,j=1,2,\cdots,N,\ j\neq i \tag{3.27}$$

应该指出的是，虽然最大似然比判决规则可由最小错误概率判决规则和最小风险判决规则所推出，本质上它只是相应两种判决规则的另一种表现形式，但是其在实际使用中的方便程度却是其他两种判决规则所不具有的.尤其是在关于待识别模式的先验知识匮乏的情况下更是如此.此时，最大似然比判决规则可以用试探的方式通过设置不同的阈值值并根据相关判决结果是否与实际相符合来调整相应的判决阈值，从而达到正确分类的目的.

下面来看一个具体的例子.

例 3.1 在某个实际应用中，拟通过模拟信道传输二值数字图像.如图 3.3 所示，二值图像每个像素的取值为“0”或“1”.当被传输图像通过模拟信道时受到加件噪声的干扰.已知噪声服从均值为 0、方差为 σ^2 的高斯分布.试运用最大似然比判决规则在接收端设计一个分类器对所接收到的图像信号进行分类，将其还原为一幅二值数字图像.

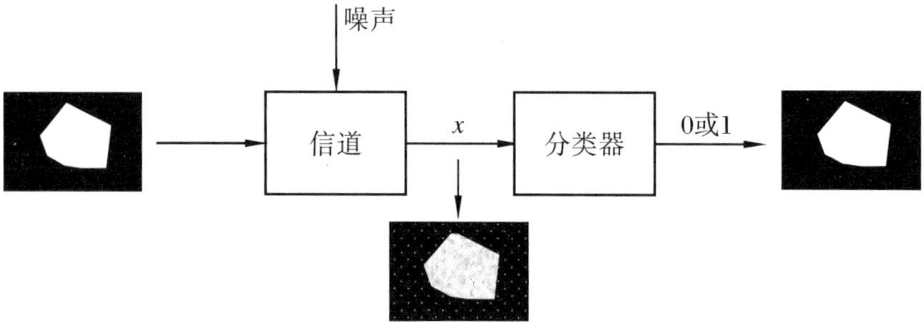

图 3.3 通过模拟信道传输二值数字图像的例子

解 忽略对输入图像进行编、解码的处理过程，仅就如何设计一个能对接收到的图像信号进行分类判决的两类分类器进行讨论．假设所有取值为“0”的像素的全体组成类别 ω_0，而所有取值为“1”的像素的全体组成类别 ω_1．若在某一时刻分类器所接收到的图像信号为 x，则依题意可知：当对应像素属于类别 ω_0 时，x 服从均值为 0、方差为 σ^2 的高斯分布

$$p(x|\omega_0)=\frac{1}{\sqrt{2\pi}\sigma}\exp\left(-\frac{x^2}{2\sigma^2}\right)$$

而当对应像素属于类别 ω_1 时，x 服从均值为 1、方差为 σ^2 的高斯分布

$$p(x|\omega_1)=\frac{1}{\sqrt{2\pi}\sigma}\exp\left(-\frac{(x-1)^2}{2\sigma^2}\right)$$

为了设计相应的分类器，构造如下的似然比函数

$$l_{01}(x)=\frac{p(x|\omega_0)}{p(x|\omega_1)}=\exp\left(\frac{1-2x}{2\sigma^2}\right)$$

若采用最小风险判决，则相应的判决阈值为

$$\theta_{01}=\frac{(L(\alpha_0|\omega_1)-L(\alpha_1|\omega_1))P(\omega_1)}{(L(\alpha_1|\omega_0)-L(\alpha_0|\omega_0))P(\omega_0)}$$

这样，可得到最大似然比判决规则为

$$\begin{cases} l_{01}(x)>\theta_{01}\Rightarrow x\in\omega_0 \\ l_{01}(x)<\theta_{01}\Rightarrow x\in\omega_1 \end{cases}$$

即

$$\begin{cases} \exp\left(\dfrac{1-2x}{2\sigma^2}\right)>\theta_{01}\Rightarrow x\in\omega_0 \\ \exp\left(\dfrac{1-2x}{2\sigma^2}\right)<\theta_{01}\Rightarrow x\in\omega_1 \end{cases}$$

解之，有

$$\begin{cases} x<\dfrac{1}{2}-\sigma^2\ln\theta_{01}\Rightarrow x\in\omega_0 \\ x>\dfrac{1}{2}-\sigma^2\ln\theta_{01}\Rightarrow x\in\omega_1 \end{cases}$$

这就是所求最大似然比判决规则的表达式．若采用 0-1 损失函数，并假定两个类别发生的先验概率相等，则上述判决式成为

$$\begin{cases} x<\dfrac{1}{2}\Rightarrow x\in\omega_0 \\ x>\dfrac{1}{2}\Rightarrow x\in\omega_1 \end{cases}$$

即当输入图像信号 x 大于 1/2 时,判其为"1";否则,判其为"0".显然,这个结果和我们的直观是一致的.

3.6 拒绝判决

在讨论最小风险判决的时候,曾提及拒绝判决的问题.事实上,在某些情况下,拒绝作出判决比不负责任地作出不恰当的判决要更有意义.例如,作为一种识别手段,生物特征识别受到越来越多的关注,并在包括银行系统在内的许多应用场合获得了广泛的应用.这种利用脸谱和指纹等生物特征进行身份验证的系统为用户提供了很大的便利.但是,由于目前的识别率还不够高,如果使用不当也会给银行和用户带来一定的风险.因此,在作出判决的理由不是很充分的情况下,选择拒绝判决也许是一个不错的选择.

下面,以一个 N 类判决问题为例来说明在一个分类系统中引入拒绝判决并使之成立的条件.此时,除了对应于每个类别的判决之外,还包含有一个拒绝判决,故判决数 $A=N+1$.和作出任何一个判决一样,拒绝判决也要承担一定的风险.若记拒绝判决为 α_{N+1},则在属于类别 $\omega_j, j=1,2,\cdots,N$ 的样本发生的条件下作出拒绝判决 α_{N+1} 的风险可表示为 $L(\alpha_{N+1}|\omega_j)$.

如前所述,在输入样本为 X 的条件下,作出各种判决的条件平均风险为

$$R(\alpha_i|\boldsymbol{X})=\sum_{j=1}^{N}L(\alpha_i|\omega_j)P(\omega_j|\boldsymbol{X}),\quad i=1,2,\cdots,N+1 \tag{3.28}$$

这样,作出拒绝判决的条件是

$$R(\alpha_{N+1}|\boldsymbol{X})<R(\alpha_i|\boldsymbol{X}),\forall i=1,2,\cdots,N \Rightarrow \boldsymbol{X}\in\alpha_{N+1} \tag{3.29}$$

若假设正确判决的损失为 0,错误判决的损失为 λ_F,而拒绝判决的损失为 λ_R.其中,λ_F 和 λ_R 均为常数.则由式(3.28),可知

$$R(\alpha_{N+1}|\boldsymbol{X})=\sum_{j=1}^{N}L(\alpha_{N+1}|\omega_j)P(\omega_j|\boldsymbol{X})=\sum_{j=1}^{N}\lambda_R P(\omega_j|\boldsymbol{X})$$

$$=\lambda_R\sum_{j=1}^{N}P(\omega_j|\boldsymbol{X})=\lambda_R$$

另一方面,当 $i\neq N+1$ 时

$$R(\alpha_i|\boldsymbol{X})=\sum_{j=1}^{N}L(\alpha_i|\omega_j)P(\omega_j|\boldsymbol{X})=\sum_{j=1,j\neq i}^{N}\lambda_F P(\omega_j|\boldsymbol{X})=\lambda_F\sum_{j=1,j\neq i}^{N}P(\omega_j|\boldsymbol{X})$$

$$=\lambda_F\left(\sum_{j=1}^{N}P(\omega_j|\boldsymbol{X})-P(\omega_i|\boldsymbol{X})\right)=\lambda_F(1-P(\omega_i|\boldsymbol{X}))$$

此时,为作出拒绝判决,需

$$R(\alpha_{N+1}|\boldsymbol{X})<R(\alpha_i|\boldsymbol{X}),\quad \forall i=1,2,\cdots,N$$

因此,作出拒绝判决的规则为

$$\lambda_R<\lambda_F(1-P(\omega_i|\boldsymbol{X})),\ \forall i=1,2,\cdots,N\Rightarrow \boldsymbol{X}\in\alpha_{N+1}$$

或者

$$P(\omega_i|\boldsymbol{X})<\left(1-\frac{\lambda_R}{\lambda_F}\right),\ \forall i=1,2,\cdots,N\Rightarrow \boldsymbol{X}\in\alpha_{N+1}$$

因 $P(\omega_i|\boldsymbol{X})\geqslant 0$,故在设计分类器时,为使系统能够作出拒绝判决,须置 $\lambda_R<\lambda_F$. 这个条件虽然是在比较简单的风险设置下得到的一个结论,但却揭示了在设计含有拒绝判决的分类器时应该遵循的一个原则. 即在所设置的错误判决的损失和拒绝判决的损失两者之间需要满足一定的条件,否则可能实现不了设置拒绝判决的设计初衷.

3.7 贝叶斯分类器的一般结构

上面所讨论的最小错误概率判决规则和最小风险判决规则都是建立在贝叶斯法则基础上的. 我们把这样一类方法统称为贝叶斯分类法,把基于这些方法所构造的分类器称作贝叶斯分类器.

下面我们来讨论贝叶斯分类器的一般结构. 为此,借助于在第 2 章中所介绍的判别函数的概念来构造贝叶斯分类器.

考虑 N 个类别的分类问题. 设样本 $\boldsymbol{X}$ 是 d 维特征空间中的一个向量,记为 $\boldsymbol{X}=(x_1,x_2,\cdots,x_d)^{\mathrm{T}}$. 又设对应于类别 ω_j, $j=1,2,\cdots,N$ 的判别函数为 $g_j(\boldsymbol{X})$, $j=1,2,\cdots,N$,则在最大值判决下,相应的判决规则可表示为(参见式(2.34))

$$g_i(\boldsymbol{X})>g_j(\boldsymbol{X}),\forall j\neq i,j=1,2,\cdots,N\ \Rightarrow\ \boldsymbol{X}\in\omega_i$$

上述最大值分类器的一般结构如图 3.4 所示.

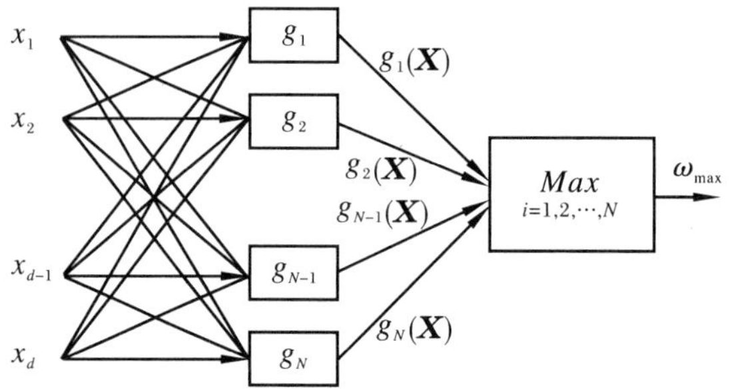

图 3.4 最大值分类器的一般结构

为了借助于上述一般结构形式,我们将本章所讨论的判决规则进行改写.在最小错误概率判决的情况下,可取

$$g_i(\boldsymbol{X}) = P(\omega_i|\boldsymbol{X}) \tag{3.30}$$

或等价地,取

$$g_i(\boldsymbol{X}) = \frac{p(\boldsymbol{X}|\omega_i)P(\omega_i)}{\sum_{j=1}^{N} p(\boldsymbol{X}|\omega_j)P(\omega_j)} \tag{3.31}$$

类似地,在最小风险判决规则下,可取

$$g_i(\boldsymbol{X}) = -R(\alpha_i|\boldsymbol{X}) \tag{3.32}$$

显然,判别函数的选择不是唯一的.一个判别函数乘上一个正常数或者加上一个常数后仍然有资格作为判别函数,并且不会对判决结果产生任何影响.更一般地,只要函数 f 是一个单调增加的函数,则用 $f(g_i(\boldsymbol{X}))$替代 $g_i(\boldsymbol{X})$后所得到的分类器的性能保持不变.这一点对于分析和计算是特别有利的.根据具体情况,适当地选择判别函数往往会给解决相应的模式分类问题带来便利.因为,一些判别函数可能比另一些判别函数更容易计算或更易于理解.

以最小错误概率判决为例,除了式(3.30)和(3.31)所示的判别函数外,下述两个函数也有资格作为判别函数使用

$$g_i(\boldsymbol{X}) = p(\boldsymbol{X}|\omega_i)P(\omega_i) \tag{3.33}$$

$$g_i(\boldsymbol{X}) = \ln p(\boldsymbol{X}|\omega_i) + \ln P(\omega_i) \tag{3.34}$$

另外,决策面的概念也同样适用于贝叶斯分类器.如果两个类别 ω_i 和 ω_j 的区域在空间上是相邻的,则它们之间的分界面由方程 $g_i(\boldsymbol{X}) = g_j(\boldsymbol{X})$所给出.对于每一对相邻的类别,都可以类似地建立一个决策面方程.一般而言,对于一个 N 类问题,相应的决策面把特征空间划分成 N 个子区域.注意:每一个这样的子区域在空

间上不一定是处处连续的,它可能是由若干个连续的更小的子区域所组成.根据判别函数的性质,分界面可以是超平面或超曲面.在三维空间中,分界面一般为某种形式的曲面;在二维空间中,分界面一般为某种形式的曲线;在一维空间中,分界面退化为分界点.如果给定的分类问题是线性可分的,则相应的分界面为超平面.特别地,在二维和一维特征空间中,相应的分界面分别退化为直线和分界点.

3.8　Neyman-Peason 判决规则

前面给出了对随机模式进行分类的几种判决规则.其中,最小错误概率判决规则和最小风险判决规则均与相关模式发生的后验概率有关,也即与模式发生的先验概率和相应的类条件概率密度有关.因此,要使分类错误概率或者分类风险达到最小,需要同时知道相关的先验概率和类条件概率密度.另外,在最小风险判决的情况下,还需要对误判的风险作出恰当的定义.但是,上述条件在实际应用中不一定能得到满足.例如,有时事先可能并不知道先验概率的具体数值.例 3.1 中的情况就是如此.二值图像中取"1"值的概率事先并不能确切知道.此外,对误判所承担的风险有时难于确定.但我们知道其中一种分类错误比另一种分类错误的危害更严重.因此,希望实际的判决能将危害限制在一个可以接受的范围内.那么,在这样的情况下,应该如何进行判决呢? 一种方法是采用下面所介绍的 Neyman-Peason 判决规则.

为方便理解,我们从一个两类问题谈起.假定对应的特征空间为一维空间,而两类的类条件概率密度函数分别如图 3.5 所示.显然,如果选择 T 作为分界点,则

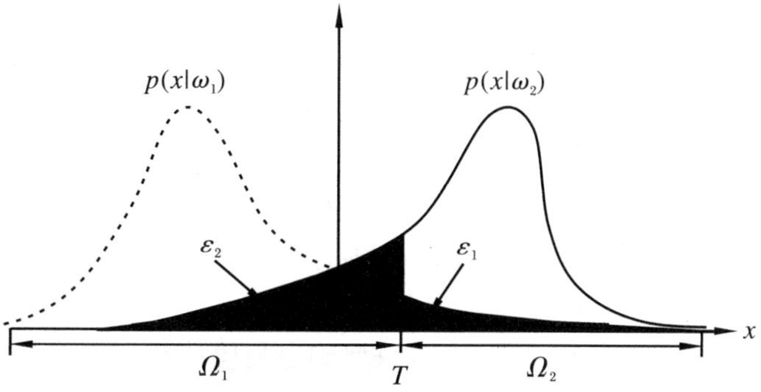

图 3.5　分类错误概率的图示

总的分类错误概率与图 3.5 所示的两个阴影区域的面积 ε_1 和 ε_2 成正比. 为叙述方便起见,把由 ε_1 表示的分类错误概率称为第一类分类错误概率,而把由 ε_2 表示的分类错误概率称为第二类分类错误概率. 这里

$$\varepsilon_1 = \int_{\Omega_2} p(x \mid \omega_1) \mathrm{d}x \tag{3.35}$$

$$\varepsilon_2 = \int_{\Omega_1} p(x \mid \omega_2) \mathrm{d}x \tag{3.36}$$

Neyman-Peason 判决规则(以下,简称 N-P 判决规则)的基本思想是:在保持一类分类错误概率不变的情况下,使另一类分类错误概率最小. 这样做是有实际意义的. 例如,在前面所介绍的关于敌方飞机或导弹来袭的例子中,我们希望第二种情况出现的概率(即漏警概率)要小于一个规定的数值. 因为在敌方飞机或导弹来袭的情况下,一旦出现误判损失将是惨重的. 同时,我们希望在漏警概率保持一定(小于等于事先设定的一个常数)的条件下,能将另一类错误概率(即虚警概率)抑制得尽可能小.

对于上面的两类问题,若设虚警概率为 ε_1、漏警概率为 ε_2,则 N-P 判决规则相当于要求在保持 ε_2 不变的条件下,使 ε_1 最小. 在数学上,这是一个条件极值问题,可用 Lagrange 乘子法进行求解. 为此,构造如下的目标函数

$$J = \varepsilon_1 + \lambda(\varepsilon_2 - \alpha) \tag{3.37}$$

式中,$\lambda \geqslant 0$ 为待定的 Lagrange 乘子,α 为根据实际需求指定的一个常数. 现在的问题是适当选择 $\lambda \geqslant 0$,使式(3.37)所示的目标函数取得最小值.

注意到 ε_1 可写为

$$\varepsilon_1 = \int_{\Omega_2} p(x \mid \omega_1) \mathrm{d}x = 1 - \int_{\Omega_1} p(x \mid \omega_1) \mathrm{d}x \tag{3.38}$$

因此,将式(3.36)和(3.38)代入式(3.37)中,可得

$$\begin{aligned} J &= \varepsilon_1 + \lambda(\varepsilon_2 - \alpha) \\ &= 1 - \int_{\Omega_1} p(x \mid \omega_1) \mathrm{d}x + \lambda\left(\int_{\Omega_1} p(x \mid \omega_2) \mathrm{d}x - \alpha\right) \\ &= (1 - \lambda\alpha) + \int_{\Omega_1} (\lambda p(x \mid \omega_2) - p(x \mid \omega_1)) \mathrm{d}x \end{aligned} \tag{3.39}$$

这里,Ω_1 和 Ω_2 分别为类别 ω_1 和 ω_2 的判决区域. 我们希望适当选择 $\lambda \geqslant 0$ 和判决区域 Ω_1,使得上式所表示的目标函数取得最小值.

注意到对于特定的问题而言,$p(x \mid \omega_1)$和 $p(x \mid \omega_2)$是确定的,λ 最终也是确定的. 因此,要使上述目标函数 J 最小化,只要确定相应的判决区域 Ω_1 使式(3.39)的后项积分取得最小值即可.

记满足上述要求的判决区域 Ω_1 为 Ω_1^*，可以证明这样的 Ω_1^* 由满足条件式 $\lambda p(x|\omega_2)-p(x|\omega_1)<0$ 的 x 的全体所组成.

用反证法证明上述结论.为此，假设在 λ 已确定的情况下另有判决区域 $\Omega_1^\#$ 可使式(3.39)的后项积分取得更小的值，那么，这样的 $\Omega_1^\#$ 一定可表示成以下的形式

$$\Omega_1^\# = (\Omega_1^* - \Omega_{12}) \cup \Omega_{21}$$

其中，在子区域 Ω_{12} 上，有 $\lambda p(x|\omega_2)-p(x|\omega_1)<0$，而在子区域 Ω_{21} 上，有 $\lambda p(x|\omega_2)-p(x|\omega_1)>0$ 成立.

这样，当判决区域 $\Omega_1=\Omega_1^\#$ 时，目标函数 J 可写为

$$\begin{aligned}
J^\# &= (1-\lambda\alpha)+\int_{\Omega_1^\#}(\lambda p(x|\omega_2)-p(x|\omega_1))\mathrm{d}x \\
&= (1-\lambda\alpha)+\int_{\Omega_1^\#-\Omega_{12}}(\lambda p(x|\omega_2)-p(x|\omega_1))\mathrm{d}x \\
&\quad +\int_{\Omega_{21}}(\lambda p(x|\omega_2)-p(x|\omega_1))\mathrm{d}x \\
&= (1-\lambda\alpha)+\int_{\Omega_1^\#}(\lambda p(x|\omega_2)-p(x|\omega_1))\mathrm{d}x \\
&\quad -\int_{\Omega_{12}}(\lambda p(x|\omega_2)-p(x|\omega_1))\mathrm{d}x+\int_{\Omega_{21}}(\lambda p(x|\omega_2)-p(x|\omega_1))\mathrm{d}x \\
&= J^*-\int_{\Omega_{12}}(\lambda p(x|\omega_2)-p(x|\omega_1))\mathrm{d}x+\int_{\Omega_{21}}(\lambda p(x|\omega_2)-p(x|\omega_1))\mathrm{d}x \\
&= J^*+\int_{\Omega_{12}}(p(x|\omega_1)-\lambda p(x|\omega_2))\mathrm{d}x+\int_{\Omega_{21}}(\lambda p(x|\omega_2)-p(x|\omega_1))\mathrm{d}x
\end{aligned}$$

其中，J^* 为判决区域 $\Omega_1=\Omega_1^*$ 时目标函数 J 的取值.由假设，Ω_{12} 和 Ω_{21} 中至少有一个非空（如属不然，则 $\Omega_1^\#$ 就是 Ω_1^*）.由于已知在子区域 Ω_{12} 上，有 $\lambda p(x|\omega_2)-p(x|\omega_1)<0$，在子区域 Ω_{21} 上，有 $\lambda p(x|\omega_2)-p(x|\omega_1)>0$ 成立，故上式的后两个积分项之和必定大于0.这样，可推出 $J^\#>J^*$.这与判决区域 $\Omega_1^\#$ 的选择可使目标函数 J 取更小的值的假设矛盾.这样，我们就证明了当判决区域 Ω_1 取为 Ω_1^* 时，目标函数 J 可取得最小值.

因此，所述的N-P判决规则可以表示为

$$\begin{cases}\lambda p(x|\omega_2)-p(x|\omega_1)<0 \Rightarrow x\in\omega_1 \\ \lambda p(x|\omega_2)-p(x|\omega_1)>0 \Rightarrow x\in\omega_2\end{cases} \tag{3.40}$$

也即

$$\begin{cases} \dfrac{p(x|\omega_1)}{p(x|\omega_2)} > \lambda \Rightarrow x \in \omega_1 \\ \dfrac{p(x|\omega_1)}{p(x|\omega_2)} < \lambda \Rightarrow x \in \omega_2 \end{cases} \tag{3.41}$$

这里，$\lambda \geqslant 0$ 为判决阈值. 可以看到，N-P 判决规则的表现形式和最小错误概率判决规则以及最小风险判决规则的似然比表现形式是一样的，不同的只是判决阈值.

N-P 判决规则中的判决阈值 λ 可按照以下步骤确定：根据判决式

$$\frac{p(x|\omega_1)}{p(x|\omega_2)} > \lambda$$

可确定使上式成立的判决区域 Ω_1. 给定一个 λ，可确定一个与之对应的 Ω_1，进而可据此得到相应的分类错误概率

$$\varepsilon_2 = \int_{\Omega_1} p(x|\omega_2)\mathrm{d}x$$

显然，判决区域 Ω_1 是随着 λ 的增加而单调递减的. 上述分类错误概率 ε_2 也随着 λ 的增加而单调递减. 因此，可选择使约束条件 $\varepsilon_2 = \alpha$ 成立的 λ 作为待求的判决阈值. 在实际问题中，一般难于求得判决阈值 λ 的解析解. 可采用试探的方法来确定 λ. 例如，从一个较小的 λ 的取值开始，依次增大 λ，并计算相应于 λ 的现行取值的判决区域 Ω_1，直到分类错误概率 ε_2 满足约束条件 $\varepsilon_2 = \alpha$ 为止. 使约束条件 $\varepsilon_2 = \alpha$ 成立的 λ 即为所求的判决阈值.

在某些特殊情况下，有可能直接得到判决阈值 λ 的解析解. 例如，当对应的特征空间为一维空间，且两个类别的类条件概率密度函数均为单峰函数时，可以通过直接求式(3.39)所示目标函数的极值解得到. 此时，目标函数 J 可表示为

$$J = (1 - \lambda\alpha) + \int_{-\infty}^{\mathrm{T}} (\lambda p(x|\omega_2) - p(x|\omega_1))\mathrm{d}x \tag{3.42}$$

这里，T 为分界点的取值. 对上式求关于 T 的偏微商，并令之等于 0，有

$$\frac{\partial J}{\partial T} = p(T|\omega_1) - \lambda p(T|\omega_2) = 0$$

解之，得到

$$\lambda = \frac{p(T|\omega_1)}{p(T|\omega_2)} \tag{3.43}$$

另一方面，对式(3.42)求关于 λ 的偏微商，并令之等于 0，有

$$\frac{\partial J}{\partial \lambda} = -\alpha + \int_{-\infty}^{\mathrm{T}} p(x|\omega_2)\mathrm{d}x = 0$$

解之，有

$$\int_{-\infty}^{T} p(x \mid \omega_2) \mathrm{d}x = \alpha \tag{3.44}$$

这样,根据给定的 α,可由式(3.44)确定相应的 T,从而由式(3.43)确定待求的判决阈值 λ.

下面举一个实际的例子说明 N-P 判决规则的应用.

例 3.2 试用 N-P 判决规则求解例 3.1.

解 本例的目的是运用 N-P 判决规则在接收端设计一个分类器对所接收到的图像信号进行分类,将其还原为一幅二值数字图像.进行这种设计的出发点是希望在接收端尽可能不丢失取值为“1”的目标点.与前类似,假设所有取值为“0”的像素的全体组成类别 ω_0,而所有取值为“1”的像素的全体组成类别 ω_1.若在某一时刻分类器所接收到的图像信号为 x,则根据已知条件,知:当对应像素分别属于类别 ω_0 和 ω_1 时,x 各服从以下的高斯分布

$$p(x \mid \omega_0) = \frac{1}{\sqrt{2\pi}\sigma} \exp\left(-\frac{x^2}{2\sigma^2}\right)$$

$$p(x \mid \omega_1) = \frac{1}{\sqrt{2\pi}\sigma} \exp\left(-\frac{(x-1)^2}{2\sigma^2}\right)$$

根据式(3.41),判决规则为

$$\begin{cases} \dfrac{p(x \mid \omega_0)}{p(x \mid \omega_1)} > \lambda \Rightarrow x \in \omega_0 \\[2ex] \dfrac{p(x \mid \omega_0)}{p(x \mid \omega_1)} < \lambda \Rightarrow x \in \omega_1 \end{cases}$$

即

$$\begin{cases} \exp\left(\dfrac{1-2x}{2\sigma^2}\right) > \lambda \Rightarrow x \in \omega_0 \\[2ex] \exp\left(\dfrac{1-2x}{2\sigma^2}\right) < \lambda \Rightarrow x \in \omega_1 \end{cases} \tag{3.45}$$

其中,λ 为判决阈值.由于两个类别的类条件概率密度函数均为单峰函数,故可根据式(3.43)求得 λ

$$\lambda = \frac{p(T \mid \omega_0)}{p(T \mid \omega_1)} = \exp\left(\frac{1-2T}{2\sigma^2}\right)$$

其中,T 为分界点.若希望将“1”的像素误判为“0”的概率抑制到一个比较低的水平 α,则分界点 T 可由下式确定

$$\int_{-\infty}^{T} p(x \mid \omega_1) \mathrm{d}x = \int_{-\infty}^{T} \frac{1}{\sqrt{2\pi}\sigma} \exp\left(-\frac{(x-1)^2}{2\sigma^2}\right) \mathrm{d}x = \alpha$$

上式的积分为正态积分，可通过变量代换将其转换为标准正态积分，并通过查标准正态积分表求出 T 的具体取值.

为使判决过程更加简洁，可将(3.45)改写如下

$$\begin{cases} x < \dfrac{1}{2} - \sigma^2 \ln\lambda \Rightarrow x \in \omega_0 \\ x > \dfrac{1}{2} - \sigma^2 \ln\lambda \Rightarrow x \in \omega_1 \end{cases}$$

由于 $T = 1/2 - \sigma^2 \ln\lambda$ 可事先算出，故判决过程将非常简单.

3.9 最小最大判决规则

前述的最小错误概率判决规则和最小风险判决规则需要确切知道模式发生的先验概率和相应的类条件概率密度.其中，在最小风险判决的情况下，还需要规定判决的风险.这些要求在实际应用中有时很难得到满足.实际中可能遇到的情况是不仅先验概率不能确切知道，而且先验概率还有可能是随时间变化的.在这种情况下，基于前述的最小错误概率判决规则和最小风险判决规则所设计的分类器的性能很有可能不能满足使用要求.这是因为这两种方法都是针对固定先验概率来设计分类器的，当先验概率变化比较大的时候，所设计的分类器的性能将变差，并有可能变得非常差.此时，除了前一节所介绍的 N-P 判决规则外，还可考虑使用基于最小最大判决规则来设计分类器.所谓的最小最大判决规则是一种比较保守或者说是一种比较稳妥的设计方法，其主要思想来源于对策论.它追求的是这样一种“境界”：在最坏的情况下取得最好的结果，而在其他情况下并不追求性能的最佳化.换言之，在不是最坏的情况下，它给出的结果不是最好的，但也不是最差的.虽然性能可能不佳，但可以在一定程度上满足使用要求.举一个例子来说明这个概念.假定有两个农业家庭 A 和 B，它们具有同样的生产条件（包括劳力、土地和生产工具等），在相同的条件下可以生产同样多的农副产品（包括粮食、蔬菜和禽类）.两个家庭都过的是一种自给自足的生活.但是，两家的消费观念不同.A 家庭是“激进”型的，而 B 家庭则是“保守”型的.年成好的时候，A 家庭吃香的喝辣的，很是风光；但到了差一点的年头，就有可能处于有了上顿没下顿的一种状态.而 B 家庭则是未雨绸缪，年成好的时候，也是消费有度，虽然生活谈不上奢侈，但也不是很拘

谨，并且能有一些盈余；到了差一点的年头，虽然收成不好，但因为有储备，生活也还过得去，很是被左右邻居所羡慕．这里，B 家庭采用的就是一种类似于最小最大判决规则的生活态度．

下面，从判决风险的概念出发来导出最小最大判决规则．为此，考虑 N 个类别的分类问题．用 $\omega_j, j=1,2,\cdots,N$ 表示类别，用 $\alpha_j, j=1,2,\cdots,A$ 表示可能的判决，用 $L(\alpha_i|\omega_j)$ 表示 $X\in\omega_j$ 但作出判决 α_i 时所承担的风险和损失．那么，根据在讨论最小风险判决时所得到的结论可知，在观测样本为 X 的情况下作出判决 α_i，$i=1,2,\cdots,A$ 的条件平均风险由下式给出

$$R(\alpha_i|\boldsymbol{X}) = \sum_{j=1}^{N} L(\alpha_i|\omega_j)P(\omega_j|\boldsymbol{X})$$

显然，条件平均风险 $R(\alpha_i|\boldsymbol{X})$ 与类条件概率密度 $p(x|\omega_j)$、损失函数 $L(\alpha_i|\omega_j)$ 以及类别发生的先验概率 $P(\omega_j)$ 有关．这里，下标 $j=1,2,\cdots,N$．如果上述因素均是不变的，那么，根据最小风险判决规则可以将特征空间划分成分属于不同类别的 N 个区域，使条件平均风险达到最小．在大多数实际问题中，可以假定类条件概率密度 $p(x|\omega_j)$ 以及损失函数 $L(\alpha_i|\omega_j)$ 是不变的；但是，在很多情况下，先验概率不仅未知，并且有可能是随时间变化的．此时，虽然可以针对不同先验概率的取值，依据最小风险判决规则设计出相应的分类器，得到在不同先验概率取值下的最小风险判决结果．但是，实际中如果不能得到先验概率的确切取值，纵使设计出了有针对性的分类器，也没法正确使用．

另外，我们还注意到，上面的条件平均风险 $R(\alpha_i|\boldsymbol{X})$ 仅仅反映了在观测样本为 $\boldsymbol{X}$ 的情况下作出判决 α_i，$i=1,2,\cdots,A$ 的条件平均风险，并不能反映据此对整个特征空间进行分类时所承担的总的平均风险．考虑到 $\boldsymbol{X}$ 是一个随机向量，而在 $\boldsymbol{X}$ 发生的条件下所作出的判决结果依赖于 $\boldsymbol{X}$，故作为 $\boldsymbol{X}$ 的函数，在 $\boldsymbol{X}$ 发生的条件下作出的判决 α_i，$i=1,2,\cdots,A$ 也是一个随机向量．若将依赖于模式样本 $\boldsymbol{X}$ 的判决记作 $\alpha(\boldsymbol{X})$，则对整个特征空间进行分类时所承担的总的平均风险为

$$\bar{R} = \int_{E_d} R(\alpha(\boldsymbol{X})|\boldsymbol{X})p(\boldsymbol{X})\mathrm{d}\boldsymbol{X} \tag{3.46}$$

其中，积分区域遍及整个特征空间 $\boldsymbol{E}_d$，而 $p(\boldsymbol{X})$ 为 $\boldsymbol{X}$ 的全概率密度函数．显然，相应的分类判决应使式(3.46)所示的总的平均风险达到最小．当整个特征空间被划分成 N 个属于不同类别的区域时，上述总的平均风险可以写为

$$\bar{R} = \int_{\Omega_1} R(\alpha_1|\boldsymbol{X})p(\boldsymbol{X})\mathrm{d}X + \int_{\Omega_2} R(\alpha_2|\boldsymbol{X})p(\boldsymbol{X})\mathrm{d}X + \cdots + \int_{\Omega_N} R(\alpha_N|\boldsymbol{X})p(\boldsymbol{X})\mathrm{d}\boldsymbol{X} \tag{3.47}$$

上式表明，总的平均风险与类别区域的划分情况有关，而如前所述类别区域的划分结果又与先验概率存在直接的关系，因此，总的平均风险 $\bar{R}$ 是先验概率的函数. 也就是说，给定的先验概率不同，类别区域的划分结果不同，总的平均风险 $\bar{R}$ 也不同. 当先验概率已知时，我们总可以找到合适的分类器将整个特征空间划分成对应于 N 个不同类别的区域 Ω_i，$i=1,2,\cdots,N$，使总的平均风险 $\bar{R}$ 达到最小. 但是，当先验概率变化时如何确定一个分类规则使相应的分类结果合乎使用要求则是一个需要进一步研究的问题.

为了得到这个问题的解决方案，我们来具体分析一个 ω_1/ω_2 两类问题. 在现在的情况下，需要考虑的类别只有两个，故有 $P(\omega_2)=1-P(\omega_1)$成立. 这样，总的平均风险 $\bar{R}$ 与先验概率 $P(\omega_1)$和 $P(\omega_2)$之间的关系可用 $\bar{R}$ 与 $P(\omega_1)$的关系表示. 一般而言，$\bar{R}$ 与 $P(\omega_1)$的关系是一个非线性关系. 相应于每一个可能的$P(\omega_1)$，我们可以逐点计算对应的 $\bar{R}$ 的取值. 由式(3.47)，有

$$\bar{R}=\int_{\Omega_1}R(\alpha_1|\boldsymbol{X})p(\boldsymbol{X})\mathrm{d}\boldsymbol{X}+\int_{\Omega_2}R(\alpha_2|\boldsymbol{X})p(\boldsymbol{X})\mathrm{d}\boldsymbol{X} \tag{3.48}$$

其中，区域 Ω_i，$i=1,2$ 可依据最小风险判决规则确定. 如果假定判决数等于类别数，那么，根据 3.4 的结果，知

$$\begin{aligned}R(\alpha_i|\boldsymbol{X})&=L(\alpha_i|\omega_1)P(\omega_1|\boldsymbol{X})+L(\alpha_i|\omega_2)P(\omega_2|\boldsymbol{X})\\&=L(\alpha_i|\omega_1)\frac{p(\boldsymbol{X}|\omega_1)P(\omega_1)}{p(\boldsymbol{X})}+L(\alpha_i|\omega_2)\frac{p(\boldsymbol{X}|\omega_2)P(\omega_2)}{p(\boldsymbol{X})},\quad i=1,2\end{aligned}$$

将上式代入式(3.48)中，有

$$\begin{aligned}\bar{R}=&\int_{\Omega_1}[L(\alpha_1|\omega_1)p(\boldsymbol{X}|\omega_1)P(\omega_1)+L(\alpha_1|\omega_2)p(\boldsymbol{X}|\omega_2)P(\omega_2)]\mathrm{d}\boldsymbol{X}\\&+\int_{\Omega_2}[L(\alpha_2|\omega_1)p(\boldsymbol{X}|\omega_1)P(\omega_1)+L(\alpha_2|\omega_2)p(\boldsymbol{X}|\omega_2)P(\omega_2)]\mathrm{d}\boldsymbol{X}\end{aligned}$$

将表达式 $P(\omega_2)=1-P(\omega_1)$代入上式，并加以整理，得到

$$\begin{aligned}\bar{R}=&L(\alpha_1|\omega_1)P(\omega_1)\int_{\Omega_1}p(\boldsymbol{X}|\omega_1)\mathrm{d}\boldsymbol{X}+[L(\alpha_1|\omega_2)\\&-L(\alpha_1|\omega_2)P(\omega_1)]\int_{\Omega_1}p(\boldsymbol{X}|\omega_2)\mathrm{d}\boldsymbol{X}\\&+L(\alpha_2|\omega_1)P(\omega_1)\int_{\Omega_2}p(\boldsymbol{X}|\omega_1)\mathrm{d}\boldsymbol{X}+[L(\alpha_2|\omega_2)\\&-L(\alpha_2|\omega_2)P(\omega_1)]\int_{\Omega_2}p(\boldsymbol{X}|\omega_2)\mathrm{d}\boldsymbol{X}\end{aligned}$$

又因为

$$\int_{\Omega_1} p(\boldsymbol{X}|\omega_1)\mathrm{d}\boldsymbol{X} + \int_{\Omega_2} p(\boldsymbol{X}|\omega_1)\mathrm{d}\boldsymbol{X} = 1$$

以及

$$\int_{\Omega_1} p(\boldsymbol{X}|\omega_2)\mathrm{d}\boldsymbol{X} + \int_{\Omega_2} p(\boldsymbol{X}|\omega_2)\mathrm{d}\boldsymbol{X} = 1$$

所以

$$\int_{\Omega_1} p(\boldsymbol{X}|\omega_1)\mathrm{d}\boldsymbol{X} = 1 - \int_{\Omega_2} p(\boldsymbol{X}|\omega_1)\mathrm{d}\boldsymbol{X}$$

以及

$$\int_{\Omega_2} p(\boldsymbol{X}|\omega_2)\mathrm{d}\boldsymbol{X} = 1 - \int_{\Omega_1} p(\boldsymbol{X}|\omega_2)\mathrm{d}\boldsymbol{X}$$

故

$$\begin{aligned}\bar{R} = {} & L(\alpha_1|\omega_1)P(\omega_1)\left[1 - \int_{\Omega_2} p(\boldsymbol{X}|\omega_1)\mathrm{d}\boldsymbol{X}\right] + [L(\alpha_1|\omega_2) \\ & - L(\alpha_1|\omega_2)P(\omega_1)]\int_{\Omega_1} p(\boldsymbol{X}|\omega_2)\mathrm{d}\boldsymbol{X} \\ & + L(\alpha_2|\omega_1)P(\omega_1)\int_{\Omega_2} p(\boldsymbol{X}|\omega_1)\mathrm{d}\boldsymbol{X} + [L(\alpha_2|\omega_2) \\ & - L(\alpha_2|\omega_2)P(\omega_1)]\left[1 - \int_{\Omega_1} p(\boldsymbol{X}|\omega_2)\mathrm{d}\boldsymbol{X}\right] \\ = {} & L(\alpha_2|\omega_2) + [L(\alpha_1|\omega_2) - L(\alpha_2|\omega_2)]\int_{\Omega_1} p(\boldsymbol{X}|\omega_2)\mathrm{d}\boldsymbol{X} \\ & + \Big\{[L(\alpha_1|\omega_1) - L(\alpha_2|\omega_2)] + [L(\alpha_2|\omega_1) \\ & - L(\alpha_1|\omega_1)]\int_{\Omega_2} p(\boldsymbol{X}|\omega_1)\mathrm{d}\boldsymbol{X} - [L(\alpha_1|\omega_2) \\ & - L(\alpha_2|\omega_2)]\int_{\Omega_1} p(\boldsymbol{X}|\omega_2)\mathrm{d}\boldsymbol{X}\Big\}P(\omega_1)\end{aligned}$$

令

$$a = L(\alpha_2|\omega_2) + [L(\alpha_1|\omega_2) - L(\alpha_2|\omega_2)]\int_{\Omega_1} p(\boldsymbol{X}|\omega_2)\mathrm{d}\boldsymbol{X} \tag{3.49}$$

$$\begin{aligned}b = {} & [L(\alpha_1|\omega_1) - L(\alpha_2|\omega_2)] + [L(\alpha_2|\omega_1) - L(\alpha_1|\omega_1)]\int_{\Omega_2} p(X|\omega_1)\mathrm{d}\boldsymbol{X} \\ & - [L(\alpha_1|\omega_2) - L(\alpha_2|\omega_2)]\int_{\Omega_1} p(\boldsymbol{X}|\omega_2)\mathrm{d}\boldsymbol{X}\end{aligned} \tag{3.50}$$

则总的平均风险 $\bar{R}$ 可表为如下简单的形式

$$\bar{R} = a + bP(\omega_1) \tag{3.51}$$

这样,我们就得到了总的平均风险 $\bar{R}$ 与先验概率 $P(\omega_1)$之间应满足的关系式.由推导过程可以看出,上述总的平均风险 $\bar{R}$ 除了与先验概率 $P(\omega_1)$相关联外,还与所采用的分类器有关.下面分两种情形展开讨论.

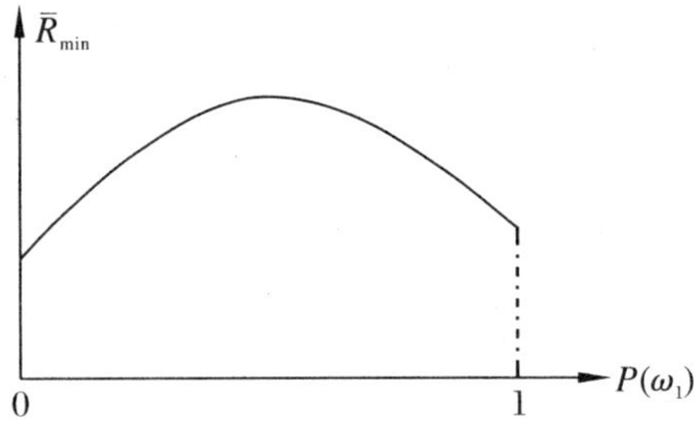

图 3.6 最小总平均风险 $\bar{R}_{min}$和 $P(\omega_1)$之间的关系曲线

(1) 如果相应于每一个固定的先验概率 $P(\omega_1)$,我们都使用最小风险判决规则设计分类器,从而得到相应的分类判决区域 Ω_1 和 Ω_2,则可以使总的平均风险 $\bar{R}$ 最小化.称此时所得到的总的平均风险 $\bar{R}$ 为最小总平均风险 $\bar{R}$,记为 $\bar{R}_{min}$.图 3.6 给出了典型的最小总平均风险 $\bar{R}_{min}$ 和 $P(\omega_1)$之间的关系曲线的示意图.其中,横坐标为 $P(\omega_1)$,纵坐标为对应的最小总平均风险 $\bar{R}_{min}$.显然,先验概率$P(\omega_1)$不同,根据最小风险判决规则得到的分类判决区域 Ω_1 和 Ω_2 也不同,从而有不同的 a 和 b.换句话说,a、b 的取值是随$P(\omega_1)$变化的.上述 $\bar{R}_{min}$和 $P(\omega_1)$的关系一般是非线性关系.它给出了依据最小风险判决规则设计分类器时可以得到的最优结果.从原理上来说,只要知道先验概率 $P(\omega_1)$的取值,我们就可以据此得到相应的分类器使得总的平均风险 $\bar{R}$ 最小化.但是,由于一般很难做到对先验概率的正确估计,因此,实际中很难直接利用上述结果.此外,从计算量和存储量的角度考虑,即使能够做到对先验概率的正确估计,要对所有可能的先验概率 $P(\omega_1)$的取值都设计一个分类器也是不现实的.

下面,接着讨论图 3.6 所示 $\bar{R}_{min}$-$P(\omega_1)$关系曲线的一些性质.由式(3.51),可知

$$\frac{\partial \bar{R}_{min}}{\partial P(\omega_1)} = b$$

它给出了过 $\bar{R}_{min}$-$P(\omega_1)$关系曲线上的点($P(\omega_1)$,$\bar{R}_{min}$)处切线的斜率.对于某个固定的先验概率(例如,$P^*(\omega_1)$)而言,若记对应的 a、b 和 $\bar{R}_{min}$分别为 a^*、b^* 和 $\bar{R}^*_{min}$,则 $\bar{R}_{min}$-$P(\omega_1)$关系曲线上过点($P^*(\omega_1)$,$\bar{R}^*_{min}$)处的切线的斜率为 b^*,与纵轴的截距为 a^*.

可以证明，$\bar{R}_{min}$-$P(\omega_1)$关系曲线是单峰的和上凸的.上述结论可用反证法得到证明.为此，设$\bar{R}_{min}$-$P(\omega_1)$关系曲线不是单峰的和上凸的，则相应曲线上必定存在至少一个极小点.任取其中的一个极小点，并过该点作切线，则根据极小点和切线的定义可知，该切线必定位于$\bar{R}_{min}$-$P(\omega_1)$关系曲线的下方.这和已知$\bar{R}_{min}$为在先验概率$P(\omega_1)$条件下的最小总平均风险的结论矛盾.

(2) 从节省计算量和存储量的角度考虑，我们希望用很少的分类器来完成对所有情况下的分类任务.下面具体考察一下用一个分类器来完成分类的情况.此时，可考虑使用固定的先验概率进行分类器的设计.由前面的讨论可知，若设固定的先验概率为$P^*(\omega_1)$，则依据最小风险判决规则可得到相应的a^*、b^*和$\bar{R}^*_{min}$的具体取值.显然，在现在的情况下，总的平均风险$\bar{R}$和先验概率$P(\omega_1)$之间呈线性关系.如图3.7所示，它由$\bar{R}_{min}$-$P(\omega_1)$关系曲线上过点($P^*(\omega_1)$，$\bar{R}^*_{min}$)处的切线所定义.由于$P(\omega_1)$在[0,1]区间上取值，故总的平均风险$\bar{R}$在[min$(a, a+b)$，max$(a, a+b)$]范围内取值.特别地，当先验概率等于$P^*(\omega_1)$时，其取值与$\bar{R}^*_{min}$相同，但随着先验概率逐渐偏离$P^*(\omega_1)$，其取值也逐渐偏离R^*_{min}，并在先验概率的两个端点处分别达到最小和最大的总平均风险min$(a, a+b)$和max$(a, a+b)$.

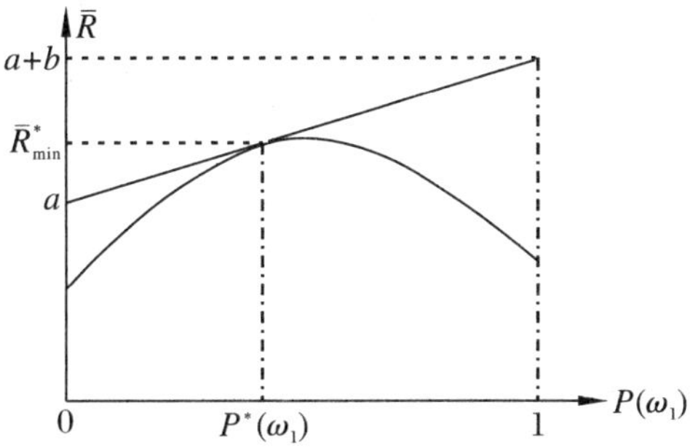

图 3.7　固定先验概率时，总平均风险 $\bar{R}$ 和先验概率 $P(\omega_1)$之间呈线性关系

显然，所选择的固定先验概率的取值不同，所得到的用来刻画$\bar{R}$和$P(\omega_1)$之间关系的直线也不同.图3.8给出了三种典型的情况.在图示的第一种和第二种情况

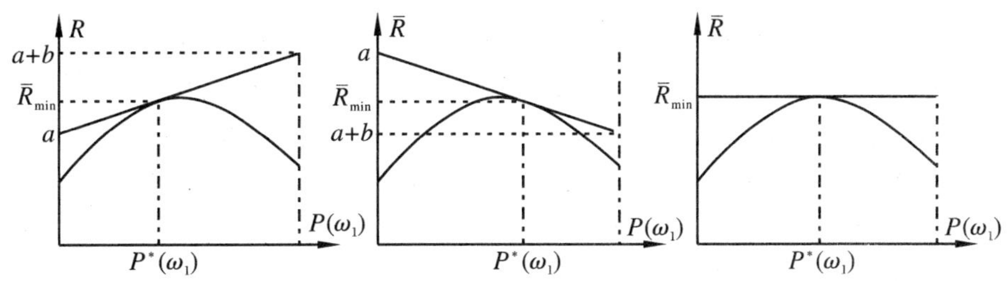

图 3.8　$\bar{R}$ 和 $P(\omega_1)$的关系曲线随所选择的固定先验概率而变化

下，虽然对于某些先验概率而言其总的平均风险 $\bar{R}$ 较小，可以取得较好的分类效果；但在某些情况下，其总的平均风险 $\bar{R}$ 可能变得非常大，从而导致分类器的性能变得非常差．而在第三种情况下，虽然在某些情况下，其分类性能不如前两种情况，但其最大的总的平均风险 $\bar{R}$ 却维持在一个较低的水平．因此，如果不希望所设计的分类器所导致的最大的总的平均风险 $\bar{R}$ 过大，那么，一个较好的选择是使用在第三种情况所得到的分类器，即选择使最大的总的平均风险 $\max(a, a+b)$ 最小化的分类判决方案．

下面证明：使最大的总的平均风险 $\max(a, a+b)$ 最小化的分类判决由 $\bar{R}_{\min}$-$P(\omega_1)$ 关系曲线的最大值所对应的分类判决所给出．

事实上，对式(3.51)两端求关于 $P(\omega_1)$ 的偏微商并令之为0，有

$$\frac{\partial \bar{R}_{\min}}{\partial P(\omega_1)} = b = 0$$

即当 $b=0$ 时，$\bar{R}_{\min}$ 取得极值．由于 $\bar{R}_{\min}$-$P(\omega_1)$ 关系曲线是单峰的和上凸的，故上述极值点是一个极大值点．记该极大值点所对应的 a、b 和 $\bar{R}_{\min}$ 的取值分别为 $a_{\max}$、$b_{\max}$ 和 $\bar{R}_{\min,\max}$，则有

$$\underset{P(\omega_1)}{Max}\,\bar{R}_{\min} = \bar{R}_{\min,\max} = a_{\max} \tag{3.52}$$

和

$$b_{\max} = 0 \tag{3.53}$$

对于任何其他的 a^*、b^* 组合而言，由于其所对应的直线 $\bar{R} = a^* + b^* P(\omega_1)$ 均为过 $\bar{R}_{\min}$-$P(\omega_1)$ 关系曲线上的点 $(P^*(\omega_1), \bar{R}^*_{\min})$ 并位于其上方的切线，故有

$$\max(a^*, a^* + b^*) \geqslant \underset{P(\omega_1)}{Max}\,\bar{R}_{\min}$$

这就证明了使最大总平均风险最小化的分类判决由最小总平均风险的最大值（即 $\bar{R}_{\min}$-$P(\omega_1)$ 关系曲线中 $\bar{R}_{\min}$ 的最大值）所对应的分类判决所给出．

实际中可先确定 $\bar{R}_{\min}$-$P(\omega_1)$ 关系曲线上的极大值点 $(P_{\min,\max}(\omega_1), \bar{R}_{\min,\max})$，然后根据 $P_{\min,\max}(\omega_1)$ 和最小风险判决规则的似然比表现形式构造如下的分类器

$$\begin{cases} \dfrac{p(\boldsymbol{X}|\omega_1)}{p(\boldsymbol{X}|\omega_2)} > \dfrac{(L(\alpha_1|\omega_2) - L(\alpha_2|\omega_2))(1 - P_{\min,\max}(\omega_1))}{(L(\alpha_2|\omega_1) - L(\alpha_1|\omega_1))P_{\min,\max}(\omega_1)} \Rightarrow \boldsymbol{X} \in \omega_1 \\ \dfrac{p(\boldsymbol{X}|\omega_1)}{p(\boldsymbol{X}|\omega_2)} < \dfrac{(L(\alpha_1|\omega_2) - L(\alpha_2|\omega_2))(1 - P_{\min,\max}(\omega_1))}{(L(\alpha_2|\omega_1) - L(\alpha_1|\omega_1))P_{\min,\max}(\omega_1)} \Rightarrow \boldsymbol{X} \in \omega_2 \end{cases}$$

此时，相应的分类判决区域 Ω_1 和 Ω_2 满足如下约束条件

$$[L(\alpha_1|\omega_1)-L(\alpha_2|\omega_2)]+[L(\alpha_2|\omega_1)-L(\alpha_1|\omega_1)]\int_{\Omega_2}p(\boldsymbol{X}|\omega_1)\mathrm{d}\boldsymbol{X}$$

$$-[L(\alpha_1|\omega_2)-L(\alpha_2|\omega_2)]\int_{\Omega_1}p(\boldsymbol{X}|\omega_2)\mathrm{d}\boldsymbol{X}=0 \tag{3.54}$$

而总的平均风险 $\bar{R}_{\min,\max}$ 为

$$\bar{R}_{\min,\max}=L(\alpha_2|\omega_2)+[L(\alpha_1|\omega_2)-L(\alpha_2|\omega_2)]\int_{\Omega_1}p(\boldsymbol{X}|\omega_2)\mathrm{d}\boldsymbol{X} \tag{3.55}$$

特别地，在取 0-1 损失函数的情况下，有

$$a=\int_{\Omega_1}p(\boldsymbol{X}|\omega_2)\mathrm{d}\boldsymbol{X}$$

$$b=\int_{\Omega_2}p(\boldsymbol{X}|\omega_1)\mathrm{d}\boldsymbol{X}-\int_{\Omega_1}p(\boldsymbol{X}|\omega_2)\mathrm{d}\boldsymbol{X}$$

以及

$$\begin{aligned}\bar{R}&=a+bP(\omega_1)\\&=\int_{\Omega_1}p(\boldsymbol{X}|\omega_2)\mathrm{d}\boldsymbol{X}+\left[\int_{\Omega_2}p(\boldsymbol{X}|\omega_1)\mathrm{d}\boldsymbol{X}-\int_{\Omega_1}p(\boldsymbol{X}|\omega_2)\mathrm{d}\boldsymbol{X}\right]P(\omega_1)\\&=P(\omega_1)\int_{\Omega_2}p(\boldsymbol{X}|\omega_1)\mathrm{d}\boldsymbol{X}+P(\omega_2)\int_{\Omega_1}p(\boldsymbol{X}|\omega_2)\mathrm{d}\boldsymbol{X}\end{aligned}$$

此时，根据最小最大判决规则，相应的分类判决区域 Ω_1 和 Ω_2 应满足

$$\int_{\Omega_2}p(\boldsymbol{X}|\omega_1)\mathrm{d}X=\int_{\Omega_1}p(\boldsymbol{X}|\omega_2)\mathrm{d}\boldsymbol{X} \tag{3.56}$$

而总的平均风险 $\bar{R}_{\min,\max}$ 为

$$\bar{R}_{\min,\max}=\int_{\Omega_1}p(\boldsymbol{X}|\omega_2)\mathrm{d}\boldsymbol{X} \tag{3.57}$$

和我们预想的情况一样，它与类别发生的先验概率无关.

最后，举一个实际的例子来说明最小最大判决规则的应用.

例 3.3　试用最小最大判决规则求解例 3.1.

解　与前类似，假设所有取值为“0”的像素的全体组成类别 ω_0，而所有取值为“1”的像素的全体组成类别 ω_1. 若在某一时刻分类器所接收到的图像信号为 x，则根据前面的讨论，知 x 在两种情况下分别服从以下的高斯分布

$$p(x|\omega_0)=\frac{1}{\sqrt{2\pi}\sigma}\exp\left(-\frac{x^2}{2\sigma^2}\right)$$

$$p(x|\omega_1)=\frac{1}{\sqrt{2\pi}\sigma}\exp\left(-\frac{(x-1)^2}{2\sigma^2}\right)$$

若选用 0-1 损失函数，则相应的判决规则为

$$\begin{cases} \dfrac{p(x\mid\omega_0)}{p(x\mid\omega_1)} > \dfrac{1 - P_{\min,\max}(\omega_0)}{P_{\min,\max}(\omega_0)} \Rightarrow x \in \omega_0 \\ \dfrac{p(x\mid\omega_0)}{p(x\mid\omega_1)} < \dfrac{1 - P_{\min,\max}(\omega_0)}{P_{\min,\max}(\omega_0)} \Rightarrow x \in \omega_1 \end{cases}$$

即

$$\begin{cases} \exp\left(\dfrac{1-2x}{2\sigma^2}\right) > \dfrac{1 - P_{\min,\max}(\omega_0)}{P_{\min,\max}(\omega_0)} \Rightarrow x \in \omega_0 \\ \exp\left(\dfrac{1-2x}{2\sigma^2}\right) < \dfrac{1 - P_{\min,\max}(\omega_0)}{P_{\min,\max}(\omega_0)} \Rightarrow x \in \omega_1 \end{cases}$$

其中，$P_{\min,\max}(\omega_0)$为使 $\bar{R}_{\min}$取最大值的先验概率. 在本例中，由于两个类别的类条件概率密度函数均为单峰函数，故可直接根据约束条件式(3.56)求得相应的分类判决区域. 设与类别 ω_0 对应的分类判决区域为 $\Omega_0 = (-\infty, T)$，与类别 ω_1 对应的分类判决区域为 $\Omega_1 = (T, \infty)$，则分界点 T 可由下式解出

$$\int_{-\infty}^{T} \frac{1}{\sqrt{2\pi}\sigma}\exp\left(-\frac{(x-1)^2}{2\sigma^2}\right)\mathrm{d}x = \int_{T}^{\infty} \frac{1}{\sqrt{2\pi}\sigma}\exp\left(-\frac{x^2}{2\sigma^2}\right)\mathrm{d}x$$

上式两端的积分均为正态积分，可分别通过变量代换将其转换为标准正态积分. 这样，通过查标准正态积分表可求出 T 的具体取值.

最终的判决规则如下所示

$$\begin{cases} x < T \Rightarrow x \in \omega_0 \\ x > T \Rightarrow x \in \omega_1 \end{cases}$$

3.10　基于分段线性化的分类器设计

当类的先验概率和概率密度已知时，基于贝叶斯准则的分类判决结果从统计学意义上讲是最佳的. 然而在实际应用中，由于各类别的先验概率或者不能确切知道或者其本身是变动的，从而使得基于固定先验概率的分类规则得到的任何单个分类器并不能达到所期望的水平. N-P 判决规则和最小最大风险判决规则从各自的角度出发提出了相应的解决方案. 但是，正如我们所看到的，它们都存在着各自的局限性. 其中，最小最大风险判决规则按照对策论的思想，立足于在最差的情况下争取最好的结果. 也就是说，依据“使最大的可能风险最小化”这样一个原则来设

计分类器.这类分类器在实际中获得了广泛的应用.然而,基于这种准则给出的判决是一种过于保守的判决,它导致分类器的性能在大多数情况下相比贝叶斯分类器下降很多.为了提高分类器的分类性能,使之在大多数情况下能趋近贝叶斯分类器,可以考虑使用基于分段线性化思想的改进设计方案.

如图 3.9 所示,使用三条折线对最小总平均风险进行近似.这三条折线分别和

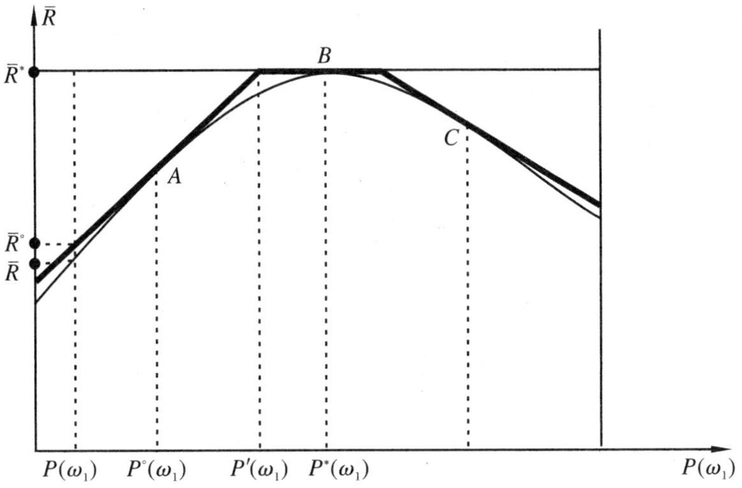

图 3.9　使用折线对最小总平均风险进行近似

$\bar{R}_{\min} - P(\omega_1)$关系曲线上特定的三个点 A、B、C 相切.为叙述方便起见,将 A 点所在的折线(折线 1)所在的区间称为区间 1,B 点所在的折线(折线 2)所在的区间称为区间 2,C 点所在的折线(折线 3)所在的区间称为区间 3.显然,只要对实际的 $P(\omega_1)$的估计不至于太离谱,那么在现在的情况下对应于任一特定的 $P(\omega_1)$的判决风险($\bar{R}^\circ$)都优于最小最大判决规则所给出的判决风险($\bar{R}^*$),即有 $\Delta\bar{R} = \bar{R}^* - \bar{R}^\circ \geqslant 0$ 成立.具体言之,当有证据判断实际的 $P(\omega_1)$落在区间 1 时,使用折线 1 的结果.当有证据判断实际的 $P(\omega_1)$落在区间 2 时,使用折线 2 的结果.当有证据判断实际的 $P(\omega_1)$落在区间 3 时,使用折线 3 的结果.

$\Delta\bar{R}$的表达式和特定的三个点 A、B、C 的选择有关.不失一般性,设特定点处的先验概率用 $P^\circ(\omega_1)$表示,与其对应的判决风险记为 $\bar{R}^\circ = a^\circ + b^\circ P(\omega_1)$,则由最小最大判决规则所给出的判决风险 $\bar{R}^*$ 和 $\bar{R}^\circ$的差由下式给出

$$\Delta\bar{R} = \bar{R}^* - \bar{R}^\circ$$

$$= (a^* + b^* P(\omega_1)) - (a^\circ + b^\circ P(\omega_1))$$
$$= (a^* - a^\circ) + (b^* - b^\circ) P(\omega_1) \tag{3.58}$$

若记 $a_x = a^* - a^\circ$、$b_x = b^* - b^\circ$，则

$$\Delta\bar{R} = a_x + b_x P(\omega_1) \tag{3.59}$$

可以证明，只要对实际的 $P(\omega_1)$ 的估计落在对应的区间内，总有 $\Delta\bar{R} \geqslant 0$.

下面对 $P(\omega_1)$ 落在区间 1 时的情况给出证明.

易知，最小风险判决规则为

$$\begin{cases} \dfrac{p(\boldsymbol{X}|\omega_1)}{p(\boldsymbol{X}|\omega_2)} > \dfrac{(L(\alpha_1|\omega_2) - L(\alpha_2|\omega_2))P(\omega_2)}{(L(\alpha_2|\omega_1) - L(\alpha_1|\omega_1))P(\omega_1)} \Rightarrow \boldsymbol{X} \in \omega_1 \\ \dfrac{p(\boldsymbol{X}|\omega_1)}{p(\boldsymbol{X}|\omega_2)} < \dfrac{(L(\alpha_1|\omega_2) - L(\alpha_2|\omega_2))P(\omega_2)}{(L(\alpha_2|\omega_1) - L(\alpha_1|\omega_1))P(\omega_1)} \Rightarrow \boldsymbol{X} \in \omega_2 \end{cases}$$

若记

$$\theta = \frac{(L(\alpha_1|\omega_2) - L(\alpha_2|\omega_2))P(\omega_2)}{(L(\alpha_2|\omega_1) - L(\alpha_1|\omega_1))P(\omega_1)}$$

$$\theta^\circ = \frac{(L(\alpha_1|\omega_2) - L(\alpha_2|\omega_2))P^\circ(\omega_2)}{(L(\alpha_2|\omega_1) - L(\alpha_1|\omega_1))P^\circ(\omega_1)}$$

$$\theta^* = \frac{(L(\alpha_1|\omega_2) - L(\alpha_2|\omega_2))P^*(\omega_2)}{(L(\alpha_2|\omega_1) - L(\alpha_1|\omega_1))P^*(\omega_1)}$$

则当实际的 $P(\omega_1)$ 落在区间 1 时，有 $P^\circ(\omega_1) < P'(\omega_1) < P^*(\omega_1)$ 成立. 这里，$P'(\omega_1)$ 为由特定点 A 所确定的区间 1 的右边界点. 点 A 的选择不同，$P'(\omega_1)$ 的取值也不同. 给定点 A，$P'(\omega_1)$ 可由 $a^\circ + b^\circ P'(\omega_1) = \bar{R}^*$ 和 $\bar{R}^* = a^*$ 确定

$$P'(\omega_1) = \frac{\bar{R}^* - a^\circ}{b^\circ} = \frac{a^* - a^\circ}{b^\circ}$$

这里，a° 和 b° 为定数，与特定点 A 的选择有关.

若进一步假设正确判决的风险小于错误判决的风险，即有 $L(\alpha_1|\omega_2) - L(\alpha_2|\omega_2) > 0$、$L(\alpha_2|\omega_1) - L(\alpha_1|\omega_1) > 0$ 成立，则有 $\theta^* < \theta^\circ$ 成立. 由于在确定 $\bar{R}_{\min} - P(\omega_1)$ 关系曲线时，相应于每个 $P(\omega_1)$，判决区域 Ω_1 和 Ω_2 是按照最小风险判决规则确定的，因此，必有 $\Omega_1^\circ \subset \Omega_1^*$ 以及 $\Omega_2^* \subset \Omega_2^\circ$ 成立.

上述判决的图示参看图 3.10.

由 $\Omega_1^\circ \subset \Omega_1^*$ 以及 $\Omega_2^* \subset \Omega_2^\circ$，知

$$\int_{\Omega_2^*} p(\boldsymbol{X}|\omega_1)\mathrm{d}\boldsymbol{X} - \int_{\Omega_2^\circ} p(\boldsymbol{X}|\omega_1)\mathrm{d}\boldsymbol{X} < 0$$

$$\int_{\Omega_1^*} p(\boldsymbol{X}|\omega_2)\mathrm{d}\boldsymbol{X} - \int_{\Omega_1^\circ} p(\boldsymbol{X}|\omega_2)\mathrm{d}\boldsymbol{X} > 0$$

又因为 $L(\alpha_1|\omega_2) - L(\alpha_2|\omega_2) > 0$ 以及 $L(\alpha_2|\omega_1) - L(\alpha_1|\omega_1) > 0$,故有

$$a_x > 0 \text{ 和 } b_x < 0$$

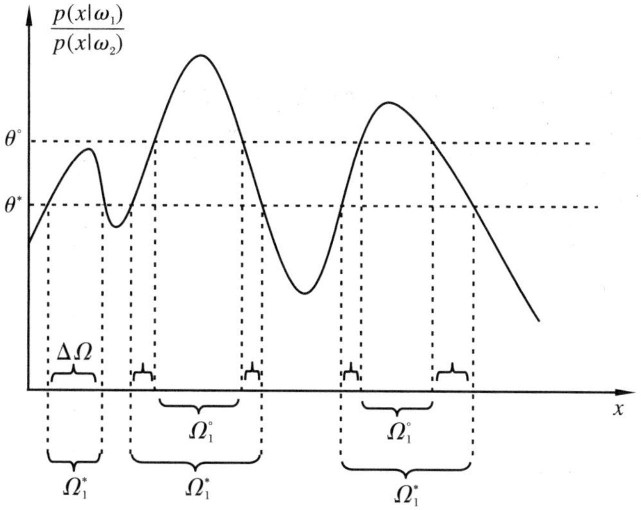

图 3.10 当 $p(\omega_1)$ 的估计落在对应的区间内时总有 $\Delta\bar{R}\geqslant 0$ 的证明

又当特定点 A 选定时 a_x 和 b_x 均为一定数，因此，$\Delta\bar{R} = a_x + b_x P(\omega_1)$ 是关于 $P(\omega_1)$ 的单调减函数.

但是，由 $\Delta\bar{R} = a_x + b_x P(\omega_1)$ 知，在区间 1 的左边界点处（即 $P(\omega_1)=0$），有

$$\Delta\bar{R} = a_x > 0$$

而在区间 1 的右边界点处（即 $P(\omega_1) = P'(\omega_1)$），有

$$\Delta\bar{R} = 0$$

故当 $0 < P(\omega_1) < P'(\omega_1)$ 时，总有 $\Delta\bar{R} > 0$ 成立.这样，即给出了第一段折线处的相关证明.在第二段折线处，显然有 $\Delta\bar{R} = 0$，在第三段折线处，类似地可以证明，$\Delta\bar{R} > 0$.综上，总有 $\Delta\bar{R}\geqslant 0$ 成立.

下面讨论一下 $P^\circ(\omega_1)$ 的求解问题.

前已述及，$\Delta\bar{R}$ 的表达式和特定的三个点 A、B、C 的选择有关.其中，B 点由 $\bar{R}_{\min}$ 的极值解确定.而从使总的平均风险最小化的角度出发，点 A 和点 C 的选择应

使图 3.11 中的阴影部分面积达到最大.

以点 A 的选择为例.此时,相应阴影部分的面积可表为

$$S=\frac{1}{2}(\bar{R}^{*}-a^{\circ})P'(\omega_1)=\frac{1}{2}(\bar{R}^{*}-a^{\circ})\frac{(\bar{R}^{*}-a^{\circ})}{b^{\circ}}=\frac{1}{2}\frac{(a^{*}-a^{\circ})^2}{b^{\circ}}$$

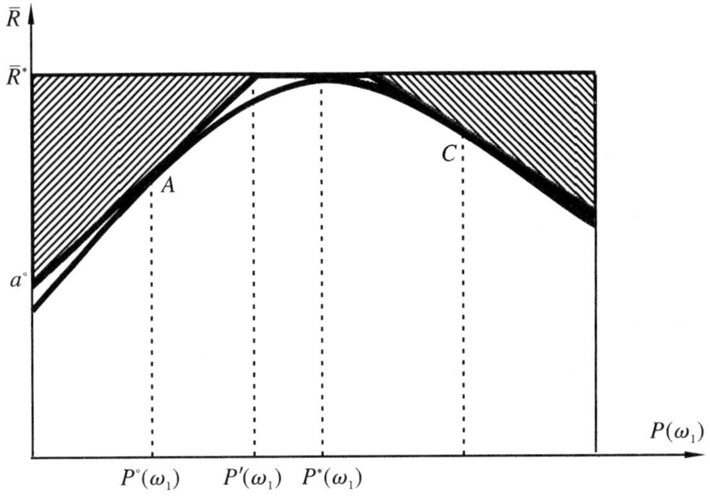

图 3.11　点 A 和点 C 的选择

这里,若设点 A 所对应的先验概率为 $P^{\circ}(\omega_1)$,则上式中的 a°和 b°为 $P^{\circ}(\omega_1)$的函数,由 $P^{\circ}(\omega_1)$所对应的最小判决风险 $\bar{R}^{\circ}$所确定.这样,使相应阴影部分的面积取最大值的 $P^{\circ}(\omega_1)$由下式给出

$$\frac{\partial S}{\partial P(\omega_1)}=\frac{1}{2}\frac{-2(a^{*}-a^{\circ})(a^{\circ})'-(a^{*}-a^{\circ})^2(b^{\circ})'}{(b^{\circ})^2}=0$$

因此,通过解下面的方程

$$2\frac{\partial a^{\circ}}{\partial P(\omega_1)}+(a^{*}-a^{\circ})\frac{\partial b^{\circ}}{\partial P(\omega_1)}=0$$

即可得到所求的 $P^{\circ}(\omega_1)$.

点 C 所对应的先验概率可类似得到,在此不再赘述.

进一步可解出 $\Delta\bar{R}$.由式(3.58),知

$$\begin{aligned}\Delta\bar{R}&=\bar{R}^{*}-\bar{R}^{\circ}\\&=(L(\alpha_1|\omega_2)-L(\alpha_2|\omega_2))\left[\int_{\Omega_1^{*}}p(\boldsymbol{X}|\omega_2)\mathrm{d}\boldsymbol{X}-\int_{\Omega_1^{\circ}}p(\boldsymbol{X}|\omega_2)\mathrm{d}\boldsymbol{X}\right]\end{aligned}$$

$$+P(\omega_1)\Big[(L(\alpha_2|\omega_1)-L(\alpha_1|\omega_1))\Big(\int_{\Omega_2^*}p(\boldsymbol{X}|\omega_1)\mathrm{d}\boldsymbol{X}-\int_{\Omega_2^\circ}p(\boldsymbol{X}|\omega_1)\mathrm{d}\boldsymbol{X}\Big)$$

$$-(L(\alpha_1|\omega_2)-L(\alpha_2|\omega_2))\Big(\int_{\Omega_1^*}p(\boldsymbol{X}|\omega_2)\mathrm{d}\boldsymbol{X}-\int_{\Omega_1^\circ}p(\boldsymbol{X}|\omega_2)\mathrm{d}\boldsymbol{X}\Big)\Big]$$

记

$$\Omega_1^* = \Omega_1^\circ + \Delta\Omega$$
$$\Omega_2^* = \Omega_2^\circ - \Delta\Omega$$

则

$$\begin{aligned}\Delta\bar{R} &= \bar{R}^* - \bar{R}^\circ\\ &= (L(\alpha_1|\omega_2)-L(\alpha_2|\omega_2))\int_{\Delta\Omega}p(\boldsymbol{X}|\omega_2)\mathrm{d}\boldsymbol{X}\\ &\quad + P(\omega_1)\Big[-(L(\alpha_2|\omega_1)-L(\alpha_1|\omega_1))\int_{\Delta\Omega}p(\boldsymbol{X}|\omega_1)\mathrm{d}\boldsymbol{X}\\ &\quad - (L(\alpha_1|\omega_2)-L(\alpha_2|\omega_2))\int_{\Delta\Omega}p(\boldsymbol{X}|\omega_2)\mathrm{d}\boldsymbol{X}\Big]\\ &= (L(\alpha_1|\omega_2)-L(\alpha_2|\omega_2))P(\omega_2)\int_{\Delta\Omega}p(\boldsymbol{X}\omega_2)\mathrm{d}\boldsymbol{X}\\ &\quad - (L(\alpha_2|\omega_1)-L(\alpha_1|\omega_1))P(\omega_1)\int_{\Delta\Omega}p(\boldsymbol{X}|\omega_1)\mathrm{d}\boldsymbol{X}\end{aligned} \tag{3.60}$$

3.11　正态分布下的分类器设计

在进行分类器设计时，需要知道相应的统计特性.本节重点讨论正态分布下的分类器设计问题.之所以研究这个问题是基于以下原因：

(1) 正态假设在物理上的合理性

对于许多实际的数据集而言，正态假设是对所处理问题的一个合理的近似.但是需要注意的是，并不是所有实际问题都能够用正态分布近似.因此，在使用正态分布进行相关的分类器设计之前，需要进行相关的假设检验.

(2) 正态分布在数学处理上的简便性

正态分布概率模型有很多很好的性质，有利于进行相关的数学分析.为了得到所需要的分类器并对分类器的性能进行恰当的评价，一般需要经过以下两个步骤：

用训练样本集设计分类器和用测试样本集来验证分类器的分类效果.除此之外,有时还需要对用不同方法设计的分类器的优缺点进行比较.用正态分布概率模型来抽取训练样本集和考试样本集在数学上实现起来比较方便.

下面,先介绍正态分布的定义和性质,为进一步讨论正态分布下的分类器设计问题打下基础.

3.11.1 正态分布的定义和若干性质

单变量正态分布 正态分布亦称高斯分布,其在单变量情况下的表现形式已在例3.1至例3.3中介绍过.下面给出其一般定义.假设随机变量 x 服从正态分布,则 x 的概率密度函数具有以下的形式

$$p(x) = \frac{1}{\sqrt{2\pi}\sigma}\exp\left\{-\frac{1}{2}\left(\frac{x-\mu}{\sigma}\right)^2\right\} \tag{3.61}$$

式中,μ、σ^2 和 σ 分别为随机变量 x 的数学期望、方差和标准差(或均方差).其中,μ 和 σ^2 分别由以下两式定义

$$\mu = E\{x\} = \int_{-\infty}^{\infty} xp(x)\mathrm{d}x \tag{3.62}$$

$$\sigma^2 = D\{x\} = E\{(x-\mu)^2\} = \int_{-\infty}^{\infty}(x-\mu)^2 p(x)\mathrm{d}x \tag{3.63}$$

显然,单变量情况下的高斯概率密度函数由参数 μ 和 σ^2 所完全确定.为简单起见,常将相应的高斯概率密度函数简记为 $p(x)\sim N(\mu,\sigma^2)$.

多元正态分布 多元正态分布的概率密度函数由下式定义

$$p(\boldsymbol{X}) = \frac{1}{(2\pi)^{\frac{d}{2}}\ |\boldsymbol{\Sigma}|^{\frac{1}{2}}}\exp\left\{-\frac{1}{2}(\boldsymbol{X}-\boldsymbol{\mu})^{\mathrm{T}}\boldsymbol{\Sigma}^{-1}(\boldsymbol{X}-\boldsymbol{\mu})\right\} \tag{3.64}$$

式中,$\boldsymbol{X}=(x_1,x_2,\cdots,x_d)^{\mathrm{T}}$ 是一个 d 维的随机向量,$\boldsymbol{\mu}$ 是 $\boldsymbol{X}$ 的均值向量,$\boldsymbol{\Sigma}$ 是 $\boldsymbol{X}$ 的 $d\times d$ 维的协方差矩阵,而 $\boldsymbol{\Sigma}^{-1}$ 和 $|\boldsymbol{\Sigma}|$ 分别是 $\boldsymbol{\Sigma}$ 的逆矩阵和行列式.其中,$\boldsymbol{\mu}$ 和 $\boldsymbol{\Sigma}$ 分别定义为

$$\boldsymbol{\mu} = E\{\boldsymbol{X}\} = \int_{-\infty}^{\infty}\cdots\int_{-\infty}^{\infty}\boldsymbol{X}p(\boldsymbol{X})\mathrm{d}\boldsymbol{X} \tag{3.65}$$

$$\boldsymbol{\Sigma} = E\{(\boldsymbol{X}-\boldsymbol{\mu})(\boldsymbol{X}-\boldsymbol{\mu})^{\mathrm{T}}\} = \int_{-\infty}^{\infty}\cdots\int_{-\infty}^{\infty}(\boldsymbol{X}-\boldsymbol{\mu})(\boldsymbol{X}-\boldsymbol{\mu})^{\mathrm{T}}p(\boldsymbol{X})\mathrm{d}\boldsymbol{X} \tag{3.66}$$

记

$$\boldsymbol{\mu} = (\mu_1,\mu_2,\cdots,\mu_d)^{\mathrm{T}} \tag{3.67}$$

以及

$$\boldsymbol{\Sigma} = \begin{bmatrix} \sigma_{11}^2 & \sigma_{12}^2 & \cdots & \sigma_{1d}^2 \\ \sigma_{21}^2 & \sigma_{22}^2 & \cdots & \sigma_{2d}^2 \\ \vdots & \vdots & & \vdots \\ \sigma_{d1}^2 & \sigma_{d2}^2 & \cdots & \sigma_{dd}^2 \end{bmatrix} \tag{3.68}$$

则容易证明

$$\boldsymbol{\mu}_i = E\{x_i\} = \int_{-\infty}^{\infty}\cdots\int_{-\infty}^{\infty} x_i p(\boldsymbol{X})\mathrm{d}\boldsymbol{X} = \int_{-\infty}^{\infty} x_i p(x_i)\mathrm{d}x_i$$

以及

$$\sigma_{ij}^2 = \int_{-\infty}^{\infty}\int_{-\infty}^{\infty}(x_i - \mu_i)(x_j - \mu_j)p(x_i, x_j)\mathrm{d}x_i\mathrm{d}x_j = \sigma_{ji}^2$$

其中

$$p(x_i) = \int_{-\infty}^{\infty}\cdots\int_{-\infty}^{\infty} p(\boldsymbol{X})\mathrm{d}x_1\cdots\mathrm{d}x_{i-1}\mathrm{d}x_{i+1}\cdots\mathrm{d}x_d$$

$$p(x_i, x_j) = \int_{-\infty}^{\infty}\cdots\int_{-\infty}^{\infty} p(\boldsymbol{X})\mathrm{d}x_1\cdots\mathrm{d}x_{i-1}\mathrm{d}x_{i+1}\cdots\mathrm{d}x_{j-1}\mathrm{d}x_{j+1}\cdots\mathrm{d}x_d$$

分别是 $p(\boldsymbol{X})$的边缘分布.此外,根据定义式(3.68),容易证明:协方差矩阵 $\boldsymbol{\Sigma}$ 是一个对称非负定阵.

多元正态分布具有如下性质:

性质1　其概率密度函数由参数 $\boldsymbol{\mu}$ 和 $\boldsymbol{\Sigma}$ 所完全确定.

该性质从多元正态分布的概率密度函数的定义立即可以得到.为标记这一点,实际中常将相应的概率密度函数简记为 $p(\boldsymbol{X})\sim N(\boldsymbol{\mu},\boldsymbol{\Sigma})$.

性质2　其在特征空间中的等密度点的轨迹为超椭球面.

令多元正态分布的概率密度函数等于一个常数,可以得到所谓的等密度点的轨迹.由多元正态分布的概率密度函数的表达式(3.64)可知等密度点的轨迹由式

$$(\boldsymbol{X} - \boldsymbol{\mu})^{\mathrm{T}}\boldsymbol{\Sigma}^{-1}(\boldsymbol{X} - \boldsymbol{\mu}) = \text{常数} \tag{3.69}$$

给出.上式表示由到 $\boldsymbol{\mu}$ 的马氏距离的平方等于常数的动点 $\boldsymbol{X}$ 所形成的轨迹.在数学上它表示一个中心位于 $\boldsymbol{\mu}$ 处的超椭球面.可以证明:上述超椭球面所对应的超椭球体的主轴方向由矩阵 $\boldsymbol{\Sigma}$ 的本征向量所确定,而主轴长度则和相应本征向量所对应的本征值成正比.一般而言,从正态分布总体中抽取出来的样本大都落在以 $\boldsymbol{\mu}$ 为中心的一个超椭球体内.该超椭球体的大小和取向由 $\boldsymbol{\Sigma}$ 所确定.

性质3　对多元正态分布而言,其各分量之间的不相关性等价于独立性.

对一般的概率分布而言,不相关性和独立性是两个存在关联但不同的概念.但是,对于多元正态分布而言,其各分量之间的不相关性等价于独立性.

为了说明上述性质,我们从不相关性和独立性的定义谈起.所谓两个随机变量

x_i 和 x_j 是不相关的，是指

$$E\{x_i x_j\} = E\{x_i\}E\{x_j\} \tag{3.70}$$

而两个随机变量 x_i 和 x_j 是独立的，则是指

$$p(x_i, x_j) = p(x_i)p(x_j) \tag{3.71}$$

若已知两个随机变量 x_i 和 x_j 是相互独立的，则根据定义，知

$$\begin{aligned} E\{x_i x_j\} &= \int_{-\infty}^{\infty}\int_{-\infty}^{\infty} x_i x_j p(x_i, x_j)\mathrm{d}x_i \mathrm{d}x_j = \int_{-\infty}^{\infty}\int_{-\infty}^{\infty} x_i x_j p(x_i)p(x_j)\mathrm{d}x_i \mathrm{d}x_j \\ &= \int_{-\infty}^{\infty} x_i p(x_i)\mathrm{d}x_i \int_{-\infty}^{\infty} x_j p(x_j)\mathrm{d}x_j = E\{x_i\}E\{x_j\} \end{aligned}$$

即此时 x_i 和 x_j 也是不相关的. 但反之不一定成立. 这表明，在一般情况下，若两个随机变量 x_i 和 x_j 是相互独立的，则它们之间一定是不相关的；但是，由两个随机变量 x_i 和 x_j 是不相关的假设条件，未必能推出它们之间是相互独立的.

从上述讨论可以看出，相比不相关性，独立性是一种更强的条件. 满足各分量之间相互独立假设的分类问题在数学上更易于处理，而各分量之间的不相关性在实际中更容易得到满足. 由于多元正态分布其各分量之间的不相关性等价于独立性，因此它为分析和解决相应概率密度函数可用多元正态分布近似的分类问题提供了诸多便利.

下面给出多元正态分布各分量之间的不相关性等价于独立性的证明. 为此，设 x_i 和 x_j 是多元正态分布的任意两个分量，从上面的讨论可知，只要证明能由 x_i 和 x_j 的不相关性推出其独立性即可.

事实上，若 x_i 和 x_j 不相关，则根据定义，知

$$\begin{aligned} \sigma_{ij}^2 &= \int_{-\infty}^{\infty}\int_{-\infty}^{\infty} (x_i - \mu_i)(x_j - \mu_j)p(x_i, x_j)\mathrm{d}x_i \mathrm{d}x_j = E\{(x_i - \mu_i)(x_j - \mu_j)\} \\ &= E(x_i - \mu_i)E(x_j - \mu_j) = 0, \quad i, j = 1, 2, \cdots, d; \quad i \neq j \end{aligned}$$

于是，由 Σ 的定义可知

$$\boldsymbol{\Sigma} = \begin{bmatrix} \sigma_{11}^2 & 0 & \cdots & 0 \\ 0 & \sigma_{22}^2 & \cdots & 0 \\ \vdots & \vdots & & \vdots \\ 0 & 0 & \cdots & \sigma_{dd}^2 \end{bmatrix}$$

以及

$$\boldsymbol{\Sigma}^{-1} = \begin{bmatrix} 1/\sigma_{11}^2 & 0 & \cdots & 0 \\ 0 & 1/\sigma_{22}^2 & \cdots & 0 \\ \vdots & \vdots & & \vdots \\ 0 & 0 & \cdots & 1/\sigma_{dd}^2 \end{bmatrix}$$

$$|\boldsymbol{\Sigma}| = \prod_{i=1}^{d} \sigma_{ii}^2$$

这样

$$(\boldsymbol{X}-\boldsymbol{\mu})^{\mathrm{T}}\boldsymbol{\Sigma}^{-1}(\boldsymbol{X}-\boldsymbol{\mu}) = [x_1-\mu_1,\cdots,x_d-\mu_d]\begin{bmatrix} 1/\sigma_{11}^2 & 0 & \cdots & 0 \\ 0 & 1/\sigma_{22}^2 & \cdots & 0 \\ \vdots & \vdots & & \vdots \\ 0 & 0 & \cdots & 1/\sigma_{dd}^2 \end{bmatrix}\begin{bmatrix} x_1-\mu_1 \\ \vdots \\ x_d-\mu_d \end{bmatrix}$$

$$= \sum_{i=1}^{d}\left(\frac{x_i-\mu_i}{\sigma_{ii}}\right)^2$$

因此,根据式(3.64),有

$$p(\boldsymbol{X}) = \frac{1}{(2\pi)^{\frac{d}{2}}\,|\boldsymbol{\Sigma}|^{\frac{1}{2}}}\exp\left\{-\frac{1}{2}(\boldsymbol{X}-\boldsymbol{\mu})^{\mathrm{T}}\boldsymbol{\Sigma}^{-1}(\boldsymbol{X}-\boldsymbol{\mu})\right\}$$

$$= \prod_{i=1}^{d}\frac{1}{\sqrt{2\pi}\sigma_{ii}}\exp\left\{-\frac{1}{2}\left(\frac{x_i-\mu_i}{\sigma_{ii}}\right)^2\right\} = \prod_{i=1}^{d}p(x_i)$$

即随机向量 X 的各分量之间是相互独立的.

从性质 3,我们可得到如下的推论:若多元正态随机向量 $\boldsymbol{X}$ 的协方差矩阵是对角阵,则 $\boldsymbol{X}$ 的各分量是相互独立的正态随机变量.

性质 4　多元正态分布的边缘分布和条件分布仍服从正态分布.

为证明该性质,只需根据边缘分布和条件分布的定义将联合分布的表达式代入计算即可.但一般情况下的计算较复杂,这里仅对二元情况给出证明.此时

$$\boldsymbol{\Sigma} = \begin{bmatrix} \sigma_{11}^2 & \sigma_{12}^2 \\ \sigma_{21}^2 & \sigma_{22}^2 \end{bmatrix} = \begin{bmatrix} \sigma_{11}^2 & \sigma_{12}^2 \\ \sigma_{12}^2 & \sigma_{22}^2 \end{bmatrix}$$

以及

$$|\boldsymbol{\Sigma}| = \sigma_{11}^2\sigma_{22}^2 - \sigma_{12}^4 \quad 和 \quad \boldsymbol{\Sigma}^{-1} = \frac{1}{|\boldsymbol{\Sigma}|}\begin{bmatrix} \sigma_{22}^2 & -\sigma_{12}^2 \\ -\sigma_{12}^2 & \sigma_{11}^2 \end{bmatrix}$$

因此

$$p(x_1) = \int_{-\infty}^{\infty} p(x_1,x_2)\mathrm{d}x_2$$

$$= \frac{1}{2\pi\,|\boldsymbol{\Sigma}|^{\frac{1}{2}}}\int_{-\infty}^{\infty}\exp\left\{-\frac{1}{2|\boldsymbol{\Sigma}|}\left[\sigma_{22}^2(x_1-\mu_1)^2\right.\right.$$

$$\left.\left. + \sigma_{11}^2(x_2-\mu_2)^2 - 2\sigma_{12}^2(x_1-\mu_1)(x_2-\mu_2)\right]\right\}\mathrm{d}x_2$$

$$= \frac{1}{\sqrt{2\pi}\sigma_{11}} \exp\left\{-\frac{1}{2}\left(\frac{x_1-\mu_1}{\sigma_{11}}\right)^2\right\} \frac{\sigma_{11}}{\sqrt{2\pi}\ |\boldsymbol{\Sigma}|^{\frac{1}{2}}}$$

$$\cdot \int_{-\infty}^{\infty} \exp\left\{-\frac{\sigma_{11}^2}{2|\boldsymbol{\Sigma}|}\left[(x_2-\mu_2)-\frac{\sigma_{12}^2}{\sigma_{11}^2}(x_1-\mu_1)\right]^2\right\} \mathrm{d}x_2$$

$$= \frac{1}{\sqrt{2\pi}\sigma_{11}} \exp\left\{-\frac{1}{2}\left(\frac{x_1-\mu_1}{\sigma_{11}}\right)^2\right\} \sim N(\mu_1, \sigma_{11}^2)$$

同理,可证

$$p(x_2) \sim N(\mu_2, \sigma_{22}^2).$$

对于条件分布,可相仿给出证明.事实上,由贝叶斯定理,知

$$p(x_2|x_1) = \frac{p(x_1,x_2)}{p(x_1)} = \frac{\sigma_{11}}{(2\pi)^{\frac{1}{2}}\ |\boldsymbol{\Sigma}|^{\frac{1}{2}}} \exp\left\{-\frac{\sigma_{11}^2}{2|\boldsymbol{\Sigma}|}[x_2-(\mu_2+(x_1-\mu_1))]^2\right\}$$

$$\sim N\left(\mu_2+\frac{\sigma_{12}^2}{\sigma_{11}^2}(x_1-\mu_1), \sigma_{22}^2-\frac{\sigma_{12}^4}{\sigma_{11}^2}\right)$$

同理,有

$$p(x_1|x_2) \sim N\left(\mu_1+\frac{\sigma_{12}^2}{\sigma_{22}^2}(x_2-\mu_2), \sigma_{11}^2-\frac{\sigma_{12}^4}{\sigma_{22}^2}\right)$$

性质5 服从多元正态分布的随机向量经线性变换后仍服从多元正态分布.

具体言之,设 $\boldsymbol{X}=(x_1,x_2,\cdots,x_d)^{\mathrm{T}}$ 是一个 d 维的随机向量,服从多元正态分布,即有,$p(\boldsymbol{X})\sim N(\boldsymbol{\mu},\boldsymbol{\Sigma})$;其中,$\boldsymbol{\mu}$ 是 $\boldsymbol{X}$ 的均值向量,$\boldsymbol{\Sigma}$ 是 $\boldsymbol{X}$ 的正定协方差矩阵.现对 $\boldsymbol{X}$ 作线性变换 $\boldsymbol{Y}=\boldsymbol{A}\boldsymbol{X}$;其中,$\boldsymbol{A}$ 是非奇异的线性变换矩阵.可以证明:变换后的 $\boldsymbol{Y}$ 服从均值向量为 $\boldsymbol{A\mu}$,协方差矩阵为 $\boldsymbol{A\Sigma A}^{\mathrm{T}}$ 的多元正态分布,即有下式成立

$$p(\boldsymbol{Y}) \sim N(\boldsymbol{A\mu}, \boldsymbol{A\Sigma A}^{\mathrm{T}})$$

证明 因 $\boldsymbol{A}$ 非奇异,故由 $\boldsymbol{Y}=\boldsymbol{AX}$,有 $\boldsymbol{X}=\boldsymbol{A}^{-1}\boldsymbol{Y}$ 成立.

若记 $\boldsymbol{\nu}=E(\boldsymbol{Y})$ 和 $\boldsymbol{\mu}=E(\boldsymbol{X})$,则有 $\boldsymbol{\nu}=\boldsymbol{A\mu}$ 以及 $\boldsymbol{\mu}=\boldsymbol{A}^{-1}\boldsymbol{\nu}$ 成立.

另外,变换前后的 $p(\boldsymbol{Y})$ 和 $p(\boldsymbol{X})$ 之间满足

$$p(\boldsymbol{Y}) = \frac{p(\boldsymbol{X})}{|\boldsymbol{J}|} = \frac{p(\boldsymbol{A}^{-1}\boldsymbol{Y})}{|\boldsymbol{A}|}$$

其中,$\boldsymbol{J}$ 为雅可比矩阵(Jacobian matrix).根据 $\boldsymbol{Y}$ 和 $\boldsymbol{X}$ 之间所满足的关系式 $\boldsymbol{Y}=\boldsymbol{AX}$ 可知,雅可比矩阵的行列式 $|\boldsymbol{J}|=|\boldsymbol{A}|$.

由于 $|\boldsymbol{A}|=|\boldsymbol{A}^{\mathrm{T}}|=|\boldsymbol{A}\boldsymbol{A}^{\mathrm{T}}|^{\frac{1}{2}}$,所以

$$p(\boldsymbol{Y}) = \frac{p(\boldsymbol{X})}{|\boldsymbol{J}|} = \frac{p(\boldsymbol{A}^{-1}\boldsymbol{Y})}{|\boldsymbol{A}|} = \frac{1}{(2\pi)^{\frac{d}{2}}\ |\boldsymbol{\Sigma}|^{\frac{1}{2}}\ |\boldsymbol{A}|} \exp\left\{-\frac{1}{2}(\boldsymbol{X}-\boldsymbol{\mu})^{\mathrm{T}}\boldsymbol{\Sigma}^{-1}(\boldsymbol{X}-\boldsymbol{\mu})\right\}$$

$$= \frac{1}{(2\pi)^{\frac{d}{2}}\ |\boldsymbol{\Sigma}|^{\frac{1}{2}}\ |\boldsymbol{A}|} \exp\left\{-\frac{1}{2}(\boldsymbol{A}^{-1}\boldsymbol{Y}-\boldsymbol{A}^{-1}\boldsymbol{\nu})^{\mathrm{T}}\boldsymbol{\Sigma}^{-1}(\boldsymbol{A}^{-1}\boldsymbol{Y}-\boldsymbol{A}^{-1}\boldsymbol{\nu})\right\}$$

$$
\begin{aligned}
&= \frac{1}{(2\pi)^{\frac{d}{2}} |\boldsymbol{A\Sigma A}^{\mathrm{T}}|^{\frac{1}{2}}} \exp\left\{-\frac{1}{2}(\boldsymbol{A}^{-1}(\boldsymbol{Y}-\boldsymbol{\nu}))^{\mathrm{T}} \boldsymbol{\Sigma}^{-1}(\boldsymbol{A}^{-1}(\boldsymbol{Y}-\boldsymbol{\nu}))\right\} \\
&= \frac{1}{(2\pi)^{\frac{d}{2}} |\boldsymbol{A\Sigma A}^{\mathrm{T}}|^{\frac{1}{2}}} \exp\left\{-\frac{1}{2}(\boldsymbol{Y}-\boldsymbol{\nu})^{\mathrm{T}} (\boldsymbol{A}^{-1})^{\mathrm{T}} \boldsymbol{\Sigma}^{-1} \boldsymbol{A}^{-1}(\boldsymbol{Y}-\boldsymbol{\nu})\right\} \\
&= \frac{1}{(2\pi)^{\frac{d}{2}} |\boldsymbol{A\Sigma A}^{\mathrm{T}}|^{\frac{1}{2}}} \exp\left\{-\frac{1}{2}(\boldsymbol{Y}-\boldsymbol{\nu})^{\mathrm{T}} (\boldsymbol{A}^{\mathrm{T}})^{-1} \boldsymbol{\Sigma}^{-1} \boldsymbol{A}^{-1}(\boldsymbol{Y}-\boldsymbol{\nu})\right\} \\
&= \frac{1}{(2\pi)^{\frac{d}{2}} |\boldsymbol{A\Sigma A}^{\mathrm{T}}|^{\frac{1}{2}}} \exp\left\{-\frac{1}{2}(\boldsymbol{Y}-\boldsymbol{A\mu})^{\mathrm{T}} (\boldsymbol{A\Sigma A}^{\mathrm{T}})^{-1}(\boldsymbol{Y}-\boldsymbol{A\mu})\right\} \\
&\sim N(\boldsymbol{A\mu}, \boldsymbol{A\Sigma A}^{\mathrm{T}})
\end{aligned}
$$

由于 $\boldsymbol{\Sigma}$ 是对称阵，故总可找到变换矩阵 $\boldsymbol{A}$，使 $\boldsymbol{A\Sigma A}^{\mathrm{T}}$ 为对角阵. 此时，所得到的变换后的 $\boldsymbol{Y}$ 的各分量之间相互统计独立. 上述处理将为后续分析带来很多便利.

性质 6　多元正态随机向量的各分量的线性组合服从正态分布.

设 $\boldsymbol{X}=(x_1,x_2,\cdots,x_d)^{\mathrm{T}}$ 是一个 d 维的正态随机向量，$\boldsymbol{\alpha}$ 是与 $\boldsymbol{X}$ 同维的常向量，则 $\boldsymbol{X}$ 各分量的线性组合 $y=\boldsymbol{\alpha}^{\mathrm{T}}\boldsymbol{X}$ 是一维的正态随机变量，其概率密度函数为 $p(y)\sim N(\boldsymbol{\alpha}^{\mathrm{T}}\boldsymbol{\mu},\boldsymbol{\alpha}^{\mathrm{T}}\boldsymbol{\Sigma\alpha})$.

上述结论可利用性质 4 和性质 5 方便地得到证明. 为此，作如下的线性变换

$$
\boldsymbol{Y} = \boldsymbol{A}^{\mathrm{T}}\boldsymbol{X} = [\boldsymbol{\alpha}\ \boldsymbol{A}_1]^{\mathrm{T}}\boldsymbol{X} = \begin{bmatrix} \boldsymbol{\alpha}^{\mathrm{T}} \\ \boldsymbol{A}_1^{\mathrm{T}} \end{bmatrix}\boldsymbol{X} = \begin{bmatrix} \boldsymbol{\alpha}^{\mathrm{T}}\boldsymbol{X} \\ \boldsymbol{A}_1^{\mathrm{T}}\boldsymbol{X} \end{bmatrix}
$$

由性质 5，此时有 $p(\boldsymbol{Y})\sim N(\boldsymbol{A}^{\mathrm{T}}\boldsymbol{\mu},\boldsymbol{A}^{\mathrm{T}}\boldsymbol{\Sigma A})$；又根据性质 4，作为正态随机向量 $\boldsymbol{Y}$ 的边缘概率密度函数的 $p(y)\sim N(\boldsymbol{\alpha}^{\mathrm{T}}\boldsymbol{\mu},\boldsymbol{\alpha}^{\mathrm{T}}\boldsymbol{\Sigma\alpha})$.

3.11.2　正态分布下的分类器设计

本小节讨论在正态分布下利用贝叶斯方法进行分类器设计的若干问题. 以最小错误概率判决规则为例进行说明. 此时，可采用如下的函数作为判别函数

$$
g_i(\boldsymbol{X}) = p(\boldsymbol{X}|\omega_i)P(\omega_i),\quad i = 1,2,\cdots,N \tag{3.72}
$$

这里，$P(\omega_i)$ 为类别 ω_i 发生的先验概率，$p(\boldsymbol{X}|\omega_i)$ 为类别 ω_i 的类条件概率密度函数，而 N 为类别数.

设类别 ω_i，$i=1,2,\cdots,N$ 的类条件概率密度函数 $p(\boldsymbol{X}|\omega_i)$，$i=1,2,\cdots,N$ 服从正态分布，即有 $p(\boldsymbol{X}|\omega_i)\sim N(\boldsymbol{\mu}_i,\boldsymbol{\Sigma}_i)$，$i=1,2,\cdots,N$. 这里，$\boldsymbol{\mu}_i$ 和 $\boldsymbol{\Sigma}_i$ 分别是样本 $\boldsymbol{X}$ 在类别 ω_i 下的均值向量和协方差矩阵. 那么，式(3.72)可以写为

$$
g_i(\boldsymbol{X}) = \frac{P(\omega_i)}{(2\pi)^{\frac{d}{2}}|\boldsymbol{\Sigma}_i|^{\frac{1}{2}}}\exp\left\{-\frac{1}{2}(\boldsymbol{X}-\boldsymbol{\mu}_i)^{\mathrm{T}}\boldsymbol{\Sigma}_i^{-1}(\boldsymbol{X}-\boldsymbol{\mu}_i)\right\},\quad i = 1,2,\cdots,N
$$

由于对数函数为单调变化的函数，故根据 3.7 节的结论可知，用对上式右端取对数

后得到的新的判别函数替代原来的判别函数 $g_i(\boldsymbol{X})$不会改变相应分类器的性能.因此,可取

$$g_i(\boldsymbol{X})=\ln P(\omega_i)-\frac{d}{2}\ln(2\pi)-\frac{1}{2}\ln|\boldsymbol{\Sigma}_i|-\frac{1}{2}(\boldsymbol{X}-\boldsymbol{\mu}_i)^{\mathrm{T}}\boldsymbol{\Sigma}_i^{-1}(\boldsymbol{X}-\boldsymbol{\mu}_i),\quad i=1,2,\cdots,N$$

显然,上式中的第二项与样本所属类别无关,将其从判别函数中消去,不会改变分类结果.这样,判别函数 $g_i(\boldsymbol{X})$可简化为以下形式

$$g_i(\boldsymbol{X})=\ln P(\omega_i)-\frac{1}{2}\ln|\boldsymbol{\Sigma}_i|-\frac{1}{2}(\boldsymbol{X}-\boldsymbol{\mu}_i)^{\mathrm{T}}\boldsymbol{\Sigma}_i^{-1}(\boldsymbol{X}-\boldsymbol{\mu}_i),\quad i=1,2,\cdots,N \tag{3.73}$$

下面,讨论在某些特殊情况下利用上述判别函数得到的分类判决结果.

1. $\boldsymbol{\Sigma}_i=\boldsymbol{\Sigma}=\sigma^2\boldsymbol{I}$ 的情况

此时,各类别的协方差矩阵相同,且均为对角阵.其中,各对角线元素取相同的方差值 σ^2.由于各类别协方差矩阵的非对角元素均等于0,所以样本 $\boldsymbol{X}$ 的各分量之间是不相关的.根据正态随机向量所具有的性质3,可推出 $\boldsymbol{X}$ 的各分量之间是统计独立的.

经简单运算,可知

$$|\boldsymbol{\Sigma}_i|=\sigma^{2^d}\qquad 以及\qquad \boldsymbol{\Sigma}_i^{-1}=\frac{1}{\sigma^2}\boldsymbol{I}$$

由上,$\boldsymbol{\Sigma}_i$ 和$\boldsymbol{\Sigma}_i^{-1}$ 均为与类别 ω_i 无关的项.因此,在这种情况下,判别函数 $g_i(\boldsymbol{X})$可进一步简化为

$$g_i(\boldsymbol{X})=\ln P(\omega_i)-\frac{1}{2\sigma^2}(\boldsymbol{X}-\boldsymbol{\mu}_i)^{\mathrm{T}}(\boldsymbol{X}-\boldsymbol{\mu}_i),\quad i=1,2,\cdots,N \tag{3.74}$$

显然,上述判别函数和样本到各类别的均值向量之间的欧氏距离有关.特别地,当各类别发生的先验概率相等时,最小错误概率判决规则将样本归属于在欧氏意义下与之距离最相近的均值向量所属的类别.

将式(3.74)中的第二项展开,有

$$g_i(\boldsymbol{X})=\ln P(\omega_i)-\frac{1}{2\sigma^2}(\boldsymbol{X}^{\mathrm{T}}\boldsymbol{X}-2\boldsymbol{\mu}_i^{\mathrm{T}}\boldsymbol{X}+\boldsymbol{\mu}_i^{\mathrm{T}}\boldsymbol{\mu}_i),\quad i=1,2,\cdots,N$$

由于所有类别的判别函数中均包含$\boldsymbol{X}^{\mathrm{T}}\boldsymbol{X}$ 项,故可将其从判别函数中消去.

这样,最终得到的各类别的判别函数可以写成以下的形式

$$g_i(\boldsymbol{X})=\boldsymbol{W}_i^{\mathrm{T}}\boldsymbol{X}+w_{i,N+1},\quad i=1,2,\cdots,N \tag{3.75}$$

其中

$$\boldsymbol{W}_i=\frac{1}{\sigma^2}\boldsymbol{\mu}_i\qquad 以及\qquad w_{i,N+1}=-\frac{1}{2\sigma^2}\boldsymbol{\mu}_i^{\mathrm{T}}\boldsymbol{\mu}_i+\ln P(\omega_i)$$

显然,式(3.74)所示的判别函数是一个线性判别函数.

根据第2章的结果,易知:若采用最大值判决,则当类别 ω_i 和 ω_j 相邻时,相应

的决策面由方程 $g_i(\boldsymbol{X}) - g_j(\boldsymbol{X}) = 0$ 所确定.注意到

$$\boldsymbol{\mu}_i^{\mathrm{T}} - \boldsymbol{\mu}_j^{\mathrm{T}} = (\boldsymbol{\mu}_i - \boldsymbol{\mu}_j)^{\mathrm{T}} \quad 以及 \quad \boldsymbol{\mu}_i^{\mathrm{T}}\boldsymbol{\mu}_i - \boldsymbol{\mu}_j^{\mathrm{T}}\boldsymbol{\mu}_j = (\boldsymbol{\mu}_i - \boldsymbol{\mu}_j)^{\mathrm{T}}(\boldsymbol{\mu}_i + \boldsymbol{\mu}_j)$$

故有

$$\begin{aligned} g_i(\boldsymbol{X}) - g_j(\boldsymbol{X}) &= \frac{1}{\sigma^2}(\boldsymbol{\mu}_i^{\mathrm{T}} - \boldsymbol{\mu}_j^{\mathrm{T}})\boldsymbol{X} - \frac{1}{\sigma^2}\left[\frac{1}{2}(\boldsymbol{\mu}_i^{\mathrm{T}}\boldsymbol{\mu}_i - \boldsymbol{\mu}_j^{\mathrm{T}}\boldsymbol{\mu}_j) - \sigma^2 \ln\frac{P(\omega_i)}{P(\omega_j)}\right] \\ &= \frac{1}{\sigma^2}(\boldsymbol{\mu}_i - \boldsymbol{\mu}_j)^{\mathrm{T}}\boldsymbol{X} - \frac{1}{\sigma^2}(\boldsymbol{\mu}_i - \boldsymbol{\mu}_j)^{\mathrm{T}}\left[\frac{1}{2}(\boldsymbol{\mu}_i + \boldsymbol{\mu}_j) - \frac{\sigma^2 \ln\dfrac{P(\omega_i)}{P(\omega_j)}}{(\boldsymbol{\mu}_i - \boldsymbol{\mu}_j)^{\mathrm{T}}(\boldsymbol{\mu}_i - \boldsymbol{\mu}_j)}(\boldsymbol{\mu}_i - \boldsymbol{\mu}_j)\right] \\ &= 0 \end{aligned}$$

令

$$\boldsymbol{W} = (\boldsymbol{\mu}_i - \boldsymbol{\mu}_j) \quad 以及 \quad \boldsymbol{X}_0 = \frac{1}{2}(\boldsymbol{\mu}_i + \boldsymbol{\mu}_j) - \frac{\sigma^2 \ln\dfrac{P(\omega_i)}{P(\omega_j)}}{(\boldsymbol{\mu}_i - \boldsymbol{\mu}_j)^{\mathrm{T}}(\boldsymbol{\mu}_i - \boldsymbol{\mu}_j)}(\boldsymbol{\mu}_i - \boldsymbol{\mu}_j)$$

则有

$$\boldsymbol{W}^{\mathrm{T}}(\boldsymbol{X} - \boldsymbol{X}_0) = 0 \tag{3.76}$$

成立.上述方程在数学上为过点 $\boldsymbol{X}_0$ 并和权向量 $\boldsymbol{W}$ 正交的超平面方程.易见:由于 $\boldsymbol{W} = (\boldsymbol{\mu}_i - \boldsymbol{\mu}_j)$ 为类别 ω_i 和 ω_j 的均值向量之差,所以,用来划分 ω_i 和 ω_j 的超平面正交于两个类别的均值向量之连线.更进一步,我们有以下的结论:

(1) 若两个类别 ω_i 和 ω_j 发生的先验概率相等,即有 $P(\omega_i) = P(\omega_j)$,则

$$\boldsymbol{X}_0 = \frac{1}{2}(\boldsymbol{\mu}_i + \boldsymbol{\mu}_j) \tag{3.77}$$

此时,$\boldsymbol{X}_0$ 位于两个类别均值向量之连线的中点.

(2) 若 $P(\omega_i) \neq P(\omega_j)$,则点 $\boldsymbol{X}_0$ 虽然仍位于两个类别均值向量之连线上,但偏向远离具有较大先验概率的那个类别.

决策面的位置由方差 σ^2 和两个类别 ω_i 和 ω_j 发生的先验概率所联合确定.若方差 σ^2 相对于 $\|(\boldsymbol{\mu}_i - \boldsymbol{\mu}_j)\|^2$ 为小,则先验概率对决策面位置的影响也小.

图 3.12 给出了在二维正态分布条件下相应决策面的图示.

2. $\boldsymbol{\Sigma}_i = \boldsymbol{\Sigma} \neq$ 对角阵的情况

此时,各类别的协方差矩阵相等,但不是对角阵.由于非对角线元素的取值不为 0,因此,相比情况(1),这是一种更一般的情况.根据多元正态分布的性质 2,知:各类别在特征空间中的等密度点的轨迹为形状、大小和取向相同但位置不同的超椭球面.其中,各类别的中心位于其均值向量处.

由于各类别的协方差矩阵相同,故判别函数可取为

$$g_i(\boldsymbol{X}) = \ln P(\omega_i) - \frac{1}{2\sigma^2}(\boldsymbol{X} - \boldsymbol{\mu}_i)^{\mathrm{T}} \boldsymbol{\Sigma}^{-1}(\boldsymbol{X} - \boldsymbol{\mu}_i), \quad i = 1,2,\cdots,N \tag{3.78}$$

因此,要对输入样本 $\boldsymbol{X}$ 进行分类,需测量 $\boldsymbol{X}$ 到各类别均值向量 $\boldsymbol{\mu}_i$, $i = 1,2,\cdots,N$ 的马氏距离.特别地,在各类别的先验概率均等的情况下,将 $\boldsymbol{X}$ 归属于在马氏意义下与之距离最相近的均值向量所属的类别.

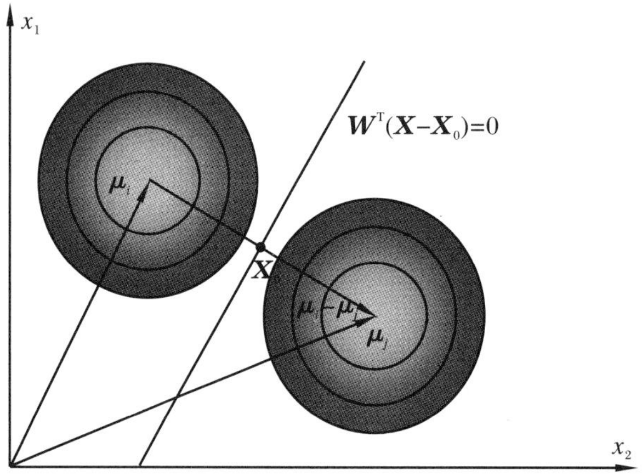

图 3.12 二维正态分布条件下的决策面($\boldsymbol{\Sigma}_i = \boldsymbol{\Sigma} = \sigma^2 \boldsymbol{I}$)

与前类似,当类别 ω_i 和 ω_j 相邻时,相应的决策面由方程 $g_i(\boldsymbol{X}) - g_j(\boldsymbol{X}) = 0$ 所确定.为此,将式(3.78)所示判别函数代入 $g_i(\boldsymbol{X}) - g_j(\boldsymbol{X}) = 0$ 中,并经过简单的整理,可以得到如下的决策面方程

$$\boldsymbol{W}^{\mathrm{T}}(\boldsymbol{X} - \boldsymbol{X}_0) = 0 \tag{3.79}$$

其中

$$\boldsymbol{W} = \boldsymbol{\Sigma}^{-1}(\boldsymbol{\mu}_i - \boldsymbol{\mu}_j)$$

以及

$$\boldsymbol{X}_0 = \frac{1}{2}(\boldsymbol{\mu}_i + \boldsymbol{\mu}_j) - \frac{\ln \dfrac{P(\omega_i)}{P(\omega_j)}}{(\boldsymbol{\mu}_i - \boldsymbol{\mu}_j)^{\mathrm{T}} \boldsymbol{\Sigma}^{-1}(\boldsymbol{\mu}_i - \boldsymbol{\mu}_j)}(\boldsymbol{\mu}_i - \boldsymbol{\mu}_j)$$

显然,对应的决策面方程形式上和式(3.76)所示决策面方程完全一样,为过点 $\boldsymbol{X}_0$ 并和权向量 $\boldsymbol{W}$ 正交的超平面方程.但是,值得注意的是,由于 $\boldsymbol{W} = \boldsymbol{\Sigma}^{-1}(\boldsymbol{\mu}_i - \boldsymbol{\mu}_j)$,故所述超平面的法线方向通常与两个对应类别 ω_i 和 ω_j 的均值向量之差 $\boldsymbol{\mu}_i - \boldsymbol{\mu}_j$ 的方向不再保持一致.这是因为各类别的协方差矩阵不再是对角阵的缘故.此时,用来划分类别 ω_i 和 ω_j 的超平面一般不再与两个类别的均值向量之连线正交.更进一步,我们有以下的结论:

(1) 若 $P(\omega_i)=P(\omega_j)$，则相应的区分超平面过两个类别均值向量之连线的中点.即有

$$\boldsymbol{X}_0=\frac{1}{2}(\boldsymbol{\mu}_i+\boldsymbol{\mu}_j)$$

(2) 若 $P(\omega_i)\neq P(\omega_j)$，则点 $\boldsymbol{X}_0$ 虽然仍位于两个类别均值向量之连线上，但偏向远离具有较大先验概率的那个类别.

(3) 决策面的位置和取向由协方差矩阵 $\boldsymbol{\Sigma}$ 和两个类别 ω_i 和 ω_j 发生的先验概率联合确定.

图 3.13 给出了在二维正态分布条件下相应决策面之图示.

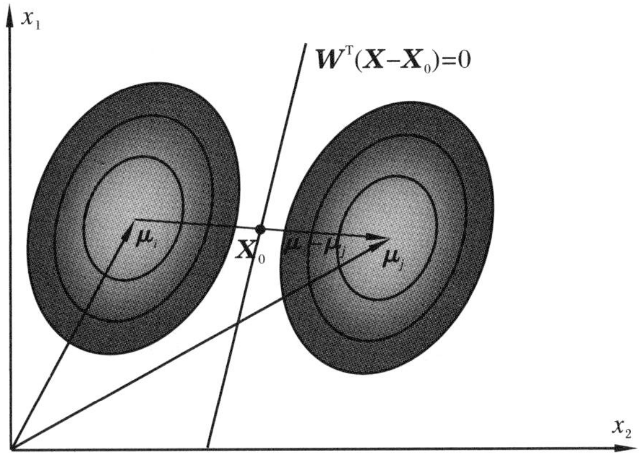

图 3.13　二维正态分布条件下的决策面($\boldsymbol{\Sigma}_i=\boldsymbol{\Sigma}\neq$对角阵)

3. $\boldsymbol{\Sigma}_i$ 任意的情况

此时，由于各类别的协方差矩阵互不相同，故相应的判别函数一般不再具有线性的形式.由式(3.73)，知

$$g_i(\boldsymbol{X})=\ln P(\omega_i)-\frac{1}{2}\ln|\boldsymbol{\Sigma}_i|-\frac{1}{2}(\boldsymbol{X}-\boldsymbol{\mu}_i)^{\mathrm{T}}\boldsymbol{\Sigma}_i^{-1}(\boldsymbol{X}-\boldsymbol{\mu}_i),\quad i=1,2,\cdots,N$$

将上式中的最后一项展开，并加以整理，得

$$g_i(\boldsymbol{X})=\boldsymbol{X}^{\mathrm{T}}\left(-\frac{1}{2}\boldsymbol{\Sigma}_i\right)^{-1}\boldsymbol{X}+(\boldsymbol{\Sigma}_i^{-1}\boldsymbol{\mu}_i)^{\mathrm{T}}\boldsymbol{X}+\ln P(\omega_i)-\frac{1}{2}\ln|\boldsymbol{\Sigma}_i|-\frac{1}{2}\boldsymbol{\mu}_i^{\mathrm{T}}\boldsymbol{\Sigma}_i^{-1}\boldsymbol{\mu}$$

令

$$\boldsymbol{A}_i=-\frac{1}{2}\boldsymbol{\Sigma}_i,\ \boldsymbol{W}_i=\boldsymbol{\Sigma}_i^{-1}\boldsymbol{\mu}_i,\ w_{i,N+1}=\ln P(\omega_i)-\frac{1}{2}\ln|\boldsymbol{\Sigma}_i|-\frac{1}{2}\boldsymbol{\mu}_i^{\mathrm{T}}\boldsymbol{\Sigma}_i^{-1}\boldsymbol{\mu}_i$$

则

$$g_i(\boldsymbol{X})=\boldsymbol{X}^{\mathrm{T}}\boldsymbol{A}_i^{-1}\boldsymbol{X}+\boldsymbol{W}_i^{\mathrm{T}}\boldsymbol{X}+w_{i,N+1},\quad i=1,2,\cdots,N \tag{3.80}$$

由式(3.80)知,当类别 ω_i 和 ω_j 相邻时,相应的决策面一般是一个包括超球面、超椭球面、超抛物面和超双曲面等在内的超二次曲面.在一些特殊的情况下,上述超二次曲面有可能退化为(成对出现的)超平面.具体取上述形式中的哪一种曲面视实际情况而定.限于篇幅,在此不予赘述.

上面主要讨论了相邻的两个类别之间的决策面的确定方法.对于多类的情况,可将其转化为多个两类问题进行求解,并利用最大值判决准则确定最终的分界面.

3.12 有监督情况下类条件概率密度的参数估计

前面主要讨论了如何利用各类别样本在特征空间中的概率分布的知识进行分类器设计的相关问题.在所有的问题中,我们均假设有关的类条件概率密度函数是已知的.另外,在有些方法中,我们还进一步假定相应的先验概率也是已知的.但实际情况是,类条件概率密度函数往往事先很难确切知道.因此,在进行分类器的设计之前,需要对所涉及的类条件概率密度函数进行估计.类条件概率密度函数的估计方法大体上可分为两类.其中,一类方法称为参数估计方法.它适用于类条件概率密度的函数形式已知但相关参数未知的情况.此时,相应的估计问题可变成为一个参数估计问题进行求解.例如,如果已知类条件概率密度 $p(\boldsymbol{X}|\omega_i)$服从均值为 $\boldsymbol{\mu}_i$、协方差矩阵为$\boldsymbol{\Sigma}_i$ 的多元正态分布,则相应的类条件概率密度函数的估计问题可通过对 $\boldsymbol{\mu}_i$ 和$\boldsymbol{\Sigma}_i$ 的估计得以解决.另一类方法称为非参数估计方法.它适用于类条件概率密度的函数形式和相关参数均未知的情况.此时,需要根据给定的样本同时确定类条件概率密度的函数形式和相关参数.

下面,先讨论第一类方法:参数估计方法.

3.12.1 最大似然估计

可用于参数估计的方法最常用的有两种:最大似然估计和贝叶斯学习.其中,最大似然估计主要用于被估计的参数确定但未知的情况,而贝叶斯学习则主要用于被估计的参数本身为具有某种分布的随机变量的情形.本小节首先讨论其中的最大似然估计.

设已知样本集包含的类别数为 S.若该样本集是有监督的,即对于其中的每个

样本而言,其所属类别是已知的,那么,我们可以根据所属类别将样本集中的所有样本划分为 S 个子集:$\mathscr{X}_1,\mathscr{X}_2,\cdots,\mathscr{X}_s$.其中,$\mathscr{X}_i=\{\boldsymbol{X}_{i,1},\boldsymbol{X}_{i,2},\cdots,\boldsymbol{X}_{i,n_i}\}$中所包含的所有样本均属于类别 ω_i.另外,假设所有这些样本均是按照类条件概率密度 $p(\boldsymbol{X}|\omega_i)$ 从总体中独立抽取的.这样,若 $p(\boldsymbol{X}|\omega_i)$的函数形式已知而仅是参数未知(相应的参数集合记为 $\boldsymbol{\theta}_i$),则只要能够使用某种方法利用观测样本确定出该参数集 $\boldsymbol{\theta}_i$,即可得到待求 $p(\boldsymbol{X}|\omega_i)$的估计.为了表示参数集合 $\boldsymbol{\theta}_i$ 对 $p(\boldsymbol{X}|\omega_i)$的决定性,可将 $p(\boldsymbol{X}|\omega_i)$表示为 $p(\boldsymbol{X}|\omega_i,\boldsymbol{\theta}_i)$,或直接将其表示为 $p(\boldsymbol{X}|\boldsymbol{\theta}_i)$.

为了简化问题的求解,我们进一步假设 $\mathscr{X}_i=\{\boldsymbol{X}_{i,1},\boldsymbol{X}_{i,2},\cdots,\boldsymbol{X}_{i,n_i}\}$中的样本不包含类别 ω_j(也即$\boldsymbol{\theta}_j$,这里 $j\neq i$)的任何信息.也就是说,假定属于不同类别的参数集之间彼此统计独立.此时,我们可以对每一个类别的样本独立地进行处理以得到相应类别类条件概率密度函数的参数估计.这样,整个参数估计问题被分成 S 个独立子问题进行求解.由于这些独立子问题的求解过程是类似的,从描述所使用的方法的角度来说,我们仅需要考虑其中的一个子问题的求解即可.不妨设这样的样本子集用 $\mathscr{X}=\{\boldsymbol{X}_1,\boldsymbol{X}_2,\cdots,\boldsymbol{X}_n\}$表示,其中的每一个样本$\boldsymbol{X}_k$, $k=1,2,\cdots,n$ 均按照类条件概率密度$p(\boldsymbol{X}|\boldsymbol{\theta})$从总体中独立抽取.这样,$\mathscr{X}$中所有样本的联合概率密度函数可表示为

$$p(\mathscr{X}|\boldsymbol{\theta}) = p(\boldsymbol{X}_1,\boldsymbol{X}_2,\cdots,\boldsymbol{X}_n|\boldsymbol{\theta}) = \prod_{k=1}^{n} p(\boldsymbol{X}_k|\boldsymbol{\theta}) \tag{3.81}$$

这里,$p(\mathscr{X}|\boldsymbol{\theta})$被称为样本子集 $\mathscr{X}$以 $\boldsymbol{\theta}$ 为参数的似然函数,记作 $\mathscr{L}(\boldsymbol{\theta})$.显然,在样本子集 $\mathscr{X}=\{\boldsymbol{X}_1,\boldsymbol{X}_2,\cdots,\boldsymbol{X}_n\}$中的 n 个样本确定后,$\mathscr{L}(\boldsymbol{\theta})$仅是 $\boldsymbol{\theta}$ 的函数.它反映了在样本子集 $\mathscr{X}=\{\boldsymbol{X}_1,\boldsymbol{X}_2,\cdots,\boldsymbol{X}_n\}$被观测到的条件下 $\boldsymbol{\theta}$ 取各种可能取值的"似然程度".$\boldsymbol{\theta}$ 的最大似然估计是这样得到的:首先根据给定的样本子集 $\mathscr{X}=\{\boldsymbol{X}_1,\boldsymbol{X}_2,\cdots,\boldsymbol{X}_n\}$利用式(3.81)计算 $p(\mathscr{X}|\boldsymbol{\theta})$在不同 $\boldsymbol{\theta}$ 选择下的取值以确定$p(\mathscr{X}|\boldsymbol{\theta})$的分布,然后选择使 $p(\mathscr{X}|\boldsymbol{\theta})$最大化的 $\boldsymbol{\theta}$ 作为$\boldsymbol{\theta}$ 的估计.相应的估计称为 $\boldsymbol{\theta}$ 的最大似然估计.这样做的理由如下:由于 $p(\mathscr{X}|\boldsymbol{\theta})$的函数形式已知,因此,若固定参数 $\boldsymbol{\theta}$,则相应的 $p(\mathscr{X}|\boldsymbol{\theta})$为 $\mathscr{X}$的联合概率密度函数.从统计学的角度来看,对于固定的样本子集 $\mathscr{X}=\{\boldsymbol{X}_1,\boldsymbol{X}_2,\cdots,\boldsymbol{X}_n\}$,如果相应于参数 $\boldsymbol{\theta}$ 的两种选择 $\boldsymbol{\theta}'$ 和 $\boldsymbol{\theta}''$,有 $p(\mathscr{X}|\boldsymbol{\theta}')>p(\mathscr{X}|\boldsymbol{\theta}'')$成立,则实际中参数 $\boldsymbol{\theta}$ 取$\boldsymbol{\theta}'$的可能性要比取$\boldsymbol{\theta}''$的可能性大.在固定样本子集的条件下,给定一个 $\boldsymbol{\theta}$ 取值,可以确定 $p(\mathscr{X}|\boldsymbol{\theta})$的相应取值;给定不同的 $\boldsymbol{\theta}$ 的取值,可以得到 $p(\mathscr{X}|\boldsymbol{\theta})$的一系列的不同取值.而在 $\boldsymbol{\theta}$ 众多的可能选择中,使 $p(\mathscr{X}|\boldsymbol{\theta})$最大化的 $\boldsymbol{\theta}_{max}$是实际参数的最可能取值.图 3.14 给出了根据各观测样本的似然函数求取$p(\mathscr{X}|\boldsymbol{\theta})$并据此得到 $\boldsymbol{\theta}$ 的最大似然估计的示意图.

这样得到的 $\boldsymbol{\theta}$ 的估计是和实际观测样本最一致的估计.一般而言,观测样本不

同，得到的 $p(\mathscr{X}|\boldsymbol{\theta})$不同，据此给出的 $\boldsymbol{\theta}$ 的估计也不同.

下面讨论如何得到参数集 θ 的最大似然估计.为此，取 $p(\mathscr{X}|\boldsymbol{\theta})$的对数形式作为相应的似然函数，仍记为 $\mathscr{L}(\boldsymbol{\theta})$.这样，我们有

$$\mathscr{L}(\boldsymbol{\theta}) = \ln p(\mathscr{X}|\boldsymbol{\theta}) = \ln \prod_{k=1}^{n} p(\boldsymbol{X}_k|\boldsymbol{\theta}) = \sum_{k=1}^{n} \ln p(\boldsymbol{X}_k|\boldsymbol{\theta}) \tag{3.82}$$

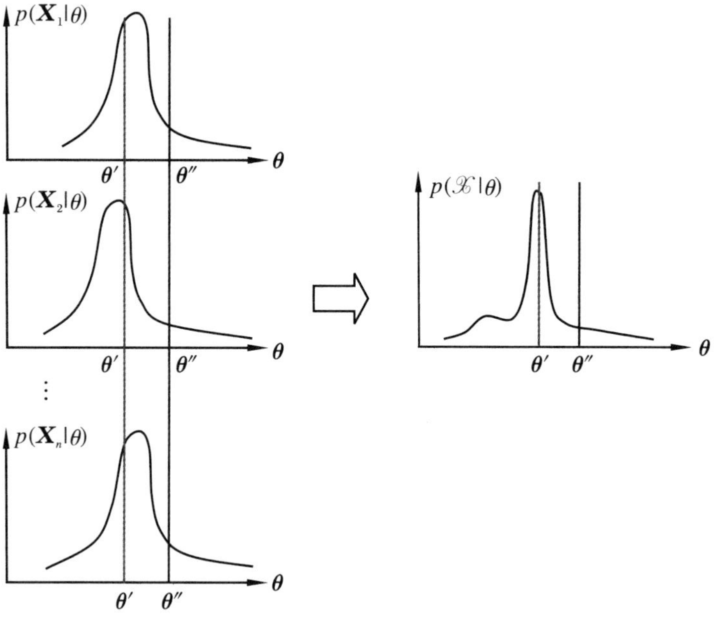

图 3.14 最大似然估计示意图

对上式求关于 $\boldsymbol{\theta}$ 的偏导数并令之为 0，有

$$\nabla_{\boldsymbol{\theta}} \mathscr{L}(\boldsymbol{\theta}) = \frac{\partial}{\partial \boldsymbol{\theta}} \ln p(\mathscr{X}|\boldsymbol{\theta}) = \sum_{k=1}^{n} \frac{\partial}{\partial \boldsymbol{\theta}} \ln p(\boldsymbol{X}_k|\boldsymbol{\theta}) = 0 \tag{3.83}$$

解方程(3.83)，即可得到所求参数集 $\boldsymbol{\theta}$ 的最大似然估计.不过，值得注意的是，方程(3.83)是获得 $\boldsymbol{\theta}$ 的最大似然估计的必要条件.满足方程(3.83)的解可能有多个，它们并不都是使相应似然函数的取值最大化的解.

下面举例说明最大似然估计的实际应用.

例 3.4 设某一随机向量服从正态分布，其协方差矩阵 $\boldsymbol{\Sigma}$ 已知但均值向量 $\boldsymbol{\mu}$ 未知，试确定 $\boldsymbol{\mu}$ 的最大似然估计.

解 设训练用样本子集为 $\mathscr{X} = \{\boldsymbol{X}_1, \boldsymbol{X}_2, \cdots, \boldsymbol{X}_n\}$，由假设，知样本$\boldsymbol{X}_k$，$k = 1,2,\cdots, n$ 服从正态分布，故相应的对数似然函数可表示为

$$\mathcal{L}(\boldsymbol{\mu}) = \ln p(\mathcal{X} \mid \mu) = \ln \prod_{k=1}^{n} p(\boldsymbol{X}_k \mid \boldsymbol{\mu}) = \sum_{k=1}^{n} \ln p(\boldsymbol{X}_k \mid \boldsymbol{\mu})$$

$$= \sum_{k=1}^{n} \ln\left[\frac{1}{(2\pi)^{\frac{d}{2}} \mid \boldsymbol{\Sigma} \mid^{\frac{1}{2}}} \exp\left\{-\frac{1}{2}(\boldsymbol{X}_k - \boldsymbol{\mu})^{\mathrm{T}} \boldsymbol{\Sigma}^{-1}(\boldsymbol{X}_k - \boldsymbol{\mu})\right\}\right]$$

因此

$$\nabla_{\boldsymbol{\mu}} \mathcal{L}(\boldsymbol{\mu}) = \frac{\partial}{\partial \mu} \sum_{k=1}^{n} \ln\left[\frac{1}{(2\pi)^{\frac{d}{2}} \mid \boldsymbol{\Sigma} \mid^{\frac{1}{2}}} \exp\left\{-\frac{1}{2}(\boldsymbol{X}_k - \boldsymbol{\mu})^{\mathrm{T}} \boldsymbol{\Sigma}^{-1}(\boldsymbol{X}_k - \boldsymbol{\mu})\right\}\right]$$

$$= \sum_{k=1}^{n} -\frac{\partial}{\partial \mu}\left[\frac{1}{2}(\boldsymbol{X}_k - \boldsymbol{\mu})^{\mathrm{T}} \boldsymbol{\Sigma}^{-1}(\boldsymbol{X}_k - \boldsymbol{\mu})\right]$$

$$= \sum_{k=1}^{n} \boldsymbol{\Sigma}^{-1}(\boldsymbol{X}_k - \boldsymbol{\mu}) \tag{3.84}$$

其中,最后一步利用了协方差矩阵 $\boldsymbol{\Sigma}$ 为对称矩阵的性质和相关的标量函数关于向量的微商法则(参见附录).

令式(3.84)为 0 并解出 $\boldsymbol{\mu}$ 即可得到 $\boldsymbol{\mu}$ 的最大似然估计

$$\hat{\boldsymbol{\mu}} = \frac{1}{n} \sum_{k=1}^{n} \boldsymbol{X}_k$$

上式表明,未知均值向量 $\boldsymbol{\mu}$ 的最大似然估计由其观测样本的算术平均所给出.由于所获取的训练样本是随机的,故其估计值也是随机的.但可以证明,$\boldsymbol{\mu}$ 的最大似然估计是无偏和一致的.

若在上面的例子中,均值向量 $\boldsymbol{\mu}$ 已知而协方差矩阵 $\boldsymbol{\Sigma}$ 未知,则可用类似的方法求得 $\boldsymbol{\Sigma}$ 的最大似然估计.此时,我们有

$$\nabla_{\boldsymbol{\Sigma}} \mathcal{L}(\boldsymbol{\Sigma}) = \frac{\partial}{\partial \boldsymbol{\Sigma}} \sum_{k=1}^{n} \ln\left[\frac{1}{(2\pi)^{\frac{d}{2}} \mid \boldsymbol{\Sigma} \mid^{\frac{1}{2}}} \exp\left\{-\frac{1}{2}(\boldsymbol{X}_k - \boldsymbol{\mu})^{\mathrm{T}} \boldsymbol{\Sigma}^{-1}(\boldsymbol{X}_k - \boldsymbol{\mu})\right\}\right]$$

$$= \sum_{k=1}^{n} \left\{-\frac{1}{2|\boldsymbol{\Sigma}|} \frac{\partial |\boldsymbol{\Sigma}|}{\partial \boldsymbol{\Sigma}} - \frac{\partial}{\partial \boldsymbol{\Sigma}}\left[\frac{1}{2}(\boldsymbol{X}_k - \boldsymbol{\mu})^{\mathrm{T}} \boldsymbol{\Sigma}^{-1}(\boldsymbol{X}_k - \boldsymbol{\mu})\right]\right\}$$

利用如下标量函数关于矩阵的微商法则(参见附录)

$$\frac{\partial |\boldsymbol{\Sigma}|}{\partial \boldsymbol{\Sigma}} = |\boldsymbol{\Sigma}| (\boldsymbol{\Sigma}^{-1})^{\mathrm{T}} = |\boldsymbol{\Sigma}| (\boldsymbol{\Sigma}^{\mathrm{T}})^{-1}$$

以及协方差矩阵 $\boldsymbol{\Sigma}$ 为对称矩阵的性质,可得

$$\nabla_{\boldsymbol{\Sigma}} \mathcal{L}(\boldsymbol{\Sigma}) = \sum_{k=1}^{n} \left\{-\frac{1}{2} \boldsymbol{\Sigma}^{-1} + \frac{1}{2}(\boldsymbol{X}_k - \boldsymbol{\mu})(\boldsymbol{X}_k - \boldsymbol{\mu})^{\mathrm{T}} \boldsymbol{\Sigma}^{-1} \boldsymbol{\Sigma}^{-1}\right\}$$

令上式等于 0 并对 $\boldsymbol{\Sigma}$ 进行求解,即可得到 $\boldsymbol{\Sigma}$ 的最大似然估计为

$$\hat{\boldsymbol{\Sigma}} = \frac{1}{n} \sum_{k=1}^{n} (\boldsymbol{X}_k - \boldsymbol{\mu})(\boldsymbol{X}_k - \boldsymbol{\mu})^{\mathrm{T}}$$

可以证明，$\boldsymbol{\Sigma}$ 的最大似然估计是一致的和渐进无偏的，即当样本数 n 趋向于无穷大时，相应的估计值将收敛于其真值.

最后，若在上例中，均值向量 $\boldsymbol{\mu}$ 和协方差矩阵 $\boldsymbol{\Sigma}$ 均未知，则可用类似的方法同时求得 $\boldsymbol{\mu}$ 和 $\boldsymbol{\Sigma}$ 的最大似然估计. 此时，可取 $\boldsymbol{\theta}=(\boldsymbol{\mu},\boldsymbol{\Sigma})^{\mathrm{T}}$. 相应的对数似然函数为

$$\mathcal{L}(\boldsymbol{\mu},\boldsymbol{\Sigma}) = \sum_{k=1}^{n}\ln\left[\frac{1}{(2\pi)^{\frac{d}{2}}\ |\boldsymbol{\Sigma}|^{\frac{1}{2}}}\exp\left\{-\frac{1}{2}(\boldsymbol{X}_k-\boldsymbol{\mu})^{\mathrm{T}}\boldsymbol{\Sigma}^{-1}(\boldsymbol{X}_k-\boldsymbol{\mu})\right\}\right]$$

令$\nabla_{\boldsymbol{\mu}}\mathcal{L}(\boldsymbol{\mu},\boldsymbol{\Sigma})=0$ 和$\nabla_{\boldsymbol{\Sigma}}\mathcal{L}(\boldsymbol{\mu},\boldsymbol{\Sigma})=0$，有

$$\begin{cases}\nabla_{\boldsymbol{\mu}}\mathcal{L}(\boldsymbol{\mu},\boldsymbol{\Sigma}) = \displaystyle\sum_{k=1}^{n}\boldsymbol{\Sigma}^{-1}(\boldsymbol{X}_k-\boldsymbol{\mu}) = 0\\ \nabla_{\boldsymbol{\Sigma}}\mathcal{L}(\boldsymbol{\mu},\boldsymbol{\Sigma}) = \displaystyle\sum_{k=1}^{n}\left\{-\frac{1}{2}\boldsymbol{\Sigma}^{-1}+\frac{1}{2}(\boldsymbol{X}_k-\boldsymbol{\mu})(\boldsymbol{X}_k-\boldsymbol{\mu})^{\mathrm{T}}\boldsymbol{\Sigma}^{-1}\boldsymbol{\Sigma}^{-1}\right\} = 0\end{cases}$$

解之，得到

$$\begin{cases}\hat{\boldsymbol{\mu}} = \dfrac{1}{n}\displaystyle\sum_{k=1}^{n}\boldsymbol{X}_k\\ \hat{\boldsymbol{\Sigma}} = \dfrac{1}{n}\displaystyle\sum_{k=1}^{n}(\boldsymbol{X}_k-\hat{\boldsymbol{\mu}})(\boldsymbol{X}_k-\hat{\boldsymbol{\mu}})^{\mathrm{T}}\end{cases}$$

这就是待求 $\boldsymbol{\mu}$ 和 $\boldsymbol{\Sigma}$ 的最大似然估计.

在结束本小节的时候，有一点提请读者注意：上述最大似然方法存在一定的局限性，并不是在所有的情况下都可以得到待求参数的最大似然估计. 例如，考虑如下由两个正态概率密度通过最简单的加和方式混合而成的概率密度函数

$$p(x|\mu,\sigma) = \frac{1}{2\sigma\sqrt{2\pi}}\exp\left\{-\frac{(x-\mu)^2}{2\sigma^2}\right\}+\frac{1}{2\sqrt{2\pi}}\exp\left\{-\frac{x^2}{2}\right\}$$

其中，μ 和 σ 为待求的未知参数. 可以证明，此时不能用上述最大似然方法得到 μ 和 σ 的估计.

事实上，对于任意给定的训练用样本子集 $\mathscr{X}=\{x_1,x_2,\cdots,x_n\}$ 和 $\mu=x_1$ 的选择，相应的对数似然函数可写为

$$\mathcal{L}(\mu=x_1,\sigma) = \sum_{k=1}^{n}\ln p(x_k|\mu=x_1,\sigma)$$

考察上式中的求和项. 当 $k=1$ 时，有

$$\ln p(x_1|\mu=x_1,\sigma) = \ln\left[\frac{1}{2\sigma\sqrt{2\pi}}+\frac{1}{2\sqrt{2\pi}}\exp\left\{-\frac{x_1^2}{2}\right\}\right] > \ln\frac{1}{2\sigma\sqrt{2\pi}}$$

当 $k\neq1$ 时，有

$$\ln p(x_k \mid \mu = x_1, \sigma) = \ln\left[\frac{1}{2\sigma\sqrt{2\pi}}\exp\left\{-\frac{(x_k - x_1)^2}{2\sigma^2}\right\} + \frac{1}{2\sqrt{2\pi}}\exp\left\{-\frac{x_k^2}{2}\right\}\right]$$
$$> \ln\frac{1}{2\sqrt{2\pi}}\exp\left\{-\frac{x_k^2}{2}\right\}$$

故对于 $\forall A>0$，总可以找到一个小的 σ_0，使

$$\mathscr{L}(\mu = x_1, \sigma_0) > \ln\frac{1}{2\sigma_0\sqrt{2\pi}} + \sum_{k=2}^{n}\ln\frac{1}{2\sqrt{2\pi}}\exp\left\{-\frac{x_k^2}{2}\right\}$$
$$= -\ln\sigma_0 - \sum_{k=1}^{n}\frac{x_k^2}{2} - n\ln(2\sqrt{2\pi}) > A$$

这表明，相应的对数似然函数不存在最大值．因此，不能用最大似然方法得到 μ 和 σ 的估计．

3.12.2 贝叶斯估计和贝叶斯学习

第二种用于估计概率密度函数的参数方法称为贝叶斯估计．这种方法主要适用于概率密度函数的形式已知但参数未知且不固定的情况．我们的目标是根据给定的样本集 $\mathscr{X}=\{\boldsymbol{X}_1, \boldsymbol{X}_2, \cdots, \boldsymbol{X}_n\}$，找到未知参数 $\boldsymbol{\theta}$ 的一个估计量 $\hat{\boldsymbol{\theta}}$ 使得由此带来的风险最小．

设 $\boldsymbol{\theta}$ 取值的参数空间为 $\boldsymbol{\Theta}$，则与最小风险贝叶斯决策的情况类似，若用 $\lambda(\hat{\boldsymbol{\theta}} \mid \boldsymbol{\theta})$ 标记真实参数为 $\boldsymbol{\theta}$、得到的估计量为 $\hat{\boldsymbol{\theta}}$ 时所承担的风险，并假定 $\boldsymbol{\theta}$ 取值的参数空间 $\boldsymbol{\Theta}$ 是一个连续空间，则在观测到样本 $\boldsymbol{X}$ 的条件下作出估计量 $\hat{\boldsymbol{\theta}}$ 时所承担的条件平均风险为

$$R(\hat{\boldsymbol{\theta}} \mid \boldsymbol{X}) = \int_{\boldsymbol{\Theta}}\lambda(\hat{\boldsymbol{\theta}} \mid \boldsymbol{\theta})p(\boldsymbol{\theta} \mid \boldsymbol{X})\mathrm{d}\boldsymbol{\theta} \tag{3.85}$$

其中，$p(\boldsymbol{\theta} \mid \boldsymbol{X})$ 为观测到样本 $\boldsymbol{X}$ 的条件下参数 $\boldsymbol{\theta}$ 的后验概率密度．若实际的参数空间 $\boldsymbol{\Theta}$ 是一个离散空间，则上式中的积分变为求和，而后验概率密度则为后验概率所替代．注意：上面的条件平均风险 $R(\hat{\boldsymbol{\theta}} \mid \boldsymbol{X})$ 仅仅反映了在观测样本为 $\boldsymbol{X}$ 的情况下给出估计量 $\hat{\boldsymbol{\theta}}$ 时所承担的条件平均风险，并不能反映 $\boldsymbol{X}$ 取自整个特征空间时所承担的总的平均风险．与最小风险贝叶斯决策的情况类似，总的平均风险与 $\boldsymbol{X}$ 的分布有关，由下式给出

$$\bar{R} = \int_{E_d} R(\hat{\boldsymbol{\theta}} \mid \boldsymbol{X})p(\boldsymbol{X})\mathrm{d}\boldsymbol{X}$$

$$= \int_{E_d} p(\boldsymbol{X}) \int_{\Theta} \lambda(\hat{\boldsymbol{\theta}} | \boldsymbol{\theta}) p(\boldsymbol{\theta} | \boldsymbol{X}) \mathrm{d}\boldsymbol{\theta} \mathrm{d}\boldsymbol{X} \tag{3.86}$$

这里，$p(\boldsymbol{X})$为 $\boldsymbol{X}$ 的全概率密度函数.

上述总的平均风险 $\bar{R}$ 称之为贝叶斯风险，使该风险最小化的估计量 $\hat{\boldsymbol{\theta}}$ 称之为 $\boldsymbol{\theta}$ 的贝叶斯估计. 显然，贝叶斯风险 $\bar{R}$ 与风险函数 $\lambda(\hat{\boldsymbol{\theta}} | \boldsymbol{\theta})$的选择有关. 一般而言，所选择的风险函数 $\lambda(\hat{\boldsymbol{\theta}} | \boldsymbol{\theta})$不同，则相应的贝叶斯风险 $\bar{R}$ 不同，从而根据最小化贝叶斯风险而得到的估计量 $\hat{\boldsymbol{\theta}}$ 也不同.

下面，考虑选择如下所示二次函数为风险函数的情况

$$\lambda(\hat{\boldsymbol{\theta}} | \boldsymbol{\theta}) = (\boldsymbol{\theta} - \hat{\boldsymbol{\theta}})^2 \tag{3.87}$$

对应于这种选择，我们有如下的定理.

定理 3.1 关于贝叶斯估计量的定理　如果选择风险函数 $\lambda(\hat{\boldsymbol{\theta}} | \boldsymbol{\theta}) = (\boldsymbol{\theta} - \hat{\boldsymbol{\theta}})^2$，则 $\boldsymbol{\theta}$ 的贝叶斯估计量 $\hat{\boldsymbol{\theta}}$ 是在给定样本 $\boldsymbol{X}$ 条件下 $\boldsymbol{\theta}$ 的条件数学期望. 即

$$\hat{\boldsymbol{\theta}} = E(\boldsymbol{\theta} | \boldsymbol{X}) = \int_{\Theta} \boldsymbol{\theta} p(\boldsymbol{\theta} | \boldsymbol{X}) \mathrm{d}\boldsymbol{\theta} \tag{3.88}$$

证明　由前面的讨论，知：$\boldsymbol{\theta}$ 的贝叶斯估计是使贝叶斯风险

$$\bar{R} = \int_{E_d} R(\hat{\boldsymbol{\theta}} | \boldsymbol{X}) p(\boldsymbol{X}) \mathrm{d}\boldsymbol{X}$$

最小化的估计量 $\hat{\boldsymbol{\theta}}$.

根据式(3.85)和(3.87)，有

$$\begin{aligned}
R(\hat{\boldsymbol{\theta}} | \boldsymbol{X}) &= \int_{\Theta} \lambda(\hat{\boldsymbol{\theta}} | \boldsymbol{\theta}) p(\boldsymbol{\theta} | \boldsymbol{X}) \mathrm{d}\boldsymbol{\theta} \\
&= \int_{\Theta} (\boldsymbol{\theta} - \hat{\boldsymbol{\theta}})^2 p(\boldsymbol{\theta} | \boldsymbol{X}) \mathrm{d}\boldsymbol{\theta} \\
&= \int_{\Theta} (\boldsymbol{\theta} - E(\boldsymbol{\theta} | \boldsymbol{X}) + E(\boldsymbol{\theta} | \boldsymbol{X}) - \hat{\boldsymbol{\theta}})^2 p(\boldsymbol{\theta} | \boldsymbol{X}) \mathrm{d}\boldsymbol{\theta} \\
&= \int_{\Theta} (\boldsymbol{\theta} - E(\boldsymbol{\theta} | \boldsymbol{X}))^2 p(\boldsymbol{\theta} | \boldsymbol{X}) \mathrm{d}\boldsymbol{\theta} + \int_{\Theta} (E(\boldsymbol{\theta} | \boldsymbol{X}) - \hat{\theta})^2 p(\boldsymbol{\theta} | \boldsymbol{X}) \mathrm{d}\boldsymbol{\theta} \\
&\quad + 2\int_{\Theta} (\boldsymbol{\theta} - E(\boldsymbol{\theta} | \boldsymbol{X}))(E(\boldsymbol{\theta} | \boldsymbol{X}) - \hat{\boldsymbol{\theta}}) p(\boldsymbol{\theta} | \boldsymbol{X}) \mathrm{d}\boldsymbol{\theta}
\end{aligned}$$

其中的交叉项

$$\begin{aligned}
&\int_{\Theta} (\theta - E(\boldsymbol{\theta} | \boldsymbol{X}))(E(\boldsymbol{\theta} | \boldsymbol{X}) - \hat{\boldsymbol{\theta}}) p(\boldsymbol{\theta} | \boldsymbol{X}) \mathrm{d}\boldsymbol{\theta} \\
&= (E(\boldsymbol{\theta} | \boldsymbol{X}) - \hat{\boldsymbol{\theta}}) \int_{\Theta} (\boldsymbol{\theta} - E(\boldsymbol{\theta} | \boldsymbol{X})) p(\boldsymbol{\theta} | \boldsymbol{X}) \mathrm{d}\boldsymbol{\theta}
\end{aligned}$$

$$= (E(\boldsymbol{\theta}|\boldsymbol{X}) - \hat{\boldsymbol{\theta}})\left[\int_{\Theta}\boldsymbol{\theta}\, p(\boldsymbol{\theta}|\boldsymbol{X})\mathrm{d}\boldsymbol{\theta} - E(\boldsymbol{\theta}|\boldsymbol{X})\int_{\Theta}p(\boldsymbol{\theta}|\boldsymbol{X})\mathrm{d}\boldsymbol{\theta}\right]$$

$$= (E(\boldsymbol{\theta}|\boldsymbol{X}) - \hat{\boldsymbol{\theta}})(E(\boldsymbol{\theta}|\boldsymbol{X}) - E(\boldsymbol{\theta}|\boldsymbol{X})) = 0$$

故有

$$R(\hat{\boldsymbol{\theta}}|\boldsymbol{X}) = \int_{\Theta}(\boldsymbol{\theta} - E(\boldsymbol{\theta}|\boldsymbol{X}))^2 p(\boldsymbol{\theta}|\boldsymbol{X})\mathrm{d}\boldsymbol{\theta} + \int_{\Theta}(E(\boldsymbol{\theta}|\boldsymbol{X}) - \hat{\boldsymbol{\theta}})^2 p(\boldsymbol{\theta}|\boldsymbol{X})\mathrm{d}\boldsymbol{\theta}$$

即 $R(\hat{\boldsymbol{\theta}}|\boldsymbol{X})$由两项组成.其中,第一项非负并且其取值与 $\hat{\boldsymbol{\theta}}$ 无关,第二项也非负,但其取值与 $\hat{\boldsymbol{\theta}}$ 有关.由于第一项与 $\hat{\boldsymbol{\theta}}$ 无关,故不论如何构造估计量 $\hat{\boldsymbol{\theta}}$,该项不会对贝叶斯风险 $\bar{R}$ 产生影响.因此,要使贝叶斯风险 $\bar{R}$ 最小化,只需要选择估计量 $\hat{\boldsymbol{\theta}}$ 使第二项最小化即可.显然,可选择

$$\hat{\boldsymbol{\theta}} = E(\boldsymbol{\theta}|\boldsymbol{X}) = \int_{\Theta}\boldsymbol{\theta}p(\boldsymbol{\theta}|\boldsymbol{X})\mathrm{d}\boldsymbol{\theta}$$

此时,第二项有最小值 0.上述结果表明,在选择风险函数 $\lambda(\hat{\boldsymbol{\theta}}|\boldsymbol{\theta}) = (\boldsymbol{\theta} - \hat{\boldsymbol{\theta}})^2$ 的条件下,$\boldsymbol{\theta}$ 的贝叶斯估计量 $\hat{\boldsymbol{\theta}}$ 是在给定样本 $\boldsymbol{X}$ 条件下 $\boldsymbol{\theta}$ 的条件数学期望.证毕.

由上可知:为得到估计量 $\hat{\boldsymbol{\theta}}$,需先求出后验概率密度 $p(\boldsymbol{\theta}|\boldsymbol{X})$.在已知训练样本集 $\mathscr{X} = \{\boldsymbol{X}_1, \boldsymbol{X}_2, \cdots, \boldsymbol{X}_n\}$的情况下,可用 $p(\boldsymbol{\theta}|\mathscr{X})$作为 $p(\boldsymbol{\theta}|\boldsymbol{X})$的估计.$p(\boldsymbol{\theta}|\mathscr{X})$和估计量 $\hat{\boldsymbol{\theta}}$ 可通过以下步骤获得:

(1) 确定 $\boldsymbol{\theta}$ 的先验概率密度 $p(\boldsymbol{\theta})$.

(2) 根据式(3.81),由训练样本集 $\mathscr{X} = \{\boldsymbol{X}_1, \boldsymbol{X}_2, \cdots, \boldsymbol{X}_n\}$求出以 $\boldsymbol{\theta}$ 为参数的联合概率密度 $p(\mathscr{X}|\boldsymbol{\theta})$.

(3) 利用贝叶斯公式,求出 $\boldsymbol{\theta}$ 的后验概率密度

$$p(\boldsymbol{\theta}|\mathscr{X}) = \frac{p(\mathscr{X}|\boldsymbol{\theta})p(\boldsymbol{\theta})}{p(\mathscr{X})} = \frac{p(\mathscr{X}|\boldsymbol{\theta})p(\boldsymbol{\theta})}{\int_{\Theta}p(\mathscr{X}|\boldsymbol{\theta})p(\boldsymbol{\theta})\mathrm{d}\boldsymbol{\theta}}$$

(4) 用 $p(\boldsymbol{\theta}|\mathscr{X})$替代 $p(\boldsymbol{\theta}|\boldsymbol{X})$,根据式(3.88)计算

$$\hat{\boldsymbol{\theta}} = \int_{\Theta}\boldsymbol{\theta}p(\boldsymbol{\theta}|\mathscr{X})\mathrm{d}\boldsymbol{\theta}$$

一旦根据上面的步骤得到了 $\boldsymbol{\theta}$ 的贝叶斯估计 $\hat{\boldsymbol{\theta}}$,那么,待求类条件概率密度可随之确定.

下面再接着讨论贝叶斯学习的有关问题.

在前面所述的最大似然估计和贝叶斯估计两种方法中,为了得到未知概率密度函数的表达式,均需要对所涉及的参数 $\boldsymbol{\theta}$ 进行估计.与前面的方法不同,也可以

不经过参数估计的步骤，直接根据所输入的样本集合推断总体 $\boldsymbol{X}$ 所服从的概率分布．和前面一样，假定属于不同类别的参数集之间彼此统计独立．因此，整个参数估计问题可以被分成 $\boldsymbol{S}$ 个独立的子问题进行求解．这样，我们仅需要考虑如何在给定输入样本集合 $\mathscr{X}=\{\boldsymbol{X}_1,\boldsymbol{X}_2,\cdots,\boldsymbol{X}_n\}$ 的情况下，直接推断总体 $\boldsymbol{X}$ 的后验概率密度 $p(\boldsymbol{X}|\mathscr{X})$．

求解问题的思路和贝叶斯估计类似，也归结为如何求出 $\boldsymbol{\theta}$ 的后验概率密度 $p(\boldsymbol{\theta}|\mathscr{X})$．下面，具体讨论相关的细节问题．

为此，设 $p(\boldsymbol{X},\boldsymbol{\theta})$ 为关于 $\boldsymbol{X}$ 和 $\boldsymbol{\theta}$ 的联合概率密度，则

$$p(\boldsymbol{X}) = \int_{\boldsymbol{\Theta}} p(\boldsymbol{X},\boldsymbol{\theta})\mathrm{d}\boldsymbol{\theta} \tag{3.89}$$

在给定输入样本集合 $\mathscr{X}=\{\boldsymbol{X}_1,\boldsymbol{X}_2,\cdots,\boldsymbol{X}_n\}$ 的情况下，总体 X 的后验概率密度可写为

$$p(\boldsymbol{X}|\mathscr{X}) = \int_{\boldsymbol{\Theta}} p(\boldsymbol{X},\boldsymbol{\theta}|\mathscr{X})\mathrm{d}\boldsymbol{\theta} \tag{3.90}$$

因为 $p(\boldsymbol{X},\boldsymbol{\theta})=p(\boldsymbol{X}|\boldsymbol{\theta})p(\boldsymbol{\theta})$，所以 $p(\boldsymbol{X},\boldsymbol{\theta}|\mathscr{X})=p(\boldsymbol{X}|\boldsymbol{\theta},\mathscr{X})p(\boldsymbol{\theta}|\mathscr{X})$．

这样，将上述结果代入式(3.90)中，我们有

$$p(\boldsymbol{X}|\mathscr{X}) = \int_{\boldsymbol{\Theta}} p(\boldsymbol{X}|\boldsymbol{\theta},\mathscr{X})p(\boldsymbol{\theta}|\mathscr{X})\mathrm{d}\boldsymbol{\theta}$$

由于在输入样本集 $\mathscr{X}$ 给定之后，$p(\boldsymbol{X}|\boldsymbol{\theta},\mathscr{X})$ 仅与 $\boldsymbol{\theta}$ 有关，故

$$p(\boldsymbol{X}|\mathscr{X}) = \int_{\boldsymbol{\Theta}} p(\boldsymbol{X}|\boldsymbol{\theta})p(\boldsymbol{\theta}|\mathscr{X})\mathrm{d}\boldsymbol{\theta} \tag{3.91}$$

显然，该式将后验概率密度 $p(\boldsymbol{\theta}|\mathscr{X})$ 同待求的 $p(\boldsymbol{X}|\mathscr{X})$ 联系了起来．它提供了一种从后验概率密度 $p(\boldsymbol{\theta}|\mathscr{X})$ 出发直接求解总体概率密度 $p(\boldsymbol{X}|\mathscr{X})$ 的方法．采用和贝叶斯估计相同的前三个步骤，可得到 $p(\boldsymbol{\theta}|\mathscr{X})$．一旦得到了 $p(\boldsymbol{\theta}|\mathscr{X})$，则根据式(3.91)即可确定总体 $\boldsymbol{X}$ 的后验概率密度 $p(\boldsymbol{X}|\mathscr{X})$．

由于我们的最终目的是想得到总体 $\boldsymbol{X}$ 的真实概率密度 $p(\boldsymbol{X})$，因此，上述方法是否有效，还涉及所确定的 $p(\boldsymbol{X}|\mathscr{X})$ 是否收敛于 $p(\boldsymbol{X})$．下面具体讨论相关的收敛性问题．

为记述方便起见，用 $\mathscr{X}^N=\{\boldsymbol{X}_1,\boldsymbol{X}_2,\cdots,\boldsymbol{X}_N\}$ 标记所使用的样本集合．这里，上标 N 表示样本集合中所包含的样本个数．若假定样本集合中的各个样本是独立抽取的，则当 $N>1$ 时，有

$$\begin{aligned} p(\mathscr{X}^N|\boldsymbol{\theta}) &= p(\boldsymbol{X}_N|\boldsymbol{\theta})p(\boldsymbol{X}_{N-1}|\boldsymbol{\theta})\cdots p(\boldsymbol{X}_2|\boldsymbol{\theta})p(\boldsymbol{X}_1|\boldsymbol{\theta}) \\ &= p(\boldsymbol{X}_N|\boldsymbol{\theta})p(\mathscr{X}^{N-1}|\boldsymbol{\theta}) \end{aligned} \tag{3.92}$$

根据贝叶斯公式，我们有

$$
\begin{aligned}
p(\boldsymbol{\theta}|\mathscr{X}^N) &= \frac{p(\mathscr{X}^N|\boldsymbol{\theta})p(\boldsymbol{\theta})}{\int_{\Theta} p(\mathscr{X}^N|\boldsymbol{\theta})p(\boldsymbol{\theta})\mathrm{d}\boldsymbol{\theta}} \\
&= \frac{p(\boldsymbol{X}_N|\boldsymbol{\theta})p(\mathscr{X}^{N-1}|\boldsymbol{\theta})p(\boldsymbol{\theta})}{\int_{\Theta} p(\boldsymbol{X}_N|\boldsymbol{\theta})p(\mathscr{X}^{N-1}|\boldsymbol{\theta})p(\boldsymbol{\theta})\mathrm{d}\boldsymbol{\theta}} \\
&= \frac{p(\boldsymbol{X}_N|\boldsymbol{\theta})p(\mathscr{X}^{N-1})p(\boldsymbol{\theta}|\mathscr{X}^{N-1})}{\int_{\Theta} p(\boldsymbol{X}_N|\boldsymbol{\theta})p(\mathscr{X}^{N-1})p(\boldsymbol{\theta}|\mathscr{X}^{N-1})\mathrm{d}\boldsymbol{\theta}} \\
&= \frac{p(\boldsymbol{X}_N|\boldsymbol{\theta})p(\boldsymbol{\theta}|\mathscr{X}^{N-1})}{\int_{\Theta} p(\boldsymbol{X}_N|\boldsymbol{\theta})p(\boldsymbol{\theta}|\mathscr{X}^{N-1})\mathrm{d}\boldsymbol{\theta}}
\end{aligned} \tag{3.93}
$$

上式是一个递推公式.利用该递推公式可以实现对参数 $\boldsymbol{\theta}$ 的在线学习.设 $p(\boldsymbol{\theta}|\mathscr{X}^{N-1})|_{N=1}=p(\boldsymbol{\theta}|\mathscr{X}^0)=p(\boldsymbol{\theta})$为已知,则从 $N=1$ 开始依次反复利用上述递推公式,可得到一个如下所示 $\boldsymbol{\theta}$ 的概率密度函数序列

$$p(\boldsymbol{\theta}),p(\boldsymbol{\theta}\mid\mathscr{X}^1),p(\boldsymbol{\theta}\mid\mathscr{X}^2),\cdots,p(\boldsymbol{\theta}\mid\mathscr{X}^{N-1}),p(\boldsymbol{\theta}\mid\mathscr{X}^N),\cdots$$

该序列的第一项为 $\boldsymbol{\theta}$ 的先验概率密度,以后各项为 $\boldsymbol{\theta}$ 的后验概率密度.随着 N 取值的增加,相应后验概率密度一般会变得越来越尖锐.若上述概率密度函数序列在 $N\to\infty$ 时收敛于以真实参数 $\boldsymbol{\theta}$ 为中心的 δ 函数,则称相应的学习过程为贝叶斯学习.包括高斯概率密度函数在内的一些概率密度函数所对应的后验概率密度函数序列具有上述性质.此时,可以通过构造上述序列的方法实现对待定参数的递推估计.为叙述方便起见,把上述参数估计的方法称为参数估计的递推贝叶斯方法.

如果所涉及的待定概率密度函数具有上述贝叶斯学习的性质,即当 $N\to\infty$ 时 $\hat{\boldsymbol{\theta}}\to\boldsymbol{\theta}$,则

$$\lim_{N\to\infty} p(\boldsymbol{X}|\mathscr{X}^N) = p(\boldsymbol{X}|\mathscr{X}^{N\to\infty}) = p(\boldsymbol{X}|\hat{\boldsymbol{\theta}}=\boldsymbol{\theta}) = p(\boldsymbol{X}) \tag{3.94}$$

此时,$p(\boldsymbol{X}|\mathscr{X})$收敛于 $p(\boldsymbol{X})$.

下面以均值 μ 未知、方差 σ^2 已知的一维高斯分布为例说明求解 $p(x|\mathscr{X})$的过程.整个过程分两步进行.

1. 求后验概率密度 $p(\mu|\mathscr{X})$

设 $\mathscr{X}=\{x_1,x_2,\cdots,x_N\}$.其中,各样本之间是统计独立的.根据已知条件,知

$$p(x_k|\mu) = \frac{1}{\sqrt{2\pi}\sigma}\exp\left\{-\frac{(x_k-\mu)^2}{2\sigma^2}\right\}$$

又设均值 μ 的先验概率密度服从均值为μ_0、方差 σ_0^2 的一维高斯分布

$$p(\mu) = \frac{1}{\sqrt{2\pi}\sigma_0}\exp\left\{-\frac{(\mu-\mu_0)^2}{2\sigma_0^2}\right\}$$

由贝叶斯公式,知

$$p(\mu|\mathscr{X}) = \frac{p(\mathscr{X}|\mu)p(\mu)}{p(\mathscr{X})} = \frac{p(\mathscr{X}|\mu)p(\mu)}{\int p(\mathscr{X}|\mu)p(\mu)\mathrm{d}\mu} = \alpha\left[\prod_{k=1}^{N}p(x_k|\mu)\right]p(\mu)$$

其中,α 为与上式分母中的积分项相关的固定因子.将 $p(x_k|\mu)$和 $p(\mu)$的表达式代入上式中,有

$$p(\mu|\mathscr{X}) = \alpha\left[\prod_{k=1}^{N}\frac{1}{\sqrt{2\pi}\sigma}\exp\left\{-\frac{(x_k-\mu)^2}{2\sigma^2}\right\}\right]\frac{1}{\sqrt{2\pi}\sigma_0}\exp\left\{-\frac{(\mu-\mu_0)^2}{2\sigma_0^2}\right\}$$

对上式进行整理后,得到

$$p(\mu|\mathscr{X}) = \alpha'\exp\left\{-\frac{1}{2}\left[\left(\frac{N}{\sigma^2}+\frac{1}{\sigma_0^2}\right)\mu^2 - 2\left(\frac{1}{\sigma^2}\sum_{k=1}^{N}x_k+\frac{\mu_0}{\sigma_0^2}\right)\mu\right]\right\}$$

其中,α'是与待定均值 μ 无关的因子.显然,从得到的表达式来看,$p(\mu|\mathscr{X})$仍服从一维高斯分布.为方便起见,称其为由样本集合所再生的再生概率密度函数,记为

$$p(\mu|\mathscr{X}) \sim N(\mu_N, \sigma_N^2)$$

其中的参数可用待定系数法根据下式定出

$$\frac{1}{\sqrt{2\pi}\sigma_N}\exp\left\{-\frac{(\mu-\mu_N)^2}{2\sigma_N^2}\right\} = \alpha'\exp\left\{-\frac{1}{2}\left[\left(\frac{N}{\sigma^2}+\frac{1}{\sigma_0^2}\right)\mu^2 - 2\left(\frac{1}{\sigma^2}\sum_{k=1}^{N}x_k+\frac{\mu_0}{\sigma_0^2}\right)\mu\right]\right\}$$

比较上述等式两边的指数项,可知

$$\begin{cases}\dfrac{1}{\sigma_N^2} = \dfrac{N}{\sigma^2}+\dfrac{1}{\sigma_0^2}\\[2ex] \dfrac{\mu_N}{\sigma_N^2} = \dfrac{1}{\sigma^2}\displaystyle\sum_{k=1}^{N}x_k^2+\dfrac{\mu_0}{\sigma_0^2} = \dfrac{N}{\sigma^2}m_N+\dfrac{\mu_0}{\sigma_0^2}\end{cases}$$

其中,$m_N=\dfrac{1}{N}\displaystyle\sum_{n=1}^{N}x_k$ 为样本均值.以 μ_N 和σ_N^2 为变数求解上述方程组,可得

$$\begin{cases}\mu_N = \dfrac{N\sigma_0^2}{N\sigma_0^2+\sigma^2}m_N+\dfrac{\sigma^2}{N\sigma_0^2+\sigma^2}\mu_0\\[2ex] \sigma_N^2 = \dfrac{\sigma_0^2\sigma^2}{N\sigma_0^2+\sigma^2}\end{cases}$$

从上面的结果,可以得到以下结论:

(1) 再生密度的均值 μ_N 表现为样本均值m_N 和先验均值μ_0 的线性组合.由于组合系数均非负且其和等于1,故 μ_N 是一个介于m_N 和μ_0 之间的一个量.

(2) 若 $\sigma_0^2\neq0$,则当 $N\to\infty$时,μ_N 主要由m_N 所确定;而当 $\sigma_0^2=0$ 时,不论 N

取得多么大，μ_N 则由 μ_0 所确定．这说明，在此种情况下 μ_0 十分可靠．另外，当 $\sigma_0^2 \gg \sigma^2$ 时，有 $\mu_N \approx m_N$．即在此种情况下 μ_0 十分不可靠．综合上述情况，可选择 σ^2/σ_0^2 作为进行观测的依据．只要该值不是无穷大，那么增加样本数总会使 μ_N 接近 m_N．

(3) σ_N^2 随样本数 N 的增加而减小，近似为 $\sigma_N^2 \approx \sigma^2/N$．这说明 $p(\mu|\mathscr{X})$ 的峰随 N 的增加越来越尖锐．当 $N \to \infty$ 时趋向于以 m_N 为中心的 δ 函数．

2. 求总体概率密度 $p(x|\mathscr{X})$

一旦由上确定了 $p(\mu|\mathscr{X})$，那么，根据式(3.91)可以如下计算待求的总体概率密度

$$p(x|\mathscr{X}) = \int p(x|\mu)p(\mu|\mathscr{X})\mathrm{d}\mu$$

不妨设 $p(x|\mu) \sim N(\mu, \sigma^2)$，则

$$p(x|\mathscr{X}) = \int \frac{1}{\sqrt{2\pi}\sigma}\exp\left\{-\frac{(x-\mu)^2}{2\sigma^2}\right\}\frac{1}{\sqrt{2\pi}\sigma_N}\exp\left\{-\frac{(\mu-\mu_N)^2}{2\sigma_N^2}\right\}\mathrm{d}\mu$$

经过计算，可得

$$p(x|\mathscr{X}) = \frac{1}{\sqrt{2\pi}\sqrt{\sigma^2+\sigma_N^2}}\exp\left\{-\frac{(x-\mu_N)^2}{2(\sigma^2+\sigma_N^2)}\right\}$$

即总体概率密度 $p(x|\mathscr{X})$ 也服从正态分布，其均值与前述后验概率密度的均值 μ_N 相同，而其方差 $(\sigma^2+\sigma_N^2)$ 则较已知的方差 σ^2 和前述后验概率密度的方差 σ_N^2 为大．当 $N \to \infty$ 时，所求方差趋向于已知的方差 σ^2，$p(x|\mathscr{X})$ 趋向于 $p(x)$．

3.13　非监督情况下类条件概率密度的参数估计

在前述关于类条件概率密度参数估计问题的相关讨论中，作了样本类别是已知的这样一个假设．对于这种有监督的情况，我们将相关的类条件概率密度的参数估计问题转化为和类别数相等的多个独立的子问题进行求解，从而得到各类别类条件概率密度的估计．但在实际中，这样的假设未必成立．因此，研究样本类别未知情况下概率密度的参数估计问题是非常必要的．

值得注意的是：如前所述，在有监督的情况下，我们可以根据经过预分的样本集合 $\mathscr{X}_i$，$i=1,2,\cdots,S$ 分别对每个类别 ω_i，$i=1,2,\cdots,S$ 的类条件概率密度 $p(\boldsymbol{X}|\omega_i$，

$\boldsymbol{\theta}_i$)进行估计.这里,S 为类别数.但在非监督的情况下,情况有所不同.此时,所得到的样本集合 $\mathscr{X}$ 中的样本的类别事先是未知的.给定样本集合中的一个样本,我们仅知道它来自于已知 S 个类别中的某一个,但不确知具体来自哪一个.显然,此时我们并不能如愿对每个类别的类条件概率密度分别进行估计,而只能根据给定的样本类别事先未知的混合样本集合 $\mathscr{X}$ 和如下所示混合概率密度的表达式

$$p(\boldsymbol{X}) = \sum_{i=1}^{S} p(\boldsymbol{X} \mid \omega_i, \boldsymbol{\theta}_i) P(\omega_i) \tag{3.95}$$

实现对类条件概率密度的参数估计.这里,假定每个类别的类条件概率密度 $p(\boldsymbol{X} \mid \omega_i, \boldsymbol{\theta}_i)$, $i=1,2,\cdots,S$ 的函数形式和发生的先验概率 $P(\omega_i)$, $i=1,2,\cdots,S$ 是已知的.为叙述方便起见,将上式中的 $p(\boldsymbol{X} \mid \omega_i, \boldsymbol{\theta}_i)$ 称为分量概率密度,将 $P(\omega_i)$ 称为混合参数.

我们的目的是要根据上述已知条件实现对类条件概率密度的参数估计.和有监督的情况类似,无监督情况下的估计方法大致也包括最大似然方法和贝叶斯估计方法等.前者适用于待定参数是确定的未知量的情况,而后者则适用于待定参数是随机的未知量的情况.由于这里的贝叶斯估计方法和有监督情况下的同类方法非常类似,在此不予赘述.

下面,重点讨论混合概率密度的最大似然估计.为此,定义如下的似然函数

$$p(\mathscr{X}) = p(\boldsymbol{X}_1, \boldsymbol{X}_2, \cdots, \boldsymbol{X}_n) = \prod_{k=1}^{N} p(\boldsymbol{X}_k)$$

这里,假定各样本是从样本总体中独立抽取的.相应的对数似然函数为

$$\mathscr{L}(\boldsymbol{\theta}) = \ln p(\mathscr{X}) = \sum_{k=1}^{N} \ln p(\boldsymbol{X}_k) = \sum_{k=1}^{N} \ln\Big(\sum_{i=1}^{S} p(\boldsymbol{X}_k \mid \omega_i, \boldsymbol{\theta}_i) P(\omega_i)\Big) \tag{3.96}$$

式中的 $\boldsymbol{\theta}$ 由各分量概率密度的参数集 $\boldsymbol{\theta}_i$, $i=1,2,\cdots,S$ 组成.假定各混合参数 $P(\omega_i)$, $i=1,2,\cdots,S$ 是已知量,为了得到混合概率密度的最大似然估计,对上式求关于 $\boldsymbol{\theta}_i$, $i=1,2,\cdots,S$ 的偏导数并令之为 0.于是,有

$$\nabla_{\boldsymbol{\theta}_i} \mathscr{L}(\boldsymbol{\theta}) = \sum_{k=1}^{N} \frac{1}{p(\boldsymbol{X}_k)} \nabla_{\boldsymbol{\theta}_i} \Big(\sum_{i=1}^{S} p(\boldsymbol{X}_k \mid \omega_i, \boldsymbol{\theta}_i) P(\omega_i)\Big)$$

若 $i \neq j$ 时,$\boldsymbol{\theta}_i$ 和 $\boldsymbol{\theta}_j$ 是独立的,则有

$$\begin{aligned}\nabla_{\boldsymbol{\theta}_i} \mathscr{L}(\boldsymbol{\theta}) &= \sum_{k=1}^{N} \frac{1}{p(\boldsymbol{X}_k)} \nabla_{\boldsymbol{\theta}_i} (p(\boldsymbol{X}_k \mid \omega_i, \boldsymbol{\theta}_i) P(\omega_i)) \\ &= \sum_{k=1}^{N} \frac{P(\omega_i)}{p(\boldsymbol{X}_k)} \nabla_{\boldsymbol{\theta}_i} p(\boldsymbol{X}_k \mid \omega_i, \theta_i)\end{aligned} \tag{3.97}$$

因为

$$\nabla_{\boldsymbol{\theta}_i}\ln p(\boldsymbol{X}_k|\omega_i,\boldsymbol{\theta}_i)=\frac{1}{p(\boldsymbol{X}_k|\omega_i,\boldsymbol{\theta}_i)}\nabla_{\boldsymbol{\theta}_i}p(\boldsymbol{X}_k|\omega_i,\boldsymbol{\theta}_i)$$

所以

$$\nabla_{\boldsymbol{\theta}_i}p(\boldsymbol{X}_k|\omega_i,\boldsymbol{\theta}_i)=p(\boldsymbol{X}_k|\omega_i,\boldsymbol{\theta}_i)\nabla_{\boldsymbol{\theta}_i}\ln p(\boldsymbol{X}_k|\omega_i,\boldsymbol{\theta}_i)$$

将上式代入式(3.97)中,有

$$\begin{aligned}\nabla_{\boldsymbol{\theta}_i}\mathcal{L}(\boldsymbol{\theta})&=\sum_{k=1}^{N}\frac{p(\boldsymbol{X}_k|\omega_i,\boldsymbol{\theta}_i)P(\omega_i)}{p(\boldsymbol{X}_k)}\nabla_{\boldsymbol{\theta}_i}\ln p(\boldsymbol{X}_k|\omega_i,\boldsymbol{\theta}_i)\\&=\sum_{k=1}^{N}P(\omega_i|\boldsymbol{X}_k,\boldsymbol{\theta}_i)\nabla_{\boldsymbol{\theta}_i}\ln p(\boldsymbol{X}_k|\omega_i,\boldsymbol{\theta}_i)\end{aligned}\tag{3.98}$$

其中,$P(\omega_i|\boldsymbol{X}_k,\boldsymbol{\theta}_i)$为由下式定义的后验概率

$$P(\omega_i|\boldsymbol{X}_k,\boldsymbol{\theta}_i)=\frac{p(\boldsymbol{X}_k|\omega_i,\boldsymbol{\theta}_i)P(\omega_i)}{p(\boldsymbol{X}_k)}\tag{3.99}$$

令式(3.98)等于0,得到如下的方程组

$$\sum_{k=1}^{N}P(\omega_i|\boldsymbol{X}_k,\hat{\boldsymbol{\theta}}_i)\nabla_{\boldsymbol{\theta}_i}\ln p(\boldsymbol{X}_k|\omega_i,\hat{\boldsymbol{\theta}}_i)=0,\quad i=1,2,\cdots,S\tag{3.100}$$

解之,可得到参数集 $\boldsymbol{\theta}_i$, $i=1,2,\cdots,S$ 的最大似然估计.将其代入式(3.95),即可得到所求混合概率密度 $p(\boldsymbol{X})$的最大似然估计.

在上面的推导中,假定各混合参数 $P(\omega_i)$, $i=1,2,\cdots,S$ 是已知量.若 $P(\omega_i)$, $i=1,2,\cdots,S$ 本身也是未知量,则可用求条件极值的方法得到待求混合概率密度的最大似然估计.相应的约束条件为

$$P(\omega_i)\geqslant 0,\quad i=1,2,\cdots,S$$

以及

$$\sum_{i=1}^{S}P(\omega_i)=1$$

如下构造目标函数

$$J=\sum_{k=1}^{N}\ln\Big(\sum_{i=1}^{S}p(\boldsymbol{X}_k|\omega_i,\boldsymbol{\theta}_i)P(\omega_i)\Big)+\lambda\Big(\sum_{i=1}^{S}P(\omega_i)-1\Big)\tag{3.101}$$

其中,λ 为待定的 Lagrange 乘子.对上式求关于 $P(\omega_i)$, $i=1,2,\cdots,S$ 的偏导数,有

$$\begin{aligned}\nabla_{P(\omega_i)}J&=\frac{\partial}{\partial P(\omega_i)}\Big(\sum_{k=1}^{N}\ln\Big(\sum_{i=1}^{S}p(\boldsymbol{X}_k|\omega_i,\boldsymbol{\theta}_i)P(\omega_i)\Big)\Big)+\lambda\\&=\sum_{k=1}^{N}\frac{p(\boldsymbol{X}_k|\omega_i,\boldsymbol{\theta}_i)}{\sum_{i=1}^{S}p(\boldsymbol{X}_k|\omega_i,\boldsymbol{\theta}_i)P(\omega_i)}+\lambda\end{aligned}$$

令之为 0 并解之,可得到 $P(\omega_i)$ 的最大似然估计 $\hat{P}(\omega_i)$ 应满足的关系式

$$\sum_{k=1}^{N}\frac{p(\boldsymbol{X}_k \mid \omega_i,\hat{\boldsymbol{\theta}}_i)}{\sum_{i=1}^{S}p(\boldsymbol{X}_k \mid \omega_i,\hat{\boldsymbol{\theta}}_i)\hat{P}(\omega_i)}=-\lambda,\quad i=1,2,\cdots,S$$

上述各式的两端分别同乘以 $P(\omega_i),i=1,2,\cdots,S$,并利用贝叶斯公式,有

$$\sum_{k=1}^{N}\hat{P}(\omega_i \mid \boldsymbol{X}_k,\hat{\boldsymbol{\theta}}_i)=-\lambda\hat{P}(\omega_i),\quad i=1,2,\cdots,S \tag{3.102}$$

将上述各式相加,得到

$$\sum_{i=1}^{S}\sum_{k=1}^{N}\hat{P}(\omega_i \mid \boldsymbol{X}_k,\hat{\boldsymbol{\theta}}_i)=\sum_{k=1}^{N}\sum_{i=1}^{S}\hat{P}(\omega_i \mid \boldsymbol{X}_k,\hat{\boldsymbol{\theta}}_i)=-\lambda\sum_{i=1}^{S}\hat{P}(\omega_i)=-\lambda$$

由于 $\sum_{i=1}^{S}\hat{P}(\omega_i \mid \boldsymbol{X}_k,\hat{\boldsymbol{\theta}}_i)=1$,故可解出

$$\lambda=-N$$

将其代入式(3.102)中,得到

$$\hat{P}(\omega_i)=\frac{1}{N}\sum_{k=1}^{N}\hat{P}(\omega_i \mid \boldsymbol{X}_k,\hat{\boldsymbol{\theta}}_i),\quad i=1,2,\cdots,S$$

同理,令 $\nabla_{\boldsymbol{\theta}_i}J=0,i=1,2,\cdots,S$,可解得

$$\sum_{k=1}^{N}\hat{P}(\omega_i \mid \boldsymbol{X}_k,\hat{\boldsymbol{\theta}}_i)\nabla_{\boldsymbol{\theta}_i}\ln p(\boldsymbol{X}_k \mid \omega_i,\hat{\boldsymbol{\theta}}_i)=0,\quad i=1,2,\cdots,S$$

其中

$$\hat{P}(\omega_i \mid \boldsymbol{X}_k,\boldsymbol{\theta}_i)=\frac{p(\boldsymbol{X}_k \mid \omega_i,\hat{\boldsymbol{\theta}}_i)\hat{P}(\omega_i)}{p(\boldsymbol{X}_k)}=\frac{p(\boldsymbol{X}_k \mid \omega_i,\hat{\boldsymbol{\theta}}_i)\hat{P}(\omega_i)}{\sum_{j=1}^{S}p(\boldsymbol{X}_k \mid \omega_j,\hat{\boldsymbol{\theta}}_j)\hat{P}(\omega_j)},\quad i=1,2,\cdots,S$$

原则上,可通过将上述各式联立求解得到 $\boldsymbol{\theta}_i,i=1,2,\cdots,S$ 和 $P(\omega_i),i=1,2,\cdots,S$ 的最大似然估计.但是,要得到相应的闭式解是相当困难的,有时甚至是不可能的.通常的做法是通过迭代算法进行求解.下面以正态分布情况下的非监督参数估计为例,介绍相关的迭代算法.

考虑多维正态分布情况下的非监督参数估计问题.设输入训练样本集合为 $\mathscr{X}=\{\boldsymbol{X}_1,\boldsymbol{X}_2,\cdots,\boldsymbol{X}_N\}$,类别数为 S,各类别的类条件概率密度服从正态分布:$p(\boldsymbol{X} \mid \omega_i,\boldsymbol{\theta}_i)\sim N(\boldsymbol{\mu}_i,\boldsymbol{\Sigma}_i),i=1,2,\cdots,S$.套用式(3.96),可得到相应的对数似然函数为

$$\mathscr{L}(\boldsymbol{\theta})=\sum_{i=1}^{S}\ln\left(\sum_{i=1}^{S}\frac{P(\omega_i)}{(2\pi)^{\frac{d}{2}}\left|\boldsymbol{\Sigma}_i\right|^{\frac{1}{2}}}\exp\left\{-\frac{1}{2}(\boldsymbol{X}_k-\boldsymbol{\mu}_i)^{\mathrm{T}}\boldsymbol{\Sigma}_i^{-1}(\boldsymbol{X}_k-\boldsymbol{\mu}_i)\right\}\right)$$

其中,$\boldsymbol{\mu}_i,\boldsymbol{\Sigma}_i,P(\omega_i),i=1,2,\cdots,S$ 为待定参数.为了求得上述待定参数的最大似

然估计，构造如下的目标函数

$$J=\sum_{i=1}^{S}\ln\left(\sum_{i=1}^{S}\frac{P(\omega_i)}{(2\pi)^{\frac{d}{2}}|\boldsymbol{\Sigma}_i|^{\frac{1}{2}}}\exp\left\{-\frac{1}{2}(\boldsymbol{X}_k-\boldsymbol{\mu}_i)^{\mathrm{T}}\boldsymbol{\Sigma}_i^{-1}(\boldsymbol{X}_k-\boldsymbol{\mu})\right\}\right)$$
$$+\lambda\left(\sum_{i=1}^{s}P(\omega_i)-1\right)$$

分别对上式求关于 $\boldsymbol{\mu}_i,\boldsymbol{\Sigma}_i,P(\omega_i),i=1,2,\cdots,S$ 的偏导数并令之为 0，可从中解出待求参数应满足的基本关系式如下

$$\hat{P}(\omega_i)=\frac{1}{N}\sum_{k=1}^{N}\hat{P}(\omega_i|\boldsymbol{X}_k,\hat{\boldsymbol{\mu}}_i,\hat{\boldsymbol{\Sigma}}_i),\quad i=1,2,\cdots,S$$

$$\hat{\boldsymbol{\mu}}_i=\frac{\sum_{k=1}^{N}\hat{P}(\omega_i|\boldsymbol{X}_k,\hat{\boldsymbol{\mu}}_i,\hat{\boldsymbol{\Sigma}}_i)\,\boldsymbol{X}_k}{\sum_{k=1}^{N}\hat{P}(\omega_i|\boldsymbol{X}_k,\hat{\boldsymbol{\mu}}_i,\hat{\boldsymbol{\Sigma}}_i)},\quad i=1,2,\cdots,S$$

$$\hat{\boldsymbol{\Sigma}}_i=\frac{\sum_{k=1}^{N}\hat{P}(\omega_i|\boldsymbol{X}_k,\hat{\boldsymbol{\mu}}_i,\hat{\boldsymbol{\Sigma}}_i)(\boldsymbol{X}_k-\hat{\boldsymbol{\mu}}_i)(\boldsymbol{X}_k-\hat{\boldsymbol{\mu}}_i)^{\mathrm{T}}}{\sum_{k=1}^{N}\hat{P}(\omega_i|\boldsymbol{X}_k,\hat{\boldsymbol{\mu}}_i,\hat{\boldsymbol{\Sigma}}_i)},\quad i=1,2,\cdots,S$$

以及

$$\hat{P}(\omega_i|\boldsymbol{X}_k,\hat{\boldsymbol{\mu}}_i,\hat{\boldsymbol{\Sigma}}_i)=\frac{P(\boldsymbol{X}_k|\omega_i,\hat{\boldsymbol{\mu}},\hat{\boldsymbol{\Sigma}}_i)\hat{P}(\omega_i)}{\sum_{j=1}^{S}p(\boldsymbol{X}_k|\omega_j,\hat{\boldsymbol{\mu}}_j,\hat{\boldsymbol{\Sigma}}_j)\hat{P}(\omega_j)}$$

$$=\frac{|\hat{\boldsymbol{\Sigma}}_i|^{\frac{1}{2}}\exp\left\{-\frac{1}{2}(\boldsymbol{X}_k-\hat{\boldsymbol{\mu}}_i)^{\mathrm{T}}\hat{\boldsymbol{\Sigma}}_i^{-1}(\boldsymbol{X}_k-\hat{\boldsymbol{\mu}}_i)\right\}\hat{P}(\omega_i)}{\sum_{j=1}^{S}|\hat{\boldsymbol{\Sigma}}_i|^{-\frac{1}{2}}\exp\left\{-\frac{1}{2}(\boldsymbol{X}_k-\hat{\boldsymbol{\mu}}_j)^{\mathrm{T}}\hat{\boldsymbol{\Sigma}}_j^{-1}(\boldsymbol{X}_k-\hat{\boldsymbol{\mu}}_j)\right\}\hat{P}(\omega_j)},\quad i=1,2,\cdots,S$$

利用上述基本关系式，可得到如下用于求解待定参数 $\boldsymbol{\mu}_i,\boldsymbol{\Sigma}_i,P(\omega_i),i=1,2,\cdots,S$ 的迭代算法：

〈1〉输入混合训练样本集 $\mathscr{X}=\{\boldsymbol{X}_1,\boldsymbol{X}_2,\cdots,\boldsymbol{X}_N\}$、类别数 S 和最大迭代次数 M.

〈2〉令迭代步数 $m=0$，并设定待定参数的初值为

$$\boldsymbol{\mu}_i(0),\ \boldsymbol{\Sigma}_i(0),\ P(\omega_i,0),\quad i=1,2,\cdots,S$$

〈3〉根据已获得的待定参数的迭代值计算下述后验概率

$$\hat{P}(\omega_i|\boldsymbol{X}_k,\hat{\boldsymbol{\mu}}_i(m),\hat{\boldsymbol{\Sigma}}_i(m))$$

$$= \frac{|\hat{\boldsymbol{\Sigma}}_i(m)|^{-\frac{1}{2}}\exp\left\{-\frac{1}{2}(\boldsymbol{X}_k-\hat{\boldsymbol{\mu}}_i(m))^{\mathrm{T}}(\hat{\boldsymbol{\Sigma}}_i(m))^{-1}(\boldsymbol{X}_k-\hat{\boldsymbol{\mu}}_i(m))\right\}\hat{P}(\omega_i,m)}{\sum_{j=1}^{S}|\hat{\boldsymbol{\Sigma}}_i(m)|^{-\frac{1}{2}}\exp\left\{-\frac{1}{2}(\boldsymbol{X}_k-\hat{\boldsymbol{\mu}}_j(m))^{\mathrm{T}}(\hat{\boldsymbol{\Sigma}}_j(m))^{-1}(\boldsymbol{X}_k-\hat{\boldsymbol{\mu}}_j(m))\right\}\hat{P}(\omega_j,m)}$$

$$i=1,2,\cdots,S$$

〈4〉更新先验概率：

$$\hat{P}(\omega_i,m+1)=\frac{1}{N}\sum_{k=1}^{N}\hat{P}(\omega_i\,|\,\boldsymbol{X}_k,\hat{\boldsymbol{\mu}}_i(m),\hat{\boldsymbol{\Sigma}}_i(m)),\quad i=1,2,\cdots,S$$

〈5〉更新均值向量：

$$\hat{\boldsymbol{\mu}}_i(m+1)=\frac{\sum_{k=1}^{N}\hat{P}(\omega_i\,|\,\boldsymbol{X}_k,\hat{\boldsymbol{\mu}}_i(m),\hat{\boldsymbol{\Sigma}}_i(m))\,\boldsymbol{X}_k}{\sum_{k=1}^{N}\hat{P}(\omega_i\,|\,\boldsymbol{X}_k,\hat{\boldsymbol{\mu}}_i(m),\hat{\boldsymbol{\Sigma}}_i(m))},\quad i=1,2,\cdots,S$$

〈6〉更新协方差矩阵：

$$\hat{\boldsymbol{\Sigma}}_i(m+1)=\frac{\sum_{k=1}^{N}\hat{P}(\omega_i\,|\,\boldsymbol{X}_k,\hat{\boldsymbol{\mu}}_i(m),\hat{\boldsymbol{\Sigma}}_i(m))(\boldsymbol{X}_k-\hat{\boldsymbol{\mu}}_i(m))(\boldsymbol{X}_k-\hat{\boldsymbol{\mu}}_i(m))^{\mathrm{T}}}{\sum_{k=1}^{N}\hat{P}(\omega_i\,|\,\boldsymbol{X}_k,\hat{\boldsymbol{\mu}}_i(m),\hat{\boldsymbol{\Sigma}}_i(m))}$$

$$i=1,2,\cdots,S$$

〈7〉判断：若 $m\leqslant M$，则 $m=m+1$，转〈3〉；否则，输出结果，算法结束.

需要注意的是，迭代法在很大程度上受到所设定的待定参数初值的制约，未必能得到全局最优解.因此，必须对得到的结果进行分析和检验，看是否是可行的解.如果检验的结果不理想，则需要重新设置待定参数的初值进入新一轮的迭代运算直到获得满意的结果为止.

此外，还应注意：在非监督的参数估计方法中，我们是从混合密度中抽取样本对未知参数进行估计的.在有些情况下，会出现待定未知参数的个数大于可用独立方程个数的情况.此时，非监督参数估计方法将失效.虽然 $p(\mathscr{X})$ 仍然收敛于真实的混合密度 $p(\boldsymbol{X})$，但原则上不能对分量密度 $p(\boldsymbol{X}|\omega_i)$ 的相关参数作出可用的估计.除此之外，非线性因素也是导致不能获得可用的参数估计的一个原因.当出现上述情况时，我们说待估计的混合密度是不可识别的.非监督的参数估计方法仅适用于混合密度是可识别的情况.

3.14　类条件概率密度的非参数估计

前面讨论的有关类条件概率密度函数的参数估计方法仅适用于相应的类条件概率密度的函数形式已知的情况.不幸的是,在许多应用场合这一假设未必能得到满足.此时,为了实现对类条件概率密度的正确估计,需要引入所谓的非参数估计技术.

3.14.1　非参数估计的基本概念和方法

首先,定性地说明非参数估计的基本概念.为便于理解,考虑一维的情形.假设待估计的概率密度如图3.15中的粗实线所示.根据概率密度函数的定义,如果进行抽样试验,则在概率密度函数取值大的地方,得到样本的可能性也大,而在概率密度函数取值小的地方,得到样本的可能性也小.反过来说,如果在某些位置,抽样样本分布得比较密集,则在这些位置处概率密度函数取相对较大值的可能性大;而在抽样样本分布得相对稀疏的地方,概率密度函数取相对较小值的可能性大.可以认为,每一个经过抽样获得的样本都会对总体概率密度有一定的贡献.如果用一个呈单峰分布的正值函数(各样本点上方用细线表示的曲线)来刻画每个样本对总体概率密度在特征空间各点处的贡献的话,则总体分布可认为由所有样本的贡献之总和所确定.这样得到的总体分布在直观上和真实的总体分布是一致的.即在样本密集的地方取值大,在样本稀疏的地方取值小.显然,用于训练的样本数越多,则所得到的总体概率密度的估计也越接近于真实的概率密度.

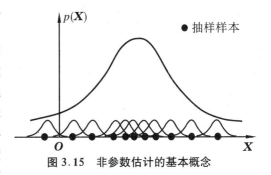

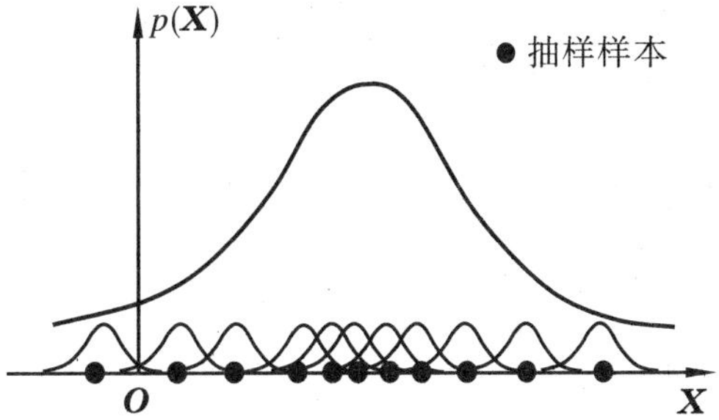

图3.15　非参数估计的基本概念

下面,定量地考察概率密度函数的非参数估计问题.我们希望通过一个非参数估计的步骤达到以下目的:当给定的样本集是经过预分的样本集时,能够得到相应的类条件概率密度的估计,而当给定的样本集是一个样本类别属性未知的混合样本集时，能够给出相应的混合概率密度的估计．这一点是容易做到的．由于两种情况下的处理方法类似，以下不再对它们加以区分．

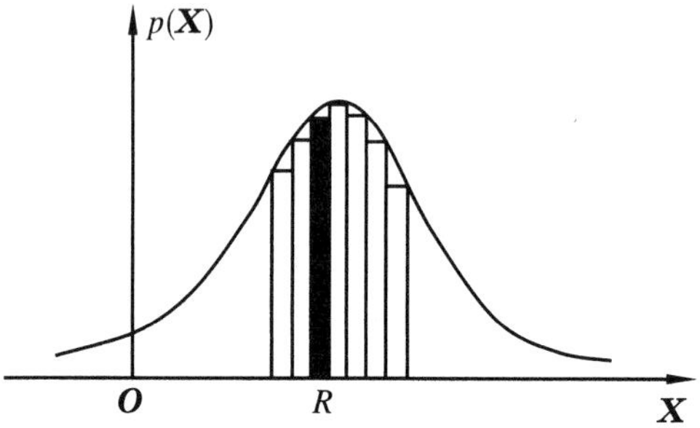

图 3.16　$p(\boldsymbol{X})$在小区域 R 上取值的确定

为了实现对 $p(\boldsymbol{X})$的非参数估计，我们将 $p(\boldsymbol{X})$的定义域划分成很多个小区域．图 3.16 给出了一个定义在一维空间上的 $p(\boldsymbol{X})$的定义域划分方案．现在，让我们来考察其中的一个小区域 R．我们希望确定 $p(\boldsymbol{X})$在小区域 R 上的取值．为此，我们计算样本落入该区域内的概率 P．根据定义，我们有

$$P = \int_R p(\boldsymbol{X})\mathrm{d}x \tag{3.103}$$

假定 $p(\boldsymbol{X})$处处连续，且 R 区域足够小以至于待求的概率密度函数 $p(\boldsymbol{X})$在其上几乎没有什么变化，则 P 近似可表示为

$$P = \int_R p(\boldsymbol{X})\mathrm{d}x \cong p(\boldsymbol{X})\int_R \mathrm{d}x = p(\boldsymbol{X})V \tag{3.104}$$

其中，$\boldsymbol{X}$ 为小区域R 中的任意一个点，而 V 为小区域R 所包围的体积．这样，可以根据式(3.104)得到待求 $p(\boldsymbol{X})$的估计值

$$\hat{p}(\boldsymbol{X}) = \frac{P}{V} \tag{3.105}$$

上式中，V 是可以计算的．因此，如果能够根据某种方法确定 P 的取值，则原则上即可得到待求 $p(\boldsymbol{X})$的估计值 $\hat{p}(\boldsymbol{X})$．那么，如何确定 P 呢？我们的做法是利用训练样本集合．假定通过抽样试验获得了一个训练样本集 $\mathscr{X}=\{\boldsymbol{X}_1,\boldsymbol{X}_2,\cdots,\boldsymbol{X}_n\}$．该样本集共包括 n 个样本，其中每个样本都是根据概率密度 $p(\boldsymbol{X})$独立地从样本总体中抽取得到的．现在，假定这 n 个样本中有k 个落到了小区域R 中．我们希望根据这个事实来定出 P．显然，由于这 n 个样本是从样本总体中独立抽取的，故 n 个样本中有k 个落到了小区域R 中的概率P_k 服从二项分布

$$P_k = \binom{n}{k}P^k(1-P)^{n-k} \tag{3.106}$$

又由于训练样本集 $\mathscr{X}=\{\boldsymbol{X}_1,\boldsymbol{X}_2,\cdots,\boldsymbol{X}_n\}$中的样本是从样本总体中随机抽取的，故上述 k 是一个随机变量．其数学期望为

$$E(k) = \sum_{k=1}^{n} kP_k = \sum_{k=1}^{n} k\binom{n}{k}P^k(1-P)^{n-k} = nP \tag{3.107}$$

事实上,可以借助于矩母函数证明上面的结论.

为此,引入如下的矩母函数

$$M_k(t) = E(e^{tk}) = \sum_{k=0}^{n} e^{tk} P_k = \sum_{k=0}^{N} e^{tk} \binom{n}{k} P^k (^1 - P)\ n - k$$

$$= \sum_{k=0}^{n} \binom{n}{k} (Pe^t)^k (1-P)^{n-k} = (Pe^t + (1-P))n$$

其中,最后一步由二项式定理得到.此外,e^{tk}即为$\exp(tk)$.本书其他地方以e为底的指数函数采用后一种的记法,但涉及矩母函数时,按照习惯采用前一种记法.

一方面,由于

$$M'_k(t) = \frac{\partial}{\partial t}\left(\sum_{k=0}^{n} e^{tk} \binom{n}{k} P^k (1-P)^{n-k}\right) = \sum_{k=0}^{n} k e^{tk} \binom{n}{k} P^k (1-P)^{n-k}$$

所以 $M'_k(0) = \sum_{k=0}^{n} k \binom{n}{k} P^k (1-P)^{n-k} = \sum_{k=1}^{n} k \binom{n}{k} P^k (1-P)^{n-k} = E(k)$.

另一方面,由于

$$M'_k(t) = \frac{\partial}{\partial t}(Pe^t + (1-P))^n = nPe^t (Pe^t + (1-P))^{n-1}$$

所以,$M'_k(0) = nP$.

故综合两方面的结果,有 $E(k) = nP$.

类似地,可以证明 k 的方差由下式给出

$$D(k) = \mathrm{Var}(k) = nP(1-P) \tag{3.108}$$

由于二项分布在其均值附近有一个陡峭的峰,故可以认为

$$\hat{P} = \frac{E(k)}{n} \cong \frac{k}{n} \tag{3.109}$$

是 P 的一个很好的估计.这样,我们有

$$\hat{p}(\boldsymbol{X}) = \frac{P}{V} = \frac{k/n}{V} \tag{3.110}$$

上式是进行非参数估计的基本公式.为了得到真实的概率密度函数 $p(\boldsymbol{X})$,须让 V 趋于0,否则我们只能得到以平均形式出现的 $p(\boldsymbol{X})$的粗略估计.但是,单纯让 V 趋于0会遇到以下两种不利情况:一种情况是随着区域 R 的不断缩小,R 的体积 V 固然也会随之减少,直至趋于0;但是,区域 R 缩小到一定程度以后,其中可能不再包含任何样本!以至于得到 $p(\boldsymbol{X})=0$ 的错误估计.另一种情况是碰巧有一个或几个样本正好落在待估计的点 $\boldsymbol{X}$ 上,以至于随着区域 R 的不断缩小,$p(\boldsymbol{X})$的估计值会发散到无穷大!显然,无论是哪一种情况,都会给出错误的估计结果.这是

应该避免的.

由于实际中可使用的样本数不管多么多总是有限的,所以,为了避免上述不利情况的出现,区域 R 不允许取得任意小.这样,所得到的概率密度的估计 $\hat{p}(\boldsymbol{X})$是随机的,也就不可避免地和真实概率密度 $p(\boldsymbol{X})$之间会存在一定的误差.显然,在设计非参数估计方法时,应该尽可能地采取措施减少误差以使得 $\hat{p}(\boldsymbol{X})$尽量接近于真实分布.

为了从理论上说明应该如何采取措施、防止非参数估计方法可能存在的上述局限性,假设实际采取的估计步骤以如下所示规范化的方式进行:为了估计 $\boldsymbol{X}$ 点处概率密度的取值,构造一个包含 $\boldsymbol{X}$ 在内的区域序列 $R_1, R_2, \cdots, R_n, \cdots$(记为$\{R_n\}$),而落在每一个对应区域中的样本的个数假定依次为 $k_1, k_2, \cdots, k_n, \cdots$(记为$\{k_n\}$).其中,下标 n 标记实际使用的样本个数.即第 1 次操作时,获得区域序列中的第 1 项 R_1,使用一个样本,……,第 n 次操作时,获得区域序列中的第 n 项 R_n,使用 n 个样本,等等.则在现在的情况下,由第 n 次操作得到的概率密度的估计值为

$$\hat{p}_n(\boldsymbol{X}) = \frac{P}{V} = \frac{k_n/n}{V_n} \tag{3.111}$$

可以证明:要使概率密度的上述估计值 $\hat{p}_n(\boldsymbol{X})$收敛于真实概率密度 $p(\boldsymbol{X})$,必须满足以下几个条件:① $\lim\limits_{n\to\infty} V_n = 0$;② $\lim\limits_{n\to\infty} k_n = \infty$;③ $\lim\limits_{n\to\infty}\frac{k_n}{n} = 0$.

其中,条件①保证概率密度的估计值 $\hat{p}_n(\boldsymbol{X})$收敛于真实概率密度 $p(\boldsymbol{X})$,条件②保证使 k_n/n 收敛于真实概率P,而条件③则是保证概率密度的估计值 $\hat{p}(\boldsymbol{X})$收敛的必要条件,即尽管在 R_n 中落入了大量的样本,但和样本总数相比可忽略不计.

至少存在两种可以满足上述三个条件的区域序列选择方法.第一种方法是把包含待估计点 $\boldsymbol{X}$ 在内的区域R_n 选为训练样本数n 的函数,使得区域 R_n 对应的空间体积V_n 随样本数n 的增加反而减小.例如,若设最初包含点 $\boldsymbol{X}$ 的区域为R_1,对应的空间体积为 V_1,则在其后的第 n 次操作中按照下式选择R_n

$$V_n = \frac{V_1}{\sqrt{n}} \tag{3.112}$$

第二种方法是把落在区域 R_n 中的样本数k_n 选为训练样本数n 的函数,并使得落在区域 R_n 中的样本数k_n 随样本数n 的增加而增加.例如,若设最初落在区域 R_1 中的样本数为 k_1,则在其后的第 n 次操作中按照下式选择k_n

$$k_n = k_1\sqrt{n} \tag{3.113}$$

下述的 Parzen 窗估计法和 k_n-近邻估计法分别属于第一种方法和第二种方法的范畴.下面分别对两种方法展开讨论.

3.14.2 Parzen 窗估计法

Parzen 窗估计法把包含待估计点 $\boldsymbol{X}$ 在内的区域 R_n 选为训练样本数 n 的函数.例如,我们可以选择区域序列 $\{R_n\}$ 使得区域 R_n 为特征空间中的一个以 $\boldsymbol{X}$ 为中心的超立方体.假设相应特征空间的维数为 d,而所选择的超立方体 R_n 的边长为 h_n,那么 R_n 的体积 V_n 由下式给出

$$V_n = h_n^d$$

显然,此时为了考察一个训练样本 $\boldsymbol{X}_k$, $k=1,2,\cdots,n$ 是否落在区域 R_n 中,只需检查向量 $\boldsymbol{X}-\boldsymbol{X}_k$ 的每个分量的长度是否均小于 $h_n/2$ 即可.如果每一个分量的长度均小于 $h_n/2$,则该样本落在区域 R_n 中,否则该样本位于区域 R_n 之外.

下面计数在所进行的 n 次抽样试验中落入区域 R_n 中的样本的个数 k_n.为此,引入如下的窗函数

$$\phi(\boldsymbol{u}) = \begin{cases} 1 & |u_j| \leqslant 1/2,\ j=1,2,\cdots,d \\ 0 & \text{否则} \end{cases} \tag{3.114}$$

这里,$\boldsymbol{u}=(u_1, u_2,\cdots,u_d)^{\mathrm{T}}$ 是特征空间中过原点的一个向量.显然,上述窗函数 $\phi(\boldsymbol{u})$ 可以用来表征特征空间中围绕原点的单位超立方体,称为超方窗函数.它在所述单位超立方体内取“1”值,在其他地方取“0”值.

显然,窗函数 $\phi(\boldsymbol{u})$ 满足以下性质

$$\phi(\boldsymbol{u}) \geqslant 0 \tag{3.115}$$

$$\int_{E_d} \phi(\boldsymbol{u})\mathrm{d}\boldsymbol{u} = 1 \tag{3.116}$$

借助于上述窗函数,可以得到区域 R_n 的一种表达.为此,作变换

$$\boldsymbol{u} = \frac{\boldsymbol{X}-\boldsymbol{X}_k}{h_n}$$

则窗函数 $\phi(\boldsymbol{u})$ 变为

$$\phi\left(\frac{\boldsymbol{X}-\boldsymbol{X}_k}{h_n}\right) = \begin{cases} 1 & |(\boldsymbol{X}-\boldsymbol{X}_k)_j| \leqslant h_n/2,\ j=1,2,\cdots,d \\ 0 & \text{否则} \end{cases} \tag{3.117}$$

类似地,可以用变换后的上述窗函数来表征特征空间中围绕 $\boldsymbol{X}$ 的超立方体区域 R_n.容易验证,当训练样本 $\boldsymbol{X}_k$ 落入超立方体区域 R_n 中时,上述窗函数取“1”值,否则取“0”值.这样,借助于上述窗函数可以用下式表示落入以 $\boldsymbol{X}$ 为中心的超

立方体区域 R_n 中的样本的个数 k_n

$$k_n = \sum_{k=1}^{n} \phi\left(\frac{\boldsymbol{X} - \boldsymbol{X}_k}{h_n}\right)$$

将上式代入式(3.111)中可以得到第 n 次操作后所求概率密度的估计

$$\hat{p}_n(\boldsymbol{X}) = \frac{k_n/n}{V_n} = \frac{1}{n}\sum_{k=1}^{n} \frac{1}{V_n}\phi\left(\frac{\boldsymbol{X} - \boldsymbol{X}_k}{h_n}\right) \tag{3.118}$$

为使 $\hat{p}_n(\boldsymbol{X})$ 是一个真正的概率密度,要求它满足

$$\hat{p}_n(\boldsymbol{X}) \geqslant 0$$

$$\int_{E_d} \hat{p}_n(\boldsymbol{X})\mathrm{d}\boldsymbol{X} = 1$$

容易验证,上述关系式是成立的.事实上,由式(3.118),$\hat{p}_n(\boldsymbol{X}) \geqslant 0$ 是显然的.另外,由于

$$\int_{E_d} \hat{p}_n(\boldsymbol{X})\mathrm{d}\boldsymbol{X} = \int_{E_d} \frac{1}{n}\sum_{k=1}^{n} \frac{1}{V_n}\phi\left(\frac{\boldsymbol{X} - \boldsymbol{X}_k}{h_n}\right)\mathrm{d}\boldsymbol{X} = \frac{1}{n}\sum_{k=1}^{n}\int_{E_d} \frac{1}{V_n}\phi\left(\frac{\boldsymbol{X} - \boldsymbol{X}_k}{h_n}\right)\mathrm{d}\boldsymbol{X}$$

$$= \frac{1}{n}\sum_{k=1}^{n}\int_{E_d} \frac{1}{h_n^d}\phi\left(\frac{\boldsymbol{X} - \boldsymbol{X}_k}{h_n}\right)\mathrm{d}\boldsymbol{X} = \frac{1}{n}\sum_{k=1}^{n}\int_{E_d} \phi\left(\frac{\boldsymbol{X} - \boldsymbol{X}_k}{h_n}\right)\mathrm{d}\left(\frac{\boldsymbol{X} - \boldsymbol{X}_k}{h_n}\right)$$

$$= \frac{1}{n}\sum_{k=1}^{n}\int_{E_d} \phi(\boldsymbol{u})\mathrm{d}\boldsymbol{u}$$

故利用窗函数 $\phi(\boldsymbol{u})$ 的性质,可知 $\int_{E_d} \hat{p}_n(\boldsymbol{X})\mathrm{d}\boldsymbol{X} = 1$ 也成立.

上面借助于超方窗函数 $\phi(\boldsymbol{u})$,导出了所求概率密度 $\hat{p}_n(\boldsymbol{X})$ 的估计式(3.118).事实上,不限于超方窗函数,任何一个窗函数 $\phi(\boldsymbol{u})$,只要满足由式(3.115)和(3.116)所规定的性质,都可以作为窗函数使用.把这样的窗函数统称为 Parzen 窗函数.

为便于理解,在图 3.17 中列出了一维情形下的几种常用的窗函数.

由式(3.118),知 $\hat{p}_n(\boldsymbol{X})$ 与 h_n 的选择有关.下面,具体讨论一下 h_n(也即 V_n)对 $\hat{p}_n(\boldsymbol{X})$ 的影响.

为此,定义如下的函数

$$\delta_n(\boldsymbol{X}) = \frac{1}{V_n}\phi\left(\frac{\boldsymbol{X}}{h_n}\right) = \frac{1}{h_n^d}\phi\left(\frac{\boldsymbol{X}}{h_n}\right) \tag{3.119}$$

这样,式(3.118)可写成

$$\hat{p}_n(\boldsymbol{X}) = \frac{1}{n}\sum_{k=1}^{n} \delta_n(\boldsymbol{X} - \boldsymbol{X}_k) \tag{3.120}$$

由于 $V_n = h_n^d$，所以，由式(3.119)可知：h_n 既影响 $\delta_n(\boldsymbol{X})$ 的幅度，也影响 $\delta_n(\boldsymbol{X})$ 的宽度(范围)．如果 h_n 很大，则 $\delta_n(\boldsymbol{X})$ 的幅度就很小，而相应的拓展会很宽．即只有当 $\boldsymbol{X}_k$ 远离 $\boldsymbol{X}$ 时，$\delta_n(\boldsymbol{X}-\boldsymbol{X}_k)$ 同 $\delta_n(\boldsymbol{X})$ 的取值才会相差很多．此时，$\delta_n(\boldsymbol{X})$ 是 n 个拓展很宽、幅度很小的慢变函数的叠加．$\hat{p}_n(\boldsymbol{X})$ 将给出 $p(\boldsymbol{X})$ 的一个平滑估计．但是，由于 $\delta_n(\boldsymbol{X})$ 的拓展很宽，相应的空间分辨率将很低．反之，如果 h_n 很小，则 $\delta_n(\boldsymbol{X})$ 的幅度就很大，而相应的拓展会很窄．此时，$\delta_n(\boldsymbol{X})$ 在形状上逼近 δ 函数，是 n 个以 $\boldsymbol{X}_k$ 为中心，具有很窄的拓展和很大幅度的快变函数的叠加．此时，$\hat{p}_n(\boldsymbol{X})$ 的空间分辨率会很高．但是，由于 $\delta_n(\boldsymbol{X})$ 的拓展很窄，所给出的估计是一个不稳定的估计．为了让 $\hat{p}_n(\boldsymbol{X})$ 收敛于真实的 $p(\boldsymbol{X})$，可让 V_n 随 n 的增加而缓慢地趋于 0．

1. 方窗函数

$$\phi(u)=\begin{cases}1 & |u|\leqslant 1/2\\ 0 & \text{否则}\end{cases}$$

2. 三角窗函数

$$\phi(u)=\begin{cases}1-|u| & |u|\leqslant 1\\ 0 & \text{否则}\end{cases}$$

3. 正态窗函数

$$\phi(u)=\frac{1}{\sqrt{2\pi}}\exp\left(-\frac{u^2}{2}\right)$$

4. 指数窗函数

$$\phi(u)=\frac{1}{2}\exp(-|u|)$$

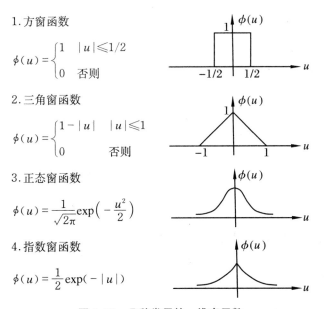

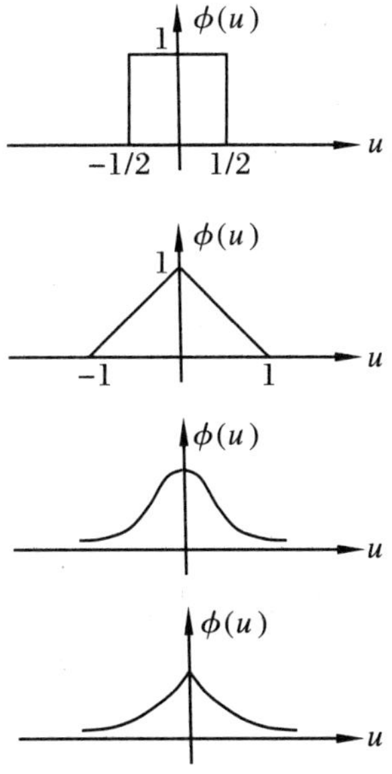

图 3.17　几种常用的一维窗函数

我们看到，对于固定的 X 而言，$\hat{p}_n(\boldsymbol{X})$ 的估计值与样本集有关．所采用的样本集不同，得到的 $\hat{p}_n(\boldsymbol{X})$ 的估计值也不一样．换言之，$\hat{p}_n(\boldsymbol{X})$ 是一个随机变量．因此，应该使用 $\hat{p}_n(\boldsymbol{X})$ 的均值作为真实 $p(\boldsymbol{X})$ 的估计．而要了解相应估计的确定性程度，则需要对它的方差情况有所了解．

可以证明，若 $p(\boldsymbol{X})$ 在 $\boldsymbol{X}$ 处连续，并且所使用的窗函数 $\phi(\boldsymbol{u})$ 及相关参数满足

以下约束条件：① $\operatorname{Sup}_{u}\phi(\boldsymbol{u})<\infty$；② $\lim_{\|\boldsymbol{u}\|\to\infty}\phi(\boldsymbol{u})\prod_{j=1}^{d}u_j=0$；③ $\lim_{n\to\infty}V_n=0$；④ $\lim_{n\to\infty}nV_n=\infty$. 则 $\hat{p}_n(\boldsymbol{X})$在均方意义下收敛于真实的 $p(\boldsymbol{X})$

$$\lim_{n\to\infty}\hat{p}_n^*(\boldsymbol{X})=p(\boldsymbol{X})\tag{3.121}$$

以及

$$\lim_{n\to\infty}\sigma_n^2(\boldsymbol{X})=0\tag{3.122}$$

式中，$\hat{p}_n^*(\boldsymbol{X})$、$\sigma_n^2(\boldsymbol{X})$分别表示 $\hat{p}_n(\boldsymbol{X})$的均值和方差.

在上述约束条件中，① 要求窗函数 $\phi(\boldsymbol{u})$是有界的，② 要求 $\phi(\boldsymbol{u})$随 $\boldsymbol{u}$ 的增长而较快地趋于 0. 以上两点是易于满足的. 例如，在图 3.17 中列出的几种常用的窗函数均满足这两个条件. ③和④则要求 V_n 随 n 的增长而趋于 0 但 V_n 趋于 0 的速度应低于 n 的增长速度. 这两个条件也是可以实现的.

下面给出有关收敛性的证明.

(1) 均值的收敛性

因抽样试验所得到的样本 $\boldsymbol{X}_k$ 的概率分布与未知 $p(\boldsymbol{X})$的分布相同，故

$$\begin{aligned}\hat{p}_n^*(\boldsymbol{X})&=E(\hat{p}_n(\boldsymbol{X}))\\&=E\left(\frac{1}{n}\sum_{k=1}^{n}\delta_n(\boldsymbol{X}-\boldsymbol{X}_k)\right)\\&=\frac{1}{n}\sum_{k=1}^{n}E(\delta_n(\boldsymbol{X}-\boldsymbol{X}_k))\\&=\int_{E_d}\delta_n(\boldsymbol{X}-\boldsymbol{V})p(\boldsymbol{V})\mathrm{d}\boldsymbol{V}\end{aligned}$$

上式表明，$\hat{p}_n(\boldsymbol{X})$的均值 $\hat{p}_n^*(\boldsymbol{X})$是未知概率密度函数 $p(\boldsymbol{X})$和 $\delta_n(\boldsymbol{X})$函数的褶积. 由于当 n 趋于无穷大时 $\delta_n(\boldsymbol{X})$趋向于 $\delta(\boldsymbol{X})$，故根据 $\delta(\boldsymbol{X})$的性质，只要 $p(\boldsymbol{X})$在 $\boldsymbol{X}$ 处连续，则有

$$\begin{aligned}\lim_{n\to\infty}\hat{p}_n^*(\boldsymbol{X})&=\lim_{n\to\infty}\int_{E_d}\delta_n(\boldsymbol{X}-\boldsymbol{V})p(\boldsymbol{V})\mathrm{d}\boldsymbol{V}\\&=\int_{E_d}\lim_{n\to\infty}\delta_n(\boldsymbol{X}-\boldsymbol{V})p(\boldsymbol{V})\mathrm{d}\boldsymbol{V}\\&=\int_{E_d}\delta(\boldsymbol{X}-\boldsymbol{V})p(\boldsymbol{V})\mathrm{d}\boldsymbol{V}\\&=p(\boldsymbol{X})\end{aligned}$$

(2) 方差的收敛性

根据定义，$\hat{p}_n(\boldsymbol{X})$的方差为

$$
\begin{aligned}
\sigma_n^2(\boldsymbol{X}) &= E\{(\hat{p}_n(\boldsymbol{X}) - \hat{p}_n^*(\boldsymbol{X}))^2\} \\
&= E\left\{\left(\frac{1}{n}\sum_{k=1}^{n}\frac{1}{V_n}\phi\left(\frac{\boldsymbol{X}-\boldsymbol{X}_k}{h_n}\right) - \hat{p}_n^*(\boldsymbol{X})\right)^2\right\} \\
&= E\left\{\left(\sum_{k=1}^{n}\left(\frac{1}{nV_n}\phi\left(\frac{\boldsymbol{X}-\boldsymbol{X}_k}{h_n}\right) - \frac{1}{n}\hat{p}_n^*(\boldsymbol{X})\right)\right)^2\right\}
\end{aligned}
$$

由于$\boldsymbol{X}_k$是独立抽取的，故可将上述求和式中的第一项看作是相互独立的随机变量．这样，根据独立随机变量之和的方差计算公式（独立随机变量之和的方差等于各独立随机变量的方差之和），有

$$
\begin{aligned}
\sigma_n^2(\boldsymbol{X}) &= \sum_{k=1}^{n}\left(E\left(\frac{1}{n^2V_n^2}\phi^2\left(\frac{\boldsymbol{X}-\boldsymbol{X}_k}{h_n}\right)\right) - \left(\frac{1}{n}\hat{p}_n^*(\boldsymbol{X})\right)^2\right) \\
&= nE\left(\frac{1}{n^2V_n^2}\phi^2\left(\frac{\boldsymbol{X}-\boldsymbol{X}_k}{h_n}\right)\right) - \frac{1}{n}(\hat{p}_n^*(\boldsymbol{X}))^2 \\
&= \frac{1}{nV_n}\int_{E_d}\frac{1}{V_n}\phi^2\left(\frac{\boldsymbol{X}-\boldsymbol{V}}{h_n}\right)p(\boldsymbol{V})\mathrm{d}\boldsymbol{V} - \frac{1}{n}(\hat{p}_n^*(\boldsymbol{X}))^2 \\
&\leqslant \frac{1}{nV_n}\int_{E_d}\frac{1}{V_n}\phi^2\left(\frac{\boldsymbol{X}-\boldsymbol{V}}{h_n}\right)p(\boldsymbol{V})\mathrm{d}\boldsymbol{V} \\
&= \frac{1}{nV_n}\int_{E_d}\phi\left(\frac{\boldsymbol{X}-\boldsymbol{V}}{h_n}\right)\frac{1}{V_n}\phi\left(\frac{\boldsymbol{X}-\boldsymbol{V}}{h_n}\right)p(\boldsymbol{V})\mathrm{d}\boldsymbol{V}
\end{aligned}
$$

于是，有

$$
\sigma_n^2(\boldsymbol{X}) \leqslant \frac{\mathop{\mathrm{Sup}}_{\boldsymbol{u}}\phi(\boldsymbol{u})\hat{p}_n^*(\boldsymbol{X})}{nV_n} \tag{3.123}
$$

由于已知

$$
\mathop{\mathrm{Sup}}_{\boldsymbol{u}}\phi(\boldsymbol{u}) < \infty \quad \text{和} \quad \lim_{n\to\infty} nV_n = \infty
$$

故有$\lim\limits_{n\to\infty}\sigma_n^2(\boldsymbol{X}) = 0$成立．证毕．

下面依据式(3.123)，进一步讨论一下窗口参数的选择问题．为使方差$\sigma_n^2(\boldsymbol{X})$较小，希望$V_n$较大而不是较小．由前面的讨论，此时$\hat{p}_n(\boldsymbol{X})$将给出$p(\boldsymbol{X})$的过于平滑的估计．因此，为了使$\hat{p}_n(\boldsymbol{X})$在均方意义下收敛于真实的$p(\boldsymbol{X})$，须使

$$
\lim_{n\to\infty} V_n = 0 \quad \text{和} \quad \lim_{n\to\infty} nV_n = \infty
$$

两个条件同时得到满足．通过取$V_n = V_1/\sqrt{n}$或$V_n = V_1/\ln n$可满足上述条件．因此，只要样本足够多，利用Parzen窗函数法一般可以得到概率密度函数的比较理想的估计．但是，这是以提供足够多的样本为代价的．从理论上来说，为了得到真实

的 $p(\boldsymbol{X})$，需要无限多的观测样本.这意味着需要大量的计算时间和存储容量.不仅如此，随着特征空间维数的增加，所需要的样本数将呈指数增长.这种“维数灾难”严重制约了该方法在实际中的应用.

3.14.3 k_n-近邻估计法

如前所述，k_n-近邻估计法把落在区域 R_n 中的样本数 k_n 选为训练样本数 n 的函数，并使得落在区域 R_n 中的样本数 k_n 随样本数 n 的增加而增加.例如，选择 $k_n = k_1\sqrt{n}$.这里，k_1 为落在区域 R_1 中的样本数.当然，要获得这样的效果，靠硬性地规定 R_n 是做不到的.可以通过如下步骤确定 R_n（从而确定 V_n）：当可用的样本数为 n 时，首先根据选定的规则确定 k_n（例如，根据 $k_n = k_1\sqrt{n}$），然后，从待估计点 $\boldsymbol{X}$ 开始向周边扩张直到扩张后的区域中恰好包含 k_n 个样本为止.将扩张后的区域作为 R_n，计算 R_n 所包围的体积 V_n，并依据下式完成对 $p(\boldsymbol{X})$ 的估计

$$\hat{p}_n(\boldsymbol{X}) = \frac{k_n/n}{V_n}$$

由于此时有

$$\lim_{n\to\infty} k_n = \infty \quad 和 \quad \lim_{n\to\infty}\frac{k_n}{n} = 0$$

故当 n 趋于无穷大时，所得到的 $\hat{p}_n(\boldsymbol{X})$ 将收敛于真实的 $p(\boldsymbol{X})$.

从上面的讨论可以知道，不论是 Parzen 窗函数法，还是 k_n-近邻估计法，为了获得真实的 $p(\boldsymbol{X})$，均需要无穷多个样本.但实际中能够得到的样本数总是有限的，因此，原则上不可能得到真实的 $p(\boldsymbol{X})$.此时，我们自然希望通过对初始参数（例如，Parzen 窗函数法中的 V_1 以及 k_n-近邻估计法中的 k_1）的选择，得到 $p(\boldsymbol{X})$ 的一个尽可能好的估计.可以肯定的是，在样本总数有限的情况下，选择不同的初始参数确实可以得到不同的估计结果.遗憾的是如果没有更多知识可以利用，则我们没有充分理由认为哪一种估计结果更好一些.但是，当有相关的先验知识或后验知识可以利用时，情况有所不同.例如，我们可以选择不同的初始参数，得到相应的 $\hat{p}_n(\boldsymbol{X})$，然后利用所估计的 $\hat{p}_n(\boldsymbol{X})$ 设计分类器并根据实际的分类效果对所估计的 $\hat{p}_n(\boldsymbol{X})$ 进行评价，从而得到 $p(\boldsymbol{X})$ 在某种意义下（例如，使错分概率最小）的最好估计.

3.14.4 正交级数逼近法

这种方法的理论基础是任意函数的正交级数展开.其基本思想是用一个正交

函数系的基函数$\{\phi_i(\boldsymbol{X}), i=1,2,\cdots,m\}$来表示$\hat{p}_n(\boldsymbol{X})$，使

$$\hat{p}_n(\boldsymbol{X}) = \sum_{j=1}^{m} c_j \phi_j(\boldsymbol{X}) \tag{3.124}$$

其中，$c_i, i=1,2,\cdots,m$为待定系数，由训练样本集$\mathscr{X}=\{\boldsymbol{X}_1, \boldsymbol{X}_2, \cdots, \boldsymbol{X}_n\}$所确定；$m$为一个整数，由所要求的逼近精度所确定.

该方法和前面所介绍的参数估计法有一定的相似之处，即都是根据训练样本集$\mathscr{X}=\{\boldsymbol{X}_1, \boldsymbol{X}_2, \cdots, \boldsymbol{X}_n\}$确定一组参数. 不同之处是：参数估计法要估计的是包含在形式已知的函数中的一组未知参数，而正交基数逼近法需要估计的则是将完全确知的一组函数联系起来的线性加权系数.

显然，作为待求$p(\boldsymbol{X})$的一个估计，$\hat{p}_n(\boldsymbol{X})$和$p(\boldsymbol{X})$之间存在误差. 我们希望确定$\hat{p}_n(\boldsymbol{X})$使相关误差尽可能地小. 为此，引入如下的方差函数对上述估计的误差进行定量刻画

$$\mathscr{E} = \int_{E_d} u(\boldsymbol{X})(\hat{p}_n(\boldsymbol{X}) - p(\boldsymbol{X}))^2 \mathrm{d}\boldsymbol{X} \tag{3.125}$$

这里，$u(\boldsymbol{X})$为加权系数. 显然，$\mathscr{E}$的取值越小，则$\hat{p}_n(\boldsymbol{X})$作为$p(\boldsymbol{X})$的估计就越精确.

现在考察在基函数$\{\phi_i(\boldsymbol{X}), i=1,2,\cdots,m\}$一定的条件下如何选择待定系数$c_i, i=1,2,\cdots,m$使上述方差最小化.

为此，将估计式(3.124)代入方差函数的表达式中，有

$$\mathscr{E} = \int_{E_d} u(\boldsymbol{X})\left(\sum_{j=1}^{m} c_j\phi_j(\boldsymbol{X}) - p(\boldsymbol{X})\right)^2 \mathrm{d}\boldsymbol{X}$$

为使上述方差最小化，令

$$\begin{aligned}\frac{\partial\mathscr{E}}{\partial c_i} &= \frac{\partial}{\partial c_i}\int_{E_d} u(\boldsymbol{X})\left(\sum_{j=1}^{m} c_j\phi_j(\boldsymbol{X}) - p(\boldsymbol{X})\right)^2 \mathrm{d}\boldsymbol{X} \\ &= 2\int_{E_d} u(\boldsymbol{X})\left(\sum_{j=1}^{m} c_j\phi_j(\boldsymbol{X}) - p(\boldsymbol{X})\right)\phi_i(\boldsymbol{X})\mathrm{d}\boldsymbol{X} \\ &= 0, \quad i = 1,2,\cdots,m\end{aligned} \tag{3.126}$$

解之，得到

$$\begin{aligned}&\sum_{j=1}^{m} c_j\int_{E_d} u(\boldsymbol{X})\phi_i(\boldsymbol{X})\phi_j(\boldsymbol{X})\mathrm{d}\boldsymbol{X} \\ &\qquad = \int_{E_d} u(\boldsymbol{X})\phi_i(\boldsymbol{X})p(\boldsymbol{X})\mathrm{d}\boldsymbol{X}, \quad i = 1,2,\cdots,m\end{aligned} \tag{3.127}$$

上式右端是关于$u(\boldsymbol{X})\phi_i(\boldsymbol{X})$的数学期望. 由于$p(\boldsymbol{X})$是待求的概率密度函数，故

不能直接计算.但是,可用训练样本集 $\mathscr{X}=\{\boldsymbol{X}_1,\boldsymbol{X}_2,\cdots,\boldsymbol{X}_n\}$对其进行估计

$$\int_{E_d} u(\boldsymbol{X})\phi_i(\boldsymbol{X})p(\boldsymbol{X})\mathrm{d}\boldsymbol{X} \cong \frac{1}{n}\sum_{k=1}^{n} u(\boldsymbol{X}_k)\phi_i(\boldsymbol{X}_k)$$

因此,有

$$\sum_{j=1}^{m} c_j \int_{E_d} u(\boldsymbol{X})\phi_i(\boldsymbol{X})\phi_j(\boldsymbol{X})\mathrm{d}\boldsymbol{X}$$
$$\cong \frac{1}{n}\sum_{k=1}^{n} u(\boldsymbol{X}_k)\phi_i(\boldsymbol{X}_k), \quad i = 1,2,\cdots,m \tag{3.128}$$

因为所选择的正交函数系的基函数$\{\phi_i(\boldsymbol{X}), i=1,2,\cdots,m\}$在权函数的条件下正交,故有

$$\int_{E_d} u(\boldsymbol{X})\phi_i(\boldsymbol{X})\phi_j(\boldsymbol{X})\mathrm{d}\boldsymbol{X} = \begin{cases} A_i & i = j \\ 0 & i \neq j \end{cases}$$

这样,由式(3.128),知

$$c_i \cong \frac{1}{nA_i}\sum_{k=1}^{n} u(\boldsymbol{X}_k)\phi_i(\boldsymbol{X}_k), \quad i = 1,2,\cdots,m$$

若选择归一化正交函数系,则有 $A_i=1, i=1,2,\cdots,m$.此时,有

$$c_i \cong \frac{1}{n}\sum_{k=1}^{n} u(\boldsymbol{X}_k)\phi_i(\boldsymbol{X}_k), \quad i = 1,2,\cdots,m$$

即,待定系数 $c_i, i=1,2,\cdots,m$ 可由训练样本集 $\mathscr{X}=\{\boldsymbol{X}_1,\boldsymbol{X}_2,\cdots,\boldsymbol{X}_n\}$和选定的基函数$\{\phi_i(\boldsymbol{X}), i=1,2,\cdots,m\}$以及权函数 $u(\boldsymbol{X})$所确定.相应的迭代计算公式为

$$\begin{aligned} c_i(n+1) &= \frac{1}{n+1}\sum_{k=1}^{n+1} u(\boldsymbol{X}_k)\phi_i(\boldsymbol{X}_k) \\ &= \frac{1}{n+1}\Big(\sum_{k=1}^{n} u(\boldsymbol{X}_k)\phi_i(\boldsymbol{X}_k) + u(\boldsymbol{X}_{n+1})\phi_i(\boldsymbol{X}_{n+1})\Big) \\ &= \frac{1}{n+1}(nc_i(n) + u(\boldsymbol{X}_{n+1})\phi_i(\boldsymbol{X}_{n+1})), \quad i = 1,2,\cdots,m \end{aligned}$$

其中,$c_i(1)\cong u(\boldsymbol{X}_1)\phi_i(\boldsymbol{X}_1)$.

实际应用中,可以根据需要选择所使用的正交函数系.选择正交函数系的一般原则是:

(1) 其中的基函数应有利于对 $p(\boldsymbol{X})$的估计.如果选择了不是很恰当的正交函数系,可能导致展开式中所包含的项数 m 的增加,从而会增加总的计算量.

(2) 所选择的正交函数系必须是完备的.

另外,在没有关于 $p(\boldsymbol{X})$的先验知识可以利用的情况下,项数 m 可依据实用

的原则来确定.即,究竟采用什么取值视其在实际中的表现而定.

本章小结　本章主要讨论统计模式识别中的概率方法.给出了几种典型的判决规则.它们是最小错误概率判决规则、最小风险判决规则、最大似然判决规则、Neyman-Peason 判决规则和最小最大判决规则.此外,还讨论了有监督和无监督情况下概率密度函数的估计问题,引入了用于解决此类问题的参数估计方法和非参数估计方法.在参数估计方法中,主要介绍了最大似然估计和贝叶斯估计两种方法;在非参数估计方法中,则重点讨论了 Parzen 窗函数估计法、k_n-近邻估计法和正交级数逼近法等三种方法.

第 4 章　分类器的错误率

在前面两章中，我们主要介绍了统计模式识别中的几何分类法和概率分类法，给出了相关的一些判别规则．依据这些判别规则可以设计相应的分类器．但是，这样设计出来的分类器其性能究竟如何？应该怎样对其进行评价？这些问题在前面的章节中并没有太多涉及．显然，无论采用什么样的训练和分类方法，设计出来的分类器在实际使用时都不可避免地会出现错误判决．我们说一个分类器性能好，首先是指其出现错误判决的概率要小（至少是小到能满足实际使用要求）．除了误判概率之外，算法的实时性和计算代价等也是影响分类器性能好坏的重要方面．

本章重点讨论分类器错误率的估计问题．我们希望从理论计算和实验估计两个方面得到解答．

事实上，分类器错误率的计算问题我们在第 3 章已经接触过．为了让读者对该问题有一个直观的认识，我们首先作一个简短的回顾．如图 4.1 所示，考虑最简单的 ω_1/ω_2 两类问题．假设我们已经设计了相应的分类器，得到了 ω_1 和 ω_2 所对应的判决区域 Ω_1 和 Ω_2．

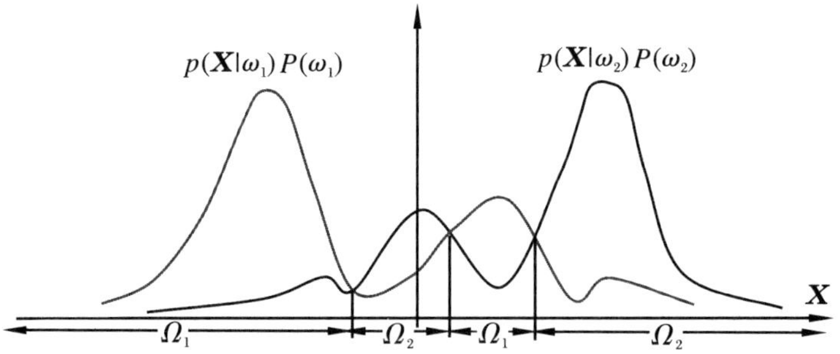

图 4.1　ω_1/ω_2 **两类问题中的分类器错误率计算**

分类器总的分类错误率为

$$P(e) = P(\omega_1)P_1(e) + P(\omega_2)P_2(e) \tag{4.1}$$

其中，$P(\omega_1)$和$P(\omega_2)$分别是类别ω_1和ω_2的先验概率，而$P_1(e)$和$P_2(e)$分别是关于两个类别的类条件概率密度$p(\boldsymbol{X}|\omega_1)$和$p(\boldsymbol{X}|\omega_2)$的积分

$$P_1(e) = \int_{\Omega_2} p(\boldsymbol{X}|\omega_1)\mathrm{d}\boldsymbol{X} \tag{4.2}$$

$$P_2(e) = \int_{\Omega_1} p(\boldsymbol{X}|\omega_2)\mathrm{d}\boldsymbol{X} \tag{4.3}$$

从理论上来说，只要知道了相应的类条件概率密度和先验概率，就可以依据式(4.1)，计算总的分类错误率$P(e)$.但是，实际情况要复杂得多.例如，当X是多维向量时，为了得到所求的分类错误率$P(e)$，需要计算由式(4.2)和(4.3)所表示的两个多重积分.通常，这是一件非常困难的任务.即便是如图4.1所示的一维情况，当类条件概率密度函数$p(\boldsymbol{X}|\omega_1)$和$p(\boldsymbol{X}|\omega_2)$的形状呈现复杂的多峰分布时，要确定相应的判决区域$\Omega_1$和$\Omega_2$也并非易事.因此，只有在某些简单而特殊的条件下才可以按照理论公式计算相应分类器的错误率.在其他情况下，必须考虑采用另外的手段.例如，可以通过理论计算对相应错误率的界限进行估计，也可以利用实验手段得到分类器错误率的估计.

下面，分别对这些问题展开讨论.首先讨论几种特殊情况下错误率的计算问题，然后讨论一般情况下错误率的理论界限，最后讨论分类器错误率的实验估计.

4.1　正态分布下的错误率

首先考虑正态分布下错误率的计算问题.为简单起见，从最简单的ω_1/ω_2两类问题入手.假定相应的特征空间是d维的，两个类别的均值向量分别为$\boldsymbol{\mu}_1$和$\boldsymbol{\mu}_2$，协方差矩阵分别为$\boldsymbol{\Sigma}_1$和$\boldsymbol{\Sigma}_2$.此时，两个类别的类条件概率密度可以表示为

$$p(\boldsymbol{X}|\omega_1) = \frac{1}{(2\pi)^{\frac{d}{2}}|\boldsymbol{\Sigma}_1|^{\frac{1}{2}}}\exp\left\{-\frac{1}{2}(\boldsymbol{X}-\boldsymbol{\mu}_1)^{\mathrm{T}}\boldsymbol{\Sigma}_1^{-1}(\boldsymbol{X}-\boldsymbol{\mu}_1)\right\}$$

$$p(\boldsymbol{X}|\omega_2) = \frac{1}{(2\pi)^{\frac{d}{2}}|\boldsymbol{\Sigma}_2|^{\frac{1}{2}}}\exp\left\{-\frac{1}{2}(\boldsymbol{X}-\boldsymbol{\mu}_2)^{\mathrm{T}}\boldsymbol{\Sigma}_2^{-1}(\boldsymbol{X}-\boldsymbol{\mu}_2)\right\}$$

假定采用基于最大似然比的设计方法设计分类器.更进一步，为计算方便起见，仅考虑$\boldsymbol{\Sigma}_1=\boldsymbol{\Sigma}_2=\boldsymbol{\Sigma}$的情况.此时，相应的对数似然比函数可表示为

$$u_{12}(\boldsymbol{X}) = \ln\frac{p(\boldsymbol{X}|\omega_1)}{p(\boldsymbol{X}|\omega_2)}$$

$$
\begin{aligned}
&= -\frac{1}{2}(\boldsymbol{X}-\boldsymbol{\mu}_1)^{\mathrm{T}}\boldsymbol{\Sigma}^{-1}(\boldsymbol{X}-\boldsymbol{\mu}_1)+\frac{1}{2}(\boldsymbol{X}-\boldsymbol{\mu}_2)^{\mathrm{T}}\boldsymbol{\Sigma}^{-1}(\boldsymbol{X}-\boldsymbol{\mu}_2)\\
&= \frac{1}{2}\boldsymbol{X}^{T}\boldsymbol{\Sigma}^{-1}\boldsymbol{\mu}_1+\frac{1}{2}\boldsymbol{\mu}_1{}^{\mathrm{T}}\boldsymbol{\Sigma}^{-1}\boldsymbol{X}-\frac{1}{2}\boldsymbol{\mu}_1{}^{\mathrm{T}}\boldsymbol{\Sigma}^{-1}\boldsymbol{\mu}_1\\
&\quad -\frac{1}{2}\boldsymbol{X}^{\mathrm{T}}\boldsymbol{\Sigma}^{-1}\boldsymbol{\mu}_2-\frac{1}{2}\boldsymbol{\mu}_2{}^{\mathrm{T}}\boldsymbol{\Sigma}^{-1}\boldsymbol{X}+\frac{1}{2}\boldsymbol{\mu}_2{}^{\mathrm{T}}\boldsymbol{\Sigma}^{-1}\boldsymbol{\mu}_2\\
&= \boldsymbol{X}^{\mathrm{T}}\boldsymbol{\Sigma}^{-1}\boldsymbol{\mu}_1-\boldsymbol{X}^{\mathrm{T}}\boldsymbol{\Sigma}^{-1}\boldsymbol{\mu}_2-\frac{1}{2}\boldsymbol{\mu}_1{}^{\mathrm{T}}\boldsymbol{\Sigma}^{-1}\boldsymbol{\mu}_1+\frac{1}{2}\boldsymbol{\mu}_2{}^{\mathrm{T}}\boldsymbol{\Sigma}^{-1}\boldsymbol{\mu}_2\\
&= \boldsymbol{X}^{\mathrm{T}}\boldsymbol{\Sigma}^{-1}(\boldsymbol{\mu}_1-\boldsymbol{\mu}_2)-\frac{1}{2}(\boldsymbol{\mu}_1+\boldsymbol{\mu}_2)^{\mathrm{T}}\boldsymbol{\Sigma}^{-1}(\boldsymbol{\mu}_1-\boldsymbol{\mu}_2)
\end{aligned}\tag{4.4}
$$

若采用最小风险判别规则,则相应的判决阈值由下式给出

$$
\theta_{12}=\ln\frac{(L(\alpha_1|\omega_2)-L(\alpha_2|\omega_2))P(\omega_2)}{(L(\alpha_2|\omega_1)-L(\alpha_1|\omega_1))P(\omega_1)}
$$

其中,$L(\alpha_i|\omega_j),i,j=1,2$ 为损失函数.在选择 0-1 损失函数的情况下,有

$$
\theta_{12}=\ln\frac{P(\omega_2)}{P(\omega_1)}
$$

不论采用哪一种判决阈值,相应的判别规则由下式给出

$$
\begin{cases}u_{12}(\boldsymbol{X})>\theta_{12}\Rightarrow\boldsymbol{X}\in\omega_1\\ u_{12}(\boldsymbol{X})<\theta_{12}\Rightarrow\boldsymbol{X}\in\omega_2\end{cases}\tag{4.5}
$$

依据上述判别规则进行分类判决时,可产生两种类型的错误.一种判决错误是 $\boldsymbol{X}\in\omega_1$ 但判决 $\boldsymbol{X}\in\omega_2$,相应的判决错误率为 $P(\omega_1)P_1(e)$.其中

$$
P_1(e)=P(u_{12}(\boldsymbol{X})<\theta_{12}|\omega_1)
$$

还有一种判决错误是 $\boldsymbol{X}\in\omega_2$ 但判决 $\boldsymbol{X}\in\omega_1$,相应的判决错误率为 $P(\omega_2)P_2(e)$.其中

$$
P_2(e)=P(u_{12}(\boldsymbol{X})>\theta_{12}|\omega_2)
$$

现对 $u_{12}(\boldsymbol{X})$进行考察.显然,根据定义,$u_{12}(\boldsymbol{X})$由 $\boldsymbol{X}$ 的各个分量线性组合而成.已知 $\boldsymbol{X}$ 服从正态分布,故由第 3 章关于正态分布的性质 4,知其各个分量也服从正态分布.又根据同性质 6 知,$u_{12}(\boldsymbol{X})$是一个服从正态分布的一维随机变量.

显然,当 $\boldsymbol{X}$ 的所属类别不同时,相应的 $u_{12}(\boldsymbol{X})$虽然都服从一维的正态分布,但其均值和方差情况一般是不一样的.下面,具体计算一下 $u_{12}(\boldsymbol{X})$在不同情况下的均值和方差.首先考虑 $\boldsymbol{X}\in\omega_1$ 的情况.假定对应的 $u_{12}(\boldsymbol{X})$的均值和方差分别为 η_1 和 σ_1^2,则

$$
\begin{aligned}
\eta_1 &= E\{u_{12}(\boldsymbol{X})\}\\
&= E\left\{\boldsymbol{X}^{\mathrm{T}}\boldsymbol{\Sigma}^{-1}(\boldsymbol{\mu}_1-\boldsymbol{\mu}_2)-\frac{1}{2}(\boldsymbol{\mu}_1+\boldsymbol{\mu}_2)^{\mathrm{T}}\boldsymbol{\Sigma}^{-1}(\boldsymbol{\mu}-\boldsymbol{\mu}_2)\right\}
\end{aligned}
$$

$$= \boldsymbol{\mu}_1{}^{\mathrm{T}}\boldsymbol{\Sigma}^{-1}(\boldsymbol{\mu}_1 - \boldsymbol{\mu}_2) - \frac{1}{2}(\boldsymbol{\mu}_1 + \boldsymbol{\mu}_2)^{\mathrm{T}}\boldsymbol{\Sigma}^{-1}(\boldsymbol{\mu}_1 - \boldsymbol{\mu}_2)$$

$$= \frac{1}{2}(\boldsymbol{\mu}_1 - \boldsymbol{\mu}_2)^{\mathrm{T}}\boldsymbol{\Sigma}^{-1}(\boldsymbol{\mu}_1 - \boldsymbol{\mu}_2) \tag{4.6}$$

记 $\gamma_{ij}^2 = (\boldsymbol{\mu}_1 - \boldsymbol{\mu}_2)^{\mathrm{T}}\ \boldsymbol{\Sigma}^{-1}(\boldsymbol{\mu}_1 - \boldsymbol{\mu}_2)$，则

$$\eta_1 = \frac{1}{2}\gamma_{ij}^2 \tag{4.7}$$

根据第2章有关距离的定义，知 γ_{ij}^2 为两个类别 ω_1 和 ω_2 均值之间的马氏距离的平方. 根据求出的 η_1，可进一步计算 σ_1^2

$$\begin{aligned}
\sigma_1^2 &= E\{(u_{12}(\boldsymbol{X}) - \eta_1)^2\} \\
&= E\left\{\left(\boldsymbol{X}^{\mathrm{T}}\ \boldsymbol{\Sigma}^{-1}(\boldsymbol{\mu}_1 - \boldsymbol{\mu}_2) - \frac{1}{2}(\boldsymbol{\mu}_1 + \boldsymbol{\mu}_2)^{\mathrm{T}}\ \boldsymbol{\Sigma}^{-1}(\boldsymbol{\mu}_1 - \boldsymbol{\mu}_2)\right.\right. \\
&\quad \left.\left. - \frac{1}{2}(\boldsymbol{\mu}_1 - \boldsymbol{\mu}_2)^{\mathrm{T}}\ \boldsymbol{\Sigma}^{-1}(\boldsymbol{\mu}_1 - \boldsymbol{\mu}_2)\right)^2\right\} \\
&= E\{((\boldsymbol{X} - \boldsymbol{\mu}_1)^{\mathrm{T}}\ \boldsymbol{\Sigma}^{-1}(\boldsymbol{\mu}_1 - \boldsymbol{\mu}_2))^2\} \\
&= E\{((\boldsymbol{X} - \boldsymbol{\mu}_1)^{\mathrm{T}}\ \boldsymbol{\Sigma}^{-1}(\boldsymbol{\mu}_1 - \boldsymbol{\mu}_2))^{\mathrm{T}}\ (\boldsymbol{X} - \boldsymbol{\mu}_1)^{\mathrm{T}}\ \boldsymbol{\Sigma}^{-1}(\boldsymbol{\mu}_1 - \boldsymbol{\mu}_2)\} \\
&= E\{(\boldsymbol{\mu}_1 - \boldsymbol{\mu}_2)^{\mathrm{T}}\ \boldsymbol{\Sigma}^{-1}(\boldsymbol{X} - \boldsymbol{\mu}_1)\ (\boldsymbol{X} - \boldsymbol{\mu}_1)^{\mathrm{T}}\ \boldsymbol{\Sigma}^{-1}(\boldsymbol{\mu}_1 - \boldsymbol{\mu}_2)\} \\
&= (\boldsymbol{\mu}_1 - \boldsymbol{\mu}_2)^{\mathrm{T}}\ \boldsymbol{\Sigma}^{-1}E((\boldsymbol{X} - \boldsymbol{\mu}_1)\ (\boldsymbol{X} - \boldsymbol{\mu}_1)^{\mathrm{T}})\boldsymbol{\Sigma}^{-1}(\boldsymbol{\mu}_1 - \boldsymbol{\mu}_2)
\end{aligned}$$

根据协方差矩阵的定义，知

$$E\{(\boldsymbol{X} - \boldsymbol{\mu}_1)\ (\boldsymbol{X} - \boldsymbol{\mu}_1)^{\mathrm{T}}\} = \boldsymbol{\Sigma}_1 = \boldsymbol{\Sigma}$$

故有：$\sigma_1^2 = (\boldsymbol{\mu}_1 - \boldsymbol{\mu}_2)^{\mathrm{T}}\ \boldsymbol{\Sigma}^{-1}(\boldsymbol{\mu}_1 - \boldsymbol{\mu}_2) = \gamma_{ij}^2$

此外，若设 $\boldsymbol{X} \in \omega_2$ 时 $u_{12}(\boldsymbol{X})$ 的均值和方差分别为 η_2 和 σ_2^2，则经过类似的推导，可以求得

$$\eta_2 = E\{u_{12}(\boldsymbol{X})\} = -\frac{1}{2}\gamma_{ij}^2$$

$$\sigma_2^2 = E\{(u_{12}(\boldsymbol{X}) - \eta_2)^2\} = \gamma_{ij}^2$$

由此可见：当 $X \in \omega_1$ 时，$u_{12}(\boldsymbol{X})$ 服从均值为 $\frac{1}{2}\gamma_{ij}^2$，方差为 γ_{ij}^2 的正态分布；而当 $\boldsymbol{X} \in \omega_2$ 时，$u_{12}(\boldsymbol{X})$ 则服从均值为 $-\frac{1}{2}\gamma_{ij}^2$，方差为 γ_{ij}^2 的正态分布. 故

$$\begin{aligned}
P_1(e) &= P(u_{12}(\boldsymbol{X}) < \theta_{12} \mid \omega_1) \\
&= \int_{-\infty}^{\theta_{12}} \frac{1}{\sqrt{2\pi}\gamma_{ij}} \exp\left\{-\frac{1}{2}\left(\frac{u_{12}(\boldsymbol{X}) - \gamma_{ij}^2/2}{\gamma_{ij}}\right)^2\right\} \mathrm{d}u_{12}(\boldsymbol{X})
\end{aligned}$$

$$= \int_{-\infty}^{\frac{\theta_{12}-\gamma_{ij}^2/2}{\gamma_{ij}}} \frac{1}{\sqrt{2\pi}} \exp\left\{-\frac{1}{2}y^2\right\} \mathrm{d}y \tag{4.8}$$

若记 $\Phi(\xi) = \int_{-\infty}^{\xi} \frac{1}{\sqrt{2\pi}} \exp\left\{-\frac{1}{2}y^2\right\} \mathrm{d}y$,则 $P_1(e) = \Phi\left(\frac{\theta_{12} - \gamma_{ij}^2/2}{\gamma_{ij}}\right)$.

同理,可得

$$\begin{aligned} P_2(e) &= P(u_{12}(\boldsymbol{X}) > \theta_{12} \mid \omega_2) \\ &= \int_{\theta_{12}}^{\infty} \frac{1}{\sqrt{2\pi}\gamma_{ij}} \exp\left\{-\frac{1}{2}\left(\frac{u_{12}(\boldsymbol{X}) + \gamma_{ij}^2/2}{\gamma_{ij}}\right)^2\right\} \mathrm{d}u_{12}(\boldsymbol{X}) \\ &= \int_{\frac{\theta_{12}+\gamma_{ij}^2/2}{\gamma_{ij}}}^{\infty} \frac{1}{\sqrt{2\pi}} \exp\left\{-\frac{1}{2}y^2\right\} \mathrm{d}y \\ &= \int_{-\infty}^{\infty} \frac{1}{\sqrt{2\pi}} \exp\left\{-\frac{1}{2}y^2\right\} \mathrm{d}y - \int_{-\infty}^{\frac{\theta_{12}+\gamma_{ij}^2/2}{\gamma_{ij}}} \frac{1}{\sqrt{2\pi}} \exp\left\{-\frac{1}{2}y^2\right\} \mathrm{d}y \\ &= 1 - \Phi\left(\frac{\theta_{12} + \gamma_{ij}^2/2}{\gamma_{ij}}\right) \end{aligned} \tag{4.9}$$

这样,总的错误率为

$$\begin{aligned} P(e) &= P(\omega_1)P_1(e) + P(\omega_2)P_2(e) \\ &= P(\omega_1)\Phi\left(\frac{\theta_{12} - \gamma_{ij}^2/2}{\gamma_{ij}}\right) + P(\omega_2)\left(1 - \Phi\left(\frac{\theta_{12} + \gamma_{ij}^2/2}{\gamma_{ij}}\right)\right) \end{aligned} \tag{4.10}$$

易见,总的错误率与两个类别的先验概率、相应的判决阈值和类别均值之间的马氏距离有关.如果排除类别先验概率的影响,并取 0-1 损失函数(此时,判决阈值为 0),则有

$$P(e) = \frac{1}{2}\Phi\left(-\frac{1}{2}\gamma_{ij}\right) + \frac{1}{2}\left(1 - \Phi\left(\frac{1}{2}\gamma_{ij}\right)\right) \tag{4.11}$$

此时,总的错误率仅取决于两个类别之间的马氏距离.其示意图如图 4.2 所示.

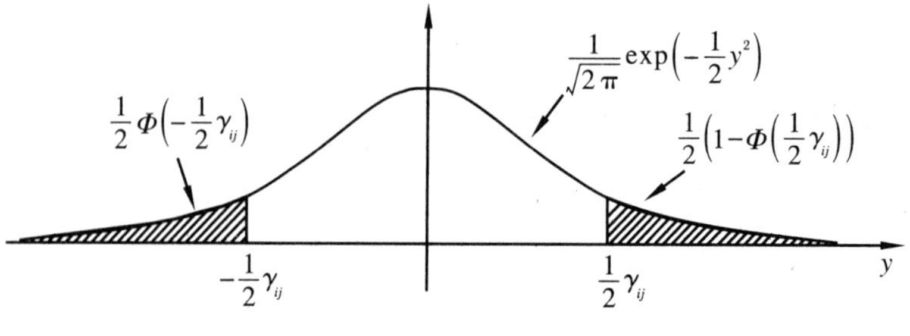

图 4.2 正态分布下总的错误率 $P(e)$ 与马氏距离 γ_{ij} 之间的关系

由图可清楚地看出总的错误率 $P(e)$ 与马氏距离 γ_{ij} 之间的关系. γ_{ij} 越大，则图示阴影区的面积越小，$P(e)$ 也越小；反之，γ_{ij} 越小，则图示阴影区的面积越大，$P(e)$ 也越大.

4.2 样本各维之间统计独立情况下的错误率

本节讨论如何在样本的维数 d 较大且样本的各维之间统计独立的情况下计算相应的错误率.

为简单起见，仅考虑 ω_1/ω_2 两类问题. 此时，由于样本的各维之间统计独立，故两个类别的类条件概率密度分别可表示为

$$p(\boldsymbol{X}|\omega_1) = \prod_{k=1}^{d} p(x_k|\omega_1)$$

$$p(\boldsymbol{X}|\omega_2) = \prod_{k=1}^{d} p(x_k|\omega_2)$$

据此，得到对数似然比函数为

$$u_{12}(\boldsymbol{X}) = \ln \frac{p(\boldsymbol{X}|\omega_1)}{p(\boldsymbol{X}|\omega_2)} = \sum_{k=1}^{d} \ln \frac{p(x_k|\omega_1)}{p(x_k|\omega_2)} = \sum_{k=1}^{d} u_{12}(x_k) \tag{4.12}$$

这里

$$u_{12}(x_k) = \ln \frac{p(x_k|\omega_1)}{p(x_k|\omega_2)}, \quad k = 1,2,\cdots,d \tag{4.13}$$

为样本分量 $x_k, k=1,2,\cdots,d$ 的对数似然比.

这样，通过引入对数似然比，我们可将一个高维的识别问题转化成一个一维的识别问题进行处理. 和前面一样，用 θ_{12} 表示相应的判决阈值，则所求的最大似然判决规则可表示为

$$\begin{cases} u_{12}(\boldsymbol{X}) > \theta_{12} \Rightarrow \boldsymbol{X} \in \omega_1 \\ u_{12}(\boldsymbol{X}) < \theta_{12} \Rightarrow \boldsymbol{X} \in \omega_2 \end{cases} \tag{4.14}$$

由式(4.13)，$u_{12}(x_k), k=1,2,\cdots,d$ 是一个一维的随机变量，其均值和方差随样本所属类别的变化而变化，分别由下式定义

$$\eta_{i,k} = E\{u_{12}(x_k|\omega_i)\}, \quad i = 1,2$$

$$\sigma_{i,k}^2 = E\{(u_{12}(x_k|\omega_i) - \eta_{i,k})^2\}, \quad i = 1,2$$

其中,下标 i 表示样本的所属类别、k 表示样本分量 x_k 在样本向量中的维序.例如,$\eta_{1,k}$表示当 $\boldsymbol{X}\in\omega_1$ 时,随机变量 $u_{12}(x_k)$的均值,等等.

由式(4.12),对数似然比 $u_{12}(\boldsymbol{X})$由样本分量的对数似然比之和表示.因此,它也是一个一维的随机变量,其均值和方差可如下得到

$$\eta_i = E\{u_{12}(\boldsymbol{X}|\omega_i)\} = E\left\{\sum_{k=1}^{d} u_{12}(x_k|\omega_i)\right\} = \sum_{k=1}^{d}\eta_{i,k},\quad i=1,2$$

$$\sigma_i^2 = E\{(u_{12}(\boldsymbol{X}|\omega_i)-\eta_i)^2\} = E\left\{\left(\sum_{k=1}^{d} u_{12}(x_k|\omega_i)-\sum_{k=1}^{d}\eta_{i,k}\right)^2\right\} = \sum_{k=1}^{d}\sigma_{i,k}^2,\quad i=1,2$$

其中,方差计算步骤中的最后一步利用了样本各维之间统计独立的条件.

现在,让我们来看一看对数似然比 $u_{12}(\boldsymbol{X})$服从什么样的分布.根据概率论中的中心极限定理可知:在 $\boldsymbol{X}\in\omega_i$, $i=1,2$ 的条件下,只要样本的维数 d 足够大,那么,不论每个随机变量 $u_{12}(x_k)$, $k=1,2,\cdots,d$ 取什么样的分布,只要它们是独立同分布的,则其和 $u_{12}(\boldsymbol{X})$将渐进服从 $N(\eta_i,\sigma_i^2)$, $i=1,2$ 的正态分布.

类似地,可利用上面的结果具体计算相应的错误率.其中

$$\begin{aligned}
P_1(e) &= P(u_{12}(\boldsymbol{X})<\theta_{12}|\omega_1)\\
&= \int_{-\infty}^{\theta_{12}}\frac{1}{\sqrt{2\pi}\sigma_1}\exp\left\{-\frac{1}{2}\left(\frac{u_{12}(\boldsymbol{X})-\eta_1}{\sigma_1}\right)^2\right\}\mathrm{d}u_{12}(\boldsymbol{X})\\
&= \int_{-\infty}^{\frac{\theta_{12}-\eta_1}{\sigma_1}}\frac{1}{\sqrt{2\pi}}\exp\left\{-\frac{1}{2}y^2\right\}\mathrm{d}y = \Phi\left(\frac{\theta_{12}-\eta_1}{\sigma_1}\right)\\
P_2(e) &= P(u_{12}(\boldsymbol{X})>\theta_{12}|\omega_2)\\
&= \int_{\theta_{12}}^{\infty}\frac{1}{\sqrt{2\pi}\sigma_2}\exp\left\{-\frac{1}{2}\left(\frac{u_{12}(\boldsymbol{X})-\eta_2}{\sigma_2}\right)^2\right\}\mathrm{d}u_{12}(\boldsymbol{X})\\
&= \int_{\frac{\theta_{12}-\eta_2}{\sigma_2}}^{\infty}\frac{1}{\sqrt{2\pi}}\exp\left\{-\frac{1}{2}y^2\right\}\mathrm{d}y = 1-\Phi\left(\frac{\theta_{12}-\eta_2}{\sigma_2}\right)
\end{aligned}$$

总的错误率为

$$\begin{aligned}
P(e) &= P(\omega_1)P_1(e)+P(\omega_2)P_2(e)\\
&= P(\omega_1)\Phi\left(\frac{\theta_{12}-\eta_1}{\sigma_1}\right)+P(\omega_2)\left(1-\Phi\left(\frac{\theta_{12}-\eta_2}{\sigma_2}\right)\right)
\end{aligned}\tag{4.15}$$

这样,只要在设计过程或实际使用过程中能够确定相应的判决阈值以及对数似然比的均值和方差,即可根据上式对相关的错误率进行计算.

4.3 错误率界限的理论估计

上面两节分别对两种特殊情况下的错误率进行了理论计算,得到了相应错误率的表达式.但是,在更一般的情况下要进行类似的理论计算是非常困难的.此时,为了对一个分类系统的错误率有正确的把握,我们希望能对它的界作出估计.本节讨论错误率上界的估计方法.首先介绍所谓的 Chernoff 界限(简称 C-界限).

4.3.1 Chernoff 界限

为简单起见,仍考虑 ω_1/ω_2 两类问题.与前类似,设样本 $\boldsymbol{X}$ 是 d 维的,两个类别 ω_1 和 ω_2 的类条件概率密度分别为 $p(\boldsymbol{X}|\omega_1)$和 $p(\boldsymbol{X}|\omega_2)$.为了得到所需的分类器,定义如下的负对数似然比

$$h(\boldsymbol{X}) = -u_{12}(\boldsymbol{X}) = -\ln\frac{p(\boldsymbol{X}|\omega_1)}{p(\boldsymbol{X}|\omega_2)} = -\ln p(\boldsymbol{X}|\omega_1) + \ln p(\boldsymbol{X}|\omega_2) \tag{4.16}$$

在最大似然判决下,相应的判决规则为

$$\begin{cases} h(\boldsymbol{X}) < \theta_{12} \Rightarrow \boldsymbol{X} \in \omega_1 \\ h(\boldsymbol{X}) > \theta_{12} \Rightarrow \boldsymbol{X} \in \omega_2 \end{cases} \tag{4.17}$$

这里,θ_{12}为相应的判决阈值.

若用 $p(h|\omega_1)$和 $p(h|\omega_2)$分别表示 $\boldsymbol{X}\in\omega_1$ 和 $X\in\omega_2$ 时对应的 $h(\boldsymbol{X})$的类条件概率密度,则形式上我们有

$$P_1(e) = P(u_{12}(\boldsymbol{X}) > \theta_{12}|\omega_1) = \int_{\theta_{12}}^{\infty} p(h|\omega_1)\mathrm{d}h \tag{4.18}$$

$$P_2(e) = P(u_{12}(\boldsymbol{X}) < \theta_{12}|\omega_2) = \int_{-\infty}^{\theta_{12}} p(h|\omega_2)\mathrm{d}h \tag{4.19}$$

若能用某种方法获得 $p(h|\omega_1)$和 $p(h|\omega_2)$的解析表示,则上述错误率是可以计算的.否则,将不能得到任何有价值的计算结果.

下面,我们来导出错误率 $P_1(e)$和 $P_2(e)$的上界.

为此,引入如下的矩母函数

$$\varphi_i(s) = E_i\{\mathrm{e}^{sh}\} = \int_{-\infty}^{\infty} \mathrm{e}^{sh} p(h|\omega_i)\mathrm{d}h, \quad i = 1,2 \tag{4.20}$$

这里，s 取实数值，而 i 用于标记类别.

更进一步，定义 $\mu(s)$ 为 $\varphi_1(s)$ 的负对数，即

$$\mu(s) = -\ln\varphi_1(s) = -\ln\int_{-\infty}^{\infty} e^{sh}p(h|\omega_1)dh \tag{4.21}$$

由 $\varphi_1(s)$ 的定义式(4.20)，有

$$\int_{-\infty}^{\infty}\left(\frac{e^{sh}}{\varphi_1(s)}\right)p(h|\omega_1)dh = 1$$

此外，当 s 取实数值时，显然有

$$\left(\frac{e^{sh}}{\varphi_1(s)}\right)p(h|\omega_1) \geqslant 0$$

故知 $(e^{sh}/\varphi_1(s))p(h|\omega_1)$ 满足一个概率密度函数应具有的性质，因此，它有资格作为一个概率密度. 可将其看作是与负对数似然比 h 有相同定义域的新的随机变量 g 的类条件概率密度. 其中，g 与 h 取值相同，但分布不同. 即

$$p(g = h|\omega_1) = \left(\frac{e^{sh}}{\varphi_1(s)}\right)p(h|\omega_1)$$

可根据定义如下计算新定义的随机变量 g 的均值和方差

$$E\{g|\omega_1\} = \int_{-\infty}^{\infty} gp(g|\omega_1)dg = \int_{-\infty}^{\infty} h\left(\frac{e^{sh}}{\varphi_1(s)}\right)p(h|\omega_1)dh$$

但是，根据 $\mu(s)$ 的定义式(4.21)，有

$$\begin{aligned}\frac{d\mu(s)}{ds} &= \frac{d}{ds}(-\ln\varphi_1(s)) = -\frac{1}{\varphi_1(s)}\frac{d\varphi_1(s)}{ds} = -\frac{1}{\varphi_1(s)}\frac{d}{ds}\int_{-\infty}^{\infty} e^{sh}p(h|\omega_1)dh \\ &= -\frac{1}{\varphi_1(s)}\int_{-\infty}^{\infty} he^{sh}p(h|\omega_1)dh = -\int_{-\infty}^{\infty} h\left(\frac{e^{sh}}{\varphi_1(s)}\right)p(h|\omega_1)dh \\ &= -E\{g|\omega_1\}\end{aligned}$$

故有

$$E\{g|\omega_1\} = -\frac{d\mu(s)}{ds} \tag{4.22}$$

类似地，可得到 g 的方差

$$\sigma_g^2 = D\{g|\omega_1\} = -\frac{d^2\mu(s)}{ds^2} \tag{4.23}$$

因此，根据式(4.18)，有

$$\begin{aligned}P_1(e) &= \int_{\theta_{12}}^{\infty} p(h|\omega_1)dh \\ &= \int_{\theta_{12}}^{\infty}\left(\frac{\varphi_1(s)}{e^{sh}}\right)\left(\frac{e^{sh}}{\varphi_1(s)}\right)p(h|\omega_1)dh\end{aligned}$$

$$= \int_{\theta_{12}}^{\infty} \left(\frac{\varphi_1(s)}{e^{sh}} \right) p(g = h \mid \omega_1) dh$$

但是,根据定义,有 $\varphi_1(s) = e^{-\mu(s)}$.故

$$P_1(e) = \int_{\theta_{12}}^{\infty} e^{-\mu(s)-sh} p(g = h \mid \omega_1) dh$$

$$= e^{-\mu(s)} \int_{\theta_{12}}^{\infty} e^{-sh} p(g = h \mid \omega_1) dh$$

显然,上述 $P_1(e)$与 s 的取值有关.容易验证:若我们希望得到 $P_1(e)$的最小上界,则要求 $s \geqslant 0$.注意到在上述积分式中,有 $h \geqslant \theta_{12}$成立.因此,当 $s \geqslant 0$ 时,有 $-sh \leqslant -s\theta_{12}$成立,也即有 $e^{-sh} \leqslant e^{-s\theta_{12}}$成立.

故有

$$P_1(e) \leqslant e^{-\mu(s)-s\theta_{12}} \int_{\theta_{12}}^{\infty} p(g = h \mid \omega_1) dh, \quad s \geqslant 0 \tag{4.24}$$

上式给出了 $P_1(e)$的上界.

$$\because \int_{\theta_{12}}^{\infty} p(g = h \mid \omega_1) dh < \int_{-\infty}^{\infty} p(g = h \mid \omega_1) dh = 1$$

$$\therefore P_1(e) < e^{-\mu(s)-s\theta_{12}}, \quad s \geqslant 0 \tag{4.25}$$

因此,作为一种估算,也可采用式(4.25)的结果作为 $P_1(e)$上界的估计.

由此可知:$P_1(e)$的上界取决于 $\mu(s)$和 θ_{12}.特别地,在 θ_{12}固定的情况下,存在 s 的最佳选择使 $P_1(e)$的上界最小化.

类似地,可导出 $P_2(e)$的上界.注意到错误率 $P_2(e)$仅与 $\boldsymbol{X} \in \omega_2$ 的样本有关.因此,若根据式(4.17)的判决规则对样本所在的特征空间进行划分,并将属于 ω_1 的区域记为 Ω_1,将属于 ω_2 的区域记为 Ω_2,则在 $\boldsymbol{X} \in \omega_2$ 的情况下,判 $\boldsymbol{X} \in \omega_1$ 的错误率 $P_2(e)$由下式给出

$$P_2(e) = \int_{\Omega_1} p(\boldsymbol{X} \mid \omega_2) d\boldsymbol{X}$$

但是,另一方面,若直接根据判决规则计算,则有

$$P_2(e) = \int_{-\infty}^{\theta_{12}} p(h \mid \omega_2) dh$$

因此

$$\int_{-\infty}^{\theta_{12}} p(h \mid \omega_2) dh = \int_{\Omega_1} p(\boldsymbol{X} \mid \omega_2) d\boldsymbol{X} \tag{4.26}$$

又根据负对数似然比的定义,知

$$h(\boldsymbol{X}) = -\ln \frac{p(\boldsymbol{X} \mid \omega_1)}{p(\boldsymbol{X} \mid \omega_2)} = \ln \frac{p(\boldsymbol{X} \mid \omega_2)}{p(\boldsymbol{X} \mid \omega_1)}$$

故有

$$\frac{p(\boldsymbol{X}|\omega_2)}{p(\boldsymbol{X}|\omega_1)} = e^{h(\boldsymbol{X})}$$

即

$$p(\boldsymbol{X}|\omega_2) = e^{h(\boldsymbol{X})} p(\boldsymbol{X}|\omega_1) \tag{4.27}$$

因此，在 $\boldsymbol{X}\in\omega_2$ 的情况下，将 $\boldsymbol{X}$ 判为属于 ω_1 的错误率 $P_2(e)$ 为

$$\begin{aligned}
P_2(e) &= \int_{-\infty}^{\theta_{12}} p(h|\omega_2)\mathrm{d}h \\
&= \int_{\Omega_1} p(\boldsymbol{X}|\omega_2)\mathrm{d}X = \int_{\Omega_1} e^{h(\boldsymbol{X})} p(\boldsymbol{X}|\omega_1)\mathrm{d}\boldsymbol{X} \\
&= \int_{-\infty}^{\theta_{12}} e^h p(h|\omega_1)\mathrm{d}h = \int_{-\infty}^{\theta_{12}} e^h \left(\frac{\varphi_1(s)}{e^{sh}}\right)\left(\frac{e^{sh}}{\varphi_1(s)}\right) p(h|\omega_1)\mathrm{d}h \\
&= \int_{-\infty}^{\theta_{12}} \varphi_1(s) e^{(1-s)h} p(g=h|\omega_1)\mathrm{d}h = \varphi_1(s)\int_{-\infty}^{\theta_{12}} e^{(1-s)h} p(g=h|\omega_1)\mathrm{d}h \\
&= e^{-\mu(s)}\int_{-\infty}^{\theta_{12}} e^{(1-s)h} p(g=h|\omega_1)\mathrm{d}h
\end{aligned}$$

类似于对 $P_1(e)$所进行的讨论，我们有下面的结论：上述 $P_2(e)$也与 s 的取值有关．容易验证：若希望得到 $P_2(e)$的最小上界，应选择 $s\leqslant 1$．此时，有$(1-s)h\leqslant(1-s)\theta_{12}$成立，也即有 $e^{(1-s)h}\leqslant e^{(1-s)\theta_{12}}$成立．

故有

$$P_2(e) \leqslant e^{-\mu(s)+(1-s)\theta_{12}} \int_{-\infty}^{\theta_{12}} p(g=h|\omega_1)\mathrm{d}h,\quad s\leqslant 1 \tag{4.28}$$

这就是 $P_2(e)$上界的表达式．

$$\because \int_{-\infty}^{\theta_{12}} p(g=h|\omega_1)\mathrm{d}h < \int_{-\infty}^{\infty} p(g=h|\omega_1)\mathrm{d}h = 1$$

$$\therefore P_2(e) < e^{-\mu(s)+(1-s)\theta_{12}},\quad s\leqslant 1 \tag{4.29}$$

因此，作为一种估算，也可采用式(4.29)的结果作为 $P_2(e)$上界的估计．

易见：$P_2(e)$的上界也取决于 $\mu(s)$和 θ_{12}．特别地，在 θ_{12}固定的情况下，存在最佳的 s 使$P_2(e)$的上界最小化．

综合所得到的 $P_1(e)$和 $P_2(e)$的表达式，可知：要得到 $P_1(e)$和 $P_2(e)$的上界，应选择 $0\leqslant s\leqslant 1$．特别地，存在最佳的 s^*，$0\leqslant s^*\leqslant 1$ 使 $P_1(e)$和 $P_2(e)$的上界同时达到最小化．上述最佳的 s^*，$0\leqslant s^*\leqslant 1$ 可通过对式(4.25)和(4.29)的右端求关于 s 的导数并令之为 0 得到．不难推导，最佳的 s^*，$0\leqslant s^*\leqslant 1$ 是以下微分方程的解

$$\frac{d\mu(s)}{ds} = -\theta_{12}, \quad 0 \leqslant s \leqslant 1 \tag{4.30}$$

一旦解出了 s^*,就可以据此算出 $P_1(e)$和 $P_2(e)$的最小上界.把由 s^* 所确定的 $P_1(e)$和 $P_2(e)$的最小上界称之为 $P_1(e)$和 $P_2(e)$的 Chernoff 上界(简称 C-上界).

利用上面的结果,可以进一步计算总的错误率 $P(e)$的上界.

事实上

$$P(e) = P(\omega_1)P_1(e) + P(\omega_2)P_2(e)$$

将式(4.24)和(4.28)代入上式中,有

$$P(e) = P(\omega_1)e^{-\mu(s)-s\theta_{12}}\int_{\theta_{12}}^{\infty} p(g = h \mid \omega_1)dh$$

$$+ P(\omega_2)e^{-\mu(s)+(1-s)\theta_{12}}\int_{-\infty}^{\theta_{12}} p(g = h \mid \omega_1)dh, \quad 0 \leqslant s \leqslant 1$$

若假设采用0-1损失函数,则相应的判决阈值 θ_{12}为

$$\theta_{12} = \ln\frac{P(\omega_1)}{P(\omega_2)}$$

将其代入上述 $P(e)$ 的表达式中,有

$$P(e) \leqslant P(\omega_1)\left(\frac{P(\omega_1)}{P(\omega_2)}\right)^{-s} e^{-\mu(s)}\int_{\theta_{12}}^{\infty} p(g = h \mid \omega_1)dh$$

$$+ P(\omega_2)\left(\frac{P(\omega_1)}{P(\omega_2)}\right)^{1-s} e^{-\mu(s)+(1-s)\theta_{12}}\int_{-\infty}^{\theta_{12}} p(g = h \mid \omega_1)dh$$

$$= (P(\omega_1))^{1-s}(P(\omega_2))^{s}e^{-\mu(s)}\int_{-\infty}^{\infty} p(g = h \mid \omega_1)dh$$

即有

$$P(e) \leqslant (P(\omega_1))^{1-s}(P(\omega_2))^{s}e^{-\mu(s)}, \quad 0 \leqslant s \leqslant 1 \tag{4.31}$$

容易证明,存在使 $P(e)$的上界最小化的 s^*,$0 \leqslant s^* \leqslant 1$,它是以下微分方程的解

$$\frac{d\mu(s)}{ds} = -\theta_{12}, \quad 0 \leqslant s \leqslant 1$$

与前相仿,把由 s^* 所确定的 $P(e)$的最小上界称之为 $P(e)$的 Chernoff 上界(简称 C-上界).

从上面的讨论,可以看出:为了得到 $P_1(e)$、$P_2(e)$和 $P(e)$的上界,需要确定 $\mu(s)$,而要计算 $\mu(s)$,则需要类条件概率密度 $p(h \mid \omega_1)$是已知的.

4.3.2 Bhattacharyya 界限

从上一小节的陈述不难看出,求解错误率的 Chernoff 上界的过程是非常复杂

和困难的，而在很多场合，我们仅需要给出错误率一个粗略的估计即可. 此时，可考虑使用简单一些的方法. 本小节介绍如何从所谓的 Bhattacharyya 系数出发得到相应错误率上界的粗略估计.

为简单起见，仍考虑 ω_1/ω_2 两类问题. 假定采用最小错误率判决，则相应的判决规则为

$$\begin{cases} P(\omega_1|\boldsymbol{X}) > P(\omega_2|\boldsymbol{X}) \Rightarrow \boldsymbol{X} \in \omega_1 \\ P(\omega_1|\boldsymbol{X}) < P(\omega_2|\boldsymbol{X}) \Rightarrow \boldsymbol{X} \in \omega_2 \end{cases}$$

显然，在接收样本为 $\boldsymbol{X}$ 的条件下，正确分类的概率为 $Max\{P(\omega_1|\boldsymbol{X}),P(\omega_2|\boldsymbol{X})\}$，而错误分类的概率为

$$\begin{aligned} P(e|\boldsymbol{X}) &= 1 - Max\{P(\omega_1|\boldsymbol{X}),P(\omega_2|\boldsymbol{X})\} \\ &= Min\{P(\omega_1|\boldsymbol{X}),P(\omega_2|\boldsymbol{X})\} \end{aligned} \tag{4.32}$$

为了推出上述错误率的上界，利用如下的几何不等式

$$\sqrt{ab} \geqslant b, \quad a \geqslant b > 0$$

为此，取 $a = Max\{P(\omega_1|\boldsymbol{X}),P(\omega_2|\boldsymbol{X})\}$、$b = Min\{P(\omega_1|\boldsymbol{X}),P(\omega_2|\boldsymbol{X})\}$，则

$$\begin{aligned} P(e|\boldsymbol{X}) &\leqslant \sqrt{Max\{P(\omega_1|\boldsymbol{X}),P(\omega_2|\boldsymbol{X})\} \cdot Min\{P(\omega_1|\boldsymbol{X}),P(\omega_2|\boldsymbol{X})\}} \\ &= \sqrt{P(\omega_1|\boldsymbol{X})P(\omega_2|\boldsymbol{X})} \end{aligned} \tag{4.33}$$

由于样本 $\boldsymbol{X}$ 是一个随机变量，故在 $\boldsymbol{X}$ 发生的条件下，相应的错误率 $P(e|\boldsymbol{X})$ 也是一个随机变量. 因此，分类错误率 $P(e)$ 由 $P(e|\boldsymbol{X})$ 的数学期望给出，即

$$P(e) = \int_{E_d} P(e|\boldsymbol{X})p(\boldsymbol{X})\mathrm{d}\boldsymbol{X} \tag{4.34}$$

式中，$p(\boldsymbol{X})$ 为样本 $\boldsymbol{X}$ 的概率密度函数. 将式(4.33)所示 $P(e|\boldsymbol{X})$ 的表达式代入上式，有

$$\begin{aligned} P(e) &\leqslant \int_{E_d} \sqrt{P(\omega_1|\boldsymbol{X})P(\omega_2|\boldsymbol{X})}\, p(\boldsymbol{X})\mathrm{d}\boldsymbol{X} \\ &= \int_{E_d} \sqrt{\frac{P(\omega_1)p(\boldsymbol{X}|\omega_1)}{p(\boldsymbol{X})} \frac{P(\omega_2)p(\boldsymbol{X}|\omega_2)}{p(\boldsymbol{X})}}\, p(\boldsymbol{X})\mathrm{d}\boldsymbol{X} \\ &= \sqrt{P(\omega_1)P(\omega_2)}\int_{E_d} \sqrt{p(\boldsymbol{X}|\omega_1)p(\boldsymbol{X}|\omega_2)}\mathrm{d}\boldsymbol{X} \end{aligned}$$

若定义如下所示的

$$J_B = -\ln\int_{E_d} \sqrt{p(\boldsymbol{X}|\omega_1)p(\boldsymbol{X}|\omega_2)}\mathrm{d}\boldsymbol{X} \tag{4.35}$$

为 Bhattacharyya 系数，则分类错误率 $P(e)$ 可表示为

$$P(e) \leqslant \sqrt{P(\omega_1)P(\omega_2)}\exp(-J_B) \tag{4.36}$$

上式即为由 Bhattacharyya 系数所表示的分类错误率的上界表达式.

显而易见,只要知道了两个类别的先验概率以及类条件概率密度,即可根据上式得到相应错误率上界的估计.以后,为简单起见,将上述错误率的上界简称为B-上界.

至此,我们以 ω_1/ω_2 两类问题为例,详细讨论了相应分类器错误率的计算问题,并在本小节和前一小节分别得到了相应错误率上界的两种表达式:B-上界和C-上界.虽然所用的判决规则不尽相同,但两者之间是否仍然存在一定的关系呢?下面就来探讨一下这个问题.为此,将上面的 Bhattacharyya 系数改写为以下的形式

$$
\begin{aligned}
J_B &= -\ln\int_{E_d}\sqrt{p(\boldsymbol{X}|\omega_1)p(\boldsymbol{X}|\omega_2)}\mathrm{d}\boldsymbol{X} \\
&= -\ln\int_{E_d}\sqrt{\frac{p(\boldsymbol{X}|\omega_2)}{p(\boldsymbol{X}|\omega_1)}}p(\boldsymbol{X}|\omega_1)\mathrm{d}\boldsymbol{X}
\end{aligned}
$$

根据前一小节中给出的有关 $h(\boldsymbol{X})$的定义,我们有

$$
\frac{p(\boldsymbol{X}|\omega_2)}{p(\boldsymbol{X}|\omega_1)} = \mathrm{e}^{h(\boldsymbol{X})}
$$

故

$$
\sqrt{\frac{p(\boldsymbol{X}|\omega_2)}{p(\boldsymbol{X}|\omega_1)}} = \mathrm{e}^{\frac{1}{2}h(\boldsymbol{X})}
$$

这样,得到

$$
J_B - \ln\int_{E_d}\mathrm{e}^{\frac{1}{2}h(\boldsymbol{X})}p(\boldsymbol{X}|\omega_1)\mathrm{d}\boldsymbol{X} = -\ln\left(\varphi\left(\frac{1}{2}\right)\right) = \mu\left(\frac{1}{2}\right) \tag{4.37}
$$

利用该关系式,可以得到相应错误率的B-上界和C-上界之间的关系.容易验证,当 $s=1/2$ 时,C-上界成为B-上界.这一点是容易证明的.事实上,我们可以根据式(4.31)写出相应的C-上界

$$
\begin{aligned}
P(e) &\leqslant (P(\omega_1))^{1-s}(P(\omega_2))^s\mathrm{e}^{-\mu(s)}\Big|_{s=1/2} \\
&= \sqrt{P(\omega_1)P(\omega_2)}\mathrm{e}^{-\mu\left(\frac{1}{2}\right)} \\
&= \sqrt{P(\omega_1)P(\omega_2)}\exp(-J_B)
\end{aligned}
$$

显然,这就是B-上界.

我们知道,C-上界是 $P(e)$的最小上界,它在 $s=s^*$,$0\leqslant s^*\leqslant 1$ 时达到.而1/2 恰为 s^* 取值范围的中数.因此,可以认为B-上界是C-上界的一个很好的估计.由于C-上界的计算异常复杂,故在某些场合可用B-上界作为C-上界的一个粗略估计.

4.4 近邻分类法的错误率

在第2章中,我们讨论了用于模式分类的近邻分类法.这种方法虽然简单,但不失为模式分类的一个重要方法.本小节首先对该方法作进一步的补充说明,然后,在此基础上重点讨论一下相应错误率的计算问题.

近邻分类法大体上可分为最近邻法和 K-近邻法两种.首先考虑最近邻法及其相关的错误率的计算问题.

为此,考虑 S 个类别的分类问题.假设训练样本子集为 $\mathscr{X}=\{\boldsymbol{X}_1,\boldsymbol{X}_2,\cdots,\boldsymbol{X}_n\}$.其中,每个样本的所属类别是已知的,每个类别所包含的样本也是已知的.现在,依据该样本集对该样本集之外的任一个测试样本 $\boldsymbol{X}$ 进行分类判决.若用 $\boldsymbol{X}_j^k$ 表示类别 ω_j 中的第 k 个样本,则最近邻法所使用的判决规则可表示为

$$d(\boldsymbol{X},\boldsymbol{X}_i^k)=\underset{\substack{j=1,2,\cdots,S\\ l=1,2,\cdots,n_j}}{Min}\{d(\boldsymbol{X},\boldsymbol{X}_j^l)\}\Rightarrow\boldsymbol{X}\in\omega_i \tag{4.38}$$

这里,n_j 为训练样本集中属于类别 ω_j 的样本个数,而 $d(\boldsymbol{X},\boldsymbol{X}_j^l)$ 则表示 $\boldsymbol{X}$ 到 $\boldsymbol{X}_j^l$ 的距离(可根据需要选择所使用的距离.例如,采用欧氏距离.).

显然,对一组特定的样本集 $\mathscr{X}=\{\boldsymbol{X}_1,\boldsymbol{X}_2,\cdots,\boldsymbol{X}_n\}$ 而言,分类错误率与输入测试样本 $\boldsymbol{X}$ 有关.若本来 $\boldsymbol{X}$ 属于 ω_i 类别,但样本集 $\mathscr{X}=\{\boldsymbol{X}_1,\boldsymbol{X}_2,\cdots,\boldsymbol{X}_n\}$ 中与之最近邻的样本 $\boldsymbol{X}'$ 却属于 ω_j(这里,$j\neq i$),则相应的分类将发生错误.样本集 $\mathscr{X}$ 不同,则与 $\boldsymbol{X}$ 最近邻的样本 $\boldsymbol{X}'$ 一般也不同.因此,待求的错误率与 $\boldsymbol{X}$ 和 $\boldsymbol{X}'$ 均有关系.为反映这种实际情况,将上述错误率记为 $P_n(e|\boldsymbol{X},\boldsymbol{X}')$.其中,下标 n 表示样本集中所包含的样本个数.由于 $\boldsymbol{X}$ 和 $\boldsymbol{X}'$ 均为随机变量,故上述 $P_n(e|\boldsymbol{X},\boldsymbol{X}')$ 也是随机变量.这样,在测试样本为 $\boldsymbol{X}$ 的条件下的错误率 $P_n(e|\boldsymbol{X})$ 由下述积分所给出

$$P_n(e|\boldsymbol{X})=\int_{E_d}P_n(e|\boldsymbol{X},\boldsymbol{X}')p(\boldsymbol{X}'|\boldsymbol{X})\mathrm{d}\boldsymbol{X}' \tag{4.39}$$

式中,$p(\boldsymbol{X}'|\boldsymbol{X})$ 为条件概率密度.

假定 $\mathscr{X}=\{\boldsymbol{X}_1,\boldsymbol{X}_2,\cdots,\boldsymbol{X}_n\}$ 中的样本是独立抽取的,并且每个样本的类别属性是已知的.由于样本是从总体中随机抽取的,故每个样本的类别属性是随样本的变化而变化的随机变量.为方便起见,用 $(\boldsymbol{X}_1,\alpha_1),(\boldsymbol{X}_2,\alpha_2),\cdots,(\boldsymbol{X}_n,\alpha_n)$ 标记样本集中的每一个样本及其所属类别.

这样，若假设在$\mathscr{X}=\{\boldsymbol{X}_1,\boldsymbol{X}_2,\cdots,\boldsymbol{X}_n\}$已知类别的$n$个样本中$\boldsymbol{X}'$和$\boldsymbol{X}$最近邻，而$\boldsymbol{X}'$的所属类别为$\alpha'$、$\boldsymbol{X}$的所属类别为$\alpha$，则由于$\boldsymbol{X}'$和$\boldsymbol{X}$是独立抽取的，故有

$$P(\alpha,\alpha'|\boldsymbol{X},\boldsymbol{X}') = P(\alpha|\boldsymbol{X})P(\alpha'|\boldsymbol{X}') \tag{4.40}$$

此时，若$\alpha=\alpha'$，则得到的分类判决是正确的；否则，得到的分类判决将是错误的.据此，可求出正确判决的概率为

$$\sum_{j=1}^{S}P(\alpha=\omega_j,\alpha'=\omega_j|\boldsymbol{X},\boldsymbol{X}') = \sum_{j=1}^{S}P(\alpha=\omega_j|\boldsymbol{X})P(\alpha'=\omega_j|\boldsymbol{X}) \tag{4.41}$$

这样，错误判决的概率为

$$\begin{aligned} P_n(e|\boldsymbol{X},\boldsymbol{X}') &= 1-\sum_{j=1}^{S}P(\alpha=\omega_j|\boldsymbol{X})P(\alpha'=\omega_j|\boldsymbol{X}) \\ &= 1-\sum_{j=1}^{S}P(\omega_j|\boldsymbol{X})P(\omega_j|\boldsymbol{X}') \end{aligned} \tag{4.42}$$

由式(4.39)，在$P_n(e|\boldsymbol{X},\boldsymbol{X}')$已知的条件下，为求得$P_n(e|\boldsymbol{X})$，需知道$p(\boldsymbol{X}'|\boldsymbol{X})$.实际中，要准确估计出$p(\boldsymbol{X}'|\boldsymbol{X})$显然是困难的.但是，当样本数$n\to\infty$时，$p(\boldsymbol{X}'|\boldsymbol{X})$的形式则是有可能可以求出的.由于$\boldsymbol{X}'$是$\boldsymbol{X}$的最近邻，故随着$n$的逐渐增大，$\boldsymbol{X}$会越来越靠近$\boldsymbol{X}$，即$\boldsymbol{X}'$在$\boldsymbol{X}$附近取值的可能性越来越大.当$n\to\infty$时，$p(\boldsymbol{X}'|\boldsymbol{X})$趋向于以$\boldsymbol{X}$为中心的$\delta$函数.即有

$$\lim_{n\to\infty}p(\boldsymbol{X}'|\boldsymbol{X}) = \delta(\boldsymbol{X}'-\boldsymbol{X}) \tag{4.43}$$

因此，根据上面的结果，可知待求$P_n(e|\boldsymbol{X})$渐进地成为

$$\begin{aligned} \lim_{n\to\infty}P_n(e|\boldsymbol{X}) &= \lim_{n\to\infty}\int_{E_d}P_n(e|\boldsymbol{X},\boldsymbol{X}')p(\boldsymbol{X}'|\boldsymbol{X})\mathrm{d}\boldsymbol{X}' \\ &= \lim_{n\to\infty}\int_{E_d}P_n(e|\boldsymbol{X},\boldsymbol{X}')p(\boldsymbol{X}'|\boldsymbol{X})\mathrm{d}\boldsymbol{X}' \\ &= \lim_{n\to\infty}\int_{E_d}\Big(1-\sum_{j=1}^{S}P(\omega_j|\boldsymbol{X})P(\omega_j|\boldsymbol{X}')\Big)p(\boldsymbol{X}'|\boldsymbol{X})\mathrm{d}\boldsymbol{X}' \\ &= \int_{E_d}\Big(1-\sum_{j=1}^{S}P(\omega_j|\boldsymbol{X})P(\omega_j|\boldsymbol{X}')\Big)\lim_{n\to\infty}p(\boldsymbol{X}'|\boldsymbol{X})\mathrm{d}\boldsymbol{X}' \\ &= \int_{E_d}\Big(1-\sum_{j=1}^{S}P(\omega_j|\boldsymbol{X})P(\omega_j|\boldsymbol{X}')\Big)\delta(\boldsymbol{X}'-\boldsymbol{X})\mathrm{d}\boldsymbol{X}' \\ &= 1-\sum_{j=1}^{S}P^2(\omega_j|\boldsymbol{X}) \end{aligned} \tag{4.44}$$

因$\boldsymbol{X}$是随机向量，故上述条件错误率也是一个随机变量.可用其数学期望作为相应分类器错误率的估计

$$P_{1-NN}(e)=\int_{E_d}\lim_{n\to\infty}P_n(e\mid \boldsymbol{X})p(\boldsymbol{X})\mathrm{d}\boldsymbol{X}$$

$$=\int_{E_d}\left(1-\sum_{j=1}^{S}P^2(\omega_j\mid \boldsymbol{X})\right)p(\boldsymbol{X})\mathrm{d}\boldsymbol{X} \tag{4.45}$$

这里，$p(\boldsymbol{X})$为样本的总体概率密度.上式表明，最近邻法的分类错误率与各类别的后验概率有关.因此，其计算应该是比较困难的.

下面借助于贝叶斯概率，给出最近邻法分类错误率上、下界的估计.

最小错误率判决规则可表为

$$P(\omega_M\mid \boldsymbol{X})\geqslant P(\omega_j\mid \boldsymbol{X}),\ \forall j\neq M\Rightarrow X\in\omega_M \tag{4.46}$$

因此，条件贝叶斯错误概率为

$$P_B(e\mid \boldsymbol{X})=1-P(\omega_M\mid \boldsymbol{X}) \tag{4.47}$$

与上面类似，将贝叶斯错误率定义为上述条件贝叶斯错误概率的数学期望

$$P_B(e)=\int_{E_d}P_B(e\mid \boldsymbol{X})p(\boldsymbol{X})\mathrm{d}\boldsymbol{X}$$

$$=\int_{E_d}(1-P(\omega_M\mid \boldsymbol{X}))p(\boldsymbol{X})\mathrm{d}\boldsymbol{X} \tag{4.48}$$

下面，推导最近邻分类器错误率的上、下界.

显然，错误率的下界就是 $P_B(e)$.这是因为在贝叶斯判决中，对每个样本 $\boldsymbol{X}$，均有 $P_B(e\mid \boldsymbol{X})\leqslant P_n(e\mid \boldsymbol{X})$成立.故有

$$P_B(e)=\int_{E_d}P_B(e\mid \boldsymbol{X})p(\boldsymbol{X})\mathrm{d}\boldsymbol{X}$$

$$\leqslant\int_{E_d}\lim_{n\to\infty}P_n(e\mid \boldsymbol{X})p(\boldsymbol{X})\mathrm{d}\boldsymbol{X}=P_{1-NN}(e) \tag{4.49}$$

事实上，这样一个下界在某些条件下是可达的.例如，当后验概率满足以下条件之一时，最近邻分类器的错误率达到其下界

$$P(\omega_j\mid \boldsymbol{X})=\begin{cases}1 & j=M\\ 0 & j\neq M\end{cases}$$

或者

$$P(\omega_j\mid \boldsymbol{X})=\frac{1}{S},\quad j=1,2,\cdots,S$$

下面重点讨论如何确定最近邻分类器错误率的上界.为此，重写 $P_{1-NN}(e)$，有

$$P_{1-NN}(e)=\int_{E_d}\left(1-\sum_{j=1}^{S}P^2(\omega_j\mid \boldsymbol{X})\right)p(\boldsymbol{X})\mathrm{d}\boldsymbol{X}$$

$$=\int_{E_d}\left(1-\left(P^2(\omega_M\mid \boldsymbol{X})+\sum_{j\neq M}P^2(\omega_j\mid \boldsymbol{X})\right)\right)p(\boldsymbol{X})\mathrm{d}\boldsymbol{X}$$

其中，$P(\omega_M|\boldsymbol{X})$满足 $P(\omega_M|\boldsymbol{X})\geqslant P(\omega_j|\boldsymbol{X})$，$\forall j\neq M$ 的条件.显然，对于任给的 $\boldsymbol{X}$，若

$$P^2(\omega_M|\boldsymbol{X})+\sum_{j\neq M}P^2(\omega_j|\boldsymbol{X}) \tag{4.50}$$

均取最小值，则 $P_{1-NN}(e)$达到其上界.

下面求式(4.50)的最小值.值得注意的是，由于 $\boldsymbol{X}$ 不同，$P(\omega_M|\boldsymbol{X})$一般也不同.因此，为了得到各种条件下 $P_{1-NN}(e)$上界的精确表示，在求式(4.50)最小值时不应该对 $P(\omega_M|\boldsymbol{X})$作任何的限定.另外，我们有如下的约束条件

$$P(\omega_j|\boldsymbol{X})\geqslant 0$$

$$\sum_{j=1}^{S}P(\omega_j|\boldsymbol{X})=1$$

所述最小值可由 Lagrange 乘子法获得.为此，定义如下的目标函数

$$J=\sum_{j\neq M}P^2(\omega_j|\boldsymbol{X})+\lambda\left(\sum_{j=1}^{S}P(\omega_j)-1\right) \tag{4.51}$$

其中，λ 为待定的 Lagrange 乘子.对上式求关于 $P(\omega_j)$，$j\neq M$ 的偏导数，有

$$\begin{aligned}\nabla_{P(\omega_j)}J&=\frac{\partial}{\partial P(\omega_j)}\left(\sum_{j\neq M}P^2(\omega_j|\boldsymbol{X})+\lambda\left(\sum_{j=1}^{S}P(\omega_j)-1\right)\right)\\&=2P(\omega_j|\boldsymbol{X})+\lambda,\quad j\neq M\end{aligned}$$

令之为 0 并解之，可得到

$$\lambda=-2P(\omega_j|\boldsymbol{X}),\quad j\neq M \tag{4.52}$$

容易验证，上式是使式(4.51)的首项取最小值的充要条件.即，当各 $P(\omega_j|\boldsymbol{X})$，$j\neq M$彼此相等时，式(4.50)有相应的最小值.

这样，根据约束条件，可解出

$$P(\omega_j)=\frac{1-P(\omega_M|\boldsymbol{X})}{S-1},\quad j\neq M$$

由式(4.47)知，$P(\omega_M|\boldsymbol{X})=1-P_B(e|\boldsymbol{X})$.故有

$$P(\omega_j)=\frac{P_B(e|\boldsymbol{X})}{S-1},\quad j\neq M$$

据此，可得到 $P_{1-NN}(e)$的上界.事实上，由于

$$\begin{aligned}\sum_{j=1}^{S}P^2(\omega_j|\boldsymbol{X})&=P^2(\omega_M|\boldsymbol{X})+\sum_{j\neq M}P^2(\omega_j|\boldsymbol{X})\\&\geqslant(1-P_B(e|\boldsymbol{X}))^2+\sum_{j\neq M}\left(\frac{P_B(e|\boldsymbol{X})}{S-1}\right)^2\end{aligned}$$

$$= 1 - 2P_B(e|\boldsymbol{X}) + P_B^2(e|\boldsymbol{X}) + \frac{P_B^2(e|\boldsymbol{X})}{S-1}$$

$$= 1 - 2P_B(e|\boldsymbol{X}) + \frac{S}{S-1}P_B^2(e|\boldsymbol{X})$$

所以,有 $1 - \sum_{j=1}^{S} P^2(\omega_j|\boldsymbol{X}) \leqslant 2P_B(e|\boldsymbol{X}) - \frac{S}{S-1}P_B^2(e|\boldsymbol{X})$ 成立.将其代入 $P_{1\text{-}NN}(e)$ 的表达式中,得到

$$\begin{aligned} P_{1\text{-}NN}(e) &\leqslant \int_{E_d} \left(2P_B(e|\boldsymbol{X}) - \frac{S}{S-1}P_B^2(e|\boldsymbol{X})\right) p(\boldsymbol{X})\mathrm{d}\boldsymbol{X} \\ &= 2\int_{E_d} P_B(e|\boldsymbol{X})p(\boldsymbol{X})\mathrm{d}\boldsymbol{X} - \frac{S}{S-1}\int_{E_d} P_B^2(e|\boldsymbol{X})p(\boldsymbol{X})\mathrm{d}\boldsymbol{X} \\ &= 2P_B(e) - \frac{S}{S-1}\int_{E_d} P_B^2(e|\boldsymbol{X})p(\boldsymbol{X})\mathrm{d}\boldsymbol{X} \end{aligned} \quad (4.53)$$

下面,进一步确定第二项.为此,计算 $P_B(e|\boldsymbol{X})$ 的方差 σ_B^2.根据定义,有

$$\begin{aligned} \sigma_B^2 &= \int_{E_d} (P_B(e|\boldsymbol{X}) - E\{P_B(e|\boldsymbol{X})\})^2 p(\boldsymbol{X})\mathrm{d}\boldsymbol{X} \\ &= \int_{E_d} (P_B(e|\boldsymbol{X}) - P_B(e))^2 p(\boldsymbol{X})\mathrm{d}\boldsymbol{X} \\ &= \int_{E_d} P_B^2(e|\boldsymbol{X})p(\boldsymbol{X})\mathrm{d}\boldsymbol{X} - \int_{E_d} P_B^2(e)p(\boldsymbol{X})\mathrm{d}\boldsymbol{X} \\ &= \int_{E_d} P_B^2(e|\boldsymbol{X})p(\boldsymbol{X})\mathrm{d}\boldsymbol{X} - P_B^2(e) \\ &\geqslant 0 \end{aligned}$$

所以,有 $\int_{E_d} P_B^2(e|\boldsymbol{X})p(\boldsymbol{X})\mathrm{d}\boldsymbol{X} \geqslant P_B^2(e)$ 成立.

因此,将其代入式(4.53),有

$$P_{1\text{-}NN}(e) \leqslant 2P_B(e) - \frac{S}{S-1}P_B^2(e) = P_B(e)\left(2 - \frac{S}{S-1}P_B(e)\right) \quad (4.54)$$

这就是所求 $P_{1\text{-}NN}(e)$ 的上界.

综合以上的讨论,我们可借助于 $P_B(e)$ 写出 $P_{1\text{-}NN}(e)$ 的上、下界为

$$P_B(e) \leqslant P_{1\text{-}NN}(e) \leqslant P_B(e)\left(2 - \frac{S}{S-1}P_B(e)\right) \quad (4.55)$$

若分类器的贝叶斯错误率 $P_B(e)$ 很小,则近似有

$$P_B(e) \leqslant P_{1\text{-}NN}(e) \leqslant 2P_B(e) \quad (4.56)$$

利用式(4.55)可画出如图 4.3 所示的 $P_{1\text{-}NN}(e)$ 和 $P_B(e)$ 之间以 S 为参数的关系

曲线.显然,在一般情况下,$P_{1-NN}(e)$将落在图4.3中的阴影区域之内.

接着,我们来考虑K-近邻法及其相关错误率的计算问题.为区别于最近邻法,相应的错误率用$P_{K-NN}(e)$表示.为简单起见,针对ω_1/ω_2两类问题展开讨论.此时,K-近邻法的判决规则如下所示

$$K_1 > K_2 \Rightarrow \boldsymbol{X} \in \omega_1 \tag{4.57}$$

这里,K_1和K_2分别为样本$\boldsymbol{X}$的K个近邻中属于类别ω_1和ω_2的样本个数.其中,$K=K_1+K_2$.为了避免出现$K_1=K_2$的情况,一般选择K为奇数.此时,式(4.57)可表示为如下形式

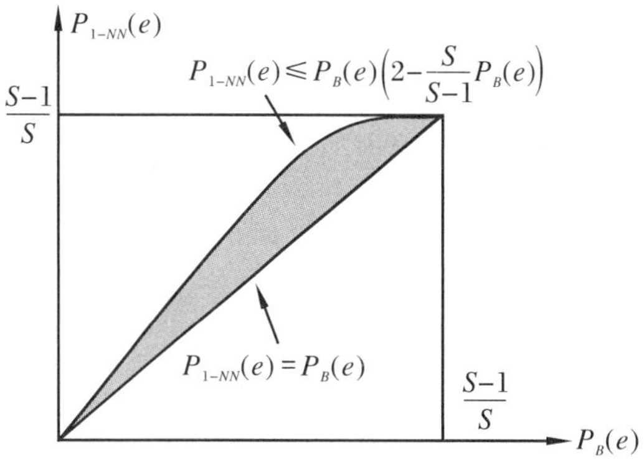

图4.3　$P_{1-NN}(e)$和$P_B(e)$之间的关系

$$K_1 \geqslant (K+1)/2 \Rightarrow \boldsymbol{X} \in \omega_1$$
$$K_2 \geqslant (K+1)/2 \Rightarrow \boldsymbol{X} \in \omega_2$$

显然,在此判决规则下,错误判决对应于以下两种情况:

(1) $\boldsymbol{X}\in\omega_1$,却出现$K_1\leqslant(K-1)/2$;

(2) $\boldsymbol{X}\in\omega_2$,却出现$K_2\leqslant(K-1)/2$.

因此,上述两类问题的分类错误率$P_{K-NN}(e)$由上述两种错误判决所对应的概率所确定.类似于最近邻判决的情况,若设$\boldsymbol{X}$为任意测试样本,则根据上面的讨论,相应的错误判决概率为

$$\begin{aligned} &P_{K-NN}(e\mid\boldsymbol{X}) \\ &= P(\omega_1\mid\boldsymbol{X})P(K_1\leqslant(K-1)/2\mid\boldsymbol{X}\in\omega_1) \\ &\quad + P(\omega_2\mid\boldsymbol{X})P(K_2\leqslant(K-1)/2\mid\boldsymbol{X}\in\omega_2) \end{aligned}$$

式中的$P(K_1\leqslant(K-1)/2\mid\boldsymbol{X}\in\omega_1)$为$\boldsymbol{X}\in\omega_1$时,$\boldsymbol{X}$的$K$个近邻中仅有小于$(K-1)/2$个属于$\omega_1$的概率,可由下式计算

$$P(K_1\leqslant(K-1)/2\mid\boldsymbol{X}\in\omega_1)=\sum_{m=0}^{(K-1)/2}\binom{K}{m}P^m(\omega_1\mid\boldsymbol{X})P^{K-m}(\omega_2\mid\boldsymbol{X})$$

类似地,$P(K_2\leqslant(K-1)/2\mid\boldsymbol{X}\in\omega_2)$为$\boldsymbol{X}\in\omega_2$时,$\boldsymbol{X}$的$K$个近邻中仅有小于$(K-1)/2$个属于$\omega_2$的概率

$$P(K_2\leqslant(K-1)/2\mid\boldsymbol{X}\in\omega_2)=\sum_{m=0}^{(K-1)/2}\binom{K}{m}P^m(\omega_2\mid\boldsymbol{X})P^{K-m}(\omega_1\mid\boldsymbol{X})$$

故有

$$\lim_{n\to\infty}P_{K-NN}(e\mid\boldsymbol{X})=P(\omega_1\mid\boldsymbol{X})\sum_{m=0}^{(K-1)/2}\binom{K}{m}P^m(\omega_1\mid\boldsymbol{X})P^{K-m}(\omega_2\mid\boldsymbol{X})$$
$$+P(\omega_2\mid\boldsymbol{X})\sum_{m=0}^{(K-1)/2}\binom{K}{m}P^m(\omega_2\mid\boldsymbol{X})P^{K-m}(\omega_1\mid\boldsymbol{X})$$

此外,因为考虑的是两类问题,因此,有

$$P(\omega_2\mid\boldsymbol{X})=1-P(\omega_1\mid\boldsymbol{X})$$

所以

$$\lim_{n\to\infty}P_{K-NN}(e\mid\boldsymbol{X})=P(\omega_1\mid\boldsymbol{X})\sum_{m=0}^{(K-1)/2}\binom{K}{m}P^m(\omega_1\mid\boldsymbol{X})(1-P(\omega_1\mid\boldsymbol{X}))^{K-m}$$
$$+(1-P(\omega_1\mid\boldsymbol{X}))\sum_{m=0}^{(K-1)/2}\binom{K}{m}(1-P(\omega_1\mid\boldsymbol{X}))^mP^{K-m}(\omega_1\mid\boldsymbol{X})$$

下面,给出用贝叶斯错误率 $P_B(e)$表示的 K-近邻法分类错误率$P_{K-NN}(e)$的上、下界.

在两类情况下,我们有

$$P_B(e\mid\boldsymbol{X})=1-Max\{P(\omega_1\mid\boldsymbol{X}),P(\omega_2\mid\boldsymbol{X})\}$$
$$=Min\{P(\omega_1\mid\boldsymbol{X}),P(\omega_2\mid\boldsymbol{X})\}$$

不妨设 $P(\omega_1\mid\boldsymbol{X})=Min\{P(\omega_1\mid\boldsymbol{X}),P(\omega_2\mid\boldsymbol{X})\}=P_B(e\mid\boldsymbol{X})$,此时,我们有

$$\lim_{n\to\infty}P_{K-NN}(e\mid\boldsymbol{X})=P_B(e\mid\boldsymbol{X})\sum_{m=0}^{(K-1)/2}\binom{K}{m}P_B^m(e\mid\boldsymbol{X})(1-P_B(e\mid\boldsymbol{X}))^{K-m}$$
$$+(1-P_B(e\mid\boldsymbol{X}))\sum_{m=0}^{(K-1)/2}\binom{K}{m}(1-P_B(e\mid\boldsymbol{X}))^mP_B^{K-m}(e\mid\boldsymbol{X})\tag{4.58}$$

由于$\lim\limits_{n\to\infty}P_{K-NN}(e\mid\boldsymbol{X})$的表示式是关于 $P(\omega_1\mid\boldsymbol{X})$和 $P(\omega_2\mid\boldsymbol{X})$对称的,故若设$P(\omega_2\mid\boldsymbol{X})=Min\{P(\omega_1\mid\boldsymbol{X}),P(\omega_2\mid\boldsymbol{X})\}=P_B(e\mid\boldsymbol{X})$,则可以得到同样的结果.因此,不论是哪一种情况,均有式(4.58)成立.

若进一步定义

$$P_{K-NN}(e)=\int_{E_d}\lim_{n\to\infty}P_{K-NN}(e\mid\boldsymbol{X})p(\boldsymbol{X})\mathrm{d}\boldsymbol{X}$$

则根据 Jensen 不等式,可以证明

$$P_{K-NN}(e)\leqslant\sum_{m=0}^{(K-1)/2}\binom{K}{m}\{P_B^{m+1}(e)(1-P_B(e))^{K-m}+(1-P_B(e))^{m+1}P_B^{K-m}(e)\}\tag{4.59}$$

这就是所求的上界的表达式.与最近邻法的情况类似,错误率 $P_{K-NN}(e)$的下界是

$P_B(e)$.这样,综合起来,我们有

$$P_B(e) \leqslant P_{K-NN}(e) \leqslant \sum_{m=0}^{(K-1)/2} \binom{K}{m} \left\{ P_B^{m+1}(e)\,(1-P_B(e))^{K-m} + (1-P_B(e))^{m+1} P_B^{K-m}(e) \right\} \tag{4.60}$$

从结果可以看到:错误率 $P_{K-NN}(e)$ 的上界与 K 值的选择有关. $P_{K-NN}(e)$ 随 K 值增大而单调减小. 当 $K \to \infty$ 时, $P_{K-NN}(e)$ 趋向于 $P_B(e)$. 此时, $P_{K-NN}(e)$ 的上、下界重合, K-近邻法给出最优分类结果. 图 4.4 给出了不同 K 值选择情况下 $P_{K-NN}(e)$ 的上、下界的示意图. 在 K 值一定的情况下,基于 K-近邻法设计的分类器的错误率 $P_{K-NN}(e)$ 将介于对应于固定 K 值的上界和不同 K 值所共有的下界之间.

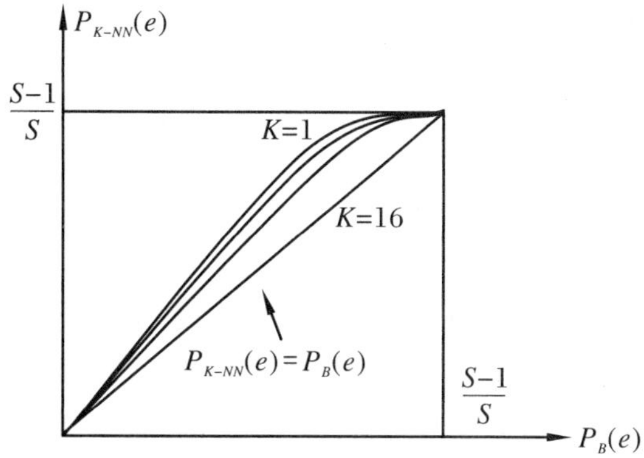

图 4.4 不同 K 值选择情况下 $P_{K-NN}(e)$ 的上、下界

最后,对近邻法的优、缺点做一个简单的概括. 近邻法的优点是方法简单、可靠,且可用贝叶斯错误率对其上、下界进行估计. 缺点是需要存储所有的训练样本,并需要计算测试样本到所有训练样本之间的距离. 当训练样本数很大的时候,所需要的存储量和计算量都非常大. 此外,上面关于近邻法分类性能的一些结果是随训练样本数 n 的增大而渐进成立的. 实际中可取的 n 值总是有限的. 因此,如何选择 K 值使分类错误率最小化是一个需要关注的课题.

4.5 分类器错误率的实验估计

前面几节主要讨论了几种典型的分类器错误率的理论计算问题,给出了若干情况下相应分类器错误率的理论计算公式. 但是,在更一般的情况下,进行分类器错误率的理论计算是一件相当困难的事. 此时,可以考虑用实验的方法对所述错误

率进行估计.

用实验方法确定分类器错误率时,一般需要将通过抽样试验得到的样本分作两类:一类用于训练分类器,而另一类则用于检验分类器.前者称为训练样本,后者称为检验样本.分类器的错误率通常由对检验样本进行考试的结果而定.在可用样本一定的条件下,如何划分样本将其分别用于分类器的训练和检验会对分类器错误率的估计产生直接的影响.下面介绍两种分类器错误率的实验估计方法.

4.5.1 已训练分类器错误率的实验估计

假定我们已经用某种方法完成了分类器的设计.现在我们希望能够通过实验对已设计完成的分类器的错误率进行估计.为此,需要采集检验样本.显然,为了真正反映分类器的性能,所采集的检验样本集应该独立于训练样本集(如果有的话).不仅如此,还要求检验样本集中的每一个样本也都是彼此独立的.假定用于检验的样本的个数为 n,考试的结果其中有 k 个被误判,那么,从直观上来说,该分类器的错误率应为 k/n.事实上,更严格地说,错误率除了与 k 和 n 有关系之外,还和采集检验样本的方式有关.采集方式主要有随机抽取和选择抽取两种.下面,针对这两种采集方式下分类器错误率的实验估计问题进行讨论.

所谓的随机抽取是指不考虑各类别的先验概率,随机地从样本总体中抽取 n 个检验样本进行考试的情形.假定用这 n 个样本对分类器进行考试,结果有 k 个被误判了.我们来计算一下分类器的错误率.显然,n 个样本中有 k 个被误判的概率服从二项分布,即

$$P_n(k) = \binom{n}{k} P^k(e)(1 - P(e))^{n-k} \tag{4.61}$$

这里,$P(e)$是分类器的真实错误率,即每个检验样本被误判的概率.这样,如果把 $P_n(k)$看作似然函数,则可以通过对 $P_n(k)$求关于 $P(e)$的偏导数并令之为0的方法得到 $P(e)$的最大似然估计.事实上,由于

$$\frac{\partial}{\partial P(e)} \ln P_n(k) = \frac{1}{P_n(k)} \frac{\partial P_n(k)}{\partial P(e)}$$

所以

$$\frac{\partial P_n(k)}{\partial P(e)} = P_n(k) \frac{\partial}{\partial P(e)} \ln P_n(k) = P_n(k)\left(\frac{k}{P(e)} - \frac{n-k}{1-P(e)}\right)$$

令之为0,并解之,可得到 $P(e)$的最大似然估计为

$$\hat{P}(e) = \frac{k}{n} \tag{4.62}$$

这里，利用了 $P_n(k)$一般不为 0 的条件.

由于 k 是一个随机变量，故分类器分类错误率的最大似然估计 $\hat{P}(e)$也是一个随机变量.为了了解其性质，我们来具体计算一下其均值和方差.

因 k 服从二项分布，故根据第 3 章的结果，知

$$E\{k\} = nP(e) \tag{4.63}$$

$$\sigma_k^2 = D\{k\} = nP(e)(1 - P(e)) \tag{4.64}$$

据此，可分别求得 $\hat{P}(e)$的均值和方差为

$$E\{\hat{P}(e)\} = E\left\{\frac{k}{n}\right\} = \frac{E\{k\}}{n} = P(e) \tag{4.65}$$

$$\sigma_{\hat{P}(e)}^2 = D\{\hat{P}(e)\} = D\left\{\frac{k}{n}\right\} = \frac{\sigma_k^2}{n^2} = \frac{1}{n}P(e)(1 - P(e)) \tag{4.66}$$

从上面的结果可以看到，最大似然估计 $\hat{P}(e)$是真实错误率 $P(e)$的无偏估计，而衡量该估计离散程度的方差项由式(4.66)给出，它与样本数 n 的倒数成正比.故随着样本数 n 的增加，$\hat{P}(e)$的可靠性越好，也越接近于真实错误率 $P(e)$.

而所谓的选择抽取则是根据类别发生的先验概率来确定检验样本中属于每个类别的样本数.对两类问题而言，在选择抽取的条件下，在总数为 n 的检验样本中，有 $n_1 = P(\omega_1)n$ 个属于类别 ω_1、$n_2 = P(\omega_2)n$ 个属于类别 ω_2.现使用这 n 个检验样本对已训练的分类器进行考试.假设考试结果如下：属于类别 ω_1 的 n_1 个样本中有 k_1 个被错判，而属于类别 ω_2 的 n_2 个样本中有 k_2 个被错判.显然，根据前面的讨论，我们有以下的类似结果：k_1 和 k_2 均为随机变量，且均服从各自情形下的二项分布.由于检验样本集中的各个样本之间是统计独立的，故 k_1 和 k_2 的联合概率密度如下式所示

$$\begin{aligned} P_n(k_1, k_2) &= P_{n_1}(k_1)P_{n_2}(k_2) \\ &= \binom{n_1}{k_1} P_1^{k_1}(e)\,(1 - P_1(e))^{n_1-k_1} \binom{n_2}{k_2} P_2^{k_2}(e)\,(1 - P_2(e))^{n_2-k_2} \end{aligned} \tag{4.67}$$

式中，$P_1(e)$和 $P_2(e)$分别是所设计的分类器将属于类别 ω_1 的样本错分为属于类别 ω_2 和属于类别 ω_2 的样本错分为属于类别 ω_1 的真实错误率.

利用和前面求取 $P(e)$估计类似的方法，可以得到 $P_1(e)$和 $P_2(e)$的最大似然估计

$$\hat{P}_1(e) = \frac{k_1}{n_1} \tag{4.68}$$

$$\hat{P}_2(e) = \frac{k_2}{n_2} \tag{4.69}$$

而总的错误率由下式给出

$$\hat{P}(e) = P(\omega_1)\hat{P}_1(e) + P(\omega_2)\hat{P}_2(e) = P(\omega_1)\frac{k_1}{n_1} + P(\omega_2)\frac{k_2}{n_2}$$

显然，$\hat{P}(e)$也是一个随机变量,其均值和方差分别为

$$\begin{aligned} E\{\hat{P}(e)\} &= P(\omega_1)E\{\hat{P}_1(e)\} + P(\omega_2)E\{\hat{P}_2(e)\} \\ &= P(\omega_1)\frac{E\{k_1\}}{n_1} + P(\omega_2)\frac{E\{k_2\}}{n_2} \\ &= P(\omega_1)\frac{n_1P_1(e)}{n_1} + P(\omega_2)\frac{n_2P_2(e)}{n_2} \\ &= P(\omega_1)P_1(e) + P(\omega_2)P_2(e) = P(e) \end{aligned} \tag{4.70}$$

$$\begin{aligned} \sigma^2_{\hat{P}(e)} &= D\{\hat{P}(e)\} = D\left(P(\omega_1)\frac{k_1}{n_1} + P(\omega_2)\frac{k_2}{n_2}\right) = D\left(\frac{k_1}{n} + \frac{k_2}{n}\right) = \frac{\sigma^2_{k_1}}{n^2} + \frac{\sigma^2_{k_2}}{n^2} \\ &= \frac{1}{n^2}(n_1P_1(e)(1-P_1(e)) + n_2P_2(e)(1-P_2(e))) \\ &= \frac{1}{n^2}(nP(\omega_1)P_1(e)(1-P_1(e)) + nP(\omega_2)P_2(e)(1-P_2(e))) \\ &= \frac{1}{n}(P(\omega_1)P_1(e)(1-P_1(e)) + P(\omega_2)P_2(e)(1-P_2(e))) \end{aligned} \tag{4.71}$$

从上述两式,可以看出:用选择抽取的方式来获取检验样本,所得到的 $\hat{P}(e)$的最大似然估计也是真实错误率 $P(e)$的无偏估计.而衡量该估计离散程度的方差项则由式(4.71)给出.类似地,它也与样本数 n 的倒数成正比.故随着样本数 n 的增加,$\hat{P}(e)$的可靠性越好,也越接近于真实错误率 $P(e)$.

最后,我们来具体比较一下两种样本抽取方式的优劣程度,看一下在哪一种样本抽取方式下所得到的分类器错误率的估计更好一些.为此,比较在两种样本抽取方式下所得到的分类器错误率的方差

$$\begin{aligned} &\sigma^2_{R,\hat{P}(e)} - \sigma^2_{S,\hat{P}(e)} \\ &= D\left(\frac{k}{n}\right) - D\left(\frac{k_1}{n} + \frac{k_2}{n}\right) \\ &= \frac{1}{n}P(e)(1-P(e)) - \frac{1}{n}(P(\omega_1)P_1(e)(1-P_1(e)) \\ &\quad + P(\omega_2)P_2(e)(1-P_2(e)) \end{aligned}$$

$$
\begin{aligned}
&=\frac{1}{n}\{P(e)-(P(\omega_1)P_1(e)+P(\omega_2)P_2(e))\}\\
&\quad+\frac{1}{n}\{P(\omega_1)P_1^2(e)+P(\omega_2)P_2^2(e)-P^2(e)\}\\
&=\frac{1}{n}\{P(\omega_1)P_1^2(e)+P(\omega_2)P_2^2(e)-(P(\omega_1)P_1(e)+P(\omega_2)P_2(e))^2\}\\
&=\frac{1}{n}\{P(\omega_1)(1-P(\omega_1))P_1^2(e)+P(\omega_2)(1-P(\omega_2))P_2^2(e)\\
&\quad-2P(\omega_1)P(\omega_2)P_1(e)P_2(e)\}\\
&=\frac{1}{n}P(\omega_1)P(\omega_2)(P_1(e)-P_2(e))^2
\end{aligned}
$$

上式表明，在随机抽取情形下所得到的分类器错误率估计的方差要大于在选择抽取情形下所得到的分类器错误率估计的方差，而且仅当两个分类错误率 $P_1(e)$和 $P_2(e)$相等的时候，两种情形下分类器错误率估计的方差才相等.这个结果是易于理解的.因为在选择抽取的情形下，利用了类别先验概率的知识，其离散程序比随机抽取的情况要小一些，所以，相应的分类器错误率估计的方差也会小一些.

4.5.2　有限样本情况下分类器错误率的实验估计

上一小节讨论了已训练分类器错误率的实验估计问题.事实上，为了设计一个能够完成一定分类任务的分类器，通常需要对样本的统计特性有足够的了解.在大多数情况下，样本的统计特性需要从给定的样本中进行估计.但是，实际中可以使用的样本的个数总是有限的.因此，我们面临这样一个问题：如何利用给定的有限个样本既帮助我们完成分类器的设计，又帮助我们实现对分类器的检验.通常的做法是将给定的有限个样本分为两组：一组用于训练，另一组用于检验.显然，划分的方法不同，导致的效果也会不一样.我们自然是希望能够充分利用已知的有限个样本既能得到性能较好的分类器，又可以给出较可靠的分类器错误率的实验估计.

样本的分组方式大致有如下四种：两分法、留一法、分组交替法和重复使用法.下面，分别对四种分组方式加以详细介绍.

(1) 两分法

先定性地看一下样本划分对分类器性能和分类器错误率估计所产生的影响.设有 n 个样本可以使用.现在，我们将这 n 个样本分为两组.每组中所包含的样本的个数分别为 n_1 和 n_2.这里，$n_1+n_2=n$.其中，样本个数为 n_1 的一组样本被用作训练集，而样本个数为 n_2 的一组样本则被用作检验集.若在所进行的 n_2 次检验中，出现错误判决的次数为 k_2，则相应分类器错误率的估计由下式给出

$$\hat{P}(e) = \frac{k_2}{n_2} \tag{4.72}$$

显然，为了训练出性能较好的分类器，要求 n_1 足够大. 而为了使相应的错误率估计尽量接近于真值，则要求 n_2 足够大. 这种划分方法在 n 足够大时是可行的. 此时，样本总数足够多可以兼顾到系统对 n_1 和 n_2 的要求. 然而，这种划分方法在 n 不够大时则是不可行的. 因为，n_1 取大了，n_2 必然就小了，从而使得分类器错误率估计的离散程度变大，可靠性变差. 相反，n_2 取大了，n_1 必然就小了，这又使得所设计的分类器的性能变差.

(2) 留一法

为了避免两分法所具有的缺点，在可用样本个数不够多的情况下，可以考虑采用所谓的留一法. 留一法每次从 n 个样本中留下其中的一个样本用作检验样本，而把其余的 $n-1$ 个样本全部用作训练样本. 这样，因为一共有 n 个样本，故可以反复进行 n 次这样的训练和检验. 由于每一次都使用不完全相同的 $n-1$ 个样本来训练分类器，因此每次所得到的分类器应该也不是同一个分类器. 但是，因为各次之间用于训练的 $n-1$ 个样本中只有一个互不相同，故可认为上述反复进行的 n 次训练所得到的分类器近似是相同的. 另外，每次留下用作检验用途的样本显然都是不同的. 这样，在所进行的总共 n 次检验中，如果其中有 k 次出现错判，则相应分类器的错误率估计为

$$\hat{P}(e) = \frac{k}{n} \tag{4.73}$$

我们看到，留一法充分利用了仅有的 n 个样本. 较好地解决了在可用样本数 n 较小的情况下所设计分类器的性能和相应分类器错误率估计的可靠性两者之间存在的矛盾. 但是，原则上说，留一法需要进行 n 次分类器的设计工作，计算量明显比两分法要大很多.

(3) 分组交替法

该方法是介于两分法和留一法之间的一种方法. 这种方法把仅有的 n 个样本分成 m，$2 \leqslant m \leqslant n-1$ 组. 每次只抽取其中的一组用作检验，而将其余的样本作为训练样本使用. 因为把所有的可用样本分成 m 组，故总共需要进行 m 次相关的训练和检验. 由于每组中所包含的样本个数和样本总数比起来要小很多，故可认为每次训练所得到的分类器近似也是差不多的. 假定每次用作检验的样本的个数为 n_i，出现错判的次数为 k_i，则相应错误率的估计可用下式给出

$$\hat{P}(e) = \sum_{i=1}^{m} \frac{n_i}{n} \frac{k_i}{n_i} = \frac{\sum_{i=1}^{m} k_i}{n} \tag{4.74}$$

分组交替法所设计的分类器的性能介于两分法和留一法之间.而相应分类器错误率估计的可靠性也介于两分法和留一法之间.

(4) 重复使用法

还有一种可能的方法是既用仅有的 n 个样本进行训练以设计相应的分类器,又用它们进行检验以确定相应的分类器错误率.这种方法在已有样本的条件下可以获得最好性能的分类器,但是,它所给出的分类器错误率的估计是过于乐观的.在样本奇缺的情况下,可以考虑用这种方法.一般情况下则应避免采用该方法.

比较一下上述四种方法,可以发现:其中的留一法是一个很有特点的方法.它在样本资源比较稀缺的情况下,一方面可以设计出具有较高性能的分类器,另一方面又可以使相应分类器错误率的估计较为准确.但其缺点是计算量比较大.显然,如果我们能对留一法进行改进,避免其在分类器设计过程中可能存在的重复操作,则有可能减小其在训练过程中的计算量.

可以证明,在有些情况(例如,样本服从高斯分布)下,确实可以对留一法进行改进,避免分类器设计过程中存在的重复操作问题.

本章小结 本章主要讨论分类器错误率的估计问题.首先给出了几种特殊情况下分类器错误率的计算问题:① 正态分布下分类器错误率的计算;② 大维数样本的各维之间统计独立情况下分类器错误率的计算.然后,针对一般情况下分类器错误率难以计算的问题,讨论了分类器错误率的理论界限,给出了分类器错误率上界的两种表达式:B-上界和 C-上界.同时,借助于贝叶斯错误率,导出了近邻分类法错误率的上、下界.最后,考虑了分类器错误率的实验估计问题,给出了几种典型的实验估计方法.

第 5 章　统计模式识别中的聚类方法

在第 2、3 两章中，主要讨论了样本类别已知情况下的统计模式识别方法：几何分类法和概率分类法.这两种分类法或者直接利用已知类别的训练样本集，或者利用已知的或根据训练样本集估计的类条件概率密度函数来设计相应的分类器以实现对未知样本的分类.

但是，在很多情况下，我们可能并没有足够多的关于样本的先验知识可以利用.特别是所获得的训练样本的类别未必是已知的.此时，如何依据给定的训练样本集实现对未知测试样本的正确分类就是一个值得关注的问题.显然，有教师的分类方法并不适用于现在的情况.为了解决这一类分类问题，我们必须另谋他策.为了和前面讨论过的有教师的分类问题相区别，将上述基于类别属性未知的训练样本的分类问题称为无教师的分类问题，也称为无监督的分类问题.本章重点讨论这一类分类问题，给出相关的分类方法和算法.

5.1　聚 类 分 析

解决无教师分类问题的一种可行的方法是利用观测样本在几何上所表现出的相似性.该方法的基本出发点是基于如下想法，即如果在特征空间中两个观测样本在一定的距离测度下相距很近，则认为这两个样本彼此之间是相似的，而彼此相似的两个样本属于同一个类别的可能性大.具体操作时，首先根据所选择的特征将观测样本映射到所构建的特征空间中，然后依据某种准则对样本进行聚类优化处理，并把使得准则函数取得极值(极大或极小，依据所选择的准则函数而定)的聚类结果作为最终的分类结果.为方便起见，把这种根据样本在特征空间中的分布实现聚类的分类方法称为聚类分析.显然，聚类分析的结果与所选择的特征以及在此基础上所定义的样本间的相似性测度有关.所选择的特征以及相应的相似性测度不同,所得到的聚类结果一般也不同.此外,聚类结果也和所选择的聚类准则函数密切相关.当然,如果有关于样本分类的先验知识(例如,分类结果的类别数为已知)可以利用,则聚类的结果一般更容易被接受.

为了说明所选择的特征以及相应的相似性测度对聚类结果的影响,让我们来看一个对图 5.1 所示的几何图形进行分类的例子.图中包括了以不同大小、线种出

图 5.1 由几何图形组成的样本集合

现的几种几何图形,分别是三角形、矩形和圆.显然,所选择的特征不同,所得到的聚类结果也不同.例如,如果选择面积为特征量,则可将给定图形根据其图像尺寸划分为较大面积和较小面积两个类别;又若以图形的形状为特征量,则可将给定图形根据其形状特点划分为三角形、矩形和圆三个类别.另外,若以线种作为特征,则可将给定图形根据表示其各边时所使用的线种将其划分为实线、虚线两个类别.相应的聚类结果之图示参看图 5.2.如图所示,选择不同的特征所得到的聚类结果是大不相同的.同样,相似性测度的定义也是影响聚类结果的主要因素.例如,当以面积为特征量时,若选择欧氏距离作为相似性测度,则可以在以图像尺寸为聚类目标时取得较好的分类效果.但若聚类的目的是希望能对输入图形的几何形状加以区分,则上述选择就未必合理.

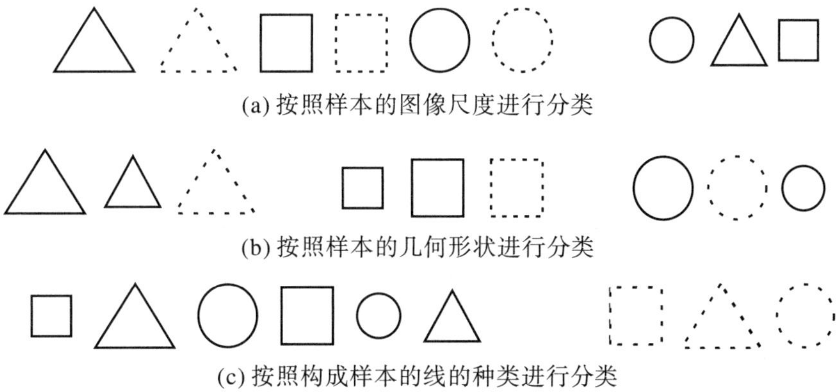

(a) 按照样本的图像尺度进行分类

(b) 按照样本的几何形状进行分类

(c) 按照构成样本的线的种类进行分类

图 5.2 对图 5.1 中的样本集合选择不同的特征和相似性度量进行分类的结果

实际中,究竟选择什么样的参量为特征量、选择什么样的距离函数或类似的度量函数作为相似性测度应该根据实际情况来定.可以用作相似性测度的东西很多.例如,在第2章中引入的用于度量样本之间相似程度的距离测度即为一种常用的相似性测度.总体而言,一个好的相似性测度应该具有某些不变特性.例如,它应该对样本在观测空间中的平移、旋转和尺度变化是不敏感的.实际选择的相似性测度不一定在所有方面都能满足上述不变特性.例如,当选择以面积为特征量、以欧氏距离为相似性度量时,得到的聚类结果对于样本在观测空间中的平移和旋转变化是不变的,但不是尺度变换和一般线性变换下的不变量.由于这个原因,当把欧氏距离(或类似的距离)作为相似性度量时,特征量单位/量纲的选择非常重要.如果选择得不合适,有可能导致误分类的不良后果.

一旦特征和相似性测度得以确立,可以据此进行聚类分析.一种最简单的用于判断两个样本是否属于同一个类别的方法是:对于给定的两个样本,依照所定义的相似性测度计算这两个样本之间的相似性,若相似性的度量值大于给定的阈值,则判它们属于同一个类别,否则判它们属于不同的类别.为了得到好的聚类效果,阈值的选择很重要.过大和过小都会导致不期望的聚类结果.当然,为了追求好的分类效果,实际的聚类过程都比上述简单聚类方法要复杂.

5.2 聚类准则

上面已经看到,在样本间建立合适的相似性度量是实现聚类分析的基础.但是,只是做到这些还是很不够的,为了得到好的聚类结果,还必须有好的聚类准则.只有这样,才能对聚类的效果做出恰如其分的评价,把真正属于同一个类别的样本聚在一起,把不属于同一个类别的样本分离开来.相对于某个具体的分类任务而言,不同的聚类准则给出的聚类结果一般是有差异的,是可以比较优劣的.但是,应该注意的是这种优劣一般是有条件的.当我们讨论聚类结果优劣的时候,通常是针对某种准则而言的.

下面介绍几种常用的聚类准则函数.

5.2.1 误差平方和准则函数 J_e

这是在聚类分析中应用较为广泛的一种准则函数.令样本集合为 $\mathscr{X}=\{\boldsymbol{X}_1,$

$\boldsymbol{X}_2,\cdots,\boldsymbol{X}_n\}$，假定在某种相似性测度下它被聚合成 c 个分离的样本子集 $\mathscr{X}_1,\mathscr{X}_2,\cdots,\mathscr{X}_c$，其中，每个子集中所包含的样本数依次为 $n_1,n_2,\cdots,n_c$，则误差平方和准则函数由下式定义

$$J_e = \sum_{j=1}^{c}\sum_{k=1}^{n_j} \| \boldsymbol{X}_k^j - \boldsymbol{m}_j \|^2 \tag{5.1}$$

其中，$\boldsymbol{m}_j$ 为类别 ω_j 的样本均值，定义为

$$\boldsymbol{m}_j = \frac{1}{n_j}\sum_{k=1}^{n_j} \boldsymbol{X}_k^j, \quad j = 1,2,\cdots,c \tag{5.2}$$

这里，$\boldsymbol{X}_k^j$ 表示属于类别 ω_j 的样本子集中的第 k 个样本. 通常将 $\boldsymbol{m}_j,j=1,2,\cdots,c$ 称为类别 $\omega_j,j=1,2,\cdots,c$ 的聚类中心，可以用它作为相应类别的代表.

由定义式(5.1)可以看出，误差平方和准则函数 J_e 与多种因素有关. 例如，它和聚类的类别数 c 有关，也与每个类别中所包含的样本个数 $n_j,j=1,2,\cdots,c$ 有关. 在 c 和 $n_j,j=1,2,\cdots,c$ 确定的情况下，它是每个类别的样本子集和相应聚类中心的函数. 从定义式可以看出，误差平方和准则函数 J_e 实际上给出了把所有 n 个样本划分成 c 个类别时所产生的总误差的一种描述. 准则函数 J_e 的取值越大，表明相应划分给出的总的误差也越大. 显然，在类别数 c 一定的条件下，使准则函数 J_e 的取值最小化的划分是误差平方和最小意义上的最优划分.

误差平方和准则适用于类别数 c 一定，同类样本分布相对密集且各类别所包含的样本数相差不大、类间距离较大的样本分布情况. 当类间距离较小，且各类别所包含的样本数相差较大时，误差平方和准则可能给出错误的分类结果. 此时，有可能发生将样本数较多的一类分拆成两部分，并将其中的一部分并入包含样本数较少的某个类别中的情况.

5.2.2　权平均平方距离和准则函数 J_l

相应的准则函数由下式定义

$$J_l = \sum_{j=1}^{c} P_j D_j^* \tag{5.3}$$

式中，c 为聚类的类别数，$P_j,j=1,2,\cdots,c$ 为类别 $\omega_j,j=1,2,\cdots,c$ 发生的先验概率，而 $D_j^*,j=1,2,\cdots,c$ 为 ω_j 的类内平均平方距离和，由下式定义

$$D_j^* = \frac{1}{C_{n_j}^2}\sum_{1\leqslant k,l\leqslant n_j \text{且} l<k} \| \boldsymbol{X}_k^j - \boldsymbol{X}_l^j \|^2 \tag{5.4}$$

这里，$C_{n_j}^2$ 为从属于类别 $\omega_j,j=1,2,\cdots,c$ 的样本集 $\mathscr{X}_j,j=1,2,\cdots,c$ 中任意取出两个样本的组合数，它给出了有效平方距离的项数. 因此，$D_j^*,j=1,2,\cdots,c$ 实际上

给出了类别ω_j,$j=1,2,\cdots,c$ 的类内平均平方距离.故根据定义,知 J_l 是以P_j,$j=1,2,\cdots,c$ 为加权系数的总的类内加权平均平方距离和.由于 P_j 可用n_j/n 进行估计,故 J_l 的估计可写为

$$J_l = \frac{1}{n}\sum_{j=1}^{c} n_j D_j^* \tag{5.5}$$

J_e 和J_l 两个准则函数可用于对聚类结果的评估.从上面的讨论可知,它们均在一定程度上描述了给定样本集合的类内分布情况.其值越小,说明类内样本分布越密集,据此得到的聚类结果一般也越好.相比较而言,由于利用了不同类别发生的先验概率的相关信息,J_l 在不同类别的样本数相差悬殊的场合的聚类能力要强于J_e.此时,使用 J_l 可避免样本数较多的类别发生分裂的现象.

5.2.3 类间距离和准则函数 J_b

类间距离和准则函数 J_b 是为从类间距离分布出发对聚类结果进行评估而开发的.它包括如下两个定义

$$J_{b1} = \sum_{j=1}^{c} (\boldsymbol{m}_j - \boldsymbol{m})^{\mathrm{T}}(\boldsymbol{m}_j - \boldsymbol{m}) \tag{5.6}$$

$$J_{b2} = \sum_{j=1}^{c} P_j (\boldsymbol{m}_j - \boldsymbol{m})^{\mathrm{T}}(\boldsymbol{m}_j - \boldsymbol{m}) \tag{5.7}$$

式中,$\boldsymbol{m}_j$ 为第j 个类别ω_j 的样本均值,由式(5.2)所定义,而 $\boldsymbol{m}$ 为全体样本的均值向量,由下式所定义

$$\boldsymbol{m} = \frac{1}{n}\sum_{j=1}^{c}\sum_{k=1}^{n_j} \boldsymbol{X}_k^j \tag{5.8}$$

其中,J_{b1}称为类间距离和准则函数,J_{b2}称为加权的类间距离和准则函数.和前面一样,若用 n_j/n 作为P_j 的估计,则 J_{b2}可写为

$$J_{b2} = \frac{1}{n}\sum_{j=1}^{c} n_j (\boldsymbol{m}_j - \boldsymbol{m})^{\mathrm{T}}(\boldsymbol{m}_j - \boldsymbol{m}) \tag{5.9}$$

显然,J_{b1}和 J_{b2}的取值越大,各类别间相距越远,聚类效果越好.

5.2.4 离散度准则函数

单纯从类内或类间距离的概念出发对聚类结果进行评估有时是失之偏颇的.如果能同时考虑两种因素对聚类结果的影响,则评估结果会更加全面和可靠.离散度准则正是基于上述考虑而发展起来的.适当定义的离散度准则函数不仅可以反映同类别样本之间的聚集程度,也能反映不同类别样本之间的分离程度.

离散度准则是建立在离散度矩阵基础之上的.离散度矩阵分类内离散度矩阵和类间离散度矩阵两种.

首先讨论分类别的类内离散度矩阵,它由下式所定义

$$\boldsymbol{S}_j = \frac{1}{n_j}\sum_{k=1}^{n_j}(\boldsymbol{X}_k^j - \boldsymbol{m}_j)(\boldsymbol{X}_k^j - \boldsymbol{m}_j)^{\mathrm{T}}, \quad j = 1,2,\cdots,c \tag{5.10}$$

这里,c 为聚类的类别数,$\boldsymbol{X}_k^j$ 表示类别 $\omega_j, j=1,2,\cdots,c$ 的样本子集中的第 k 个样本,$\boldsymbol{m}_j$ 为类别 ω_j 的样本均值,而 $\boldsymbol{S}_j$ 为类别 ω_j 的类内离散度矩阵.

总的类内离散度矩阵记为 $\boldsymbol{S}_w$,由下式给出

$$\boldsymbol{S}_w = \sum_{j=1}^{c} P_j \boldsymbol{S}_j \tag{5.11}$$

这里,和前面一样,$P_j, j=1,2,\cdots,c$ 为类别 $\omega_j, j=1,2,\cdots,c$ 发生的先验概率.

类似地,我们可以定义如下的类间离散度矩阵 $\boldsymbol{S}_b$

$$\boldsymbol{S}_b = \sum_{j=1}^{c} P_j(\boldsymbol{m}_j - \boldsymbol{m})(\boldsymbol{m}_j - \boldsymbol{m})^{\mathrm{T}} \tag{5.12}$$

式中的 c、P_j、$\boldsymbol{m}_j$ 和 $\boldsymbol{m}$ 的含义同前,这里不再赘述.

此外,如下定义样本全体总的离散度矩阵 S_t

$$\boldsymbol{S}_t = \frac{1}{n}\sum_{k=1}^{n}(\boldsymbol{X}_k - \boldsymbol{m})(\boldsymbol{X}_k - \boldsymbol{m})^{\mathrm{T}} \tag{5.13}$$

其中,$\boldsymbol{X}_k$ 表示样本集合 $\mathscr{X}$ 中第 k 个样本.可以证明,总的离散度矩阵 $\boldsymbol{S}_t$、类间离散度矩阵 $\boldsymbol{S}_b$ 和总的类内离散度矩阵 $\boldsymbol{S}_w$ 三者之间存在以下的关系

$$\boldsymbol{S}_t = \boldsymbol{S}_w + \boldsymbol{S}_b \tag{5.14}$$

事实上,我们有

$$\begin{aligned}
S_t &= \frac{1}{n}\sum_{k=1}^{n}(\boldsymbol{X}_k - \boldsymbol{m})(\boldsymbol{X}_k - \boldsymbol{m})^{\mathrm{T}} \\
&= \frac{1}{n}\sum_{j=1}^{c}\sum_{k=1}^{n_j}(\boldsymbol{X}_k^j - \boldsymbol{m})(\boldsymbol{X}_k^j - \boldsymbol{m})^{\mathrm{T}} \\
&= \sum_{j=1}^{c}\frac{n_j}{n}\frac{1}{n_j}\sum_{k=1}^{n_j}(\boldsymbol{X}_k^j - \boldsymbol{m})(\boldsymbol{X}_k^j - \boldsymbol{m})^{\mathrm{T}}
\end{aligned}$$

利用 $P_j = n_j/n$ 的关系,上式可写成

$$\begin{aligned}
\boldsymbol{S}_t &= \sum_{j=1}^{c} P_j \frac{1}{n_j}\sum_{k=1}^{n_j}(\boldsymbol{X}_k^j - \boldsymbol{m})(\boldsymbol{X}_k^j - \boldsymbol{m})^{\mathrm{T}} \\
&= \sum_{j=1}^{c} P_j\left[\frac{1}{n_j}\sum_{k=1}^{n_j}(\boldsymbol{X}_k^j - \boldsymbol{m})(\boldsymbol{X}_k^j - \boldsymbol{m})^{\mathrm{T}}\right]
\end{aligned}$$

$$= \sum_{j=1}^{c} P_j \left[\frac{1}{n_j} \sum_{k=1}^{n_j} (\boldsymbol{X}_k^j - \boldsymbol{m}_j - (\boldsymbol{m} - \boldsymbol{m}_j))(\boldsymbol{X}_k^j - \boldsymbol{m}_j - (\boldsymbol{m} - \boldsymbol{m}_j))^{\mathrm{T}} \right]$$

$$= \sum_{j=1}^{c} P_j \left[\frac{1}{n_j} \sum_{k=1}^{n_j} (\boldsymbol{X}_k^j - \boldsymbol{m}_j)(\boldsymbol{X}_k^j - \boldsymbol{m}_j)^{\mathrm{T}} + (\boldsymbol{m}_j - \boldsymbol{m})(\boldsymbol{m}_j - \boldsymbol{m})^{\mathrm{T}} \right]$$

$$= \sum_{j=1}^{c} P_j S_j + \sum_{j=1}^{c} P_j (\boldsymbol{m}_j - \boldsymbol{m})(\boldsymbol{m}_j - \boldsymbol{m})^{\mathrm{T}}$$

$$= \boldsymbol{S}_w + \boldsymbol{S}_b$$

由于总的离散度矩阵 $\boldsymbol{S}_t$ 仅和样本全体在特征空间中的分布有关，而和样本的聚类结果无关，故对于给定的样本集 $\mathscr{X}$ 而言，$\boldsymbol{S}_t$ 是一定的. 与此不同，总的类内离散度矩阵 $\boldsymbol{S}_w$ 和类间离散度矩阵 $\boldsymbol{S}_b$ 是与样本的聚类结果直接关联的. 不同的聚类结果将导致不同的 $\boldsymbol{S}_w$ 和 $\boldsymbol{S}_b$. 然而，由式(5.14)可知，不论对样本集 $\mathscr{X}$ 如何划分，也不论 $\boldsymbol{S}_w$ 和 $\boldsymbol{S}_b$ 如何变化，相应的 $\boldsymbol{S}_w$ 和 $\boldsymbol{S}_b$ 的总和将保持不变. 两者之间存在一种此消彼长、相互依存、相互制约的关系. 定性地说，如果一种样本的划分方案使总的类内离散度达到最小化，那么同时它也使类间离散度达到最大化. 这样，通过调查样本划分对 $\boldsymbol{S}_w$ 和 $\boldsymbol{S}_b$ 的影响，可望得到使类内离散度最小化和类间离散度最大化的聚类结果. 然而，由于 $\boldsymbol{S}_w$ 和 $\boldsymbol{S}_b$ 均为矩阵，在多维的情况下要直接对它们进行评估从而得到优化的聚类结果是非常复杂和困难的. 为了方便地处理相应的优化问题，通常的做法是采用这些矩阵的迹、行列式和特征值等标量参量来构建准则函数，并据此进行优化计算，得到所需要的聚类结果.

基于迹的准则函数

一个方阵 $\boldsymbol{A}$ 的迹记为 $\mathrm{tr}[\boldsymbol{A}]$，由方阵主对角线元素之和所定义. 如果所考虑的方阵为前述的各种离散度矩阵，那么，根据定义其值将正比于各坐标轴方向上的相应方差之和. 例如，分类别类内离散度矩阵 $\boldsymbol{S}_j, j = 1, 2, \cdots, c$ 的迹由下式给出

$$\mathrm{tr}[\boldsymbol{S}_j] = \frac{1}{n_j} \sum_{k=1}^{n_j} \| \boldsymbol{X}_k^j - \boldsymbol{m}_j \|^2, \quad j = 1, 2, \cdots, c \tag{5.15}$$

它正比于类内各样本 $\boldsymbol{X}_k^j$ 和类均值向量 $\boldsymbol{m}_j$ 沿各坐标轴方向的分量方差之和. 其值越小，说明类内样本的聚集程度越高.

由于在所考虑的问题中相应的方差或者反映了同类样本之间的聚集程度，或者反映了不同类样本之间的分离程度，因此可用相应矩阵的迹来构建用于优化的准则函数，帮助完成优化计算. 例如，可选择如下两个函数作为优化准则函数

$$\boldsymbol{J}_{tw} = \mathrm{tr}[\boldsymbol{S}_w] \tag{5.16}$$

$$\boldsymbol{J}_{tb} = \mathrm{tr}[\boldsymbol{S}_b] \tag{5.17}$$

在前者的情况下,优化目标是使 $\mathrm{tr}[S_w]$ 最小化;在后者的情况下,优化目标是使 $\mathrm{tr}[S_b]$ 最大化.由于有 $\mathrm{tr}[\boldsymbol{S}_t]=\mathrm{tr}[\boldsymbol{S}_w]+\mathrm{tr}[\boldsymbol{S}_b]$ 成立,故上述两个优化目标本质上是一致的.在优化一方的时候,同时也优化了另一方.

另外,可以证明,优化迹准则函数 $\mathrm{tr}[\boldsymbol{S}_w]$ 的效果和优化误差平方和准则函数 J_e 的效果是完全一样的.事实上,两个准则函数除了相差一个不影响优化结果的系数外,是完全一致的.

基于行列式的准则函数

一个方阵 $\boldsymbol{A}$ 的行列式记为 $|\boldsymbol{A}|$.如果所考虑的方阵为前述的各种离散度矩阵,那么,其值将正比于样本在各主轴方向上相应方差之积.与定义迹参量作为准则函数的做法类似,可选择如下两个函数作为优化准则函数

$$J_{dw} = |\boldsymbol{S}_w| \tag{5.18}$$

$$J_{db} = |\boldsymbol{S}_b| \tag{5.19}$$

据此,可通过优化计算得到所需要的聚类结果.

需要注意的是,当一个矩阵是奇异阵的时候,其矩阵行列式为0.此时,无法使用相应的行列式准则函数来完成优化计算.由于在下列两种情况下类间离散度矩阵 $\boldsymbol{S}_b$ 是奇异的:① 当聚类的类别数 c 小于等于样本的维数 d;② 样本数 n 和类别数 c 之差小于样本的维数 d.因此,实际中应视情况避免使用 $|\boldsymbol{S}_b|$ 作为准则函数.由于总的类内离散度矩阵 $\boldsymbol{S}_w$ 通常是非奇异的,故使用 $|\boldsymbol{S}_w|$ 作为准则函数不失为一种好的选择.当然,实际中应视具体情况灵活运用.

另外值得一提的是,虽然最小化行列式准则函数 $|\boldsymbol{S}_w|$ 得到的划分结果有时候和最小化误差平方和准则函数 J_e 得到的聚类结果是一致的,但有时候两者之间存在重要的差别.特别地,后者的聚类结果会因坐标轴的缩放而改变,而前者则不会发生此类问题.因此,在存在未知线性变换的场合,使用前者的行列式准则函数 $|\boldsymbol{S}_w|$ 来完成相应的聚类分析是一种明智的选择.

另外,基于迹和行列式的准则函数不限于上面提到的几个,也可以将总的类内离散度矩阵 $\boldsymbol{S}_w$、类间离散度矩阵 $\boldsymbol{S}_b$ 以及总的离散度矩阵 $\boldsymbol{S}_t$ 进行组合以构造所需的准则函数.下面是经常用到的几个准则函数

$$J_{t1} = \mathrm{tr}[\boldsymbol{S}_w^{-1}\boldsymbol{S}_b] \tag{5.20}$$

$$J_{t2} = \mathrm{tr}[\boldsymbol{S}_w^{-1}\boldsymbol{S}_t] \tag{5.21}$$

$$J_{d1} = |\boldsymbol{S}_w^{-1}\boldsymbol{S}_b| \tag{5.22}$$

$$J_{d2} = |\boldsymbol{S}_w^{-1}\boldsymbol{S}_t| \tag{5.23}$$

为了得到好的聚类结果,应最大化上述准则函数.

基于特征值的准则函数

一个 d 阶方阵 $\boldsymbol{A}$ 的特征值 λ 满足以下方程：$\boldsymbol{AX}=\lambda\boldsymbol{X}$. 其中，$\boldsymbol{X}$ 是一个 d 维的列向量，称为方阵 $\boldsymbol{A}$ 的特征值 λ 所对应的特征向量.

对一个非奇异的 d 阶方阵 $\boldsymbol{A}$ 而言，有以下结论成立：

(1) $\boldsymbol{A}$ 的 d 个特征值之和等于 $\boldsymbol{A}$ 的迹；

(2) $\boldsymbol{A}$ 的 d 个特征值之积等于 $\boldsymbol{A}$ 的行列式.

故根据上面基于迹和行列式的准则函数的讨论，可以考虑利用相关离散度矩阵的特征值来构建基于特征值的准则函数. 例如，考虑使用非奇异的 d 阶方阵 $\boldsymbol{S}_w^{-1}\boldsymbol{S}_b$，若该矩阵的 d 个特征值依次为：$\lambda_1,\cdots,\lambda_d$，则式(5.20)至(5.23)所示的四个准则函数可表示为

$$J_{t1}=\sum_{i=1}^{d}\lambda_i \tag{5.24}$$

$$J_{t2}=\sum_{i=1}^{d}(1+\lambda_i) \tag{5.25}$$

$$J_{d1}=\prod_{i=1}^{d}\lambda_i \tag{5.26}$$

$$J_{d2}=\prod_{i=1}^{d}(1+\lambda_i) \tag{5.27}$$

显然，为了得到好的聚类结果，应最大化上述准则函数，即划分样本使上述 d 阶方阵 $\boldsymbol{S}_w^{-1}\boldsymbol{S}_b$ 的 d 个特征值的取值尽可能大. 由于矩阵的特征值是相似变换下的不变量，故上面四个准则函数在相似变换下保持不变. 这个性质使得对应的最优划分具有相似变换下的不变性.

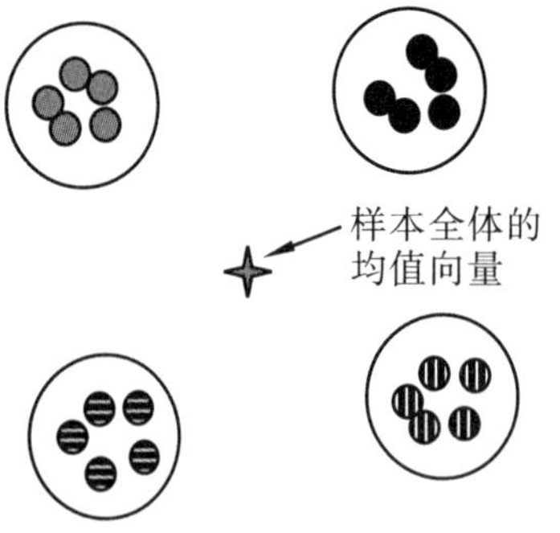

图5.3 指定类别数对于聚类的重要性

进一步讨论 上面给出了几种聚类准则函数. 虽然每一种准则函数都有其自身的特点，但本质上都是相似的. 只有当所选择的准则函数和相应的参数适合于样本的内部结构时，才有希望获得满意的聚类效果. 这里，类别数的正确选择显得尤其重要. 如果没有关于类别数的先验知识可以利用，同时优化的结果又不够令人满意(具体说来，这意味着最小化准则函数时得到的最小值不够小，或最大化准则函数时得到的最大值不够大)，则聚类结果的正确性往往是没有保证的. 换言之，上述算法本身并没有对实际的聚类效果进行判断的能力. 为了获得满意的聚类效果，必须结合实际情况引入相应的评价指标或评价体系. 下面的例子是对以上陈述的很好的诠释. 如图 5.3 所

示,假设样本总集由分属于四个类别的样本子集所构成.如果已知类别数为 4,则应用上述任何一种聚类准则函数均可得到满意的聚类结果.但是,若没有关于类别数的先验知识可以利用,则实际中很可能会指定一个错误的类别数,从而导致一个错误的聚类结果.例如,在本例中,若把每一个样本均作为一个类别,则会得到一个在评价指标上似乎令人满意的但却是完全错误的聚类结果.

5.3　基于分裂的聚类算法

一旦选定了一种聚类准则函数,就可以据此实现对样本划分的评估,得到一个能够反映聚类效果好坏程度的准则函数的取值.不断改变样本的划分,可以得到一系列准则函数的取值.其中,对应于最优准则函数取值的聚类结果即可认为是所选准则下的最优划分.由于给定的训练样本总是有限的,因此,原则上可以用穷举法对所有可能的样本划分方案进行评估,从而得到所选准则下的最优聚类结果.但是,这样做不仅会进行许多不必要的计算,浪费宝贵的计算资源,而且在很多情况下,将导致爆炸性的计算需求以至于实际上不具有可实现性.因此,为了高效率地得到最优的聚类结果,很有必要开发相应的寻优算法.

寻优算法通常表现为一个迭代优化的过程.首先设定一个初始聚类,然后依据某种聚类策略调整每个样本的所属类别,使得调整后的优化准则函数的取值得到改善.上述过程不断迭代进行直至取得满意的聚类结果.但是,应该注意的是,迭代算法通常给出令人满意的局部最优结果,而不是全局最优结果.

聚类算法的性能好坏一般与以下几个因素有关:

(1) 聚类中心的选择与更新.所谓聚类中心是指在聚类过程中所选择的每一个类别的代表.聚类中心的选择对有些聚类算法而言是至关重要的.好的聚类中心能够给出令人满意的聚类结果,而差的聚类中心则可能直接导致聚类操作的失败.特别地,很多算法最终的聚类结果是依赖于初始聚类中心的选择和更新规则的.不同的初始聚类中心的选择一般将导致不同的最终聚类结果.

(2) 聚类策略和聚类准则的选择.在聚类过程中,一个样本被划分到哪一个已有类别,取决于该样本和每一个已有聚类中心的相似程度.一种最简单的聚类策略是采取择近原则,即根据最近邻准则将每一个样本划分到距离最近的聚类中心所代表的类别中.另外,对样本所属类别所做的调整是否被接受取决于调整后优化准则函数的取值是否能够得到改善.不同的聚类准则函数的选择一般将导致不同的最终聚类结果.

(3) 控制阈值和类别数的设置.有些算法中会设置一些控制阈值以便对程序的终止条件和程序执行过程中的一些关键参量进行控制.类别数的设置基本上也是出于相同的目的.如果在一个实际问题中有关于类别数的先验知识可以利用,则更容易取得满意的聚类效果.

根据在寻优过程中类别数的变化情况对寻优算法进行分类,大致可将相应的聚类算法划分为增类聚类算法、减类聚类算法和动态聚类算法等几种.

下面首先讨论增类聚类算法.增类聚类算法又称基于分裂的聚类算法.这是一种在算法的执行过程中类别数由少到多的聚类算法.其寻优策略是:首先将所有样本视作一类,然后对聚类结果进行评估,并根据得到的评估值,不断将已有的聚类分裂成更多的类,直到取得满意的聚类结果为止.

5.3.1 简单增类聚类算法

简单增类聚类算法的特点主要表现在聚类中心的选择上.首先用某种方法(例如,任选或按照样本集的排序选,等等)选择一个样本作为第一个聚类中心.然后根据设定的阈值依次检查每一个样本是否满足被分类到已有类别中的条件,如果有样本不满足设定的条件,则将该样本视作为一个新的聚类中心.上述过程不断重复直到所有样本被分配到已有类别中为止.

下面是算法的详细描述:

〈1〉读入训练样本集 $\mathscr{X}=\{\boldsymbol{X}_1,\boldsymbol{X}_2,\cdots,\boldsymbol{X}_N\}$.

〈2〉完成初始化操作:

从样本集 $\mathscr{X}=\{\boldsymbol{X}_1,\boldsymbol{X}_2,\cdots,\boldsymbol{X}_N\}$ 中任选一个样本(例如,按照顺序,选 $\boldsymbol{X}_1$)作为第一个聚类中心 $\boldsymbol{Z}[1]$,即置 $\boldsymbol{Z}[1]=\boldsymbol{X}_1$;

/* $\boldsymbol{Z}[\,]$,用于存放聚类中心的数组.其第 i 个单元 $\boldsymbol{Z}[i]$ 用于存放在程序执行过程中确定的第 i 个聚类中心 */

置下一个聚类中心 $\boldsymbol{Z}_{next}$ = 空;

/* $\boldsymbol{Z}_{next}$,用于存放下一个聚类中心的缓冲器 */

设置距离阈值 T = 一个足够大的距离值;

/* T 用于控制聚类过程的阈值参量.由用户根据实际需求指定 */

初始化样本处理状态数组 $\boldsymbol{P}_{ed}(i)$:$\boldsymbol{P}_{ed}(i)=0, i=1,2,\cdots,N$;

/* $\boldsymbol{P}_{ed}(i)$,表示样本处理状态的数组.其单元值若为 0,则表示相应单元所对应的样本尚未被处理 */：

```
    置类别数计数器 C_s = 1.
    /* 用于计数在程序执行过程确定的类别数 */
    置已处理样本计算器 n = 0;
    /* 用于计数已处理样本的个数 */
    <3> for X_i ∈ 𝒳, i = 1,2,…,N{
            if P_ed(i) == 0{
                计算X_i 到 Z[j], j = 1,2,…,C_s 的距离 d(X_i, Z[j]), j = 1,2,…,C_s;
                if Minimize_j d(X_i, Z[j]) ≤ T{
                    此时X_i 到最近邻的聚类中心的距离小于给定的距离阈值
                    T,满足被分类到已有类别中的条件,故根据最近邻聚类准
                    则将X_i 划分到距离最近的已有聚类中心所代表的类别中,
                    并置P_ed(i) = 1 和 n++.
                }
                else{
                    if Z_next = = 空{
                        Z_next = X_i,去<4>.
                        /* 置X_i 为下一个聚类中心 */
                    }
                }
            }
        }
    <4> if(n < N){
            Z[++C_s] = Z_next;
            Z_next = 空;
            返回<3>.
        }
        else {
            考察聚类结果.
            若满意,则算法结束;否则,修改初始化参数,返回<3>.
        }
```

该算法的特点是处理比较简单.但是,从算法的陈述可以看到,该算法给出的

聚类结果的好坏在很大程度上依赖于聚类中心和距离阈值 T 的选择.其中,聚类中心的选择具有很大的随机性,它和样本在样本集合中的排序具有密切的关系.同样,距离阈值 T 的设定也存在一定的不确定性,能否设定一个好的距离阈值主要取决于我们对实际问题有多了解.

一般而言,成员相同但排序不同的样本集合在相同距离阈值的设定条件下将给出不同的聚类结果;成员相同、排序也相同的样本集合在不同距离阈值的设定条件下也给出不同的聚类结果.为节省篇幅,这里仅讨论不同样本排序对聚类结果的影响.如图 5.4 所示,由于样本在集合中的排序不同,导致在两种情况下由算法所确定的聚类中心(图中黑色实心圆圈表示)之间存在差异.这种差异直接导致聚类结果上的差异.

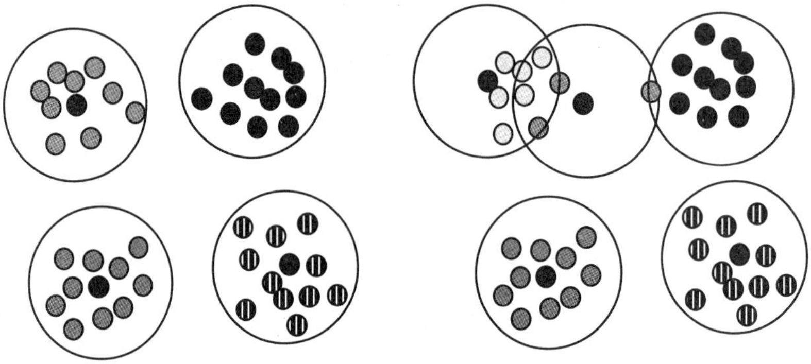

图 5.4　不同样本排序对聚类结果的影响

5.3.2　改进的增类聚类算法

该算法是简单增类聚类算法的一个改进.其改进之处主要体现在聚类中心的选择上.首先,和简单增类聚类算法一样,从输入样本集合中任选一个样本作为第一个聚类中心.然后,按照最大最小距离准则选择下一个聚类中心.上述过程被重复进行直到满足条件的聚类中心被选出为止.其后的处理和简单增类聚类算法基本上类同.下面是该算法的详细描述:

〈1〉读入训练样本集 $\mathscr{X}=\{\boldsymbol{X}_1,\boldsymbol{X}_2,\cdots,\boldsymbol{X}_N\}$.

〈2〉完成初始化操作:

从样本集 $\mathscr{X}=\{\boldsymbol{X}_1,\boldsymbol{X}_2,\cdots,\boldsymbol{X}_N\}$ 中选择一个样本作为第一个聚类中心 $\boldsymbol{Z}[1]$;(例如,任选、按顺序选,等等)

/* $\boldsymbol{Z}[\,]$,用于存放聚类中心的数组.其第 i 个单元 $\boldsymbol{Z}[i]$ 用于存放在程序执行

过程中确定的第 i 个聚类中心 */

置类别数计数器 $C_s=1$.

/* 用于计数在程序执行过程中聚类的类别数 */

设置控制参数 θ,这里,$0<\theta<1$.

/* 用于对聚类中心构建过程的控制 */

〈3〉计算所有样本 $\boldsymbol{X}_i$, $i=1,2,\cdots,N$ 到 $\boldsymbol{Z}[1]$的距离 $d(\boldsymbol{X}_i,\boldsymbol{Z}[1])$,并取

$$\boldsymbol{Z}[2]=\boldsymbol{X}_m,\text{这里 } d(\boldsymbol{X}_m,\boldsymbol{Z}[1])=\underset{i}{Maximize}\, d(\boldsymbol{X}_i,\boldsymbol{Z}[1])$$

作为第二个聚类中心;

记 $d_{12}=d(\boldsymbol{Z}[1],\boldsymbol{Z}[2])$;

C_s++.

〈4〉寻找新的聚类中心直至终止条件被满足.

4a.计算下述最大最小距离

$$d_{MM}=\underset{i}{Maximize}\{\underset{j}{Minimize}\, d(\boldsymbol{X}_i,\boldsymbol{Z}[j])\},\quad i=1,2,\cdots,N,\quad j=1,2,\cdots,C_s$$

4b.若 $d_{MM}>\theta d_{12}$,则建立一个新的聚类中心(记使 d_{MM} 成立的 i 下标为 i_{Max},则新的聚类中心为 $Z[++C_s]=X_{i_{Max}}$),返回 4a.

否则,继续下一步骤.

〈5〉根据最近邻准则将所有样本划分到由最近的聚类中心所代表的类别中.

〈6〉考察聚类结果.若满意,则算法结束;否则,修改控制参数 θ 和第一个聚类中心的初始化参数,返回〈2〉.

该改进算法的特点是除了第一个聚类中心的选择仍然具有较大的随机性之外,其他聚类中心的选择比较有代表性,按照最大最小距离准则所确定的聚类中心可在一定程度上反映样本集的内部结构信息.和前述的简单增类聚类算法一样,该算法给出的聚类结果的好坏在很大程度上依赖于第一个聚类中心的选择.此外,它也与控制参数 θ 的选择有关.

图 5.5 给出了该改进算法的一个应用例子.这里,取控制参数 $\theta=0.6$.如图所示,假定样本集合中的第一个样本为 $\boldsymbol{X}_1$,则根据算法该样本会被选为第一个聚类中心,记为 $\boldsymbol{Z}[1]$;接着,根据算法和 $\boldsymbol{X}_1$ 距离最远的样本 $\boldsymbol{X}_8$ 被选为第二个聚类中心,记为 $\boldsymbol{Z}[2]$;然后,从已有的聚类中心 $\boldsymbol{Z}[1]$、$\boldsymbol{Z}[2]$和所有的输入样本出发计算对应的最大最小距离 d_{MM}(如图中虚线所示),确定使其成立的样本 $\boldsymbol{X}_{16}$,由于满足 $d_{MM}>\theta d_{12}$ 的条件(这里,$d_{12}=d(\boldsymbol{Z}[1],\boldsymbol{Z}[2])$,如图中实线所示),故 $\boldsymbol{X}_{16}$ 被选为第三个聚类中心,记为 $\boldsymbol{Z}[3]$.此后,和前面一样,从已有的聚类中心 $\boldsymbol{Z}[1]$、$\boldsymbol{Z}[2]$、$\boldsymbol{Z}[3]$和所有的输入样本出发计算对应的最大最小距离 d_{MM},看其是否满足 $d_{MM}>$

θd_{12}的条件.由于此时不满足该条件,故使 d_{MM}成立的样本 $\boldsymbol{X}_7$ 不能被选为第四个聚类中心.至此,一共得到三个聚类中心.最后,根据最近邻准则将所有样本划分到以上述三个聚类中心为代表的类别中即可最终完成所需的聚类任务.聚类结果如图所示.可见,所有样本均被正确划分到所属类别中.

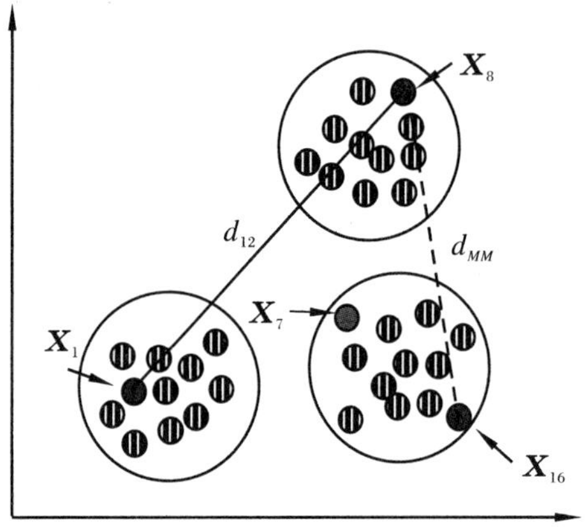

图 5.5 基于最大最小距离准则的改进增类聚类算法的应用举例

5.4 基于合并的聚类算法

基于合并的聚类算法又称为减类聚类算法.这是一种在算法的执行过程中类别数由多到少的聚类算法.其寻优策略是:首先将每一个样本视作一类,然后对聚类结果进行评估,并根据得到的评估值,不断将已有的聚类合并成更大的类,直到取得满意的聚类结果为止.这里,聚类结果是否满意通常根据聚类后的类间距离是否大于某个给定的阈值进行判断.

下面给出减类聚类算法的详细描述.为表述方便起见,用 $\mathscr{X}_i^k$ 标记算法经 k 次迭代后所得到的第 i 个类别 ω_i 的样本子集.

具体算法步骤如下:

〈1〉读入训练样本集 $\mathscr{X}=\{\boldsymbol{X}_1,\boldsymbol{X}_2,\cdots,\boldsymbol{X}_N\}$.

〈2〉完成初始化操作:

置类别数计数器 $C_s = N$.

/* 用于计数在程序执行过程中聚类的类别数 */

置迭代次数计数器 $k = 0$.

设置类间距离阈值 T = 一个足够大的距离值.

/* 用于控制聚类过程的阈值参量.由用户根据实际需求指定 */

For $i = 1$ to C_s{

$\mathscr{X}_i^k = \{\boldsymbol{X}_i\}$

}

/* 初始聚类结果,每个样本自成一类 */

〈3〉构造矩阵 $\boldsymbol{D}^k = [D_{pq}]$

这里,p 和 q 为矩阵的行指标和列指标,分别和已分类的类别序号相对应,而 D_{pq} 表示第 p 行、第 q 列矩阵元素,由已分类的第 p 个类别 ω_p 和第 q 个类别 ω_q 的类间距离所定义.易见,若现行的类别计数值为 C_s,则 D^k 是一个维数为 $C_s \times C_s$ 的方阵.

〈4〉求矩阵 $\boldsymbol{D}^k = [D_{pq}]$ 的最小元素 D_{ij},即令 $D_{ij} = \underset{p,q}{Minimize}\, D_{pq}$,则根据定义,易知:在已分类的类别中,$\omega_i$ 和 ω_j 的类间距离最小.

若 $D_{ij} > T$,则算法结束,所得分类结果即为所求聚类结果.

否则,将已分类的第 i 个类别 ω_i 和第 j 个类别 ω_j 合并为一类,并将合并后的分类结果加以整理,得到类别号重新排序后的分类结果:

$$\mathscr{X}_1^{k+1}, \mathscr{X}_2^{k+1}, \cdots, \mathscr{X}_{C_s-1}^{k+1}$$

这里,经重新排序后的类别号仍是连续的.

/* 具体可如下操作:假设被合并的是 ω_i 和 ω_j 两个类别,合并时保留 i 和 j 两个序号中较小的一个,同时将序号大于 $Max(i, j)$ 的类别的序号依次减1 */

置 k++ 和 C_s-- ,返回〈3〉.

在上述的算法描述中,只是指出 D_{pq} 由已分类的第 p 个类别 ω_p 和第 q 个类别 ω_q 的类间距离所定义,并没有指明具体采用何种距离定义.实际中,可根据需要从如下定义的距离中加以选用,或自行定义其他合用的类间距离.

常用的类间距离包括但不限于:

(1) 最小距离

两个类别 ω_p 和 ω_q 之间的最小距离由下式定义

$$D_{pq} = \underset{u,v}{Minimize}\{d_{uv}\} \tag{5.28}$$

其中,d_{uv} 表示 ω_p 中的样本 $\boldsymbol{X}_u$ 和 ω_q 中的样本 $\boldsymbol{X}_v$ 之间的(欧氏)距离.上述最小距

离的计算虽然简单，但随着类别中所包含样本个数的增加，其计算量颇大.实际中，为避免重复，通常采用递推方法完成所需计算.

我们有：若 ω_q 由 ω_i 和 ω_j 两个类别合并而成，则合并后两个类别 ω_p 和 ω_q 之间的最小距离可采用如下的递推公式方便地得到

$$D_{pq} = Minimize(D_{pi}, D_{pj}) \tag{5.29}$$

下面，给出简要证明.

根据定义，我们有

$$\begin{aligned}
D_{pq} &= \underset{u,v}{Minimize}\{d_{uv}\} \quad (\boldsymbol{X}_u \in \omega_p, \boldsymbol{X}_v \in \omega_q) \\
&= \underset{u,v}{Minimize}\{d_{uv}\} \quad (\boldsymbol{X}_u \in \omega_p, \boldsymbol{X}_v \in \omega_i \ or \ \boldsymbol{X}_v \in \omega_j) \\
&= Minimize\ (\underset{u,v}{Minimize}\{d_{uv}\}, \underset{u,w}{Minimize}\{d_{uw}\}) \quad (\boldsymbol{X}_u \in \omega_p, \boldsymbol{X}_v \in \omega_i,\ \boldsymbol{X}_w \in \omega_j) \\
&= Minimize\ (D_{pi}, D_{pj})
\end{aligned}$$

证毕.

(2) 最大距离

两个类别 ω_p 和 ω_q 之间的最大距离由下式定义

$$D_{pq} = \underset{u,v}{Maximize}\{d_{uv}\} \tag{5.30}$$

其中，d_{uv} 表示 ω_p 中的样本 $\boldsymbol{X}_u$ 和 ω_q 中的样本 $\boldsymbol{X}_v$ 之间的(欧氏)距离.

类似地，在程序运行过程中产生的类间最大距离的计算需求通常根据已计算的类间最大距离递推实现.

我们有：若 ω_q 由 ω_i 和 ω_j 两个类别合并而成，则合并后两个类别 ω_p 和 ω_q 之间的最大距离可采用如下递推公式计算

$$D_{pq} = Maximize(D_{pi}, D_{pj}) \tag{5.31}$$

其证明与类间最小距离的情况类似.略.

(3) 类中心距离

两个类别之间的类中心距离通常指两个类别各自的类中心之间的(欧氏)距离.所谓的类中心按如下方法定义：由单个样本组成的类的类中心由表征该样本的位置向量给出，由两个类合并后形成的新类的类中心由原两个类别的类中心的平均位置向量给出.也就是说，若假设新类别 ω_q 由 ω_i 和 ω_j 两个类别合并得到，则新类别 ω_q 的类中心由下式给出

$$\boldsymbol{X}_q = \frac{1}{2}(\boldsymbol{X}_i + \boldsymbol{X}_j)$$

其中，$\boldsymbol{X}_i$ 和 $\boldsymbol{X}_j$ 分别为 ω_i 和 ω_j 两个类别的类中心位置向量，而 $\boldsymbol{X}_q$ 为新类别 ω_q 的

类中心位置向量.

类似地,在程序运行过程中产生的类别之间的类中心距离通常根据已计算的类中心距离递推得到.考虑两个类别 ω_p 和 ω_q 之间的类中心距离的计算问题.假设 ω_q 由 ω_i 和 ω_j 两个类别合并而成,则可以证明: ω_p 到 ω_q 的类中心距离可按照以下递推公式计算

$$D_{pq} = \left[\frac{1}{2}D_{pi}^2 + \frac{1}{2}D_{pj}^2 - \frac{1}{4}D_{ij}^2\right]^{\frac{1}{2}} \tag{5.32}$$

其中,D_{pi}、D_{pj} 和 D_{ij} 分别为合并前 ω_p 到 ω_i、ω_p 到 ω_j 以及 ω_i 到 ω_j 的类中心距离.值得指出的是,这三个类中心距离在递推计算前已实际计算过,对程序而言均为已知量.

上述递推公式的证明可参考图5.6方便地得到.事实上,如图所示,若将 ω_p、ω_i 和 ω_j 三个类别的类中心分别用直线段相连接,则可构成一个三角形.根据定义,该三角形的三条边的长度分别为 D_{pi}、D_{pj} 和 D_{ij},而合并 ω_i 和 ω_j 两个类别后形成的新类 ω_q 的类中心则处于长度为 D_{ij} 那条边的中点处.易见,所求 ω_p 到 ω_q 的类中心距离由图中所示的中线的长度所度量.这样,根据三角形的中线计算公式直接可得到式(5.32)所示的递推公式.

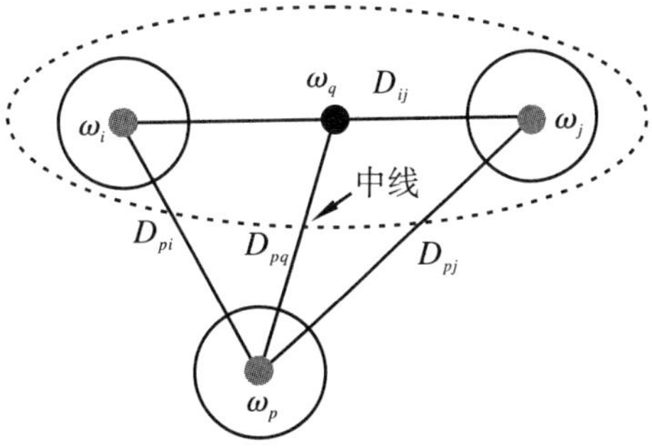

图5.6　类间中间距离的递推计算

在上述类中心距离的定义中,被合并的各类别不论其所包含的样本个数是多是少均被同等看待.事实上,参与合并的类别在样本数上是存在实际差异的.考虑到这个因素,可对式(5.32)所示的递推公式作如下修正

$$D_{pq} = \left[\frac{n_i}{n_i + n_j}D_{pi}^2 + \frac{n_j}{n_i + n_j}D_{pj}^2 - \frac{n_i n_j}{(n_i + n_j)^2}D_{ij}^2\right]^{\frac{1}{2}} \tag{5.33}$$

这里,n_i 和 n_j 分别为 ω_i 和 ω_j 两个类别中所包含的样本个数.

这个结果是易于获得的.在现在的情况下,新类别 ω_q 的类中心由下式所定义

$$\boldsymbol{X}_q = \frac{1}{n_i + n_j}(n_i\boldsymbol{X}_i + n_j\boldsymbol{X}_j)$$

其中,$\boldsymbol{X}_i$ 和 $\boldsymbol{X}_j$ 分别为参与合并的原有两个类别 ω_i 和 ω_j 的类中心位置向量.根据定义,ω_p 到 ω_q 的类中心距离为

$$D_{pq} = [(\boldsymbol{X}_p - \boldsymbol{X}_q)^{\mathrm{T}}(\boldsymbol{X}_p - \boldsymbol{X}_q)]^{\frac{1}{2}}$$

$$= \left[\left(\boldsymbol{X}_p - \frac{1}{n_i + n_j}(n_i \boldsymbol{X}_i + n_j \boldsymbol{X}_j) \right)^{\mathrm{T}} \left(\boldsymbol{X}_p - \frac{1}{n_i + n_j}(n_i \boldsymbol{X}_i + n_j \boldsymbol{X}_j) \right) \right]^{\frac{1}{2}}$$

即

$$\begin{aligned}
D_{pq}^2 &= \left(\boldsymbol{X}_p - \frac{1}{n_i + n_j}(n_i \boldsymbol{X}_i + n_j \boldsymbol{X}_j) \right)^{\mathrm{T}} \left(\boldsymbol{X}_p - \frac{1}{n_i + n_j}(n_i \boldsymbol{X}_i + n_j \boldsymbol{X}_j) \right) \\
&= \left(\frac{n_i}{n_i + n_j}(\boldsymbol{X}_p - \boldsymbol{X}_i) + \frac{n_j}{n_i + n_j}(\boldsymbol{X}_p - \boldsymbol{X}_j) \right)^{\mathrm{T}} \left(\frac{n_i}{n_i + n_j}(\boldsymbol{X}_p - \boldsymbol{X}_i) \right. \\
&\quad \left. + \frac{n_j}{n_i + n_j}(\boldsymbol{X}_p - \boldsymbol{X}_j) \right) \\
&= \frac{n_i^2}{(n_i + n_j)^2}(\boldsymbol{X}_p - \boldsymbol{X}_i)^{\mathrm{T}}(\boldsymbol{X}_p - \boldsymbol{X}_i) + \frac{n_i n_j}{(n_i + n_j)^2}(\boldsymbol{X}_p - \boldsymbol{X}_i)^{\mathrm{T}}(\boldsymbol{X}_p - \boldsymbol{X}_j) \\
&\quad + \frac{n_i n_j}{(n_i + n_j)^2}(\boldsymbol{X}_p - \boldsymbol{X}_j)^{\mathrm{T}}(\boldsymbol{X}_p - \boldsymbol{X}_i) + \frac{n_j^2}{(n_i + n_j)^2}(\boldsymbol{X}_p - \boldsymbol{X}_j)^{\mathrm{T}}(\boldsymbol{X}_p - \boldsymbol{X}_j) \\
&= \frac{n_i^2}{(n_i + n_j)^2} D_{pi}^2 + \frac{n_i n_j}{(n_i + n_j)^2}(\boldsymbol{X}_p - \boldsymbol{X}_i)^{\mathrm{T}}(\boldsymbol{X}_p - \boldsymbol{X}_i + (\boldsymbol{X}_i - \boldsymbol{X}_j)) \\
&\quad + \frac{n_i n_j}{(n_i + n_j)^2}(\boldsymbol{X}_p - \boldsymbol{X}_j)^{\mathrm{T}}(\boldsymbol{X}_p - \boldsymbol{X}_j - (\boldsymbol{X}_i - \boldsymbol{X}_j)) + \frac{n_j^2}{(n_i + n_j)^2} D_{pj}^2 \\
&= \frac{n_i^2}{(n_i + n_j)^2} D_{pi}^2 + \frac{n_i n_j}{(n_i + n_j)^2} D_{pi}^2 + \frac{n_i n_j}{(n_i + n_j)^2}(\boldsymbol{X}_p - \boldsymbol{X}_i)^{\mathrm{T}}(\boldsymbol{X}_i - \boldsymbol{X}_j) \\
&\quad - \frac{n_i n_j}{(n_i + n_j)^2}(\boldsymbol{X}_p - \boldsymbol{X}_j)^{\mathrm{T}}(\boldsymbol{X}_i - \boldsymbol{X}_j) + \frac{n_i n_j}{(n_i + n_j)^2} D_{pj}^2 + \frac{n_j^2}{(n_i + n_j)^2} D_{pj}^2 \\
&= \frac{n_i}{n_i + n_j} D_{pi}^2 - \frac{n_i n_j}{(n_i + n_j)^2}(\boldsymbol{X}_i - \boldsymbol{X}_j)^{\mathrm{T}}(\boldsymbol{X}_i - \boldsymbol{X}_j) + \frac{n_j}{n_i + n_j} D_{pj}^2 \\
&= \frac{n_i}{n_i + n_j} D_{pi}^2 + \frac{n_j}{n_i + n_j} D_{pj}^2 - \frac{n_i n_j}{(n_i + n_j)^2} D_{ij}^2
\end{aligned}$$

上式两边开方后即可得到式(5.33)所示的递推公式.证毕.

(4) 类平均距离

也可采用相应两个类别所有样本之间的距离均方根值作为类间距离的定义.称这样的类间距离为类平均距离.

具体地,ω_p 和 ω_q 之间的类平均距离由下式定义

$$D_{pq} = \left[\frac{1}{n_p n_q} \sum_{x_u \in \omega_p, x_v \in \omega_q} d_{uv}^2 \right]^{\frac{1}{2}} \tag{5.34}$$

类似地,若 ω_q 由 ω_i 和 ω_j 两个类别合并而成,则合并后的两个类别 ω_p 和 ω_q 之间的类平均距离可采用如下递推公式计算

$$D_{pq} = \left[\frac{n_i}{n_i + n_j}D_{pi}^2 + \frac{n_j}{n_i + n_j}D_{pj}^2\right]^{\frac{1}{2}} \tag{5.35}$$

其中，D_{pi} 和 D_{pj} 分别为合并前 ω_p 到 ω_i 以及 ω_p 到 ω_j 的类平均距离，而 n_i 和 n_j 则分别为 ω_i 和 ω_j 两个类别中所包含的样本个数.

上述递推公式的证明是简单的.显然，合并后得到的新类别 ω_q 所包含的样本个数应为：$n_q = n_i + n_j$，故根据定义，我们有

$$D_{pq} = \left[\frac{1}{n_p n_q}\sum_{x_u \in \omega, x_v \in \omega_q} d_{uv}^2\right]^{\frac{1}{2}} = \left[\frac{1}{n_p(n_i + n_j)}\left(\sum_{x_u \in \omega_p, x_v \in \omega_i} d_{uv}^2 + \sum_{x_u \in \omega_p, x_v \in \omega_j} d_{uv}^2\right)\right]^{\frac{1}{2}}$$

$$= \left[\frac{n_i}{n_i + n_j}\frac{1}{n_p n_i}\sum_{x_u \in \omega_p, x_v \in \omega_i} d_{uv}^2 + \frac{n_j}{n_i + n_j}\frac{1}{n_p n_j}\sum_{x_u \in \omega_p, x_v \in \omega_j} d_{uv}^2\right]^{\frac{1}{2}}$$

$$= \left[\frac{n_i}{n_i + n_j}D_{pi}^2 + \frac{n_j}{n_i + n_j}D_{pj}^2\right]^{\frac{1}{2}}$$

证毕.

上述基于合并的聚类算法有一个特点，即在算法的一次迭代中，仅有两个类别被合并.若将一次迭代看作是一次划分的话，则对于一个具有 N 个样本的样本集而言，第一次划分将样本集分成 N 个类，其中每个类包含一个样本，第二次划分将样本集分成 $N-1$ 个类，第三次划分将样本集分成 $N-2$ 个类，等等.显然，若将类间距离阈值 T 设置为充分大的一个数，则程序会一直进行下去，直到在第 N 次划分时将所有的样本视作同一个类为止.

上述聚类过程可以用一个树图（一个倒置的 2 叉树）加以表示.图 5.7 给出了应用上述基于合并的聚类算法对一个 $N=8$ 的样本集进行聚类的情况.

由图可见，整个用于表征聚类过程的树图可以被划分为 N 个层次.第 1 层对应于第一次划分，第 2 层对应于第二次划分，…，第 N 层对应于第 N 次划分，等等.显然，聚类的类别数 c 和层数 K 之间满足 $c = N - K + 1$ 的关系.由于具有上述特点，基于合并的聚类算法有时也被称为层次聚类算法.该聚类算法有如下性质：若两个样本在某一层次被判作属于同一类，则在更高的层次中，它们也永远属于同一类.显而易见，随着划分的深入进行，被合并的类别之间的相似程度逐次降低.层间相似程度的变化可以帮助我们对合理的聚类数做出判断.一般而言，若在相邻的两个层次，例如，第 K 层和第 $K+1$ 层之间，相似性度量值发生了急剧的变化，则将第 K 层的聚类数 $c = N - K + 1$ 是应分类的类别数的一个不错的选择.

一旦生成了上述树图，则最终的聚类结果是易于获得的.例如，若希望将图 5.7 所示由 8 个样本组成的样本集合划分成 3 个类别，则只需在树图的第 6 层

$(K=N-c+1=8-3+1=6)$将该层的分支全部断开就可以了.此时,形成的如下3个聚类:$\{\boldsymbol{X}_1,\boldsymbol{X}_2,\boldsymbol{X}_3\}$,$\{\boldsymbol{X}_4,\boldsymbol{X}_5,\boldsymbol{X}_6,\boldsymbol{X}_7\}$以及$\{\boldsymbol{X}_8\}$即为所求聚类.

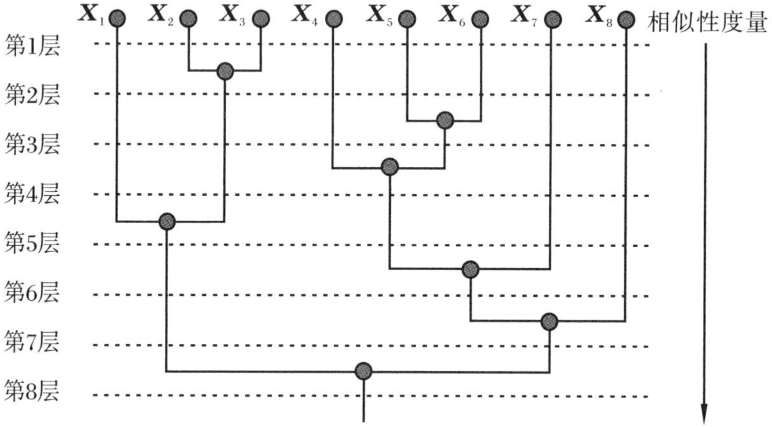

图 5.7 层次聚类示意图

5.5 动态聚类算法

前面两节分别介绍了基于分裂和基于合并的两种聚类算法.这两种算法有一个共同的特点,就是在算法的执行过程中聚类数呈现一种单一的变化,或者在基于分裂的聚类算法中类别数由少到多,或者相反在基于合并的聚类算法中类别数由多到少.不仅如此,聚类中心除非因为分裂或合并操作的需要有所变化之外,一旦形成,一般不再变化.这些做法虽然简单,但也在一定程度上制约了聚类算法的性能.

动态聚类也是实际中被普遍采用的一种聚类算法.与前述的两种聚类算法不同,该类算法聚类的类别数或者由用户事先指定并在程序执行过程中保持不变,或者可在用户指定的范围内变化,但聚类中心在聚类过程中会根据聚类结果的变化而发生动态变化.首先选择具有代表性的样本点作为起始的聚类中心,并按照给定的聚类准则(例如,最近邻准则)对训练样本进行划分,得到初始聚类.然后,依据一定的准则对聚类结果的"合理性"进行判断.若聚类结果不合理(例如,所定义的误差平方和准则函数的取值并非极小或者由算法得到的新的聚类中心仍在变化),则对划分方案进行修改以逐步改善聚类结果.上述过程不断重复,直到算法收敛到一个稳定的解或在误差平方和准则下取得极小值解为止.

下面首先介绍一种基于误差平方和准则的动态聚类算法——C-均值聚类算法,然后,在此基础上,进一步介绍其他两种动态聚类算法:ISODATA 算法和基于核相似度量的动态聚类算法.

5.5.1 C-均值动态聚类算法(Ⅰ)

C-均值聚类算法使用式(5.1)所示的误差平方和准则作为聚类准则,寻求使J_e最小化的聚类结果.C-均值聚类算法也称 K-均值聚类算法.

下面给出该算法的两种表现形式.其中,第一种表现形式虽然本质上也是基于误差平方和准则的,但它对误差平方和准则函数J_e的运用并不是以显式的方式实现的,取而代之的是以一种等价的方式,通过检查由聚类算法得到的新的聚类中心是否仍在发生变化而间接实现的.

该算法的具体步骤如下:

〈1〉读入训练样本集 $\mathscr{X}=\{\boldsymbol{X}_1,\boldsymbol{X}_2,\cdots,\boldsymbol{X}_N\}$.

〈2〉完成初始化操作:

设置期望聚类的类别数 C.

/* 用于控制聚类的类别数,由用户根据实际需求指定 */

置迭代次数计数器 $k=0$.

从输入训练样本集 $\mathscr{X}=\{\boldsymbol{X}_1,\boldsymbol{X}_2,\cdots,\boldsymbol{X}_N\}$中任选 C 个样本作为初始的聚类中心.例如,选择$\boldsymbol{Z}_j^k=\boldsymbol{X}_j$, $j=1,2,\cdots,C$.

/* 这里,$\boldsymbol{Z}_j^k$ 代表聚类中心.其中,上标 k 和下标 j 分别对应于迭代次数和聚类中心的序号,即$\boldsymbol{Z}_j^k$ 表示在第k 次迭代中形成的第j 个聚类中心 */

〈3〉计算 $\mathscr{X}$ 中每个样本$\boldsymbol{X}_l$, $l=1,2,\cdots,N$ 到现行各聚类中心$\boldsymbol{Z}_j^k$ 的距离

$$d(\boldsymbol{X}_l,\boldsymbol{Z}_j^k),\quad l=1,2,\cdots,N,\ j=1,2,\cdots,C.$$

并做如下判决:

若 $d(\boldsymbol{X}_l,\boldsymbol{Z}_i^k)=\underset{j=1,2,\cdots,C}{Minimize}\{d(\boldsymbol{X}_l,\boldsymbol{Z}_j^k)\}$,则$\boldsymbol{X}_l\in\omega_i^k$.

至此,训练样本集中的每一个样本均被划分到 C 个类别中的一个类别.

〈4〉如下计算经一次迭代后得到的新的聚类中心

$$\boldsymbol{Z}_j^{k+1}=\frac{1}{n_j}\sum_{l=1}^{n_j}\boldsymbol{X}_{j,\,l}^k$$

这里,$\boldsymbol{X}_{j,\,l}^k$表示在第k 次迭代中形成的以$\boldsymbol{Z}_j^k$ 为聚类中心的第j 个样本子集$\mathscr{X}_j^k$

中的第 l 个样本，而 n_j 则表示 $\mathscr{X}_j^k$ 中所包含的样本个数.

若 $\boldsymbol{Z}_j^{k+1} \neq \boldsymbol{Z}_j^k, j=1,2,\cdots,C$，则 $k=k+1$，返回〈3〉.

否则，输出聚类结果，算法结束.

从以上的算法陈述可以看到，该算法的特点是在算法的每一次迭代中，对每一个输入样本，均根据上一次迭代所确定的聚类中心进行动态调整，并根据调整的结果对聚类中心加以修正.上述动态聚类过程不断进行，直至在某次迭代中聚类中心不再发生变化为止.此时，算法收敛到所需的聚类状态.

C-均值聚类算法是一种简单而实用的聚类算法.但易于陷入局部极值解是它的一个缺点.容易看到，该算法的聚类效果既与聚类数和初始聚类中心的选择有关，也与样本集合本身的几何构造和样本在样本集中的排序有关.在没有先验信息可以利用的情况下，可采用试探的办法，尝试选择不同的聚类数和初始聚类中心来完成聚类任务.

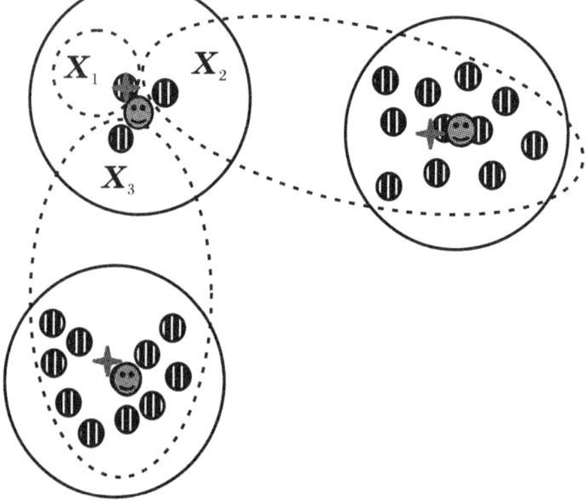

图 5.8　C-均值聚类算法(Ⅰ)应用举例

为了对 C-均值聚类算法有一个更直观的了解，下面来看一个具体的例子.设有如图 5.8 所示的样本集合，现用 C-均值聚类算法对其进行聚类.

假定预设的类别数等于 3，并选择样本集中的前三个样本 $\boldsymbol{X}_1$、$\boldsymbol{X}_2$ 和 $\boldsymbol{X}_3$ 作为初始聚类中心，则适用 C-均值聚类算法，可得到如下结果：经第一次迭代后，可得到如图所示用虚线框起来的三个样本子集，其对应的三个聚类中心如图中的星形符号所示.由于初始聚类中心选得不恰当，所得到的结果不能令人满意.于是，进入第二次迭代计算.本次迭代使用由星形符号标示的三个点作为聚类中心，聚类后得到用实线框起来的三个样本子集，其对应的三个聚类中心如图中的笑脸符号所示.然后，进入第三次迭代计算.由于继续聚类的结果使相应的聚类中心保持不变，故算法已经收敛.图中用实线框起来的三个样本子集即为所求的最终聚类结果.

5.5.2　C-均值动态聚类算法(Ⅱ)

C-均值聚类算法的第二种表现形式涉及利用误差平方和准则函数的取值来控制聚类过程.

为保证样本在不同类别间的移动能使总的误差平方和准则函数的取值不断减少，下面首先具体分析一下将一个样本从一个类别移至另外一个类别时所伴随的总的误差平方和准则函数取值的变化;然后,在此基础上得出使总的误差平方和准则函数取值减少的条件.

假定在第 $k+1$ 次迭代中,将第 i 个样本子集 $\mathscr{X}_i^k$ 中的第 l 个样本 $\boldsymbol{X}_{i,l}^k$ 移至另外一个样本子集 $\mathscr{X}_j^k$ 中,则移动后相应的两个样本子集分别变为

$$\mathscr{X}_i^{k+1} = \mathscr{X}_i^k - \{\boldsymbol{X}_{i,l}^k\}$$

$$\mathscr{X}_j^{k+1} = \mathscr{X}_j^k + \{\boldsymbol{X}_{i,l}^k\}$$

由此引起的两个类别聚类中心的变化为

$$\begin{aligned}\boldsymbol{Z}_i^{k+1} &= \frac{1}{n_i - 1}\left(\sum_{m=1}^{n_i} \boldsymbol{X}_{i,m}^k - \boldsymbol{X}_{i,l}^k\right) = \frac{n_i}{n_i - 1}\boldsymbol{Z}_i^k - \frac{1}{n_i - 1}\boldsymbol{X}_{i,l}^k \\ &= \boldsymbol{Z}_i^k + \frac{1}{n_i - 1}(\boldsymbol{Z}_i^k - \boldsymbol{X}_{i,l}^k)\end{aligned}$$

$$\begin{aligned}\boldsymbol{Z}_j^{k+1} &= \frac{1}{n_j + 1}\left(\sum_{m=1}^{n_j} \boldsymbol{X}_{j,m}^k + \boldsymbol{X}_{i,l}^k\right) = \frac{n_j}{n_j + 1}\boldsymbol{Z}_j^k + \frac{1}{n_j + 1}\boldsymbol{X}_{i,l}^k \\ &= \boldsymbol{Z}_j^k - \frac{1}{n_j + 1}(\boldsymbol{Z}_j^k - \boldsymbol{X}_{i,l}^k)\end{aligned}$$

根据定义,第 k 次迭代后,第 i 个类别和第 j 个类别的类内误差平方和准则函数的取值分别为

$$J_{e,i}^k = \sum_{m=1}^{n_i} \| \boldsymbol{X}_{i,m}^k - \boldsymbol{Z}_i^k \|^2$$

$$J_{e,j}^k = \sum_{m=1}^{n_j} \| \boldsymbol{X}_{j,m}^k - \boldsymbol{Z}_j^k \|^2$$

而第 $k+1$ 次迭代后上述两个类别的类内误差平方和准则函数的取值分别成为

$$J_{e,i}^{k+1} = \sum_{m=1, m\neq l}^{n_i} \| \boldsymbol{X}_{i,m}^k - \boldsymbol{Z}_i^{k+1} \|^2 = \sum_{m=1}^{n_i} \| \boldsymbol{X}_{i,m}^k - \boldsymbol{Z}_i^{k+1} \|^2 - \| \boldsymbol{X}_{i,l}^k - \boldsymbol{Z}_i^{k+1} \|^2$$

$$J_{e,j}^{k+1} = \sum_{m=1}^{n_j} \| \boldsymbol{X}_{j,m}^k - \boldsymbol{Z}_j^{k+1} \|^2 + \| \boldsymbol{X}_{i,l}^k - \boldsymbol{Z}_j^{k+1} \|^2$$

将 $\boldsymbol{Z}_i^{k+1}$ 的表达式代入上面两式中的第一个表达式中,我们有

$$\begin{aligned}J_{e,i}^{k+1} = &\sum_{m=1}^{n_i} \left\| \boldsymbol{X}_{i,m}^k - \left(\boldsymbol{Z}_i^k + \frac{1}{n_i - 1}(\boldsymbol{Z}_i^k - \boldsymbol{X}_{i,l}^k)\right) \right\|^2 \\ &- \left\| \boldsymbol{X}_{i,l}^k - (\boldsymbol{Z}_i^k + \frac{1}{n_i - 1}(\boldsymbol{Z}_i^k - \boldsymbol{X}_{i,l}^k)) \right\|^2\end{aligned}$$

即

$$\begin{aligned}
J_{e,i}^{k+1} &= \sum_{m=1}^{n_i} \left\| (\boldsymbol{X}_{i,m}^k - \boldsymbol{Z}_i^k) - \frac{1}{n_i - 1}(\boldsymbol{Z}_i^k - \boldsymbol{X}_{i,l}^k) \right\|^2 \\
&\quad - \left\| \boldsymbol{X}_{i,l}^k - \left(\boldsymbol{Z}_i^k + \frac{1}{n_i - 1}(\boldsymbol{Z}_i^k - \boldsymbol{X}_{i,l}^k) \right) \right\|^2 \\
&= \sum_{m=1}^{n_i} \left((\boldsymbol{X}_{i,m}^k - \boldsymbol{Z}_i^k) - \frac{1}{n_i - 1}(\boldsymbol{Z}_i^k - \boldsymbol{X}_{i,l}^k) \right)^{\mathrm{T}} \left((\boldsymbol{X}_{i,m}^k - \boldsymbol{Z}_i^k) - \frac{1}{n_i - 1}(\boldsymbol{Z}_i^k - \boldsymbol{X}_{i,l}^k) \right) \\
&\quad - \left\| \boldsymbol{X}_{i,l}^k - \left(\boldsymbol{Z}_i^k + \frac{1}{n_i - 1}(\boldsymbol{Z}_i^k - \boldsymbol{X}_{i,l}^k) \right) \right\|^2 \\
&= \sum_{m=1}^{n_i} (\boldsymbol{X}_{i,m}^k - \boldsymbol{Z}_i^k)^{\mathrm{T}} (\boldsymbol{X}_{i,m}^k - \boldsymbol{Z}_i^k) - 2\frac{1}{n_i - 1} \sum_{m=1}^{n_i} (\boldsymbol{X}_{i,m}^k - \boldsymbol{Z}_i^k)^{\mathrm{T}} (\boldsymbol{Z}_i^k - \boldsymbol{X}_{i,l}^k) \\
&\quad + \frac{1}{(n_i - 1)^2} \sum_{m=1}^{n_i} (\boldsymbol{X}_{i,l}^k - \boldsymbol{Z}_i^k)^{\mathrm{T}} (\boldsymbol{X}_{i,l}^k - \boldsymbol{Z}_i^k) - \frac{n_i^2}{(n_i - 1)^2} \| \boldsymbol{X}_{i,l}^k - \boldsymbol{Z}_i^k \|^2 \\
&= \sum_{m=1}^{n_i} \| \boldsymbol{X}_{i,m}^k - \boldsymbol{Z}_i^k \|^2 + \frac{n_i}{(n_i - 1)^2} \| \boldsymbol{X}_{i,l}^k - \boldsymbol{Z}_i^k \|^2 - \frac{n_i^2}{(n_i - 1)^2} \| \boldsymbol{X}_{i,l}^k - \boldsymbol{Z}_i^k \|^2 \\
&= J_{e,i}^k - \frac{n_i}{n_i - 1} \| \boldsymbol{X}_{i,l}^k - \boldsymbol{Z}_i^k \|^2
\end{aligned}$$

或者

$$\Delta J_{e,i} = J_{e,i}^{k+1} - J_{e,i}^k = -\frac{n_i}{n_i - 1} \| \boldsymbol{X}_{i,l}^k - \boldsymbol{Z}_i^k \|^2$$

类似地，有

$$J_{e,j}^{k+1} = J_{e,j}^k + \frac{n_j}{n_j + 1} \| \boldsymbol{X}_{i,l}^k - \boldsymbol{Z}_j^k \|^2$$

或者

$$\Delta J_{e,j} = J_{e,j}^{k+1} - J_{e,j}^k = \frac{n_j}{n_j + 1} \| \boldsymbol{X}_{i,l}^k - \boldsymbol{Z}_j^k \|^2$$

这样，由$\boldsymbol{X}_{i,l}^k$的类间移动所引起的总的误差平方和准则函数的变化为

$$\begin{aligned}
\Delta J_e &= (J_{e,i}^{k+1} + J_{e,j}^{k+1}) - (J_{e,i}^k + J_{e,j}^k) = (J_{e,i}^{k+1} - J_{e,i}^k) + (J_{e,j}^{k+1} - J_{e,j}^k) \\
&= -\left[\frac{n_i}{n_i - 1} \| \boldsymbol{X}_{i,l}^k - \boldsymbol{Z}_i^k \|^2 - \frac{n_j}{n_j + 1} \| \boldsymbol{X}_{i,l}^k - \boldsymbol{Z}_j^k \|^2 \right]
\end{aligned}$$

显然，为了让 $\boldsymbol{X}_{i,l}^k$的移动能使总的误差平方和减少，要求

$$\frac{n_i}{n_i - 1} \| \boldsymbol{X}_{i,l}^k - \boldsymbol{Z}_i^k \|^2 - \frac{n_j}{n_j + 1} \| \boldsymbol{X}_{i,l}^k - \boldsymbol{Z}_j^k \|^2 > 0 \tag{5.36}$$

上面的结论可用于控制聚类的进程.若假设算法在聚类的每一次迭代中仅移

动一个样本，并设第 k 次迭代中使式(5.36)最大化的 i、j 和 l 的指标分别为 $i_{\max}$、$k_{\max}$和 $l_{\max}$，则在第 k 次迭代聚类时应将第 $i_{\max}$ 个类别中的第 $l_{\max}$ 个样本 $\boldsymbol{X}^k_{i_{\max},l_{\max}}$ 从本类移至第 $j_{\max}$ 类.

以式(5.36)所示的条件为基础，可以如下得到 C-均值聚类算法的第二种表现形式：

〈1〉读入训练样本集 $\mathscr{X}=\{\boldsymbol{X}_1,\boldsymbol{X}_2,\cdots,\boldsymbol{X}_N\}$.

〈2〉完成初始化操作：

设置期望聚类的类别数 C.

/* 用于控制聚类的类别数，由用户根据实际需求指定 */

置迭代次数计数器 $k=1$.

从输入训练样本集 $\mathscr{X}=\{\boldsymbol{X}_1,\boldsymbol{X}_2,\cdots,\boldsymbol{X}_N\}$ 中任选 C 个样本作为初始的聚类中心. 例如，选择 $\boldsymbol{Z}^k_j=X_j$，$j=1,2,\cdots,C$.

/* 这里，$\boldsymbol{Z}^k_j$ 代表聚类中心. 其中，上标 k 和下标 j 分别对应于迭代次数和聚类中心的序号，即 $\boldsymbol{Z}^k_j$ 表示在第 k 次迭代中形成的第 j 个聚类中心 */

〈3〉计算 $\mathscr{X}$ 中每个样本 $\boldsymbol{X}_l$，$l=1,2,\cdots,N$ 到现行各聚类中心 $\boldsymbol{Z}^k_j$ 的距离

$$d(\boldsymbol{X}_l,\boldsymbol{Z}^k_j),\quad l=1,2,\cdots,N,\ j=1,2,\cdots,C.$$

并做如下判决：

若 $d(\boldsymbol{X}_l,\boldsymbol{Z}^k_i)=\underset{j=1,2,\cdots,C}{Minimize}\{d(\boldsymbol{X}_l,\boldsymbol{Z}^k_j)\}$，则 $\boldsymbol{X}_l\in\omega^k_i$.

至此，训练样本集中的每一个样本均被划分到 C 个类别中的一个类别中.

计算经此次迭代后得到的聚类中心和总的误差平方和备用：

$$\boldsymbol{Z}^k_j=\frac{1}{n_j}\sum_{m=1}^{n_j}\boldsymbol{X}^k_{j,m},\quad j=1,2,\cdots,C$$

$$\boldsymbol{J}^k_e=\sum_{j=1}^{C}\boldsymbol{J}^k_{e,j}=\sum_{j=1}^{C}\sum_{m=1}^{n_j}\|\boldsymbol{X}^k_{j,m}-\boldsymbol{Z}^k_j\|^2$$

其中，n_j，$j=1,2,\cdots,C$ 为第 j 个类别 ω^k_j 所对应的样本子集 $\mathscr{X}^k_j$ 中所包含样本的个数.

〈4〉在 $i=1,2,\cdots,C$、$l=1,2,\cdots,n_i$ 以及 $j=1,2,\cdots,C$ 且 $j\neq i$ 的取值范围内，寻求使

$$\frac{n_i}{n_i-1}\|\boldsymbol{X}^k_{i,l}-\boldsymbol{Z}^k_i\|^2-\frac{n_j}{n_j+1}\|\boldsymbol{X}^k_{i,l}-\boldsymbol{Z}^k_j\|^2$$

最大化的 i、j 和 l 的指标，分别记为 $i_{\max}$、$j_{\max}$和 $l_{\max}$.

若

$$\frac{n_i}{n_i-1}\|\boldsymbol{X}^k_{i_{\max},l_{\max}}-\boldsymbol{Z}^k_{i_{\max}}\|^2-\frac{n_j}{n_j+1}\|\boldsymbol{X}^k_{i_{\max},l_{\max}}-\boldsymbol{Z}^k_{j_{\max}}\|^2\leqslant 0$$

则输出已聚类结果,算法结束;

否则,将已分类的第 $i_{\max}$ 个类别中的第 $l_{\max}$ 个样本 $\boldsymbol{X}^{k}_{i_{\max},l_{\max}}$ 从本类移至第 $j_{\max}$ 类,并更新所有类别的样本子集和聚类中心等参数:

$$\mathscr{X}^{k+1}_{i_{\max}} = \mathscr{X}^{k}_{i_{\max}} - \{\boldsymbol{X}^{k}_{i_{\max},l_{\max}}\}$$

$$\mathscr{X}^{k+1}_{j_{\max}} = \mathscr{X}^{k}_{j_{\max}} + \{\boldsymbol{X}^{k}_{i_{\max},l_{\max}}\}$$

$$\mathscr{X}^{k+1}_{j} = \mathscr{X}^{k}_{j},\quad j = 1,2,\cdots,C \text{ 以及 } j \neq i_{\max}, j_{\max}$$

$$\boldsymbol{Z}^{k+1}_{i_{\max}} = \boldsymbol{Z}^{k}_{i_{\max}} + \frac{1}{n_i - 1}(\boldsymbol{Z}^{k}_{i_{\max}} - \boldsymbol{X}^{k}_{i_{\max},l_{\max}})$$

$$\boldsymbol{Z}^{k+1}_{j_{\max}} = \boldsymbol{Z}^{k}_{j_{\max}} - \frac{1}{n_j + 1}(\boldsymbol{Z}^{k}_{j_{\max}} - \boldsymbol{X}^{k}_{i_{\max},l_{\max}})$$

$$\boldsymbol{Z}^{k+1}_{j} = \boldsymbol{Z}^{k}_{j},\quad j = 1,2,\cdots,C \text{ 以及 } j \neq i_{\max}, j_{\max}$$

$$n_{i_{\max}} = n_{i_{\max}} - 1$$

$$n_{j_{\max}} = n_{j_{\max}} + 1$$

$$n_j = n_j,\quad i = 1,2,\cdots,C \text{ 以及 } j \neq i_{\max}, j_{\max}$$

置 $k = k+1$,返回〈4〉.

上述 C-均值聚类算法(Ⅱ)的特点是在每一次迭代中仅改变一个样本的类别归属.为了显示 C-均值聚类算法两种表现形式之间存在的差异.举一个实例来看一下两种表现形式在算法细节上的差别.仍然采用图 5.8 所示的例子.假定预设的类别数等于 3,并选择样本集中的前三个样本 $\boldsymbol{X}_1$、$\boldsymbol{X}_2$ 和 $\boldsymbol{X}_3$ 作为初始聚类中心.适用 C-均值聚类算法(Ⅰ)的结果已如前述.下面具体看一下适用 C-均值聚类算法(Ⅱ)的结果.如图 5.9 所示,经第一次迭代后得到(a)所示的初始聚类结果:三个分别以样本 $\boldsymbol{X}_1$、$\boldsymbol{X}_2$ 和 $\boldsymbol{X}_3$ 作为初始聚类中心的样本子集.而在第二次迭代中样本 $\boldsymbol{X}_2$ 被移动,形成(b)所示的三个样本子集.接着,在第三次迭代中样本 $\boldsymbol{X}_3$ 被移动,形成(c)所示的三个样本子集.由于此后式(5.36)所示的条件不再被满足,故样本在不同类别间的移动不会再发生.这表明算法已经收敛.故(c)所示的三个样本子集即为所求的最终聚类结果.

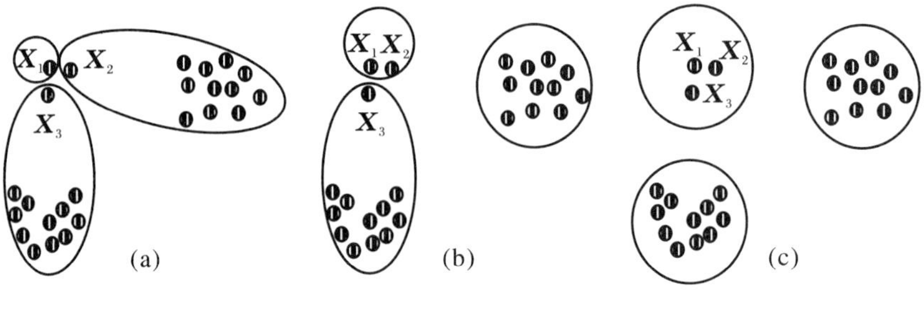

图 5.9 C-均值聚类算法(Ⅱ)应用举例

在上面的讨论中,假定预分类的类别数 C 是已知的.但是,在许多实际情况下,这个要求未必能得到满足.此时,为了得到合理的聚类结果,可采用如下方法:从 $C=1$ 开始,逐次增加 C 的取值,并依据前面给出的 C-均值聚类算法得到各种固定 C 情况下的聚类结果.为了确定一个可以接受的 C 的取值,调查在不同 C 值选择下算法的性能,即调查总的误差平方和准则函数 J_e 的取值随 C 的变化情况.显然,J_e 随 C 的增加而单调减少.但是,减少的程度一般呈现如下特点:随 C 的增加 J_e 的减少程度变缓.利用这个特点,可选择 J_e-C 曲线上的"拐点"所对应的 C 的取值作为真实类别数的估计.图 5.10 给出了根据 J_e-C 曲线确定 C 值的示意图.

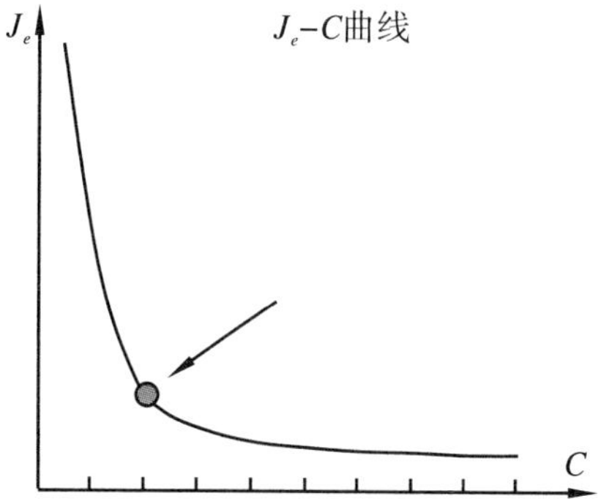

图 5.10 根据 J_e-C 曲线确定 C 值的示意图

5.5.3 ISODATA 算法

ISODATA 算法是迭代自组织数据分析算法(Iterative Self-Organizing Data Analysis Technique Algorithm)的简称.其中,ISODATA 由算法全称的英文头字母组合而成.该算法和 C-均值聚类算法有许多相似之处.例如,其聚类中心的确定也是通过样本均值的迭代运算来完成的.但两者之间也存在着显著的不同.特别地,ISODATA 算法具有一定的自组织能力,其聚类数不像 C-均值聚类算法那样是固定的,可以在用户指定的范围内变化.这样,可以根据需要对聚类结果进行调整(包括对类别的合并、分裂和撤销等处理),从而最终形成具有较为合理的类别数的聚类结果.此外,该算法还引入了试探性的操作和人机交互功能,表现出一定的灵活性.

为说明方便起见,引入如下的一些标记:

C——期望的聚类数;

N_s——每个聚类中应包含的最少样本数;

T_σ——所允许的类别标准偏差分量的上限;

T_d——任意两个类别的聚类中心之间应具有的最小距离;

N_m——在一次迭代运算中所允许的最大合并次数;

$I_{\max}$——预设的最大迭代次数.

算法的简要流程框图如图 5.11 所示.

下面是算法的细节描述:

〈1〉读入训练样本集 $\mathscr{X}=\{\boldsymbol{X}_1,\boldsymbol{X}_2,\cdots,\boldsymbol{X}_N\}$.

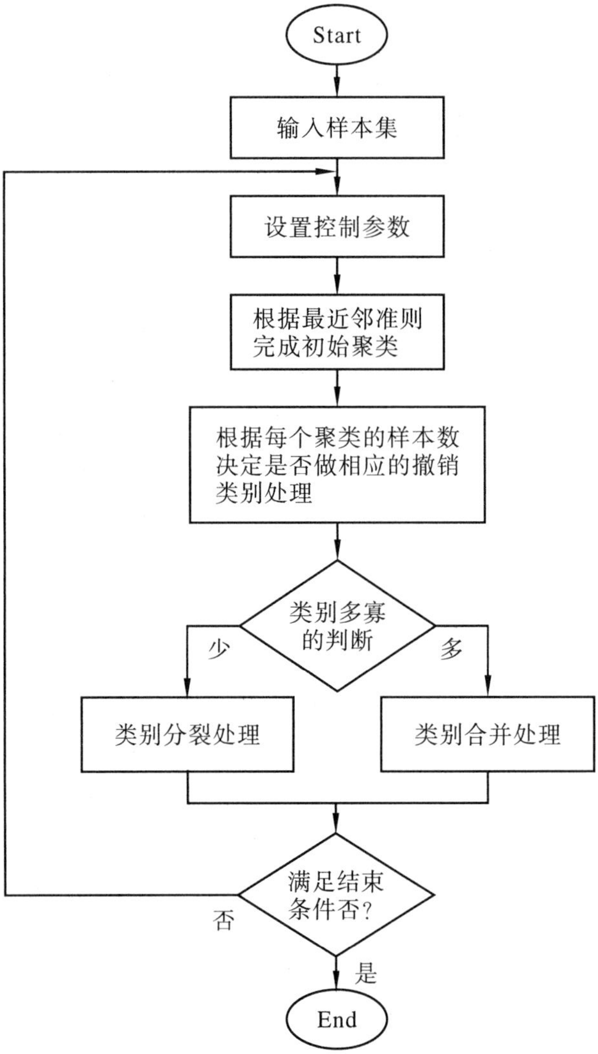

图 5.11　ISODATA 算法的简要流程框图

〈2〉完成初始化操作：

对 C、N_s、T_σ、T_d、N_m 和 $I_{\max}$ 等控制参数进行赋值.

/* 由用户根据实际需求指定 */

置迭代计数器 $k=1$.

从输入训练样本集 $\mathscr{X}=\{\boldsymbol{X}_1,\boldsymbol{X}_2,\cdots,\boldsymbol{X}_N\}$ 中选择 C 个样本作为初始的聚类中心. 例如,选择 $\boldsymbol{Z}_j=\boldsymbol{X}_j, j=1,2,\cdots,C$.

/* 这里, $\boldsymbol{Z}_j$ 代表聚类中心. 其中,下标 j 用于标记聚类中心的序号,即 $\boldsymbol{Z}_j$ 表示在本次迭代中形成的第 j 个聚类中心 */

置类别计算器 $C_s=C$.

/* 用于计数现行的聚类数 */

〈3〉 3a. 计算 $\mathscr{X}$ 中每个样本 $\boldsymbol{X}_m$, $m=1,2,\cdots,N$ 到现行各聚类中心 $\boldsymbol{Z}_j$ 的距离

$$d(\boldsymbol{X}_m,\boldsymbol{Z}_j),\quad m=1,2,\cdots,N,\ j=1,2,\cdots,C_s.$$

并做如下判决:

若 $d(\boldsymbol{X}_l,\boldsymbol{Z}_i)=\underset{j=1,2,\cdots,C}{Minimize}\{d(\boldsymbol{X}_l,\boldsymbol{Z}_j)\}$,则 $\boldsymbol{X}_l\in\omega_i$.

3b. 对每一个聚类 $\omega_j, j=1,2,\cdots,C_s$,计数其对应的样本子集 $\mathscr{X}_j$ 中所包含的样本数,并将结果存放于样本计数器 n_j 中.

〈4〉 4a. 对每一个样本子集 $\mathscr{X}_j$, $j=1,2,\cdots,C_s$,做如下处理:

若 $n_j<N_s$,则撤销该样本子集和与之对应的聚类中心 $\boldsymbol{Z}_j$,并依据步骤〈3〉中的方法,将 $\mathscr{X}_j$ 中的所有样本按照最近邻准则并入到剩余的各个类别中. 同时,置 $C_s=C_s-1$.

4b. 对所有现行类别重新进行排序,使重新排序后的类别号仍是连续的. 对每一个聚类 $\omega_j, j=1,2,\cdots,C_s$,计数其中所包含的样本个数,并将计数结果存放于相应的样本计数器 $n_j, j=1,2,\cdots,C_s$ 中.

4c. 按照下式计算各聚类的聚类中心

$$\boldsymbol{Z}_j=\frac{1}{n_j}\sum_{m=1}^{n_j}\boldsymbol{X}_{j,m},\quad j=1,2,\cdots,C_s$$

其中, $\boldsymbol{X}_{j,m}$ 表示第 j 个样本子集 $\mathscr{X}_j$ 中的第 m 个样本.

〈5〉 对每一个现行聚类 $\omega_j, j=1,2,\cdots,C_s$,计算其类内平均距离(即所有类内样本到对应的聚类中心的平均距离)

$$\bar{D}_j=\frac{1}{n_j}\sum_{m=1}^{n_j}d(\boldsymbol{X}_{j,m},\boldsymbol{Z}_j),\quad j=1,2,\cdots,C_s$$

其中, $d(\boldsymbol{X}_{j,m},\boldsymbol{Z})$ 表示 $\boldsymbol{X}_{j,m}$ 到 $\boldsymbol{Z}_j$ 的欧氏距离.

〈6〉 根据各聚类的类内距离均值 $\bar{D}_j, j=1,2,\cdots,C_s$,计算整个样本集的类内平均距离

$$\bar{D}=\frac{1}{N}\sum_{j=1}^{C_s}n_j\bar{D}_j$$

〈7〉根据聚类结果，判断是否进行类别的分裂或合并处理：

若 $C_s \leqslant C/2$，即现行聚类数小于或等于期望聚类数的一半，则转步骤〈8〉，对某些类别进行分裂处理.

若 $C_s \geqslant 2C$，即现行聚类数大于或等于期望聚类数的 2 倍，则转步骤〈11〉，对某些类别进行合并处理.

否则，有 $C/2 \leqslant C_s \leqslant 2C$ 成立.此时，引入某种随机处理机制，即根据迭代计数器 k 的计数值为奇数还是偶数，选择性地对某些类别进行分裂或合并处理.具体言之，若迭代计数器 k 的计数值为奇数，则转〈8〉，执行分裂处理，否则，转〈11〉，执行合并处理.

〈8〉计算每个聚类的标准偏差

$$\boldsymbol{\sigma}_j = ((\boldsymbol{\sigma}_j)_1, (\boldsymbol{\sigma}_j)_2, \cdots, (\boldsymbol{\sigma}_j)_d)^{\mathrm{T}}, \quad j = 1, 2, \cdots, C_s$$

这里，d 为特征空间的维数，而$(\boldsymbol{\sigma}_j)_i$ 为$\boldsymbol{\sigma}_j$ 的第 i 个分量.在不至于引起混淆的情况下，$(\boldsymbol{\sigma}_j)_i$ 可简记为σ_{j_i}，由下式定义

$$(\boldsymbol{\sigma}_j)_i = \sqrt{\frac{1}{n_j}\sum_{m=1}^{n_j}((\boldsymbol{X}_{j,m})_i - (\boldsymbol{Z}_j)_i)^2}$$

其中，$(\boldsymbol{X}_{j,m})_i$ 和$(\boldsymbol{Z}_j)_i$ 分别表示第 j 个样本子集 $\mathscr{X}_j$ 中的第 m 个样本的第 i 个分量和第 j 个样本子集 $\mathscr{X}_j$ 的聚类中心的第 i 个分量.

〈9〉求每个聚类 $\omega_j, j = 1, 2, \cdots, C_s$ 的标准偏差分量的最大值

$$(\boldsymbol{\sigma}_j)_{i_{\max}} = \underset{i}{Maximize}\{(\boldsymbol{\sigma}_j)_i\}, \quad j = 1, 2, \cdots, C_s$$

〈10〉10a.对每一个聚类 $\omega_j, j = 1, 2, \cdots, C_s$，根据其标准偏差分量最大值的取值情况，并结合其他条件，确定是否执行分裂处理：

若$(\boldsymbol{\sigma}_j)_{i_{\max}} > T_\sigma$，同时满足下述两个条件之一：

(1) $\bar{D}_j > \bar{D}$ 以及 $n_j > 2(N_s + 1)$

(2) $C_s \leqslant C/2$

则将聚类 ω_j 分裂为两个子类，并置 $C_s = C_s + 1$.

分裂后的两个子类的聚类中心如下确定

$$\boldsymbol{Z}_j^+ = \boldsymbol{Z}_j + \boldsymbol{\gamma}_j$$

$$\boldsymbol{Z}_j^- = \boldsymbol{Z}_j - \boldsymbol{\gamma}_j$$

其中，$\boldsymbol{\gamma}_j$ 的各个分量值由下式定义

$$(\boldsymbol{\gamma}_j)_i = \gamma_{j_i} = \begin{cases} \lambda(\boldsymbol{\sigma}_j)_{i_{\max}} & (\boldsymbol{\sigma}_j)_i = (\boldsymbol{\sigma}_j)_{i_{\max}} \\ 0 & \text{其他情况} \end{cases}$$

这里，$0 < \lambda \leqslant 1$.注意：λ 的选择应使样本子集 $\mathscr{X}_j$ 中的所有样本到新的聚类中心 $\boldsymbol{Z}_j^+$

和Z_j^- 的距离不等,且保证在最近邻准则下,样本子集$\mathscr{X}_j$中的所有样本仍被划分到Z_j^+或Z_j^-的名下,而非样本子集$\mathscr{X}_j$中的所有样本不会改变其所属类别.

10b.若上述分裂处理实际被进行,则进一步对所得聚类结果做如下整理:对所有类别重新进行排序,使重新排序后的类别号仍是连续的,同时置$k=k+1$,返回步骤〈3〉.否则,跳转步骤〈14〉.

〈11〉对所有的聚类,如下计算任意两个聚类中心之间的距离

$$D_{ij}=d(Z_i,Z_j),\quad i=1,2,\cdots,C_s-1,\ j=i+1,\cdots,C_s$$

这里,为避免重复计算,要求$j>i$.

〈12〉比较D_{ij}和T_d,并将$D_{ij}=d(Z_i,Z_j),i=1,2,\cdots,C_s-1,j=i+1,\cdots,C_s$中满足$D_{ij}<T_d$条件的前$N_m$个以递增的次序进行排列

$$D_{i_1j_1},\ D_{i_2j_2},\ D_{i_3j_3},\cdots,D_{i_{N_m}j_{N_m}}$$

其中,$D_{i_1j_1}\leqslant D_{i_2j_2}\leqslant D_{i_3j_3}\leqslant\cdots\leqslant D_{i_{N_m}j_{N_m}}$.

〈13〉13a.从$D_{i_1j_1}$开始,对上述序列中每个成员的下标所对应的两个聚类进行合并处理:若对应的两个聚类在同一次迭代中尚未和其他聚类合并,则将具有较大序号一方的聚类并入具有较小序号一方的聚类中,同时撤销具有较大序号一方的类别序号,并置$C_s=C_s-1$.例如,设$D_{i_pj_p}$在序列中,其下标所对应的两个聚类ω_{i_p}和ω_{j_p}满足被合并的条件且$j_p>i_p$,则程序实施的结果,类别ω_{j_p}被并入ω_{i_p}中,而其类别序号被撤销.合并后形成的新的聚类中心由下式给出

$$Z_{i_p}=\frac{1}{n_{i_p}+n_{j_p}}(n_{i_p}Z_{i_p}+n_{j_p}Z_{j_p})$$

13b.若上述合并处理实际被进行,则进一步对所得聚类结果做如下整理:对所有类别重新进行排序,使重新排序后的类别号仍是连续的,同时,置$k=k+1$,返回步骤〈3〉.否则,继续下一步骤.

〈14〉检查程序是否已收敛.若已收敛(指本次程序迭代过程中,无类别的撤销、分裂和合并等事项发生),则输出聚类结果,算法结束.否则,检查是否有$k<I_{\max}$成立,若是,置$k=k+1$,返回步骤〈3〉;否则,在希望改变程序控制参数的情况下,返回步骤〈2〉.否则,输出聚类结果,算法结束.

在前面介绍的几个算法中,均涉及对初始聚类中心的选择问题.它对整个聚类过程乃至最终的聚类结果都会产生较大的影响.选择得当,可以加速算法的收敛,同时也易于取得合理的聚类结果,而选择不当,则可能使算法的收敛到局部极值,导致不合理的聚类结果.因此,有必要仔细考虑一下这个问题.

前面介绍的顺序选择法是随机选择法的一种特例.除了该选择方法之外,尚有以下几种选择方法可供选用:

(1) 针对具体问题，根据以往的先验知识选择有代表性的特征点作为初始聚类中心.

(2) 采用如下的“密度法”进行选择：首先，在以每个样本为中心、以指定的长度 d_1 为半径的超球体区域内计数落入该区域内的样本数作为输入样本集在该点的密度估计，并选取具有最大密度的样本点作为第一个聚类中心. 然后，在离开第一个聚类中心 d_2 距离的剩余空间中选择具有次大密度的样本点作为第二个聚类中心. 依此类推，直到选出所期望的 C 个样本点作为初始的聚类中心为止.

(3) 采用最远距离法(亦称最大最小距离法)进行选择：首先，将所有样本视为一个类别，并将其均值作为第一个聚类中心；然后，选择距离第一个聚类中心最远的样本点作为第二个聚类中心；接着，选择距离前述两个聚类中心最远的样本点作为第三个聚类中心. 依此类推，直到选出所期望的 C 个样本点作为初始的聚类中心为止.

5.5.4 基于样本和核的相似性度量的动态聚类算法

前面介绍的 C-均值聚类算法和 ISODATA 算法均采用所谓的误差平方和准则作为聚类准则. 这一类聚类方法的缺点是用聚类中心这样的一个点来代表一个类别，没有充分考虑样本分布的内部结构；同时由于采用最近邻准则进行聚类，因此，仅在类别的样本分布接近超球状分布且各类所包含的样本数相差不大时有比较好的分类效果. 实际的样本集合未必满足这样的条件. 图 5.12 给出了这样的一个例子. 如图所示，假设类别 ω_1 和 ω_2 在二维特征空间中均呈扁平的椭圆状分布，其类别中心分别为 $\boldsymbol{Z}_1$ 和 $\boldsymbol{Z}_2$. 在现在的情况下，即使在聚类过程中使用了正确的类中心设置(例如，就选 $\boldsymbol{Z}_1$ 和 $\boldsymbol{Z}_2$ 为两个类别的聚类中心)，采用 C-均值聚类等算法也不能得到合理的聚类结果. 事实上，考虑图中属于类别 ω_2 的样本 $\boldsymbol{X}_s$，显然其到类别 ω_1 类中心的欧氏距离比到类别 ω_2 类中心的欧氏距离还要小. 按照 C-均值聚类算法，该样本将会被划分到类别 ω_1 中. 显然，这是一种错误的分类结果. 因此，为了在各种可能的样本分布下也能获得好的聚类结果，有必要考虑样本分布的内部结构，研究相应的聚类方法.

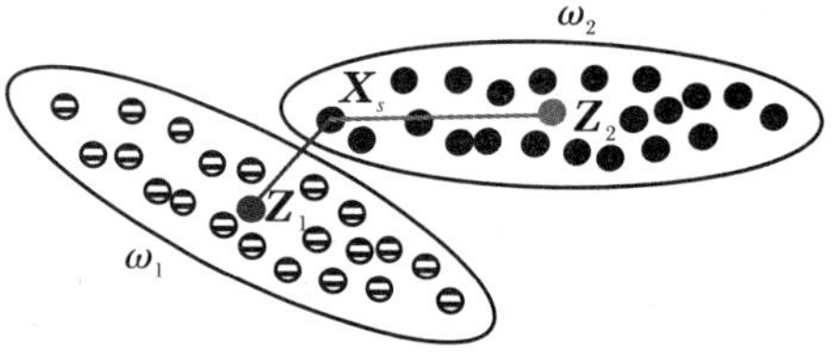

图 5.12　C-均值聚类算法失败的例子

下面介绍一种基于样本和核的相似性度量的动态聚类算法. 首先介绍相关的一些概念. 为了对样本分布的内部结构进行描述，用核 $\boldsymbol{K}_j = \boldsymbol{K}(\boldsymbol{X}, \boldsymbol{V}_j)$ 来刻画一个类别 ω_j. 其中，$\boldsymbol{V}_j$ 是与 ω_j 有关的一个参数集，而 $\boldsymbol{K}_j$ 是以 $\boldsymbol{V}_j$ 为参数集的一个函数，一个样本子集或者其他的分类模型. 这样，借助于核 $\boldsymbol{K}_j = \boldsymbol{K}(\boldsymbol{X}, \boldsymbol{V}_j)$，一个观测

样本$\boldsymbol{X}_m$是否属于类别ω_j，可在计算$\boldsymbol{X}_m$和K_j之间的相似性的基础上加以判断.上述类别的核以及样本与核之间的相似性度量可根据实际需要加以定义.例如，若某一类别的样本在特征空间中呈正态分布，则可以考虑使用高斯函数作为类别的核函数，其参数集由相应聚类的均值向量和协方差矩阵给出，而某一样本$\boldsymbol{X}_m$和核函数K_j之间的相似性可定义为核函数K_j在样本$\boldsymbol{X}_m$处的取值.在实际操作中，可使用某种距离度量等价地表示样本和核之间的相似性.例如，在上面的例子中，若两个类别的协方差矩阵相同，则可使用样本和核之间的马氏距离作为样本和核之间相似性的度量.样本和核之间的马氏距离越小，说明样本和核之间越相似.

现在，具体考虑如何借助于核的概念，完成聚类任务.

假设期望的聚类数为C，类别$\omega_j, j=1,\cdots,C$的核由$K_j, j=1,\cdots,C$所定义，而样本$\boldsymbol{X}_m$和核K_j之间的相似性由$\Delta(\boldsymbol{X}_m, K_j)$形式地表示，则当$\Delta(\boldsymbol{X}_m, K_j)$采用某种距离度量时，可根据以下判决规则实现聚类：

若$\Delta(\boldsymbol{X}_m, K_i)=\underset{j}{Minimize}\{\Delta(\boldsymbol{X}_m, K_j)\}$，则$\boldsymbol{X}_m\in\omega_i$.

类似地，若定义

$$J_K = \sum_{j=1}^{C}\sum_{X\in_j}\Delta(\boldsymbol{X}, K_j) \tag{5.37}$$

为基于样本和核的相似度量的聚类准则函数，则聚类算法的目标是寻求使J_K最小化的聚类结果.这里，$\mathscr{X}_j, j=1,\cdots,C$表示聚类结果的样本子集.显然，在聚类过程中，随着$K_j, j=1,\cdots,C$和$\mathscr{X}_j, j=1,\cdots,C$的不断变化，$J_K$的取值不断减小.当$K_j, j=1,\cdots,C$和$\mathscr{X}_j, j=1,\cdots,C$不再变化时，认为算法已经收敛.

算法的具体步骤如下：

〈1〉读入训练样本集$\mathscr{X}=\{\boldsymbol{X}_1, \boldsymbol{X}_2, \cdots, \boldsymbol{X}_N\}$.

〈2〉完成初始化操作：

设置期望聚类的类别数C.

/* 用于控制聚类的类别数，由用户根据实际需求指定 */

置迭代次数计数器$k=0$.

从输入训练样本集$\mathscr{X}=\{\boldsymbol{X}_1, \boldsymbol{X}_2, \cdots, \boldsymbol{X}_N\}$中按照某种方法选择$C$个聚类中心：$\boldsymbol{Z}_j=\boldsymbol{X}_j, j=1,2,\cdots,C$，并依照某种准则(例如，最近邻准则)将样本集$\mathscr{X}=\{\boldsymbol{X}_1, \boldsymbol{X}_2, \cdots, \boldsymbol{X}_N\}$中的所有样本划分到上述$C$个聚类中心所代表的类别中，同时确定每个聚类的初始核$K_j, j=1,\cdots,C$.

〈3〉计算$\mathscr{X}$中的每个样本$\boldsymbol{X}_m, m=1,2,\cdots,N$到现行各聚类的核$K_j, j=1,\cdots,C$之间的相似性：

$$\Delta(\boldsymbol{X}_m, K_j), \quad m = 1,2,\cdots,N, \quad j = 1,2,\cdots,C$$

若 $\Delta(\boldsymbol{X}_m, K_i) = \underset{j=1,2,\cdots,C}{Minimize}\{\Delta(\boldsymbol{X}_m, K_j)\}$，则$\boldsymbol{X}_m \in \omega_i$.

〈4〉依据聚类结果，对核进行更新处理.修改后的核记为 $\tilde{K}_j, j=1,\cdots,C$.

若所有的核在本次迭代中保持不变，即有 $\tilde{K}_j = K_j, j=1,\cdots,C$ 成立，则算法结束.否则，令 $K_j = \tilde{K}_j, j=1,\cdots,C, k=k+1$，返回〈3〉.

从以上算法的陈述可以看到，该算法和 C-均值聚类算法(Ⅰ)之间存在很多相似之处.事实上，如果在本算法中取

$$K_j = \frac{1}{n_j}\sum_{l=1}^{n_j} \boldsymbol{X}_{j,l}^k, \quad j = 1,2,\cdots,C$$

以及

$$\Delta(\boldsymbol{X}_m, K_j) = d(\boldsymbol{X}_m, K_j), \quad m = 1,2,\cdots,N, \quad j = 1,2,\cdots,C$$

其中，$d(\boldsymbol{X}_m, K_j)$表示样本$\boldsymbol{X}_m, m=1,2,\cdots,N$ 和核 $K_j, j=1,\cdots,C$ 之间的欧氏距离，则上述基于样本和核的相似性度量的动态聚类算法就退化为 C-均值聚类算法(Ⅰ).因此，C-均值聚类算法只是基于样本和核的相似度量的动态聚类算法的一个特例.

上述基于样本和核的相似性度量的动态聚类算法能否在实际中发挥作用，很大程度上取决于我们对样本分布的构造的了解.如果在求解一个具体的聚类问题时，使用了恰当的核以及恰当的相似性度量函数，则有望得到期待的聚类结果.实际中，常用的核函数包括：

(1) 正态核函数

对于图 5.12 所示的样本分布情况，可采用以样本的统计估计量为参数的高斯函数作为类别的核函数.例如，对第 j 个类别ω_j，可取

$$k_j = K(\boldsymbol{X}, \boldsymbol{V}_j) = \frac{1}{(2\pi)^{\frac{d}{2}}|\hat{\boldsymbol{\Sigma}}_j|^{\frac{1}{2}}}\exp\left\{-\frac{1}{2}(\boldsymbol{X}-\hat{\boldsymbol{\mu}}_j)^{\mathrm{T}}\hat{\boldsymbol{\Sigma}}_j^{-1}(\boldsymbol{X}-\hat{\boldsymbol{\mu}}_j)\right\} \quad (5.38)$$

这里的参数集为

$$\boldsymbol{V}_j = \{\hat{\boldsymbol{\mu}}_j, \hat{\boldsymbol{\Sigma}}_j\}$$

其中

$$\hat{\boldsymbol{\mu}}_j = \frac{1}{n_j}\sum_{l=1}^{n_j} \boldsymbol{X}_{j,l}$$

$$\hat{\boldsymbol{\Sigma}}_j = \frac{1}{n_j}\sum_{l=1}^{n_j}(\boldsymbol{X}_l - \hat{\boldsymbol{\mu}}_j)(\boldsymbol{X}_l - \hat{\boldsymbol{\mu}}_j)^{\mathrm{T}}$$

而相应的相似性度量 $\Delta(\boldsymbol{X}, K_j)$可取为

$$\Delta(\boldsymbol{X},k) = \frac{1}{2}(\boldsymbol{X} - \hat{\boldsymbol{\mu}}_j)^{\mathrm{T}}\hat{\boldsymbol{\Sigma}}_j^{-1}(\boldsymbol{X} - \hat{\boldsymbol{\mu}}_j) + \frac{1}{2}\ln|\hat{\boldsymbol{\Sigma}}_j| \tag{5.39}$$

上式不仅考虑了各个类别样本分布内部构造本身的影响，而且也考虑了不同类别之间在样本分布内部构造上存在的差异的影响.

(2) 主轴核函数

如图 5.13 所示，有的时候各类样本集中分布在几个主轴方向上.此时，为了得到理想的聚类结果，对每一个类别 ω_j，可采用如下定义的所谓的主轴核函数

$$K_j = K(\boldsymbol{X},\boldsymbol{V}_j) = \boldsymbol{U}_j^{\mathrm{T}}\boldsymbol{X} \tag{5.40}$$

这里，$\boldsymbol{U}_j=(\boldsymbol{u}_1,\boldsymbol{u}_2,\cdots,\boldsymbol{u}_{d_j})$称为由 ω_j 的样本协方差矩阵 $\hat{\boldsymbol{\Sigma}}_j$ 给出的部分主轴系统.其中的$\boldsymbol{u}_1,\boldsymbol{u}_2,\cdots,\boldsymbol{u}_{d_j}$ 分别是 $\hat{\boldsymbol{\Sigma}}_j$ 的前 d_j 个较大特征值所对应的规格化特征向量.

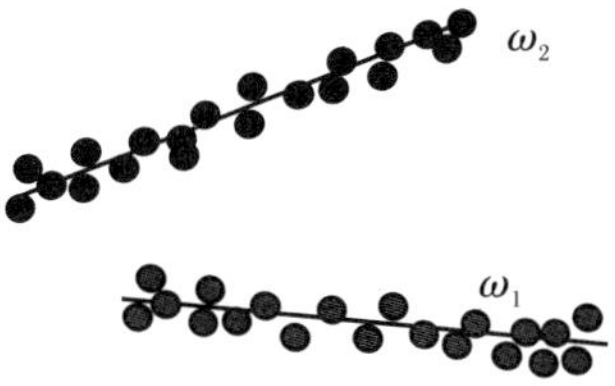

图 5.13　样本沿主轴分布情况之图示

由定义可知，部分主轴系统 $\boldsymbol{U}_j$ 的维数为 $d\times d_j$，其 d_j 个列向量张成一个特征子空间，主轴核函数 K_j 给出了样本 $\boldsymbol{X}$ 在该特征子空间上的投影.

显然，在现在的样本分布情况下一个观测样本距离相应的主轴越近，则其属于该主轴所代表的类别的可能性越高.因此，可用样本 $\boldsymbol{X}$ 到类别 ω_j 的主轴的欧氏距离 $d=\sqrt{\Delta(\boldsymbol{X},K_j)}$作为样本 $\boldsymbol{X}$ 和类别 ω_j 的核之间的相似性度量.参照图 5.14，$\Delta(\boldsymbol{X},K_j)$由下式给出

$$\begin{aligned}\Delta(\boldsymbol{X},K_j) = {} & ((\boldsymbol{X} - \hat{\boldsymbol{m}}_j) - \boldsymbol{U}_j\boldsymbol{U}_j^{\mathrm{T}}(\boldsymbol{X} - \hat{\boldsymbol{m}}_j))^{\mathrm{T}}((\boldsymbol{X} - \hat{\boldsymbol{m}}_j) \\ & - \boldsymbol{U}_j\boldsymbol{U}_j^{\mathrm{T}}(\boldsymbol{X} - \hat{\boldsymbol{m}}_j))\end{aligned} \tag{5.41}$$

其中，$\hat{\boldsymbol{m}}_j$ 为类别ω_j 的样本均值.

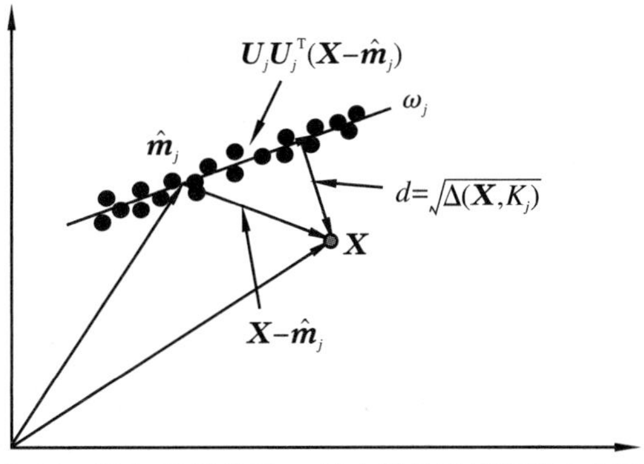

图 5.14　样本 X 到类别ω_j 的主轴的欧氏距离d 之图示

5.6 基于近邻函数值准则的聚类算法

和到目前为止介绍的其他聚类方法相比，基于样本和核的相似性度量的聚类算法具有很多优点.特别是由于它利用了样本分布的内部结构信息，使得它具有较宽的适用面，可以用于求解具有不同分布的样本聚类问题.但是，其缺点也是显然的.当相应于具体问题的核的形式不能确知，或者相应的核不能用简单的函数或模型进行表示的时候，上述算法将遭遇困难.图 5.15给出了基于样本和核的相似性度量的聚类算法不易正确处理的样本分布情况.

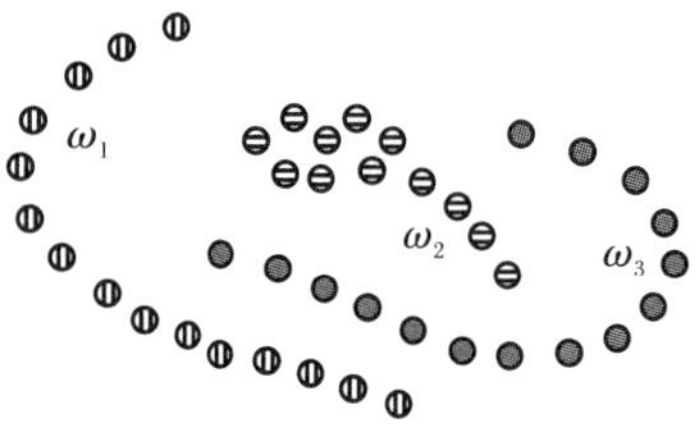

图 5.15 不易实现聚类的样本分布情况

本节重点介绍一种基于近邻函数值准则的聚类算法.该算法可以较好地应对上述难于做出正确聚类的样本分布情况.为此，首先介绍相关的几个概念.

近邻系数和近邻函数值

考虑样本集合 $\mathscr{X}=\{\boldsymbol{X}_1,\boldsymbol{X}_2,\cdots,\boldsymbol{X}_N\}$中的任意两个样本 $\boldsymbol{X}_i$ 和$\boldsymbol{X}_k$，若 $\boldsymbol{X}_i$ 是$\boldsymbol{X}_k$的第 I 个近邻，则称 $\boldsymbol{X}_i$ 对$\boldsymbol{X}_k$ 的近邻系数为I.类似地，若 $\boldsymbol{X}_k$ 是$\boldsymbol{X}_i$ 的第K 个近邻，则称 $\boldsymbol{X}_k$ 对$\boldsymbol{X}_i$ 的近邻系数为K.利用近邻系数可定义两个样本 $\boldsymbol{X}_i$ 和$\boldsymbol{X}_k$ 之近邻函数值，记为 α_{ik}

$$\alpha_{ik} = I + K - 2 \tag{5.42}$$

显然，在上述定义下，若 $\boldsymbol{X}_i$ 和$\boldsymbol{X}_k$ 互为最近邻，则有 $\alpha_{ik}=0$.

连接和连接损失

为了便于对聚类算法进行描述，引入连接和连接损失的概念.在聚类过程中，若$\boldsymbol{X}_i$ 和$\boldsymbol{X}_k$ 被分在同一个类别中，则称$\boldsymbol{X}_i$ 和$\boldsymbol{X}_k$ 是相互“连接”的.相应于每一个这样的连接，可定义一个指标来度量连接的合理性.根据需要，可有不同的定义.一种合理的做法是用两个样本$\boldsymbol{X}_i$ 和$\boldsymbol{X}_k$ 之间的近邻函数值 α_{ik} 作为连接这两个样本的连接损失.显然，α_{ik}越小，表明$\boldsymbol{X}_i$ 和$\boldsymbol{X}_k$ 越相似，将它们连接起来的损失也越小.为了避免出现仅包含一个样本的聚类，可人为规定每个样本到其自身的连接损失为 $2N$.这里，N为训练样本集合 $\mathscr{X}=\{\boldsymbol{X}_1,\boldsymbol{X}_2,\cdots,\boldsymbol{X}_N\}$中所包含的样本数.根据定义，对于训练样本

集 $\mathscr{X}=\{\boldsymbol{X}_1,\boldsymbol{X}_2,\cdots,\boldsymbol{X}_N\}$而言,当 $i\neq k$ 时其所有的近邻系数均小于等于 $N-1$.故有

$$\underset{i,k;i\neq k}{Maximize}\,\alpha_{ik}=(N-1)+(N-1)-2=2N-4$$

初始聚类的生成

在聚类过程中,可根据样本间近邻函数值的大小来完成初始聚类.考虑样本集合 $\mathscr{X}=\{\boldsymbol{X}_1,\boldsymbol{X}_2,\cdots,\boldsymbol{X}_N\}$,对其中的任意一个样本$\boldsymbol{X}_i$,若有

$$\alpha_{ik_{\min}}=\underset{k}{Minimize}\,\alpha_{ik}$$

则将$\boldsymbol{X}_{k_{\min}}$和$\boldsymbol{X}_i$ 连接起来.被连接起来的所有样本组成一个初始聚类.例如,假设对某个具体的样本集合 $\mathscr{X}=\{\boldsymbol{X}_1,\boldsymbol{X}_2,\cdots,\boldsymbol{X}_N\}$而言,有 $\alpha_{ij}=\underset{m}{Minimize}\,\alpha_{im}$,以及 $\alpha_{jk}=\underset{m}{Minimize}\,\alpha_{jm}$成立,则初始聚类的结果会将$\boldsymbol{X}_i$ 和$\boldsymbol{X}_j$ 以及$\boldsymbol{X}_j$ 和$\boldsymbol{X}_k$ 分别连接起来,形成一个由三个样本$\boldsymbol{X}_i$、$\boldsymbol{X}_j$ 和$\boldsymbol{X}_k$ 组成的初始聚类.

类内和类间损失

利用上面所定义的样本间的连接损失,可进一步对聚类的类内和类间损失情况进行刻画以实现对聚类结果合理性的恰当评估.

假设已聚类的总的类别数为 c.为叙述方便起见,引入下述的若干标记.

首先,用 γ_{pq}表示已聚类的两个类别ω_p 和ω_q(这里,$p\neq q$)的样本间的最小近邻函数值.即

$$\gamma_{pq}=\underset{X_i\in\omega_p,X_k\in\omega_q}{Minimize}\,\alpha_{ik}\tag{5.43}$$

则在上述标记下,类别 ω_p 和剩余的所有 $c-1$ 个类别的样本间的最小连接损失由下式给出

$$\gamma_{pq_{\min}}=\underset{q,\ q\neq p}{Minimize}\,\gamma_{pq}\tag{5.44}$$

其中,$q_{\min}$是在固定类别 ω_p 的情况下使式(5.44)成立的类别下标.显然,由 $q_{\min}$所标记的类别 $\omega_{q_{\min}}$是在近邻函数值意义下与类别 ω_p"相距"最近的类别.

对上述 ω_p 和与之"相距"最近的 $\omega_{q_{\min}}$,用 $Max\ \gamma_p$ 和$Max\ \gamma_{q_{\min}}$ 分别标记该两个类别的类内样本间连接损失的最大值

$$Max\ \gamma_p=\underset{\boldsymbol{X}_i\in\omega_p}{Maximize}\ \underset{\boldsymbol{X}_k\in\omega_p}{Minimize}\,\alpha_{ik}\tag{5.45}$$

$$Max\ \gamma_{q_{\min}}=\underset{\boldsymbol{X}_i\in\omega_{q_{\min}}}{Maximize}\ \underset{\boldsymbol{X}_k\in\omega_{q_{\min}}}{Minimize}\,\alpha_{ik}\tag{5.46}$$

这样,借助于上述标记,可对聚类的类内和类间损失进行定量描述.

其中,类内损失取正值,由同一个类别中具有连接关系的样本间的连接损失所定义.考虑已聚类的类别 ω_p,其类内损失可由下式给出

$$L_{\omega_p}=\sum_{\boldsymbol{X}_i\in\omega_p}\underset{\boldsymbol{X}_k\in\omega_p}{Minimize}\,\alpha_{ik}\tag{5.47}$$

若假设已聚类的总的类别数为 c,则总的类内损失为

$$L_w = \sum_{p=1}^{c} L_{\omega_p} \tag{5.48}$$

而类间损失则由相关两个类别的类内样本间的最大连接损失和类间样本间的最小连接损失所定义,可视具体情况取正值或负值.事实上,如果在算法的一次迭代中,仅考虑对"相距"最近的那些类别进行合并的话,则相应于每一个已聚类的类别 ω_p,仅需考虑 ω_p 和与之"相距"最近的类别 $\omega_{q_{\min}}$ 之间的连接损失就可以了.此时,相应的类间损失可由下式所定义

$$L_{\omega_p,\omega_{q_{\min}}} = \begin{cases} -[(\gamma_{pq_{\min}} - Max\ \gamma_p) + (\gamma_{pq_{\min}} - Max\ \gamma_{q_{\min}})] & 若\begin{cases}\gamma_{pq_{\min}} > Max\ \gamma_p \\ \gamma_{pq_{\min}} > Max\ \gamma_{q_{\min}}\end{cases} \\ \gamma_{pq_{\min}} + Max\ \gamma_p & 若\begin{cases}\gamma_{pq_{\min}} \leqslant Max\ \gamma_p \\ \gamma_{pq_{\min}} > Max\ \gamma_{q_{\min}}\end{cases} \\ \gamma_{pq_{\min}} + Max\ \gamma_{q_{\min}} & 若\begin{cases}\gamma_{pq_{\min}} > Max\ \gamma_p \\ \gamma_{pq_{\min}} \leqslant Max\ \gamma_{q_{\min}}\end{cases} \\ \gamma_{pq_{\min}} + Max\ \gamma_p + Max\ \gamma_{q_{\min}} & 若\begin{cases}\gamma_{pq_{\min}} \leqslant Max\ \gamma_p \\ \gamma_{pq_{\min}} \leqslant Max\ \gamma_{q_{\min}}\end{cases} \end{cases} \tag{5.49}$$

从定义式可以看出,类间损失 $L_{\omega_p,\omega_{q_{\min}}}$ 的取值大小是对现行聚类结果合理性的一种反映.相对于"相距"最近的两个类别 ω_p 和 $\omega_{q_{\min}}$ 而言,如果其类间样本间的最小连接损失比相应的两个类内样本间的最大连接损失都大,则说明现行聚类结果是合理的,不需要对聚类结果做任何修正.此时,令 $L_{\omega_p,\omega_{q_{\min}}}$ 取负值.而如果其类间样本间的最小连接损失比相应的两个类内样本间的最大连接损失中的一个或两个来得小,则说明现行聚类结果是不合理的.此时,令 $L_{\omega_p,\omega_{q_{\min}}}$ 取正值.所取的正值越大,表明现行聚类结果越不合理.当 $L_{\omega_p,\omega_{q_{\min}}}$ 取正值时,可考虑在后续处理中将相应的两个类别 ω_p 和 $\omega_{q_{\min}}$ 合并.式(5.49)给出了一种类间损失的定义,实际中可根据需要采用不同的类间损失的定义.

若假设已聚类的总的类别数为 c,则总的类间损失为

$$L_b = \sum_{p=1}^{c} L_{\omega_p,\omega_{q_{\min}}} \tag{5.50}$$

根据上述定义的类内和类间损失,可定义

$$J_N = L_w + L_b \tag{5.51}$$

为进行聚类的准则函数.为叙述方便起见,称其为基于近邻函数值的准则函数.

显而易见,聚类的结果应使上述准则函数 J_N 最小化.

这样,根据上面的陈述,可以得到下面的聚类算法:

〈1〉读入训练样本集 $\mathscr{X}=\{\boldsymbol{X}_1,\boldsymbol{X}_2,\cdots,\boldsymbol{X}_N\}$,并计算相应的距离矩阵 $\boldsymbol{D}=[d_{ij}]$.其中,$d_{ij}=d(\boldsymbol{X}_i,\boldsymbol{X}_j)$,$i,j=1,2,\cdots,N$ 为样本 $\boldsymbol{X}_i$ 和 $\boldsymbol{X}_j$ 之间的欧氏距离.

〈2〉利用距离矩阵 $\boldsymbol{D}=[d_{ij}]$,计算近邻系数矩阵 $\boldsymbol{M}=[m_{ij}]$.其中,m_{ij} 是 $\boldsymbol{X}_i$ 对 $\boldsymbol{X}_j$ 的近邻系数.

〈3〉计算近邻函数值矩阵 $\boldsymbol{A}=[\alpha_{ij}]$.这里,$\alpha_{ij}=m_{ij}+m_{ji}-2$.

显然,$\boldsymbol{A}=[\alpha_{ij}]$为对称矩阵.为避免出现仅包含一个样本的聚类,该对称阵的对角线元素均取值 $2N$.

〈4〉对 $\boldsymbol{A}=[\alpha_{ij}]$阵进行逐行搜索,找出每行上的最小元素,并据此把该最小元素所对应的两个样本点连接起来,形成初始聚类 ω_p,$p=1,2,\cdots,c$.这里,c 为已聚类的总的类别数.

〈5〉对每一个聚类 ω_p,计算使 $\gamma_{pq_{\min}}=\underset{q,\ q\neq p}{Minimize}\ \underset{\boldsymbol{X}_i\in\omega_p,\boldsymbol{X}_k\in\omega_q}{Minimize}\ \alpha_{ik}$ 成立的类别下标 $q_{\min}$,确定在近邻函数值意义下与类别 ω_p"相距"最近的类别 $\omega_{q_{\min}}$.

在此基础上计算

$$Max\ \gamma_p=\underset{\boldsymbol{X}_i\in\omega_p}{Maximize}\ \underset{\boldsymbol{X}_k\in\omega_p}{Minimize}\ \alpha_{ik}$$

$$Max\ \gamma_{q_{\min}}=\underset{\boldsymbol{X}_i\in\omega_{q_{\min}}}{Maximize}\ \underset{\boldsymbol{X}_k\in\omega_{q_{\min}}}{Minimize}\ \alpha_{ik}$$

若 $\gamma_{pq_{\min}}\leqslant Max\ \gamma_p$ 或者 $\gamma_{pq_{\min}}\leqslant Max\ \gamma_{q_{\min}}$,则将类别 ω_p 和 $\omega_{q_{\min}}$ 合并,并在其间建立相应的连接.

根据定义,计算总的类内和类间损失 $J_N=L_w+L_b$.

〈6〉若在步骤〈5〉,J_N 的值较上一次迭代没有减少,则算法结束.否则更新聚类结果,返回步骤〈5〉,进行下一次迭代.

注意:采用不同的类内和类间损失定义,最终得到的聚类结果通常是不一样的.一般而言,可通过对 J_N 值的检查来控制算法的进程.但在有些时候,对 J_N 值的计算不必明示地进行.例如,若采用式(5.47)～(5.50)所给出的类内和类间损失定义,则在算法中就不必进行 J_N 值的计算和更新.因为,伴随着每一次合并,J_N 的值总是减少的.此时,程序中止的条件就是检

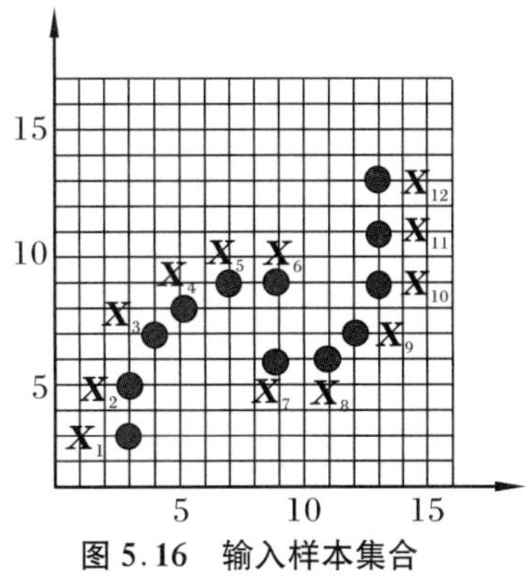

图 5.16　输入样本集合

查是否满足 $\gamma_{pq_{\min}} \leqslant Max\ \gamma_p$ 或者 $\gamma_{pq_{\min}} \leqslant Max\ \gamma_{q_{\min}}$ 的条件.若满足,执行相关的类别合并操作,否则算法结束.

下面来看一个具体的例子以加深对上述基于近邻函数值准则的聚类算法的理解.设有如图 5.16 所示的样本集合,现用基于近邻函数值准则的聚类算法对其进行聚类.

首先从图 5.16 所示的输入样本出发,依次计算相应的距离矩阵 $\boldsymbol{D}=[d_{ij}]$、近邻系数矩阵 $\boldsymbol{M}=[m_{ij}]$和近邻函数值矩阵 $\boldsymbol{A}=[\alpha_{ij}]$.其中,近邻函数值矩阵 $\boldsymbol{A}=[\alpha_{ij}]$如图 5.17 所示.

	$\boldsymbol{X}_1$	$\boldsymbol{X}_2$	$\boldsymbol{X}_3$	$\boldsymbol{X}_4$	$\boldsymbol{X}_5$	$\boldsymbol{X}_6$	$\boldsymbol{X}_7$	$\boldsymbol{X}_8$	$\boldsymbol{X}_9$	$\boldsymbol{X}_{10}$	$\boldsymbol{X}_{11}$	$\boldsymbol{X}_{12}$
$\boldsymbol{X}_1$	24	0	4	7	13	14	12	14	16	16	17	18
$\boldsymbol{X}_2$	0	24	2	4	6	12	10	13	15	15	16	17
$\boldsymbol{X}_3$	4	2	24	0	4	11	10	12	15	15	16	18
$\boldsymbol{X}_4$	7	4	0	24	2	7	8	11	14	14	15	16
$\boldsymbol{X}_5$	13	6	4	2	24	0	5	6	9	11	11	12
$\boldsymbol{X}_6$	14	12	11	7	0	24	2	4	5	6	7	9
$\boldsymbol{X}_7$	12	10	10	8	5	2	24	1	4	9	13	15
$\boldsymbol{X}_8$	14	13	12	11	6	4	1	24	0	4	7	11
$\boldsymbol{X}_9$	16	15	15	14	9	5	4	0	24	2	5	9
$\boldsymbol{X}_{10}$	16	15	15	14	11	6	9	4	2	24	0	4
$\boldsymbol{X}_{11}$	17	16	16	15	11	7	13	7	5	0	24	0
$\boldsymbol{X}_{12}$	18	17	18	16	12	9	15	11	9	4	0	24

图 5.17　对应于图 5.16 的近邻函数值矩阵 A

然后,对 $\boldsymbol{A}$ 阵进行逐行搜索,找出每行中的最小元素(图 5.18 中加圈的各个元素),并将每个最小元素的行指标和列指标所对应的两个样本点进行连接,形成如图 5.19 所示的 5 个初始聚类:$\omega_1=\{\boldsymbol{X}_1,\boldsymbol{X}_2\}$,$\omega_2=\{\boldsymbol{X}_3,\boldsymbol{X}_4\}$,$\omega_3=\{\boldsymbol{X}_5,\boldsymbol{X}_6\}$,$\omega_4=\{\boldsymbol{X}_7,\boldsymbol{X}_8,\boldsymbol{X}_9\}$和 $\omega_5=\{\boldsymbol{X}_{10},\boldsymbol{X}_{11},\boldsymbol{X}_{12}\}$.这里,每一个初始聚类由具有连接关系的样本所构成.图中,用不同的灰度标示不同的初始聚类.

对每一个聚类,确定在近邻函数值意义下与其"相距"最近的类别,并计算相应的两个类别之间的最小近邻函数值.结果如下:与 ω_1"相距"最近的类别是 ω_2,其类间最小近邻函数值为 2;与 ω_2"相距"最近的类别是 ω_1 和 ω_3,其类间最小近邻函数值均为 2;与 ω_3"相距"最近的类别是 ω_2 和 ω_4,其类间最小近邻函数值均为

24	0	4	7	13	14	12	14	16	16	17	18
0	24	2	4	6	12	10	13	15	15	16	17
4	2	24	0	4	11	10	12	15	15	16	18
7	4	0	24	2	7	8	11	14	14	15	16
13	6	4	2	24	0	5	6	9	11	11	12
14	12	11	7	0	24	2	4	5	6	7	9
12	10	10	8	5	2	24	1	4	9	13	15
14	13	12	11	6	4	1	24	0	4	7	11
16	15	15	14	9	5	4	0	24	2	5	9
16	15	15	14	11	6	9	4	2	24	0	4
17	16	16	15	11	7	13	7	5	0	24	0
18	17	18	16	12	9	15	11	9	4	0	24

图 5.18　逐行搜索找每行中的最小元素

2;与 ω_4"相距"最近的类别是 ω_3 和 ω_5,其类间最小近邻函数值均为 2;与 ω_5"相距"最近的类别是 ω_4,其类间最小近邻函数值为 2.进一步算出每一个"相距"最近的类别的类内样本间连接损失的最大值,得到:$Max\ \gamma_1 = 0$,$Max\ \gamma_2 = 0$,$Max\ \gamma_3 = 0$,$Max\ \gamma_4 = 1$ 和 $Max\ \gamma_5 = 0$.可以验证,由于在每一种情况下均不满足合并的条件,故判算法结束.所得到的初始聚类就是所求的最终结果.

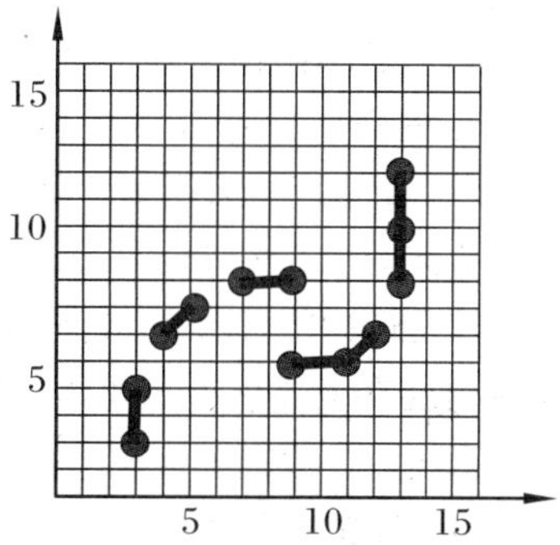

图 5.19　得到的初始聚类

5.7　最小张树聚类算法

通过引入适当的定义,聚类问题可以转化为一个图论问题.这样,借助于图论

中已有的一些方法可以完成相应的聚类任务.

下面具体介绍一种基于最小张树的聚类算法.

为此,首先简要介绍相关的一些概念.

(1) **图** 一个二元组 $G=\{V,E\}$ 称为一个图.其中,V 表示由顶点元素组成的集合,E 表示由边元素组成的集合.这里,顶点元素也称为节点,而所谓的边元素是指用于连接 V 中两个顶点元素的一条边.若这样的边本身是无向的,则相应的图称为无向图,否则,相应的图称为有向图.

(2) **通路** 将由图 $G=\{V,E\}$ 的一些边相互连接而成的一个序列称为图 $G=\{V,E\}$ 的一个通路,将位于一个通路两端的两个顶点分别称为该通路的起点和终点.

(3) **圈** 起点与终点为同一个点的通路称为圈或回路.

(4) **连通图** 若一个图的任意两个不同的顶点之间至少存在一条通路,则称这样的图为连通图.

(5) **树** 考虑一个包含 n 个顶点的图 $G=\{V,E\}$,将至少包含图 $G=\{V,E\}$ 的两个顶点的连通的、无圈的子图称为 $G=\{V,E\}$ 的树,而将包含图 $G=\{V,E\}$ 所有 n 个顶点的树称为图 $G=\{V,E\}$ 的张树.显然,一个包含 n 个顶点的树共有 $n-1$ 条边.

(6) **加权图** 若给图 $G=\{V,E\}$ 的每一条边赋一个权值,则相应的图成为一个加权图.

(7) **最小张树** 在一个加权图 $G=\{V,E\}$ 的所有可能的张树中,边的权值之和最小的张树称为图 $G=\{V,E\}$ 的最小张树.

为了借助于最小张树的概念完成聚类任务,下面首先考虑如何将一个样本集合用一个无向的加权图进行表示.事实上,一个给定的样本集合可以通过以下步骤将其表示为一个无向的加权图:① 将样本集合中的所有样本分别作为图的一个顶点;② 依据某种方法在上述顶点之间建立相应的连接.彼此具有连接关系的两个顶点之间用一条边相连;③ 根据相应两个顶点之间的某种度量,为每一条这样的边赋一个权值.

例如,如图 5.20(a)所示的样本集合可以用图 5.20(b)所示的加权图进行表示.这里,首先计算图示的样本集合中样本两两之间的距离,并根据所得到的距离值的大小确定是否在相应的两个样本之间建立连接.为简化处理,假设仅对距离值小于某个阈值(本例中取为 12)的两个样本进行连接.这里,获得连接的两个顶点之间的边的权值由该两个顶点之间的欧氏距离(或样本间的某种相似度)所定义.

一旦获得了样本集合的加权图表示,可以利用下述步骤完成聚类操作:

(1) 依据样本集合的加权图表示,生成相应的最小张树.

(2) 从最小张树的各条边中找到权值最大的一条边,并将该条边从最小张树中去除,自然地将最小张树所对应的样本集合分割成两个样本子集.

(3) 对处理过程中所得到的每一个样本子集所对应的最小张树表示,递归地进行步骤(2),不断地将输入样本集合分裂成更多的样本子集.

上述过程不断进行直到每一个样本子集所对应的最小张树的权值最大的一条边的权值小于某个阈值为止.

对图 5.20(a)所示的样本集合的处理结果被示于图 5.20(b)～图 5.20(d).其中,图 5.20(b)和 5.20(c)分别给出了图 5.20(a)所示样本集合的加权图和对应的最小张树表示,而图 5.20(d)则给出了从最小张树权值最大的一条边处切断,自然形成两个聚类的示意.

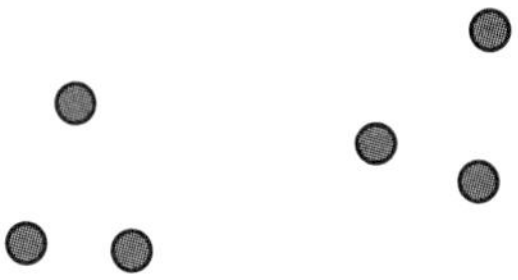

(a) 样本集合

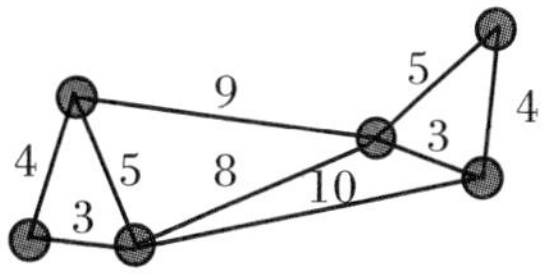

(b) 样本集合的加权图表示

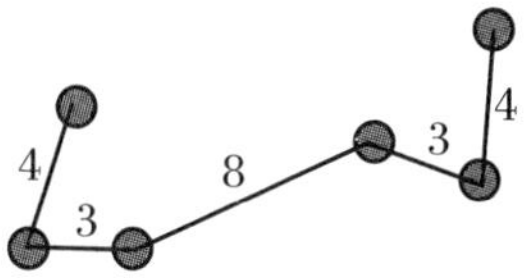

(c) 对应的最小张树表示

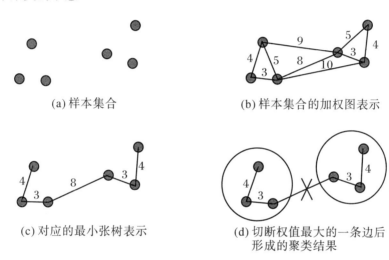

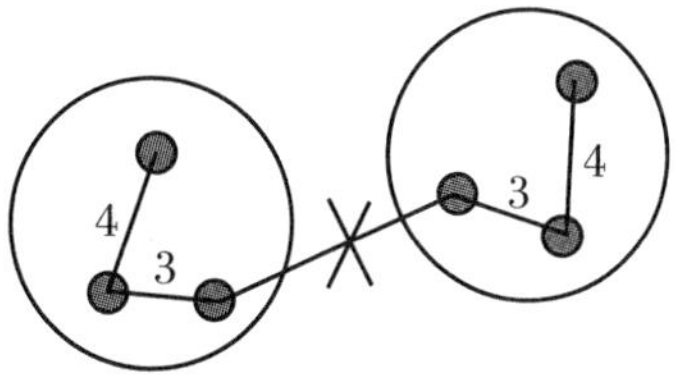

(d) 切断权值最大的一条边后形成的聚类结果

图 5.20　基于最小张树的聚类

上面聚类过程中的最小张树可由以下算法得到:

〈1〉 输入待处理的加权图.

〈2〉 按权值递增的顺序对加权图中的各条边进行排序,形成边元素集合 E.

〈3〉 选择 E 中权值最小的边(即第一条边)e_1 为起始边,置 $i=1$.

〈4〉 按权值小优先的原则从 E 中选择 e_{i+1} 使 $e_1, e_2, \cdots, e_i, e_{i+1}$ 是连通的、无圈的.若上述处理成功进行,则去步骤〈5〉,否则,算法结束.

〈5〉 置 $i=i+1$,返回步骤〈4〉.

上述基于最小张树的聚类算法简洁、明快,特别适用于相距较远的两个密集样本点集之间的区分.但是,该算法也有明显的缺陷.一是当样本集合中存在噪声样本时有可能会造成错分,还有就是对于相距较近的两个密集样本点集的区分能力较弱.这些缺陷可从下面的例子中清楚地看到.设有如图 5.21(a)所示的输入样本集合,其对应的最小张树及其聚类结果被示于图 5.21(b).如图示,若从权值最大的一条边处断开,可以形成合理的两个聚类.但是,若样本集合中混入了噪声样本(图 5.21(c)中的黑点),则最小张树聚类算法建议从图 5.21(d)中的×处断开.显然,这不是一个合理的建议.

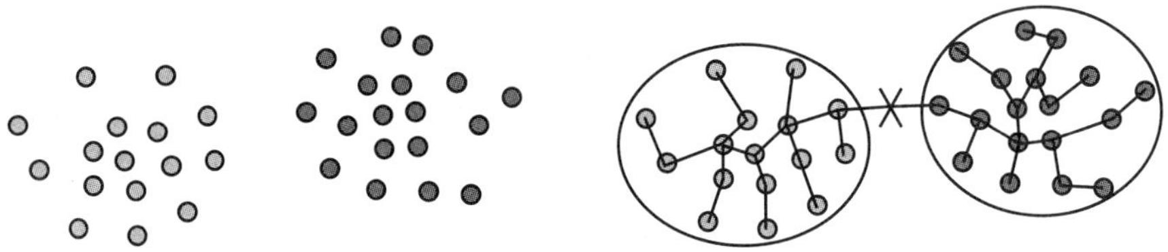

(a) 样本集合　　(b) 对应(a)的最小张树表示和聚类结果

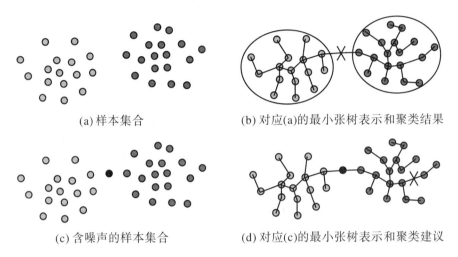

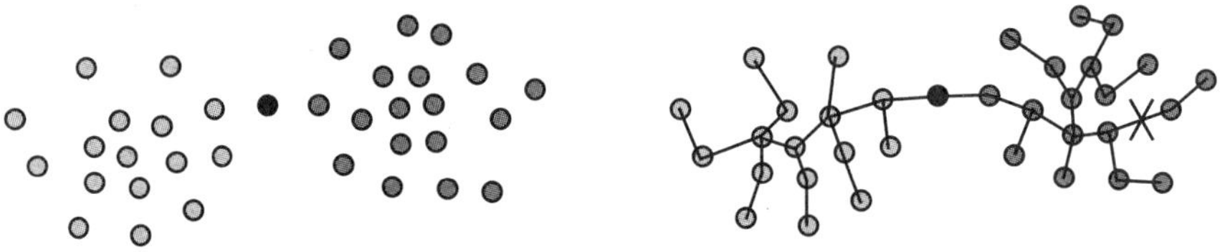

(c) 含噪声的样本集合　　(d) 对应(c)的最小张树表示和聚类建议

图 5.21　最小张树聚类算法的缺陷

为了克服最小张树聚类算法的上述缺陷,对算法作进一步改进.为此,引入树的主干和分支深度的概念.这里,将最小张树中最长的一个通路称为树的主干,将发自主干上样本点的通路称为分支,将一个分支中所包含的样本点数称为分支深度.更进一步,以主干为横轴,以主干上的样本点为统计点,构建分支深度统计直方图.其中,主干上各样本点的分支深度如下确定:若发自该样本点的分支数大于等于 1,则将发自该样本点的所有分支的分支深度中最大的一个作为分支深度统计直方图在该样本点的取值.若没有任何分支发自该样本点,则将分支深度统计直方图在该样本点的取值置为 0.如上构建分支深度统计直方图后,可利用此直方图按照以下步骤完成聚类:

(1) 沿直方图寻找分支深度的极大值点.

(2) 在每两个极大值点所确定的范围内,沿直方图寻找分支深度的极小值点.若该极小值点所对应的分支深度的取值小于设定的阈值,则在相应样本处将最小张树断开,形成两个聚类.

例如,对图 5.21(c)所示含噪声的样本集合,其最小张树的主干由图 5.22 上段

中的粗线所示,而对应于该主干的分支深度统计直方图则如图 5.22 下段所示.根

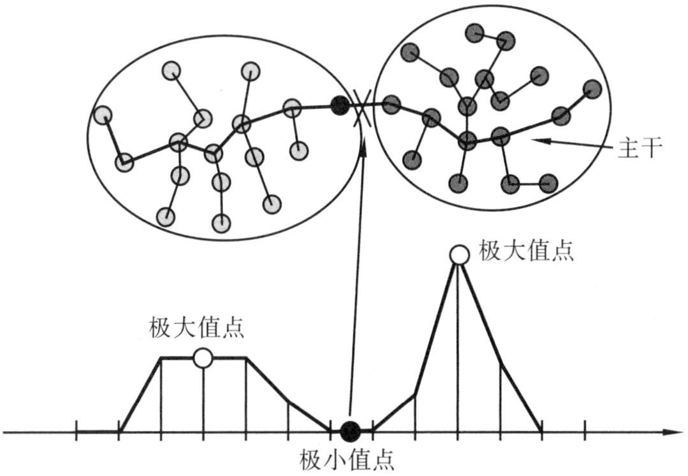

图 5.22　基于分支深度统计直方图的聚类

据该分支深度统计直方图,首先找到所有的极大值点(在本例中,极大值点共有两个).然后,在两个极大值点之间寻找极小值点.最后,根据所找到的极小值点将最小张树一分为二,形成两个聚类.显然,改进算法可以很好地克服原最小张树聚类算法对噪声敏感和对相距较近的样本点集的区分能力弱的缺陷.如图 5.22 所示,在这些不利情况下仍然可以取得较好的聚类效果.

本章小结　本章主要讨论输入样本集合的非监督聚类问题,给出了包括基于分裂的聚类算法、基于合并的聚类算法、动态聚类算法、基于近邻函数值准则的聚类算法和基于最小张树聚类算法等在内的几种典型的聚类算法.这些聚类算法各具特点.有的简洁明快、使用方便,有的能充分考虑到样本分布的内部结构信息,具有较宽的适用面,还有的能很好地应对复杂样本分布情况.在实际应用中,可针对不同的样本分布情况和不同的聚类目标从中选择合适的聚类算法.但是,值得注意的是,在非监督聚类的情况下,不仅输入样本的类别是未知的,而且聚类的类别数可能也是未知的,这就使得聚类结果存在很大的不确定性.因此,不管采用何种聚类算法进行聚类,得到的聚类结果必须接受实践的检验.只有那些能够通过实践检验的聚类结果才是可信的.而要做到这一点,有赖于对相关应用领域的深入了解和具备的专门知识.此外,由于聚类算法对数据的尺度变化很敏感,合理选择特征各维度所使用的单位/量纲也是一件十分重要的事情.

第6章 结构模式识别中的句法方法

在前面几章中,主要针对统计模式识别的相关问题进行了讨论.正如我们所看到的那样,为了形成对待识别模式的有效表示,统计模式识别方法通常采用一组数值特征来表征一个待识别模式.据此,可以将一个模式识别问题转化为相应特征空间中的分类问题进行求解.对于一个简单模式而言,这种处理方法是可行的.但是,如果待识别模式是一个复杂模式,那么这种处理方法就未必是合理的了.例如,考虑一个连续语音识别问题.虽然原理上可以为一个句子定义一个类别,并根据所抽取的特征运用统计模式识别方法来完成语音识别任务.但是,除了一些特殊的应用场合之外,上述想法显然是行不通的.事实上,为了实现对一个复杂模式的识别,统计模式识别方法不得不在很高维数的特征空间中处理很多类别的分类问题.显然,这会给识别工作带来意想不到的巨大困难.之所以会出现上述困难,究其原因是统计模式识别方法没有很好地利用模式本身所具有的结构信息.我们知道,一个复杂模式通常由若干个子模式所组成,而一个子模式又由若干个更简单的子模式或模式基元所组成.这里,所谓的模式基元是指在一个实际问题中不需要作进一步分解的最简单的子模式.由于子模式最终可分解为若干个模式基元,因此,一个复杂模式可以看作是由模式基元按照一定的规则组合而成的.这里,模式本身所具有的结构信息由相应的规则序列所表征.我们将看到,上述由模式基元和规则所表征的模式的结构信息可以帮助我们以一种紧凑的方式完成对一个复杂模式的识别任务.首先,使用某种方法从输入复杂模式中抽取模式基元;然后,根据模式基元之间的相互关系将它们"装配"成一个具有特定结构的"整体",形成对输入复杂模式的一种表达;最后,借助于所获得的组合规则对输入复杂模式的结构进行分析,完成识别任务.相应的识别方法称为结构模式识别方法.与统计模式识别方法不同,结构模式识别方法不仅给出待识别模式的类别属性,还同时给出其结构描述.

显然,要很好地完成基于结构信息的模式识别任务,必须解决以下几个问题:

(1) 选择一组适于表达复杂模式的模式基元.

(2) 借助于某种数学工具或手段完成对复杂模式中模式基元之间相互关系的描述,进而获得对复杂模式结构信息的表达.

(3) 对所获得的复杂模式的结构信息进行分析,完成识别任务.

下面,依次对上述问题进行讨论.

6.1 模式基元和模式结构的表达

模式基元的选择对于解决复杂模式的识别问题而言是十分重要的.选择得好,可以取得事半功倍的效果.但是,遗憾的是模式基元的选择并没有一个通用的方法.它是一个典型的面向任务的问题,只能采取具体问题具体对待的策略.虽然如此,模式基元的选择还是存在一般原则的.首先,所选择的模式基元应能很好地满足特殊应用场合的需求.特别地,所选择的模式基元应是精简的,使用它应能方便、合理地实现对模式结构的表达.其次,模式基元本身应该可以使用相关领域已有的技术手段方便地得到.上述两个一般原则有时是相互矛盾的.例如,在景物分析的应用中,可以选用区域以及位于区域边界上的点、直线段、特定形状的曲线段等作为模式基元.其中,边界点的抽取相对比较简单,但据此得到的模式的表达可能会是冗长的和难于分析的,而这无疑会给后续的识别带来困难.相比之下,若引入某些具有特定形状的曲线段等作为模式基元,则有可能以一种简洁的方式实现对模式的紧凑表示,从而使后续的模式分析变得简单.然而,要从图像中获得这样的模式基元就现在的技术水平而言可能并非是一件容易的事情.

限于篇幅,本书不拟对模式基元的选择问题做更深入的讨论.对这方面的内容感兴趣的读者可参阅相关的技术书籍或文献.

为了增加读者对模式表达的感性认识,下面举例进行说明.考虑图6.1(a)中的图片模式.若选用直线段和圆弧作为模式基元,那么,借助于分叉树可以对图片中的模式的多层构造很好地予以表达,结果如图6.1(b)所示.这里,假定图中的诸直线段和圆弧可以使用图像处理手段方便地得到.注意:最终形成的树状表示具有明显的分层结构.图片模式 P 位于树根处,它由位于下一层的两个子模式图形 A 和图形 B 所构成.而子模式图形 A 和图形 B 又由更简单的子模式所构成.例如,在本例中,图形 A 进一步由圆弧 a 和直线段 b、c、d 所构成,等等.在上述分叉树表示中，根节点对应于模式，中间节点对应于子模式，而树叶对应于模式基元. 此外，在上述表示中，隐含地使用了下一层节点是上一层节点的一部分这样一个关系.

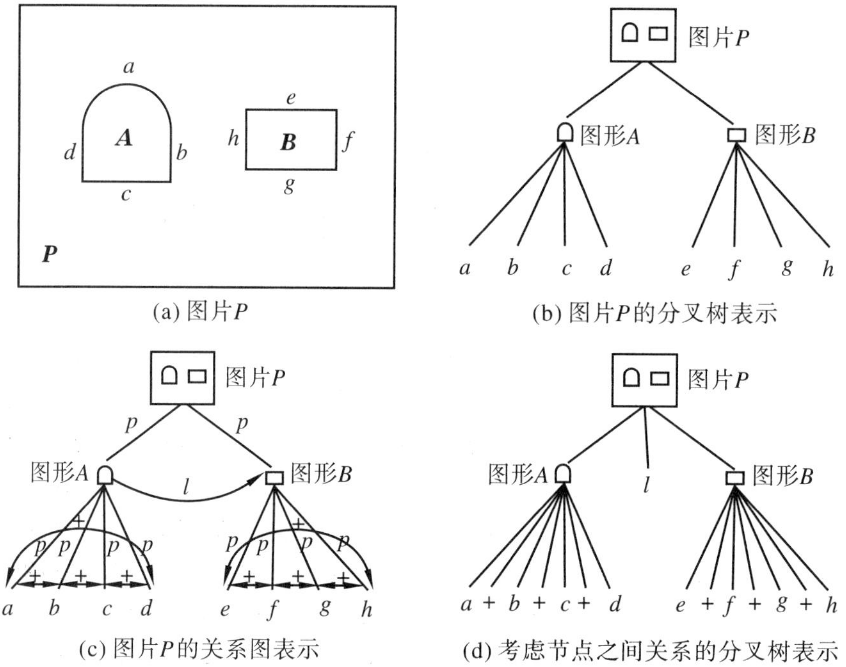

图 6.1　图片 P 多层结构的几种表示

除了树之外，也可以使用所谓的关系图来表达一个复杂模式. 与分叉树表示相比，关系图表示可以提供对模式更详尽的描述. 仍以图 6.1(a) 中的图片模式为例，其关系图表示如图 6.1(c)所示. 与分叉树表示相比，关系图表示增加了对节点之间关系的描述. 例如，在图形 A 和图形 B 之间增加了一个由图形 A 指向图形 B 的有向线段，该有向线段和位于其上部的关系符“l”表示图形 A 在图形 B 的左边. 类似地，由图形 A 指向图片 P 的有向线段和位于其旁的关系符“p”表示图形 A 是图片 P 的一部分，而由圆弧 a 指向直线段 b 的有向线段和位于其上部的关系符“+”表示圆弧 a 和直线段 b 具有相互连接关系，等等.

一个值得注意的结果是，通过引入适当的操作，可以将一个模式的关系图表示转换为一个树状表示. 例如，在图 6.1 所示的例子中，若假定每一个子模式是一个封闭的图形，则可以根据以下操作将图片 P 转换为一个分叉树表示：若在两个节点之间(属于某个子模式的两个左右端部节点除外)存在一个说明其相关关系的有向线段，则去除该有向线段，并在该两个节点之间增加一个节点．其中，该新增节点由相应的关系符所命名，并被连接到所属的上一层节点．在本例中，施行转换后的结果如图 6.1(d)所示．

一旦模式基元和模式的表达方式得以确立，那么，据此可以完成对输入模式的识别任务．例如，一种可行的方法是将具有相同树状结构的模式视为一类，并为每一类定义一个或一组合适的树状模板，而识别工作可由输入模式的树状表示和树状模板之间的匹配操作来完成．具体的识别过程如下：首先，从输入模式中抽取模式基元；然后，根据模式基元之间的相互关系，形成输入模式的树状表示；最后，通过模板匹配操作完成对输入模式的结构分析，最终给出分类结果．

但是，需要指出的是，上述基于“模板”匹配的方法在理论上固然可行，但在实际中有时会遭遇困难．由于模式基元抽取方法的不完善和数据噪声等因素的影响，会产生实际获得的模式结构描述和模型不一致的情况．例如，上面例子中给出的图片 P 的描述是一种理想情况．实际得到的描述一般和理想情况有所差别．有时候，这种差别可能会非常大．图 6.2(a)给出了该图片模式的一个实际描述，相应的分叉树表示参见图 6.2(b)．显然，如果依据实际得到的模式描述，采用基于“模板”匹配的方法对输入模式进行结构分析，可能会得到错误的结论．虽然可以通过增加模板的方法使上述情况得到一定的改善，但是，当所需要的模板的数量很大时，这种单纯增加模板的方法不能从根本上解决问题．因此，如何对一个模式可能有的多样化的表达进行概括和总结，进而以一种紧凑的方式、通过执行一组操作或适用一组规则形成模式的多样化描述就成为对复杂模式进行识别的重要环节．所幸的是，“它山之石可以攻玉”．文法和语言之间存在的关联性为解决模式的多样化描述问题提供了一种参照和方法．我们知道，语言是由句子所构成的，而句子又是由单词

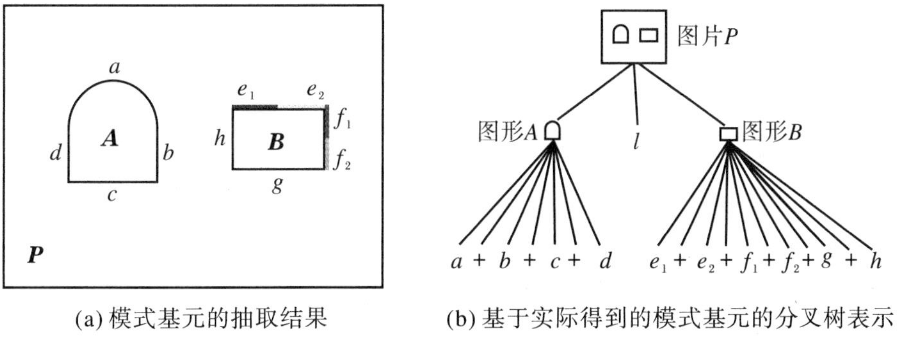

(a) 模式基元的抽取结果　　(b) 基于实际得到的模式基元的分叉树表示

图 6.2　图片 P 的一个实际描述

根据文法所生成的.与此类似,正像我们在前面的描述中所看到的那样,模式类、模式和模式基元之间也存在类似的关系:模式类是由模式所构成的,而模式又是由模式基元根据一组装配规则所生成的.上面所揭示的在模式类和语言之间、模式和句子之间以及模式基元和单词之间存在的简单类比关系告诉我们,可以借助于在语言学中业已存在的一些方法来解决模式的多样化描述问题以及相应的识别问题.

下面借助于一个例子来具体考察一下句子和模式之间存在的类比关系.考虑如下的英文句子“I saw a boy”,利用文法对其分析,可以得到该句子的分叉树表示如下:

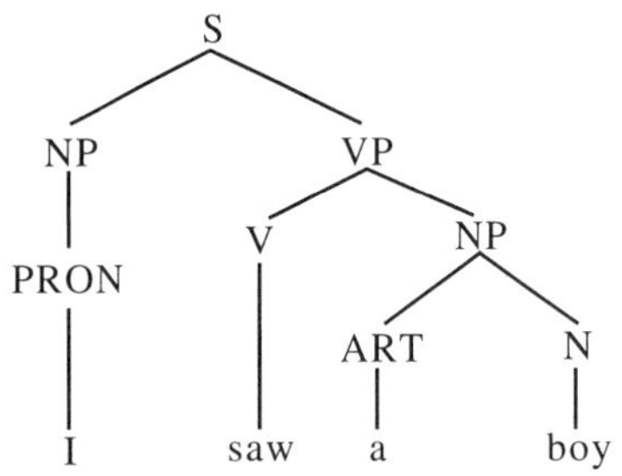

图 6.3 句子“I saw a boy”的分叉树表示

其中,S、NP、VP、PRON、N、V 和 ART 分别表示句子、名词短语、动词短语、代词、名词、动词和冠词.比较图 6.3 和图 6.1(d),不难发现:尽管图片模式和句子属于完全不同的模式范畴,但两者的多层结构之间存在明显的相似性.

另外,不难发现:在使用文法的前提下,除了上面提到的类比关系外,在子模式和短语之间也存在相应的类比关系.这样,我们可以将一个待处理模式的分叉树表示转化为一个句子并利用相应的文法通过句法分析来完成对该模式的识别任务.例如,图 6.1(d)中的分叉树表示可以用句子“$a + b + c + dle + f + g + h$”进行取代.其中,句子是通过将待处理模式的分叉树表示中位于树叶处的字符(即模式基元)按从左到右的次序串接而形成的.由于这个原因,句子在本书中也被称为字符串或符号串.为叙述方便起见,将上述基于句法分析的模式识别方法称为结构模式识别中的句法方法或简称为句法模式识别方法.本章主要针对该方法展开讨论.

概括地说来,一个句法模式识别系统主要涉及以下两个过程:

(1) **学习** 该过程利用已知结构信息的样本模式来推断可以产生这些模式的文法规则.首先,将从输入模式中抽取出来的基元,按照该模式所具有的结构关系用一个有序的字符串予以表达,然后依据穷举、归纳等手段从这些有序的字符串中推断出能生成它的组合规则,即文法.相应的学习过程一般被称作**文法推断**.

(2) **识别** 该过程首先对输入模式所具有的结构关系用一个有序的字符串予以表达,然后利用事先推断出来的文法规则对输入的模式进行句法分析以判断输入模式能否由相应的文法所生成.相应的识别过程一般被称作**句法分析**.

一个典型的句法模式识别系统的框图被示于图6.4.

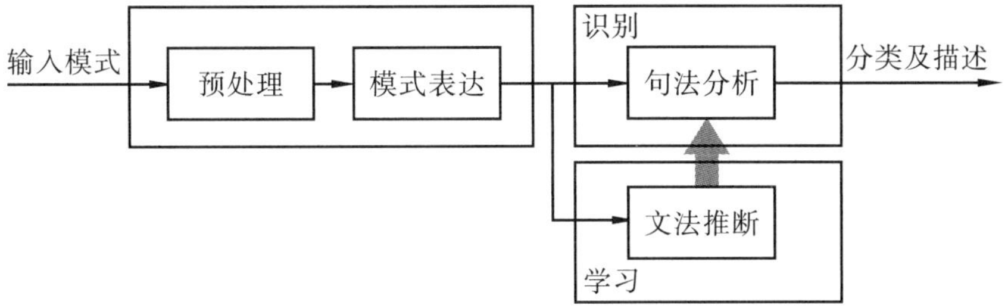

图6.4　句法模式识别系统框图

6.2　形式语言基础

前面已经看到,在模式的结构和语言的结构之间存在一定的可类比性.为了更好地利用语言学尤其是形式语言学方面的相关研究成果,需要对语言的数学结构进行深入的了解,以便获得由此及彼、由表及里的效果.研究发现,作为描述语言的一种方法,由一组再生规则所描述的文法是一种行之有效的方法,特别适用于结构模式识别等应用场合.本节重点介绍文法以及与之相关的一些概念.

6.2.1　集合、集合间的关系和集合运算

在形式语言理论中,集合是一个重要的概念.所谓集合是指在一定范围内,由确定的、彼此之间可以相互区分的对象所形成的整体.本书中,用大写的英文字母和大写的希腊字母表示集合.

为叙述上方便起见,将与集合相关的一些概念简述如下.

元素　集合的成员称为元素.视具体应用场合的不同,可使用不同的方法来表示元素.例如,用小写的英文字母、汉字,等等.设 A 是一个集合,a 是一个元素,若 a 是 A 中的一个元素,则称 a 属于 A,记作 $a\in A$;否则,称 a 不属于 A,记作 $a\notin A$.

集合的描述　可采用不同的方法对一个集合进行描述.常用的描述方法有两种:一是列举法,该方法将集合中的所有元素逐一列举在表示集合的大括弧{　}中.二是命题法,该方法借助于谓词来实现对集合的描述;其基本形式为

$\{x \mid P(x)\}$，表示集合中的元素由使谓词 $P(x)$为真的所有 x 所构成.

集合的分类 如果一个集合中的元素个数是有限的,则称该集合为**有穷集**.如果一个集合包含的元素是无限的,则称该集合为**无穷集**.无穷集合又分为可数无穷集和不可数无穷集两种.在模式识别领域中,有穷集和可数无穷集是我们所感兴趣的两类集合.其中,可数无穷集和正整数集之间存在众所周知的一一对应关系.

基数 称具有一一对应关系的两个集合具有相同的基数.一个集合 A 的基数用$|A|$表示.对有穷集来说,它的基数定义为它所包含的元素的个数.

空集 基数为0的集合称为空集,用$\varnothing$表示.

子集 考虑两个集合 A 和B,若 A 中的每个元素均在B 中,则称 A 是B 的子集,记作 $A\subseteq B$.又若 $A\subseteq B$,且 $\exists x\in B$,但 $x\notin A$,则称 A 是 B 的真子集,记作 $A\subset B$.

集合相等 考虑两个集合 A 和B,若 $A\subseteq B$ 且$B\subseteq A$,即 A 和B 含有的元素完全相等,则称 A 和B 相等,记作 $A=B$.

集合的并 由集合 A 和集合B 所定义的新的集合$A\cup B=\{x \mid x\in A$ 或$x\in B\}$称为 A 与B 的并,读作 A 并B.

集合的交 由集合 A 和集合B 所定义的新的集合$A\cap B=\{x \mid x\in A$ 且$x\in B\}$称为 A 与B 的交,作 A 交B.显然,若 $A\cap B=\varnothing$,则 A 和B 不相交.

集合的差 由集合 A 和集合B 所定义的新的集合 $A-B=\{x \mid x\in A$ 且$x\notin B\}$称为 A 与B 的差,读作 A 减B.

集合的对称差 由集合 A 和集合B 所定义的新的集合

$$A\oplus B=\{x \mid x\in A \text{ 且 } x\notin B \text{ 或者 } x\notin A \text{ 且 } x\in B\}$$

称为 A 与B 的对称差,读作 A 对称减B.

笛卡儿乘积 集合 A 和集合B 的笛卡儿乘积$A\times B=\{(a,b) \mid a\in A$ 且 $b\in B\}$是一个以有序对(a,b),$a\in A$ 且 $b\in B$ 为元素的集合.这里,$A\times B$ 读作A 叉乘B.注意:有序对(a,b)的两个元素之间是有秩序的.一般而言,$A\times B\neq B\times A$.

幂集 A 的所有子集组成的集合称为 A 的幂集,记为 2^A.即 $2^A=\{B \mid B\subseteq A\}$.

二元关系 称 $R\subseteq A\times B$ 为A 到B 的二元关系.特别地,当 $A=B$ 时,称 R 为 A 上的二元关系.若$(a,b)\in R$,则称 a 与b 满足关系R,亦称 a 对b 有关系R,记作 aRb.如果对于 A 中的每一个元素a,均在 B 中有唯一的一个元素b 使aRb 成立,则称 R 为从A 到B 的一个映射,记为 $R:A\rightarrow B$.如上所述,由于关系被定义为一种集合,故关于集合的运算法则亦适用于它们.

二元关系的性质 可以为二元关系定义包括自反性、反自反性、对称性、反对称性以及传递性等在内的一些性质.其中,自反性、对称性和传递性合在一起被称为关系的三岐性.设 A 是一个集合,R 是 A 上的二元关系,则:① 如果对 $\forall a \in A$,均有 $(a,a) \in R$,则称 R 是自反的;② 如果对 $\forall a,b \in A$,从 $(a,b) \in R$,能推出 $(b,a) \in R$,则称 R 是对称的;③ 如果对 $\forall a,b,c \in A$,从 $(a,b) \in R$ 以及 $(b,c) \in R$,能推出 $(a,c) \in R$,则称 R 是传递的.

等价关系　同时具有自反、对称和传递性质的二元关系称为等价关系.

复合关系　设 $R \subseteq A \times B$ 是 A 到 B 的二元关系,$S \subseteq B \times C$ 是 B 到 C 的二元关系,则下述 A 到 C 的二元关系

$$R \circ S = \{(a,c) \mid a \in A, c \in C \text{ 且 } \exists b \in B, \text{使} (a,b) \in R, (b,c) \in S\}$$

称为 R 与 S 的复合关系.

传递闭包　设 R 是 A 上的二元关系,则按照下面的定义所得到的 R^+ 称为 R 的传递闭包:

(1) 对 $\forall a,b \in A$,若 $(a,b) \in R$,则 $(a,b) \in R^+$;

(2) $\forall a,b,c \in A$,若 $(a,b) \in R$ 以及 $(b,c) \in R$,则 $(a,c) \in R^+$.

传递闭包亦称为正闭包.

自反传递闭包　设 R 是 A 上的二元关系,则 R 的自反传递闭包由 R 的传递闭包 R^+ 和同等关系 $\{(a,a) \mid a \in A\}$ 的并集所定义,记为 R^*.即

$$R^* = R^+ \cup \{(a,a) \mid a \in A\} \tag{6.1}$$

自反传递闭包亦称为克林闭包.若引入标记 $R^0 = \{(a,a) \mid a \in A\}$,则 $R^* = R^+ \cup R^0$.

借助于前述复合关系的定义,并记 $R^i = R^{i-1} \circ R$, $i = 1,2,3,\cdots$,则可将 R 的传递闭包表示为

$$R^+ = R \cup R^2 \cup R^3 \cdots \tag{6.2}$$

特别地,当 A 为有穷集时,有

$$R^+ = R \cup R^2 \cup R^3 \cdots \cup R^{|A|} \tag{6.3}$$

类似地,可将 R 的自反传递闭包表示为

$$R^* = R^0 \cup R \cup R^2 \cup R^3 \cdots \tag{6.4}$$

特别地,当 A 为有穷集时,有

$$R^* = R^0 \cup R \cup R^2 \cup R^3 \cdots \cup R^{|A|} \tag{6.5}$$

6.2.2 符号串和语言

为叙述方便起见,首先引入如下的一些概念和定义.

字母表　所谓字母表是一个非空的有穷集合,用 Σ 进行标记.表中的元素称为字母,也称为符号或字符.字母具有整体性和可辨认性两大特性.结构模式识别中的基元是与之相对应的一个概念.所谓整体性是指在处理中不关心一个字母是

否还具有更细致的结构，而将其作为一个整体看待，而所谓的可辨认性是指字母可以用非语言学的方法从输入模式中得到.

符号串 所谓符号串是指由字母表 Σ 中的符号组成的任意的有穷序列.串也称为句子.

符号串的长度 设 x 是一个符号串，则 x 中所包含的字符的个数称为 x 的长度，记作 $|x|$.

符号串的链接 若 x 和 y 是定义在字母表 Σ 上的两个符号串，则将 x 和 y 首尾链接可以形成定义在同一个字母表 Σ 上的一个新的符号串，记为 xy. 新的符号串 xy 的长度为 $|xy| = |x| + |y|$. 链接也称为连接或并置.链接运算满足以下性质：

(1) 结合律 $(xy)z = x(yz)$

(2) 左消去律 若 $xy = xz$，则 $y = z$

(3) 右消去律 若 $yx = zx$，则 $y = z$

空串 不包含任何符号的串称为空串，用 λ 或 ε 进行标记.显然，空串的长度为 0，即有 $|\lambda| = 0$. 在链接运算中，空串扮演着重要的角色.它是链接运算中的单位元素.对于定义在字母表 Σ 上的任意一个符号串 x，我们有：$\lambda x = x\lambda = x$.

零串 零串是链接运算中的零元素，记为 ϕ. 将定义在字母表 Σ 上的任意一个符号串 x 与零串相链接得到的结果是一个零串.即有：$\phi x = x\phi = \phi$.

子串与前、后缀 设句子 w 由 x、y 和 z 链接而成，即 $w = xyz$，则称 x 为 w 的前缀，y 为 w 的子串，以及 z 为 w 的后缀.

字母表的乘积 字母表 Σ_1 和 Σ_2 的乘积记为 $\Sigma_1\Sigma_2$，由下式定义

$$\Sigma_1\Sigma_2 = \{ab \mid a \in \Sigma_1 \text{ 且 } b \in \Sigma_2\} \tag{6.6}$$

字母表的幂 利用上述字母表乘积的定义，可如下递归地定义字母表 Σ 的幂 (1) $\Sigma^0 = \{\lambda\}$，(2) $\Sigma^n = \Sigma^{n-1}\Sigma$，当 $n \geqslant 1$ 时.

字母表的传递闭包 字母表 Σ 的传递闭包记为 Σ^+，由下式定义

$$\Sigma^+ = \Sigma \cup \Sigma^2 \cup \Sigma^3 \cdots \tag{6.7}$$

字母表的自反传递闭包 字母表 Σ 的自反传递闭包记为 Σ^*，由下式定义

$$\Sigma^* = \Sigma^0 \cup \Sigma \cup \Sigma^2 \cup \Sigma^3 \cdots \tag{6.8}$$

显然，若 x 是定义在字母表 Σ 上的一个符号串，则必有：$x \in \Sigma^*$.

例 6.1 设字母表为 $\Sigma = \{a, b\}$，句子 $w = aab$，则 w 所有可能的前缀为 λ、a、aa 和 aab，所有可能的后缀为 aab、ab、b 和 λ，以及所有可能的非空子串为 aab、aa、ab、a 和 b.

符号串的幂 基于符号串的链接运算，可如下递归地定义符号串 x 的幂：① $x^0 = \lambda$，② $x^n = x^{n-1}x$，当 $n \geqslant 1$ 时.

符号串集合的链接　令 A 和 B 是两个以符号串为元素的集合，则 A 和 B 之间的链接记为 AB，由下式定义

$$AB = \{x_i y_j \mid x_i \in A \text{ 且 } y_j \in B\} \tag{6.9}$$

例 6.2　设有如下两个以符号串为元素的集合 A 和 B：$A=\{a, b\}$、$B=\{cd, ef\}$，则 A 和 B 之间的链接 AB 为：$AB=\{acd, aef, bcd, bef\}$.

语言　有上面的定义和概念作为铺垫，可以为语言 L 下一个定义. 我们说，一个语言是定义在字母表 Σ 上的句子的集合. 显然，根据定义，有 $L \subseteq \Sigma^*$，它是 Σ^* 的一个有穷子集或可数的无穷子集.

例 6.3　设 $\Sigma=\{a, b\}$，则 $L=\{x \mid x=a^n b, n \geqslant 0\}$ 为定义在 Σ 上的一个语言. 显然，该语言由形如 b、ab、a^2b、…、a^nb、…的一些句子所组成.

语言的链接　类似于符号串集合之间的链接，也可以定义语言之间的链接. 设 L_1 和 L_2 是两个语言，则它们的链接 L_1L_2 由下式定义

$$L_1 L_2 = \{xy \mid x \in L_1, y \in L_2\} \tag{6.10}$$

例 6.4　设 $L_1=\{a\}^*$ 和 $L_2=\{b\}$，则根据定义，有

$$\begin{aligned} L_1 L_2 &= \{a\}*\{b\} = \{\lambda, a, a^2, a^3, \cdots\}\{b\} \\ &= \{b, ab, a^2b, a^3b, \cdots\} \\ &= \{x \mid x = a^n b, n \geqslant 0\} \end{aligned}$$

易见，前例中的 L 可由本例中的 L_1 和 L_2 通过链接得到.

语言的闭包 利用语言的链接操作可以类似地定义语言的传递闭包 L^+ 和自反传递闭包 L^*

$$L^+ = L \cup L^2 \cup L^3 \cdots \tag{6.11}$$

$$L^* = L^0 \cup L \cup L^2 \cup L^3 \cdots \tag{6.12}$$

6.2.3　文法

经过前面几小节的讨论，对语言有了一个概略的但仍然是浅显的了解. 实际中遇到的句子(或模式)可能具有非常复杂的结构，因此，希望通过简单的概括和总结就可以实现对语言的精确描述的想法是不切实际的. “工欲善其事，必先利其器”，为了很好地完成对复杂模式的识别任务，有必要引入一套强有力的可用于分析和生成句子的工具. 这里，分析句子和生成句子是既相互关联又相互区别的两个过程. 语言学领域的知识告诉我们，通过文法规则来处理句子的分析和生成问题是一个很好的选择. 下面，就相关的一些问题展开讨论.

为便于理解，从一个具体的例子谈起. 考虑英文句子“My assistant saw a little boy”，其分叉树表示如图 6.5 所示. 为了用形式语言的方法导出该句子，首先分别

用〈句子〉标记根节点 S，用〈名词短语〉标记中间节点 NP，用〈动词短语〉标记中间节点 VP，用〈代词〉标记中间节点 PRON，用〈名词〉标记中间节点 N，用〈动词〉标记中间节点 V，用〈冠词〉标记中间节点 ART，用〈形容词〉标记中间节点 ADJ. 然后，从根节点开始，对分叉树表示中的每一个父节点，用与之相连接的、位于下一层的子节点进行替代. 若位于下一层的子节点是一个树叶，则根据需要用相应的英语单词（例如，"My"、"assistant"、"saw"、"a"、"little" 以及 "boy"，等等）进行代替. 上述操作不断进行直到所有的树叶节点被相应的英语单词替代为止. 例如，与根节点〈句子〉相连接的下一层节点是〈名词短语〉和〈动词短语〉，那么，在实际操作中，就用〈名词短语〉和〈动词短语〉来替代〈句子〉，记作

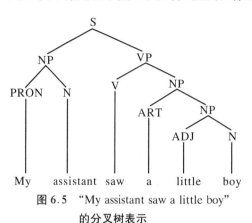

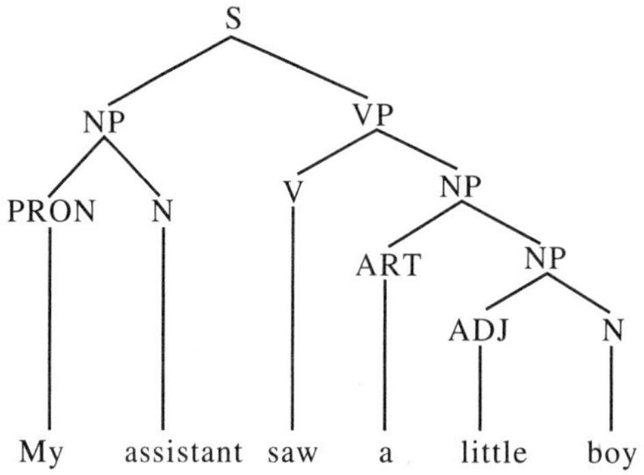

图 6.5 "My assistant saw a little boy" 的分叉树表示

〈句子〉→〈名词短语〉〈动词短语〉

上述替换式称为再写规则或产生式. 其中，"→"读作"可以改写为"，表示其左端可以用其右端来替代. 这样，根据句子的分叉树表示，我们可以得到如下的一组再写规则：

〈句子〉→〈名词短语〉〈动词短语〉
〈名词短语〉→〈代词〉〈名词〉
〈动词短语〉→〈动词〉〈名词短语〉
〈名词短语〉→〈冠词〉〈名词短语〉
〈名词短语〉→〈形容词〉〈名词〉
〈代词〉→ My
〈名词〉→ assistant
〈动词〉→ saw
〈冠词〉→ a
〈形容词〉→ little
〈名词〉→ boy

对上述再写规则进行分析不难发现，这些再写规则由四个要素所构成.

第一个要素是〈句子〉. 这是一个具有特殊意义的"符号"，为了有别于其他要素，称其为"起始符". 所有句子都是从这个"符号"出发经过推导得到的. 缺少这个

要素，只能导出短语而不能导出句子.

第二个要素是用尖括弧括起来的其他一些符号.这些符号与中间节点相联系.它们在句子的生成过程中起着承前启后的作用，在最终形成的句子中并没有它们的身影.由于具有上述特点，称这些要素为非终结符，亦称其为非终止符或变量.在前面的例子中，〈名词短语〉、〈动词短语〉、〈动词〉、〈形容词〉、〈名词〉、〈代词〉和〈冠词〉等均为"非终结符".〈句子〉是一个特殊的非终结符，它既可以作为一个句子的"起始符"使用，也可以作为一般意义上的非终结符使用.

第三个要素是"→".它将一个在句子的生成过程中所使用的替换式的左端和右端联系起来，形成形如 $\alpha\to\beta$ 的再写规则.这里，α 和 β 分别表示替换式左端和右端的符号串.

最后一个要素是指最终出现在所形成的句子中的一些符号，它们与一个句子的分叉树表示的树叶相联系.称这些符号为终结符，亦称其为终止符或常量.前面例子中的"My"、"assistant"、"saw"、"a"、"little"以及"boy"等为"终结符".

经过上面的抽象以后，我们可以为所谓的文法给出一个形式化的定义.

定义 6.1　一个文法 G 是一个四元式，用 $G=(N,T,P,S)$ 表示.其中，N 为 G 的非终结符或变量的有穷集合，T 为 G 的终结符或常量的有穷集合，P 是产生式或再写规则的有穷集合，而 $S\in N$ 为一个句子的起始符.

这里，要求 N 和 T 不相交，即 $N\cap T=\varnothing$，而文法的字母表由 N 和 T 的并集给出，即 $\Sigma=N\cup T$.另外，产生式 P 由形如 $\alpha\to\beta$ 的一些再写规则所组成.其中，α 和 β 由 Σ 中的符号所组成，α 至少包含 N 中的一个符号.今后，为阅读方便起见，用大写的拉丁字母表示非终结符，用小写的拉丁字母表示终结符，用小写的希腊字母表示由非终结符和终结符所组成的串.根据所定义的文法 G，我们可以从起始符出发，通过若干次调用其中的再写规则，最终得到一个全部由终结符组成的符号串.将在上述过程中所涉及的对产生式或再写规则的一次调用，称为一次导出；将通过若干次调用得到的表达式称为导出式.导出也称为推导或派生.有些情况下(稍后会看到，这对应于上下文无关文法的情形)，导出过程可以用所谓的导出树来表达.

通过调用 G 中的再写规则所产生的导出用 $\underset{G}{\Rightarrow}$ 表示.它可以视为定义在字母表 $\Sigma=N\cup T$ 上的一个二元关系.借助于闭包的表示方法可以实现对导出过程的简洁表示.例如，至少一次以上的导出可用 $\overset{+}{\underset{G}{\Rightarrow}}$ 表示，若干次导出可用 $\overset{*}{\underset{G}{\Rightarrow}}$ 表示，而 n 次导出可用 $\overset{n}{\underset{G}{\Rightarrow}}$ 表示.特别地，当所用的文法 G 不标自明时，导出标记 $\underset{G}{\Rightarrow}$ 中的下标 G 可以省略.

借助于上面已有的标记,可以如下定义由一个文法所产生的句型、语言和句子.

定义 6.2 设有文法 $G=(N,T,P,S)$,对于 $\forall\alpha\in\Sigma^*$,如果有 $S\overset{*}{\underset{G}{\Rightarrow}}\alpha$,则称 α 是由 G 产生的一个句型.

定义 6.3 设有文法 $G=(N,T,P,S)$,称

$$L(G)=\{x\mid x\in T^* \text{ 且 } S\overset{*}{\underset{G}{\Rightarrow}}x\} \tag{6.13}$$

为由文法 G 所产生的语言,称 $x\in L(G)$ 为由文法 G 所产生的一个句子.

从上面所给出的两个定义可以看出,一个句型是由相应文法导出的一个符号串,其中可以包含非终结符,而一个句子虽然也是由相应文法导出的一个符号串,但其中所包含的符号必须全部由终结符组成.故句子一定是句型,但句型不一定是句子.

例 6.5 考虑一个简单的文法 $G=(N,T,P,S)$.其中,$N=\{S\}$,$T=\{a,b\}$,以及 P:(1) $S\to aS$,(2) $S\to b$.求由该文法所生成的语言.

在该文法中,起始符 S 是唯一的一个非终结符,它的两个产生式表明,在使用该文法生成句子的过程中可以用 aS 或 b 代替 S.显然,由该文法所生成的语言为

$$L(G)=\{b,ab,aab,aaab,\cdots\}=\{x\mid x=a^nb,n\geqslant 0\}$$

该语言所包含的一些句子的导出过程如图 6.6 所示.

$$S\overset{(2)}{\underset{G}{\Rightarrow}}b$$

$$S\overset{(1)}{\underset{G}{\Rightarrow}}aS\overset{(2)}{\underset{G}{\Rightarrow}}ab$$

$$S\overset{(1)}{\underset{G}{\Rightarrow}}aS\overset{(1)}{\underset{G}{\Rightarrow}}aaS\overset{(2)}{\underset{G}{\Rightarrow}}aab$$

$$S\overset{(1)}{\underset{G}{\Rightarrow}}aS\overset{(1)}{\underset{G}{\Rightarrow}}aaS\overset{(1)}{\underset{G}{\Rightarrow}}aaaS\overset{(2)}{\underset{G}{\Rightarrow}}aaab$$

……

图 6.6 导出过程

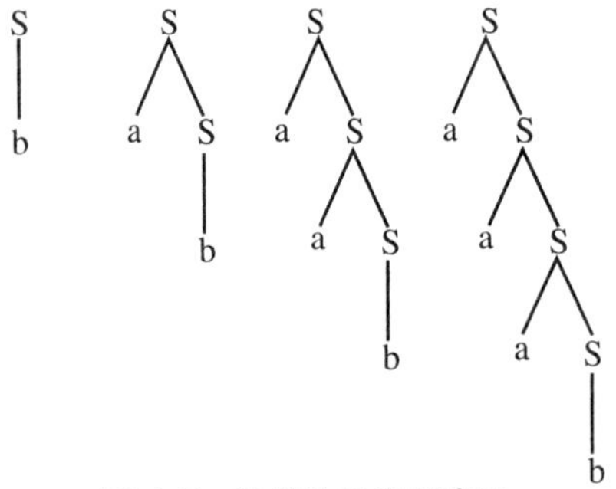

图 6.7 结果的导出树表示

其中,记号 $\overset{(1)}{\underset{G}{\Rightarrow}}$ 表示调用文法 G 中标号为(1)的产生式,而 $\alpha\overset{(1)}{\underset{G}{\Rightarrow}}\beta$ 表示调用文法 G 中标号为(1)的产生式后输入串由 α 变为 β.

本例中的导出过程可以用导出树进行表达.其中,前四个导出过程所对应的导出树参见图 6.7.这里,第一个导出树产生句子 b,第二个导出树产生句子 ab,第三个导出树产生

句子 aab,第四个导出树产生句子 $aaab$.

在自然语言中,经常会发生句子的涵义不明确的问题.例如,考察下面的英文句子:My assistant saw a boy with a telescope.

对其进行句法分析,至少可以得到如图 6.8 所示的两种不同的导出树表示.因

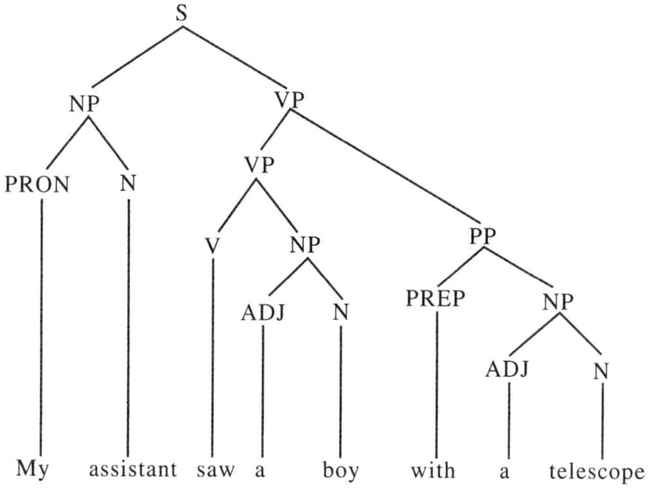

(a) 第一种解释：介词短语with a telescope是动词saw的状语，表示saw这个行为得以实现所依仗的手段

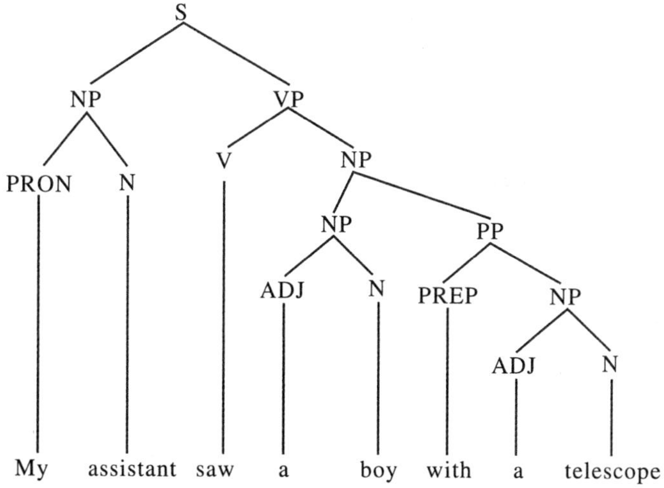

(b) 第二种解释：介词短语with a telescope是名词短语a boy的后置修饰成分

图 6.8 对"My assistant saw a boy with a telescope"进行句法分析的结果.其中,*PP* 表示〈介词短语〉

此，该语句的涵义是不明晰的，至少存在两种不同的解释．其中，第一种解释翻译成中文后的意思是：我的助手用望远镜看见了一个男孩，而第二种解释所对应的中文翻译则为：我的助手看见了带着一台望远镜的一个男孩．显然，两种解释所得到的语意是大相径庭的．

在中文中，也存在类似的问题．例如，看下面的一段话：

小王躺在床上陷入沉思．突然，他从床上坐了起来，喊道：我想起来了．

其中，最后一句话“我想起来了”表达的是什么意思呢？是小王突然想起了一件重要的事情或是某个重要的人，还是他想问题想得太过辛苦，不想再想了，想起床了呢？单从句法分析的角度来看，答案是不确定的．

之所以会出现上述问题，源于文法本身可能存在的二义性．在形式语言中，也会出现类似的问题．下面给出文法二义性的确切定义．

定义 6.4 考虑文法 G，如果 $\exists x \in L(G)$ 有多于一种不同的导出式的话，则称 G 是二义的，否则，称 G 是非二义的．

一般而言，文法的二义性是有害的．因此，当所构造的文法具有二义性的时候，应该想办法消除它．通常，可以通过对文法进行改造或引进适当的约束来达到这个目的．

6.2.4 文法的分类

上面给出了文法的定义．显然，所使用的产生式不同，得到的文法也不同．对文法进行分类是有意义的，它可以帮助我们了解一个文法所具有的特点．Chomsky 将所有的文法分为四类，这就是 0 型文法、1 型文法、2 型文法和 3 型文法．相应地，由相应的文法所生成的语言也被分为四类：0 型语言、1 型语言、2 型语言和 3 型语言．

0 型文法

定义 6.5 0 型文法也称为无约束文法或短语结构文法，其产生式具有

$$\alpha \to \beta \tag{6.14}$$

的形式．其中，$\alpha \in \Sigma^+$ 和 $\beta \in \Sigma^*$．

从定义可以看出，这类文法对产生式的形式没有任何限制．

1 型文法

定义 6.6 1 型文法也称为上下文有关文法，其产生式具有

$$\alpha_1 A \alpha_2 \to \alpha_1 \beta \alpha_2 \tag{6.15}$$

的形式．其中，$\alpha_1, \alpha_2 \in \Sigma^*$，$\beta \in \Sigma^+$ 以及 $A \in N$．

该文法中的产生式规定：在上文为 α_1、下文为 α_2 的情况下，A 可用 β 来替换．这里，替换前后串的长度应满足以下条件

$$|\alpha_1 A \alpha_2| \leqslant |\alpha_1 \beta \alpha_2| \quad \text{或等价地} \quad |A| \leqslant |\beta \alpha_2|$$

即要求替换后串的长度须不小于替换前串的长度.

例 6.6　设有文法 $G=(N,T,P,S)$,其中,$N=\{S,B,C\}$,$T=\{a,b,c\}$以及 P:

(1) $S\rightarrow aSBC$　(2) $S\rightarrow aBC$　(3) $CB\rightarrow BC$

(4) $aB\rightarrow ab$　(5) $bC\rightarrow bc$　(6) $bB\rightarrow bb$

(7) $cC\rightarrow cc$

由于 P 中的诸产生式可改写成以下的形式

(1) $\lambda S\lambda\rightarrow\lambda aSBC\lambda$　(2) $\lambda S\lambda\rightarrow\lambda aBC\lambda$　(3) $\lambda CB\lambda\rightarrow\lambda BC\lambda$

(4) $aB\lambda\rightarrow ab\lambda$　(5) $bC\lambda\rightarrow bc\lambda$　(6) $bB\lambda\rightarrow bb\lambda$

(7) $cC\lambda\rightarrow cc\lambda$

故本例中的文法 $G=(N,T,P,S)$是一个 1 型文法.

2 型文法

定义 6.7　2 型文法也称为上下文无关文法,其产生式具有

$$A\rightarrow\beta \tag{6.16}$$

的形式.其中,$A\in N$,$\beta\in\Sigma^+$.

该文法中的产生式允许用其右端的串 β 替代其左端的非终结符 A,而与 A 出现位置的上下文无关.

例 6.7　考虑文法 $G=(N,T,P,S)$其中,$N=\{S,A,B\}$,$T=\{a,b\}$以及 P:

(1) $S\rightarrow aB$　(2) $S\rightarrow bA$　(3) $A\rightarrow a$

(4) $A\rightarrow aS$　(5) $A\rightarrow bAA$　(6) $B\rightarrow b$

(7) $B\rightarrow bS$　(8) $B\rightarrow aBB$

由于 P 中诸产生式的左端均为一个非终结符,而右端则由终结符和非终结符组成的非空串所组成,故根据定义,知该文法为上下文无关文法.

上下文无关文法的产生式的左端仅包含一个非终结符,由该文法所产生的串可以用所谓的导出树进行描述.一个文法 $G=(N,T,P,S)$的导出树是满足如下条件的一个树:

(1) 树的每一个节点有一个标记 X,$X\in N\cup T$.

(2) 树根节点的标记为 $S\in N$.

(3) 若 $n_1,n_2,\cdots,n_k$ 是标记为 $A\in N$ 的非树叶节点 n 的从左至右的 k 个子节点,其标记分别为 $X_1,X_2,\cdots,X_k$,则 $A\rightarrow X_1X_2\cdots X_k\in P$.

(4)一个节点若为树叶节点,则该节点的父节点有且只有一个.

从定义不难看出,在已介绍的三种文法当中只有 2 型文法产生的串可以用导出树表示,0 型文法和 1 型文法都做不到这一点.此外,导出树树叶节点的标记既

可以是终结符,也可以是非终结符.因此,一个导出树表示的一般是一个句型,而不一定是一个句子.

导出树也称为派生树,分析树.用导出树来表达一个句子的结构具有直观、明晰的特点.给定一个2型文法 $G=(N,T,P,S)$,设 α 为由该文法所产生的一个句型,则可以按照以下步骤将其表示为一个导出树:

〈1〉令 $S\in N$ 为导出树的根节点.

〈2〉从已得到的底部节点中选择一个不是句型 α 树叶节点的节点(标记为 A),并从 P 中选择一个合适的产生式对该节点进行替换.设被选中的产生式为 $A\rightarrow X_1X_2\cdots X_k$,则替换的结果将在该节点下生成以该节点为父节点的、标记为 X_1, $X_2,\cdots,X_k$ 的 k 个子节点.

〈3〉检查是否已生成所求的句型 α,若是,算法结束,否则,回到〈2〉.

在句型 α 的导出过程中,若每一次替换均是针对当前底部节点中最左边一个非终结符进行的,则相应的导出称为最左导出,而若每一次替换均是针对当前底部节点中最右边一个非终结符进行的,则相应的导出称为最右导出.

例 6.8 利用例6.7中的文法,可以通过以下的最右导出得到串 $abba$ 的导出树.如图6.9所示.

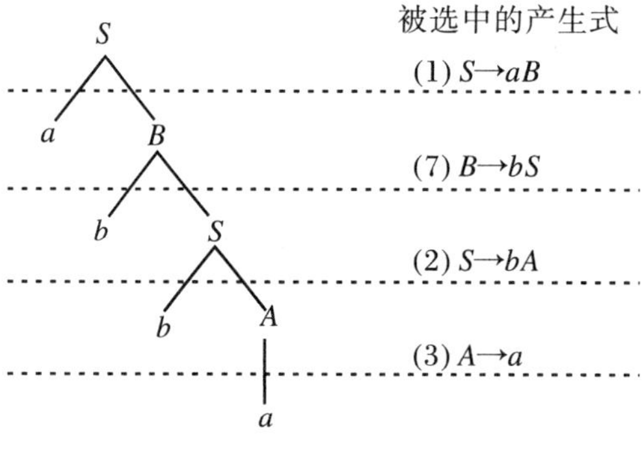

图6.9 串 $abba$ 的导出树及其导出过程

3型文法

定义 6.8 3型文法也称为有限状态文法或正则文法,其产生式具有

$$A\rightarrow aB \quad 或 \quad A\rightarrow b \tag{6.17}$$

的形式.其中,$A,B\in N,a,b\in T$.

注意,这里的 A、B、a 和 b 均为单个符号.

例 6.9 考虑文法 $G=(N,T,P,S)$,其中,$N=\{S,A\}$,$T=\{0,1\}$以及 P:

(1) $S \rightarrow 0A$　(2) $A \rightarrow 0A$　(3) $A \rightarrow 1$

由于 P 中的诸产生式满足形如 $A \rightarrow aB$ 或 $A \rightarrow b$ 的限制条件，故根据定义，该文法为有限状态文法.由该文法所产生的语言由下式给出

$$L(G)=\{0^n 1 \mid n=1,2,\cdots\}$$

最后，我们来讨论一下上面所介绍的四种文法之间的关系.从表现力来看，四种文法中，0 型文法最强，1 型文法次之，2 型文法再次之，而 3 型文法最弱.相反，从规范性来看，则是 3 型文法受约束最多，最规范，2 型文法次之，1 型文法再次之，而 0 型文法最不规范.从定义可以看出，四种文法之间存在以下的包含关系：一个正则文法(3 型文法)也是一个上下文无关文法(2 型文法)，一个上下文无关文法(2 型文法)也是一个上下文有关文法(1 型文法)，而一个上下文有关文法(1 型文法)也是一个无约束文法(0 型文法).实际为一个文法命名时，首先看这个文法是否满足正则文法的条件，若满足则称其为正则文法；否则看其是否满足上下文无关文法的条件，若满足则称其为上下文无关文法；否则再看其是否满足上下文有关文法的条件，若满足则称其为上下文有关文法；否则称其为无约束文法.可以采取与此类似的方法对一个由文法产生的语言进行命名.如果一个语言可以由若干种文法所产生，则将该语言命名为由受约束最多的文法所产生的语言.

6.3　有限状态自动机

从前一节的讨论可知，语言可以从文法产生的观点得到说明.事实上，也可以从识别的观点对语言进行定义，将其视作可以由某种识别装置所接受的串的集合.在模式识别领域中，我们特别关心后一种情况.正如前面所指出的那样，在模式识别领域中，串的获取通常是通过非语言学的手段实现的.引入基于文法的方法来处理相应识别问题的主要目的是希望能对输入复杂模式的类别属性做出正确判断的同时给出其结构描述.

在形式语言和自动机理论中，已经发展了用于解决语言识别问题的一整套的方法和理论，提出了用于识别有限状态语言的有限状态自动机、用于识别上下文无关语言的下推自动机、用于识别上下文有关语言的线性有界自动机以及用于识别无约束语言的图灵机等识别机器.本节先就其中之一的有限状态自动机展开讨论.

6.3.1 确定的有限状态自动机

在能够识别语言的机器中，有限状态自动机(Finite Automaton)是一种最简单的识别装置，简记为 *FA*. 有限状态自动机分确定的和非确定的两种. 下面，首先讨论确定的有限状态自动机(Deterministic Finite Automaton，简记为 *DFA*).

定义 6.9 一个确定的有限状态自动机 A_f 是一个五元式

$$A_f = (Q, \Sigma_I, \delta, q_0, F) \tag{6.18}$$

其中，

Q 为状态的非空有限集合；

Σ_I 为输入符号的有限集合，即字母表；

δ 为从 $Q \times \Sigma_I$ 到 Q 的映射(记为 $\delta: Q \times \Sigma_I \to Q$)；

$q_0 \in Q$ 为初始状态；

$F \subseteq Q$ 为终结(或接受)状态集合.

图 6.10 给出了有限状态自动机的图示. 它由一个有限控制装置和输入带组成. 其中，有限控制装置由可以从输入带上读取符号信息的只读头以及规则存储器和状态寄存器等组成，而输入带则由可以存放输入符号信息的存储单元组成.

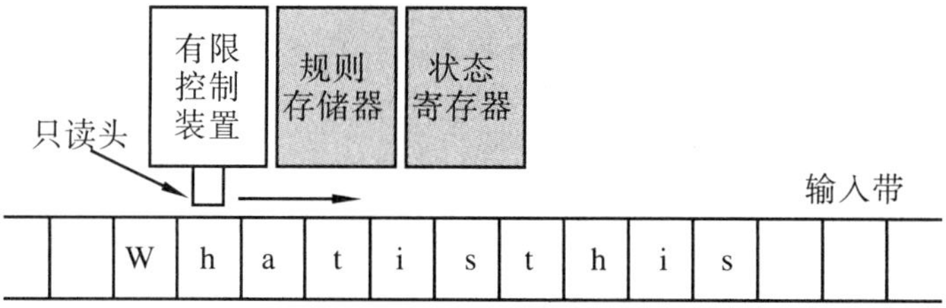

图 6.10 有限状态自动机

有限状态自动机的核心是 δ，它规定了在当前状态以及当前输入符号下有限状态自动机所执行的操作. 对确定的有限状态自动机而言，δ 为从 $Q \times \Sigma_I$ 到 Q 的映射. 换句话说，它是一个二元函数，其中，第一个变元取自状态集合 Q 中的一个状态，第二个变元取自字母表 Σ_I 中的一个符号，而函数值则为状态集合 Q 中的一个状态. 若在一次映射中，第一个变元为 q，第二个变元为 a，而函数值为 q'，则相应的映射可记为 $\delta(q, a) = q'$，它在当前符号为 a 的情况下将有限状态自动机从当前状态 q 映射到下一个状态 q'. 由于映射 δ 实现了从一个状态到另一个状态的转移，故也称其为状态转移函数. 通常，δ 可由一组形如 $\delta(q, a) = q'$ 的状态转移函数所完全描述. 对一个确定的有限状态自动机而言，若假设状态数为 m，字母表中所包含的符号的个数为 n，则为了完全描述 δ，需要定义 $m\times n$ 个状态转移函数.

除了使用状态转移函数来描述 δ 外，还可以使用表格或有向图来表示 δ. 后两种表示法在完成对 δ 描述的同时，还以一种直观和紧凑的方式实现了对有限状态自动机的表达.

首先看如何用表格来表示一个确定的有限状态自动机. 具体言之，若一个确定的有限状态自动机的状态数为 m，字母表中的符号数为 n，则可用一个 $(m+1)\times(n+1)$ 的表格来表示该有限状态自动机. 首先在该表格第一列的各单元中，从第二单元开始依次写入表示各状态的状态名. 若其中的某个状态是初始状态，则在相应状态名的左上角打一个小点，若其中的某个状态是终结状态，则在相应状态名的右下角打一个小点. 接着，在该表格第一行的各单元中，从第二单元开始依次写入字母表中的各个符号. 最后，根据所述有限状态自动机的状态转移函数如下确定该表格其余各单元的内容：若表格 $(i,1)$ 处的单元（第 1 列第 i 行处的单元）中的状态名为 q，$(1,j)$ 处的单元（第 1 行第 j 列处的单元）中的符号为 a，而 δ 中有 $\delta(q,a)=q'$，则在表格 (i,j) 处的单元（第 i 行第 j 列处的单元）中填入 q'. 上述表格称为有限状态自动机的状态转移表. 容易证明，这样形成的表格和有限状态自动机的五元式表示是完全等价的.

下面举一个用状态转移表来表达确定的有限状态自动机的例子.

例 6.10　考虑如下所示的有限状态自动机

$$A_f=(Q,\Sigma_I,\delta,q_0,F)$$

其中，$Q=\{q_0,q_1,q_2,q_3\}$，$\Sigma_I=\{0,1\}$，$q_0\in Q$，$F=\{q_0\}$，而 δ 由以下各状态转移函数所组成：

(1) $\delta(q_0,0)=q_1$，(2) $\delta(q_0,1)=q_2$，(3) $\delta(q_1,0)=q_0$，(4) $\delta(q_1,1)=q_3$，

(5) $\delta(q_2,0)=q_3$，(6) $\delta(q_2,1)=q_0$，(7) $\delta(q_3,0)=q_2$，(8) $\delta(q_3,1)=q_1$.

这是一个确定的有限状态自动机. 其对应的状态转移表如表 6.1 所示.

表 6.1　用状态转移表示有限状态自动机的一个例子

状态＼符号	0	1
$^{\bullet}q_{0\bullet}$	q_1	q_2
q_1	$^{\bullet}q_{0\bullet}$	q_3
q_2	q_3	$^{\bullet}q_{0\bullet}$
q_3	q_2	q_1

接着，再来看一下如何使用有向图来刻画一个确定的有限状态自动机.为此，用加圈的状态名表示有限状态自动机的状态，其中，用粗线加圈的状态名表示初始状态，用加双圈的状态名表示终结状态.以这些带圈的状态为有向图的节点，可如下生成有限状态自动机的有向图表示：若有限状态自动机的 δ 中有 $\delta(q,a)=q'$，则用一根有向的弧线连接代表状态 q 和 q' 的两个节点，其中，弧线的箭头方向由 q 指向 q'.上述有向图称为有限状态自动机的状态转移图表示.容易证明，这样得到的状态转移图表示和确定的有限状态自动机的五元式表示是完全等价的.

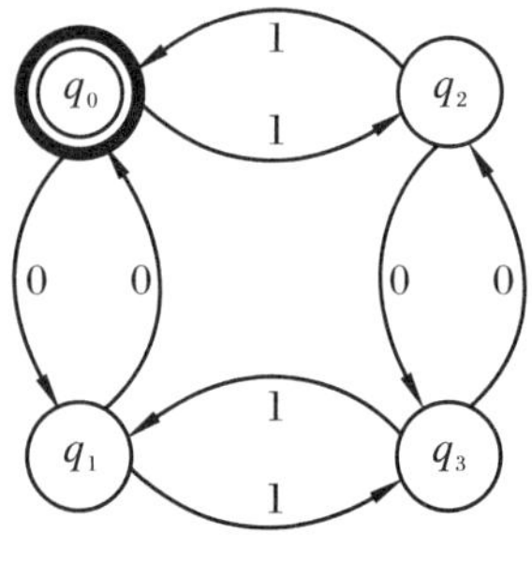

图 6.11　有限状态自动机的状态转移图

对例 6.10 所示的有限状态自动机用有向图进行表达的结果如图 6.11 所示.

今后，将有限状态自动机的上述三种表示视为同一，并根据需要选用其一展开对相关问题的讨论.

经过上面的讨论，我们对有限状态自动机的组成及其功能有了大致的了解.接下来，具体看一下有限状态自动机的任务和工作过程.简言之，有限状态自动机的任务就是利用其组成部分之一的有限控制从左到右顺序地从输入带上读出符号，并根据所定义的映射规则确定每一时刻有限状态自动机所处的状态，最后，根据扫描完输入符号串时有限状态自动机所处的状态决定是否接受输入的符号串.

一个确定的有限状态自动机的具体工作过程如下：在初始时刻，有限状态自动机处于 $Q=q_0$ 的初始状态，而只读头指向输入带上的符号串的最左一个符号.工作开始后，首先由只读头读入其指向的当前符号，然后，根据读入的当前符号和有限状态自动机的当前状态，利用映射规则 $\delta: Q\times\Sigma_I\rightarrow Q$ 将有限状态自动机从当前状态映射到下一个状态，并将有限控制右移一个单元使只读头指向输入带上的下一个符号.上述过程不断进行直到下列事态之一出现：

(1) 在当前状态下从输入带上读出了当前符号，但 δ 中不存在相应的映射规则.

(2) 输入带上的符号串被扫描完毕，且有限状态自动机停留在状态集合 Q 中的一个状态上.

在事态(1)的情况下，由于不存在相应的映射规则，有限状态自动机处于停机状态.此时，可以拒识，也可以判断输入符号串不能被该有限状态自动机所识别.而在事态(2)的情况下，则根据有限状态自动机最终的停留状态进行判断.若所停留的状态是一个终结(或接受)状态，则称输入符号串能够被该有限状态自动机所识别，否则判断输入符号串不能被接受.注意：这里所说的识别和接受具有同等的意义.

经过上面的陈述,原则上我们说明了在什么情况下一个输入符号串能够为一个给定的确定的有限状态自动机所接受或识别.理所当然,能够被该有限状态自动机所识别的语言就是由所有这样的输入符号串所组成的集合.

为了简洁、明晰地定义由一个确定的有限状态自动机所识别的语言,我们将前述针对单个输入符号的映射规则推广到针对一个输入符号串.为此,引入从 $Q\times\Sigma_I^*$ 到 Q 的映射 δ^*,记为 $\delta^*:Q\times\Sigma_I^*\rightarrow Q$.其中,$\delta^*$ 可利用单个输入符号的映射规则 δ 通过如下的递归定义得到:

(1) $\delta^*(q,\lambda)=q$,这里,λ 为空串.

(2) $\delta^*(q,xa)=\delta^*(\delta^*(q,x),a)$,这里,$x\in\Sigma_I^*$ 以及 $a\in\Sigma_I$.

(3) $\delta^*(q,a)=\delta(q,a)$,这里,$a\in\Sigma_I$.

其中,第一条表示一个确定的有限状态自动机在未读入任何符号的情况下保持其原有的状态不变.第二条对一个串 xa 的处理顺序和相应的中间状态进行了规定:先处理 x 后再处理 a,且处理 a 时所处的状态就是处理完 x 时所处的状态.第三条表示当输入符号串为单个符号时,δ^* 具有和 δ 相同的效用,即此时两者可视为同一.

设 $x\in\Sigma_I^+$ 是一个非空的输入符号串,q 和 q' 分别是状态集合 Q 中的两个状态,则 $\delta^*(q,x)=q'$ 表示从当前状态 q 出发,从左到右读入输入带上的符号串 x 后,确定的有限状态自动机停留在状态 q' 上.这里,上述针对输入符号串 x 的状态转移 $\delta^*(q,x)=q'$ 得以成立的前提是当有限控制依次从左到右读入输入符号串 x 的每一个符号时,存在相应的针对单个输入符号的状态转移函数及其中间状态,使每次的状态转移能够成立,并且在读入符号串 x 最右一个符号后,相应的状态转移函数使有限状态自动机停留在状态 q' 上.

下面,举一个例子来说明 δ^* 是如何利用单个输入符号的映射规则 δ 通过递归计算实现对一个输入符号串的处理的.

不失一般性,设 $x=a_1a_2a_3\cdots a_{n-2}a_{n-1}a_n$,则

$$\begin{aligned}
\delta^*(q,x) &= \delta^*(q,a_1a_2a_3\cdots a_{n-2}a_{n-1}a_n)\\
&= \delta^*(\delta^*(q,a_1a_2a_3\cdots a_{n-2}a_{n-1}),a_n)\\
&= \delta^*(\delta^*(\delta^*(q,a_1a_2a_3\cdots a_{n-2}),a_{n-1}),a_n)\\
&= \delta^*(\delta^*(\delta^*\cdots\delta^*(\delta^*(\delta^*(q,a_1),a_2),a_3),\cdots,a_{n-2}),a_{n-1}),a_n)\\
&= \delta(\delta(\delta\cdots\delta(\delta(\delta(q,a_1),a_2),a_3),\cdots,a_{n-2}),a_{n-1}),a_n)
\end{aligned}$$

不妨设 $\delta(q,a_1)=q_1,\delta(q_1,a_2)=q_2,\cdots,\delta(q_{n-2},a_{n-1})=q_{n-1},\delta(q_{n-1},a_n)=q'$,则有

$$
\begin{aligned}
\delta^*(q,x) &= \delta(\delta(\delta\cdots\delta(\delta(\delta(q,a_1),a_2),a_3),\cdots,a_{n-2}),a_{n-1}),a_n) \\
&= \delta(\delta(\delta\cdots\delta(\delta(q_1,a_2),a_3),\cdots,a_{n-2}),a_{n-1}),a_n) \\
&= \delta(\delta(\delta\cdots\delta(q_2,a_3),\cdots,a_{n-2}),a_{n-1}),a_n) \\
&\quad \cdots \\
&= \delta(\delta(q_{n-2},a_{n-1}),a_n) \\
&= \delta(q_{n-1},a_n) \\
&= q'
\end{aligned}
$$

利用上述推广的映射规则,可以简洁、明晰地对一个确定的有限状态自动机所接受的句子以及语言进行定义.

一个非空的符号串 $x\in\Sigma_I^+$ 能够被一个确定的有限状态自动机 A_f 所接受是指存在映射规则 δ^* 使 $\delta^*(q_0,x)=p\in F$ 成立.

据此可以如下定义由一个有限状态自动机 A_f 所接受的语言.

定义 6.10 设 $A_f=(Q,\Sigma_I,\delta,q_0,F)$是一个确定的有限状态自动机,称

$$L(A_f)=\{x\mid x\in\Sigma_I^+ \text{ 且 } \delta^*(q_0,x)\in F\} \tag{6.19}$$

为 A_f 所接受的语言.

下面,就 δ 和 δ^* 的关系作一点补充说明.从严格的意义上来说,δ 和 δ^* 是两个不同的映射.其中,δ 仅涉及对单个输入符号的处理,其结果会影响一个有限状态自动机的当前状态,使其从一个状态变到另一个状态.但是,正如 δ 的定义所展现的那样,δ 本身并未对处理完一个输入符号(即当前符号)后,接下来该处理什么做出任何的规定.因此,从本质上来说,δ 并没有处理长度大于 1 的输入符号串的能力.一个有限状态自动机得以运行是因为我们赋予了它一种默认的执行顺序的缘故.与此不同,δ^* 则不仅借助于 δ 实现了对单个输入符号的处理,而且明确地规定了对一个输入符号串进行处理的顺序.这个顺序和我们在叙述一个有限状态自动机工作过程时所规定的处理顺序相同.这也就是我们为什么引入 δ^* 来标记对一个符号串的处理的原因.在不至于引起混淆的情况下,一般可用 δ 替代 δ^*.

例 6.11 求图 6.11 所示的确定的有限状态自动机 A_f 所接受的语言.

显然,该确定的有限状态自动机 A_f 所接受的语言是$\{0,1\}^+$中所有由偶数个 0 和偶数个 1 组成的串的集合.为了说明这个结论是正确的,我们来考察一下从初态 q_0 出发经过状态转移到达 A_f 的四个状态中的一个状态的符号串都具有什么样的特点.容易验证:从初态 q_0 出发能够到达 q_1 的符号串必定由奇数个 0 和偶数个 1 组成,类似地,能够到达 q_2 的符号串必定由偶数个 0 和奇数个 1 组成,能够到达 q_3 的符号串必定由奇数个 0 和奇数个 1 组成,而能够回到 q_0 的符号串必

定由偶数个 0 和偶数个 1 组成. 由于$\{0,1\}^+$中的符号串能够到达的状态必是 q_0、q_1、q_2 和 q_3 四个状态之一,以及 A_f 只有一个终结状态 q_0,故该有限状态自动机 A_f 只能够接受$\{0,1\}^+$中由偶数个 0 和偶数个 1 组成的串. 又由于$\{0,1\}^+$中由偶数个 0 和偶数个 1 组成的串不能停留在 q_0 以外的状态上,因此,该有限状态自动机 A_f 接受$\{0,1\}^+$中所有由偶数个 0 和偶数个 1 组成的串. 换言之,该有限状态自动机 A_f 所接受的语言就是$\{0,1\}^+$中所有由偶数个 0 和偶数个 1 组成的串的集合.

值得指出的是,一个具有相同构造的有限状态自动机,通过指定不同的终结状态,可以用于识别不同的语言. 例如,在上面的例子中,如果不是指定 q_0 而是指定 q_3 为终结状态,则所构建的有限状态自动机可用于识别$\{0,1\}^*$中所有由奇数个 0 和奇数个 1 组成的符号串. 此外,一个有限状态自动机可以有多个终结状态. 例如,在上面的例子中,可同时指定 q_1 和 q_2 为终结状态. 此时,所构建的有限状态自动机可用于识别$\{0,1\}^*$中所有由奇数个 0 和偶数个 1 组成的符号串以及$\{0,1\}^*$中所有由偶数个 0 和奇数个 1 组成的符号串. 事实上,每一个终结状态往往代表着一大类语言中的一个亚类,或者代表着一类语言中句子的不同分类. 例如,在上面的例子中,如果指定 q_1 和 q_2 为终结状态,则我们不仅可以根据一个输入符号串被扫描完毕时该有限状态自动机是否停留在 q_1 或 q_2 上来确认该输入符号串是否应该被接受,还可以在被接受的情况下,根据该有限状态自动机是停留在 q_1 还是停留在 q_2 上对该符号串属于哪一个分类做出进一步的判断. 如果是停留在 q_1 上,则判断该符号串是$\{0,1\}^*$中一个由奇数个 0 和偶数个 1 组成的符号串,而如果是停留在 q_2 上,则判断该符号串是$\{0,1\}^*$中一个由偶数个 0 和奇数个 1 组成的符号串.

给定一个非空的符号串 $x\in\Sigma_I^+$,判断该符号串 x 是否为一个确定的有限状态自动机 A_f 所接受的工作可以借助于该有限状态自动机 A_f 的状态转移表或状态转移图来完成. 下面,以使用状态转移图为例进行说明. 简言之,是否接受一个输入符号串应依据状态转移的结果是否最终停留在一个终结状态上而定. 如果是,则接受;否则不接受. 考虑如图 6.11 所示的确定的有限状态自动机 A_f,设输入符号串为 $x=0110$,则求解的过程如图 6.12 所示. 从初始状态 q_0 出发,首先读入 x 的最左一个符号 0,到达下一个状态 q_1;以后依次读

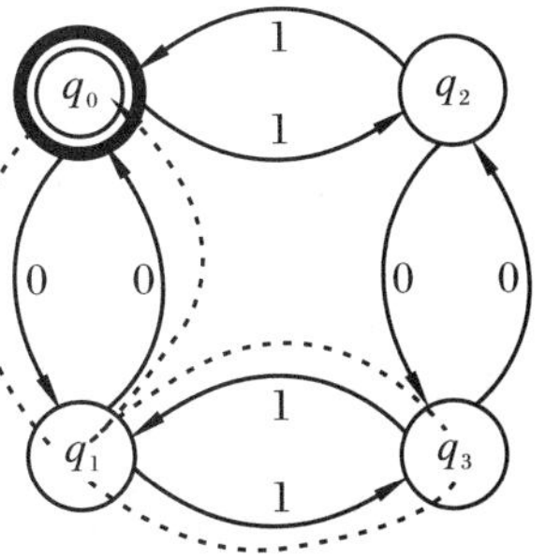

图 6.12　使用状态转移图判断是否接受一个输入符号串

入 1,到达 q_3;再读入 1,到达 q_1;最后读入 0,回到 q_0.转移路径如图中虚线所示.由于 q_0 是终结状态,故接受 0110.

还有一种可用于判断一个符号串 $x\in\Sigma_I^+$ 是否可为一个有限状态自动机 A_f 所识别的便捷方法是所谓的即时描述法.设待识别的 $x=a_1a_2\cdots a_{i-1}a_ia_{i+1}\cdots a_{n-1}a_n$,则

$$a_1a_2\cdots a_{i-1}qa_ia_{i+1}\cdots a_{n-1}a_n$$

称为当前时刻 A_f 的一个即时描述,表示在当前时刻 A_f 已处理了符号串 x 的前 $i-1$ 个符号,当前状态处于 q,而只读头指向下一个待处理的符号 a_i. A_f 在下一时刻的即时描述由当前状态、下一个待处理的符号以及状态转移函数而定.例如,若规则集中有映射 $\delta(q,a_i)=p$,则下一时刻 A_f 的即时描述变为

$$a_1a_2\cdots a_{i-1}a_ipa_{i+1}\cdots a_{n-1}a_n$$

以上的处理过程用可借助于 $\vdash$ 加以表示

$$a_1a_2\cdots a_{i-1}qa_ia_{i+1}\cdots a_{n-1}a_n \quad\vdash\quad a_1a_2\cdots a_{i-1}a_ipa_{i+1}\cdots a_{n-1}a_n$$

按上面的方法不断处理直到 x 中的所有符号为处理完为止.此时,即时描述有如下的形式

$$a_1a_2\cdots a_{i-1}a_ia_{i+1}\cdots a_{n-1}a_nt$$

其中,t 为 A_f 的最终状态.若 t 是 A_f 的一个终结状态,则接受 x;否则不接受.

下面,举一个例子具体说明相关的处理过程.仍以如图 6.11 所示的确定的有限状态自动机 A_f 为例,设输入符号串为 $x=0110$,则相应的处理过程如下所示

$$q_00110 \ \vdash 0q_1110 \ \vdash 01q_310 \ \vdash 011q_10 \ \vdash 0110q_0$$

由于 A_f 最终停留在状态 q_0,而 q_0 为终结状态,故接受输入符号串 0110.

最后,简单讨论一下确定的有限状态自动机中可能存在的两种特殊的状态.

一种是所谓的不可达状态,而另一种是所谓的陷阱状态.处于不可达状态的节点的行为如同一个“源”,只有出没有进.处于陷阱状态的节点的行为则正好相反,如同一个“汇”,只有进没有出.本身不是初始状态的不可达状态是一个无用状态,可删除.

6.3.2 非确定的有限状态自动机

通过前面的讨论我们看到,一个确定的有限状态自动机 $A_f=(\Sigma_I,Q,\delta,q_0,F)$具有以下特点:① 它的每一个映射所到达的新状态都是唯一的.② 它在未读入任何符号的情况下保持原有的状态不变.

如果上面两个条件中有一条不满足,则相应的有限状态自动机就是一个非确定的有限状态自动机(Non-deterministic Finite Automaton).所谓两个条件不被

满足是指：

(1) δ 中有映射使到达的新状态不是唯一的，而是状态集合 Q 的一个子集，即 $\exists(q,a)\in Q\times\Sigma_I$ 以及 $\{p_1,p_2,\cdots,p_m\}\in 2^Q$，$m>1$，使 $\delta(q,a)=\{p_1,p_2,\cdots,p_m\}$ 成立.

(2) 在输入符号为空串的情况下，有限状态自动机也可发生状态转移，即 $\exists q\in Q$ 以及 $\{p_1,p_2,\cdots,p_m\}\in 2^Q$，使 $\delta(q,\lambda)=\{p_1,p_2,\cdots,p_m\}$，这里，要求至少有一个 $p\in\{p_1,p_2,\cdots,p_m\}$，使 $p\neq q$.

今后，把(1)对应的非确定的有限状态自动机记为 *NFA*，把(2)对应的非确定的有限状态自动机记为 λ-*NFA* 或 ε-*NFA*. 其中，ε-*NFA* 称为具有 ε 动作的非确定的有限状态自动机. 下面，给出 *NFA* 和 ε-*NFA* 的确切定义.

定义 6.11 一个非确定的有限状态自动机 *NFA* 是一个五元式

$$A_f=(Q,\Sigma_I,\delta,q_0,F) \tag{6.20}$$

其中，

Q 为状态的非空有限集合；

Σ_I 为输入符号的有限集合，即字母表；

δ 为从 $Q\times\Sigma_I$ 到 Q 的子集的映射(记为 $\delta:Q\times\Sigma_I\rightarrow 2^Q$)；

$q_0\in Q$ 为初始状态；

$F\subseteq Q$ 为终结(或接受)状态集合.

定义 6.12 一个具有 ε 动作的非确定的有限状态自动机 ε-*NFA* 是一个五元式

$$A_f=(Q,\Sigma_I,\delta,q_0,F) \tag{6.21}$$

其中，

Q 为状态的非空有限集合；

Σ_I 为输入符号的有限集合，即字母表；

δ 为从 $Q\times(\Sigma_I\cup\{\lambda\})$ 到 Q 的子集的映射(记为 $\delta:Q\times(\Sigma_I\cup\{\lambda\})\rightarrow 2^Q$)；

$q_0\in Q$ 为初始状态；

$F\subseteq Q$ 为终结(或接受)状态集合.

从定义不难看出，*DFA*、*NFA* 以及 ε-*NFA* 三者之间具有如下关系：*NFA* 是 *DFA* 的推广，而 ε-*NFA* 又是 *NFA* 的推广. 限于篇幅，本书的讨论仅限于 *DFA* 和 *NFA*，不拟对 ε-*NFA* 作进一步的讨论.

与 *DFA* 的情况类似，在 *NFA* 的场合，我们可以将前述针对单个输入符号的映射规则推广到针对一个输入符号串. 为此，引入从 $Q\times\Sigma_I^*$ 到 2^Q 的映射 δ^*，记为 $\delta^*:Q\times\Sigma_I^*\rightarrow 2^Q$. 其中，$\delta^*$ 可利用 δ 通过如下的递归定义得到：

(1) $\delta^*(q,\lambda)=\{q\}$,这里,$\lambda$ 为空串.

(2) $\delta^*(q,xa)=\bigcup\limits_{q_i\in\delta^*(q,x)}\delta^*(q_i,a)$,这里,$x\in\Sigma_I^*$ 以及 $a\in\Sigma_I$.

(3) $\delta^*(q,a)=\delta(q,a)$,这里,$a\in\Sigma_I$.

利用上述推广的映射规则,可以简洁、明晰地对一个非确定的有限状态自动机 NFA 所接受的句子以及语言进行定义.

一个非空的符号串 $x\in\Sigma_I^+$ 能够被一个 NFA 所接受是指存在映射规则 δ^* 使 $\delta^*(q_0,x)\cap F\neq\varnothing$ 成立.需要指出的是,由于 $\delta^*(q_0,x)$ 是一个集合,故符号串 $x\in\Sigma_I^+$ 是否被接受要看 $\delta^*(q_0,x)$ 中是否含有终结状态.只要 $\delta^*(q_0,x)$ 可到达的状态中含有终结状态,即 $\delta^*(q_0,x)\cap F\neq\varnothing$,就接受它.

这样,由一个 NFA 所接受的语言可如下定义.

定义 6.13 设 $A_f=(Q,\Sigma_I,\delta,q_0,F)$ 是一个非确定的有限状态自动机 NFA,称

$$L(A_f)=\{x\mid x\in\Sigma_I^+ \text{ 且 } \delta^*(q_0,x)\cap F\neq\varnothing\} \tag{6.22}$$

为 A_f 所接受的语言.

与 DFA 的情况类似,可以使用状态转移表或状态转移图来表达一个 NFA.

例 6.12 设 A_f 是一个非确定的有限状态自动机 NFA,

$$A_f=(Q,\Sigma_I,\delta,q_0,F)$$

其中,$Q=\{q_0,q_1,q_2,q_3\}$,$\Sigma_I=\{0,1\}$,$q_0\in Q$,$F=\{q_3\}$,以及 δ:

(1) $\delta(q_0,0)=\{q_0,q_1\}$,　(2) $\delta(q_0,1)=\{q_0,q_2\}$,

(3) $\delta(q_1,0)=\{q_3\}$,　(4) $\delta(q_1,1)=\varnothing$,

(5) $\delta(q_2,0)=\varnothing$,　(6) $\delta(q_2,1)=\{q_3\}$,

(7) $\delta(q_3,0)=\{q_3\}$,　(8) $\delta(q_3,1)=\{q_3\}$.

该 A_f 可用状态转移表和状态转移图表达.结果分别如表 6.2 和图 6.13 所示.

表 6.2　一个非确定的有限状态自动机的状态转移表表示

状态 \ 符号	0	1
$\cdot q_0$	$\{\cdot q_0,q_1\}$	$\{\cdot q_0,q_2\}$
q_1	$\{q_{3\cdot}\}$	$\varnothing$
q_2	$\varnothing$	$\{q_{3\cdot}\}$
$q_{3\cdot}$	$\{q_{3\cdot}\}$	$\{q_{3\cdot}\}$

容易验证,该非确定的有限状态自动机 *NFA* 接受含有子串 00 或 11 的符号串.

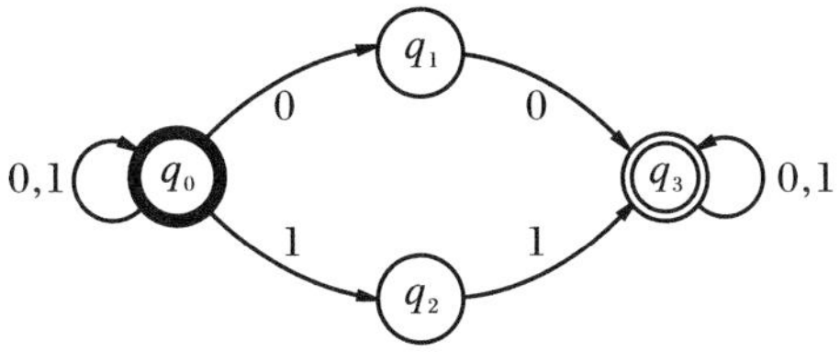

图 6.13　一个非确定的有限状态自动机的状态转移图表示

与 *DFA* 的情况类似,原则上可借助于状态转移表或状态转移图做出对一个输入符号串是否可为相应的 *NFA* 所接受的判断.但是,由于在 *NFA* 的情形下,δ 中有映射使到达的新状态不唯一,故处理起来多有不便.相比之下,使用即时描述法要便利许多.作为应用即时描述法对输入符号串进行识别的例子,图 6.14 给出了使用例 6.12 中所示的非确定的有限状态自动机 A_f 对输入符号串 0011 进行处理的过程.由图可见,由于最终得到的结果中有两个分支分别可到达终结状态 q_3,故判断 0011 可为例中的非确定的有限状态自动机 A_f 所接受.

$q_0 0011 \vdash$
- $0q_0 011 \vdash$
  - $00q_0 11 \vdash$
    - $001q_0 1 \vdash$
      - $0011q_0$
      - $0011q_2$
    - $001q_2 1 \vdash 0011q_3$
  - $00q_1 11$ → 因 $\delta(q_1, 1) = \varnothing$,故停机.
- $0q_1 011 \vdash 00q_3 11 \vdash 001q_3 1 \vdash 0011q_3$

图 6.14　一个非确定的有限状态自动机 A_f 对输入符号串 0011 进行处理的过程

6.3.3　有限状态自动机之间的等价

本小节讨论定义在同一个字母表 Σ_I 上的有限状态自动机之间的等价性.我们说,定义在同一个字母表 Σ_I 上的两个有限状态自动机 A_f 和 A'_f 是等价的,是指能由 A_f 所识别的输入符号串也能为 A'_f 所识别,反之亦然.定义在同一个字母表 Σ_I 上的两类有限状态自动机(例如,确定的有限状态自动机 *DFA* 和非确定的有限状态自动机 *NFA*)之间是等价的,则是指当任给某类中的一个有限状态自动机,一定存在另一类中的一个有限状态自动机,它们接受相同的符号串集合.

两个有限状态自动机之间的等价判定

对定义在同一个字母表上的两个有限状态自动机 A_f 和 A'_f,可以根据以下算法对它们之间的等价性进行判定.

设 $A_f=(Q,\Sigma_I,\delta,q_0,F)$ 和 $A_f'=(Q',\Sigma_I,\delta',q_0',F')$ 是定义在同一个字母表 $\Sigma_I=\{a_1,a_2,\cdots,a_n\}$ 上的两个有限状态自动机,则用于判定 A_f 和 A_f' 是等价的具体步骤如下:

〈1〉构造一个 $n+1$ 列的表. 表中的元素由形如 (q_{a_j},q'_{a_j}), $j=1,2,\cdots,n$ 的状态对组成. 其中, (q_c,q'_c) 分别为 A_f 和 A_f' 的当前状态,而 q_{a_j} 和 q'_{a_j} 分别为 A_f 和 A_f' 在当前状态下输入 a_j 时所到达的新的状态.

〈2〉置 $i=1$,令 $(q_c,q'_c)=(q_0,q'_0)$ 为表中第 1 行第 1 列的元素.

〈3〉确定当前行(第 i 行)中除第 1 列之外的所有单元的内容:设当前行第 1 列中有状态对 (q_c,q'_c),若有 $q_{a_j}\in\delta(q_c,a_j)$ 以及 $q'_{a_j}\in\delta'(q'_c,a_j)$,则将状态对 (q_{a_j},q'_{a_j}) 加入到当前行第 $j+1$ 列的单元中. 注意:若 A_f 和 A_f' 中至少有一个不是确定的有限状态自动机,则加入到当前行第 $j+1$ 列单元中的状态对的数目可能不止一个.

〈4〉检查当前行中所有可能的状态对 (q_{a_j},q'_{a_j}), $j=1,2,\cdots,n$:

若某个状态对在表的第 1 列中未出现过,则将其顺序加到第 1 列已有状态对的后面;

若某个状态对 (q,q') 不满足等价性的要求,即或者 q 是 A_f 的终结状态,而 q' 不是 A_f' 的终结状态,或者反之, q 不是 A_f 的终结状态,而 q' 是 A_f' 的终结状态,则判 A_f 和 A_f' 不等价,算法结束.

〈5〉检查第 1 列中是否还有未处理的状态对. 若有,令 $i=i+1$,回到步骤〈3〉; 否则,判 A_f 和 A_f' 等价,算法结束.

下面,举两个例子说明如何判断有限状态自动机之间的等价性.

例 6.13 设有如图 6.15 所示的两个有限状态自动机. 试判断两者是否等价.

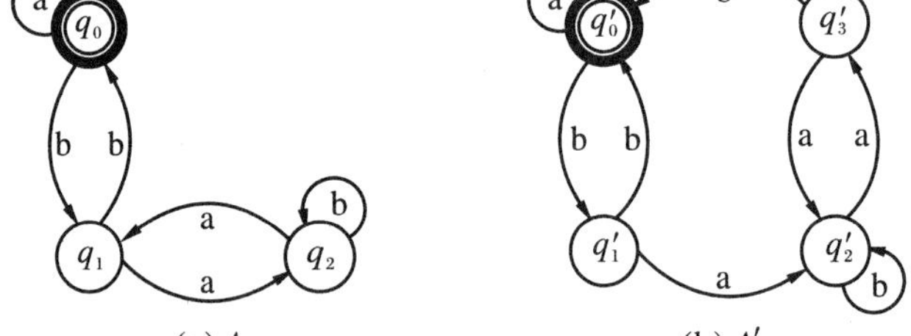

(a) A_f (b) A_f'

图 6.15 等价性待判决的两个有限状态自动机

利用上述两个有限状态自动机之间的等价判定算法进行判决.不计外围标示性的内容,所生成的表格共有三列(表6.3).当迭代进行到第4次的时候,由于第2、3列中的所有状态对均已出现在第1列中,且没有不满足等价性的状态对出现,故根据算法,判断 A_f 和 A_f' 是等价的.

表6.3　基于状态对列表的两个有限状态自动机之间的等价判决

状态对 / 迭代次数	(q_c,q_c')	(q_a,q_a')	(q_b,q_b')
1	(q_0,q_0')	(q_0,q_0')	(q_1,q_1')
2	(q_1,q_1')	(q_2,q_2')	(q_0,q_0')
3	(q_2,q_2')	(q_1,q_3')	(q_2,q_2')
4	(q_1,q_3')	(q_2,q_2')	(q_0,q_0')

例6.14　设有如图6.16所示的两个有限状态自动机.试判断两者是否等价.其中,A_f 与例6.13相同,而 A_f' 与例6.13不同.

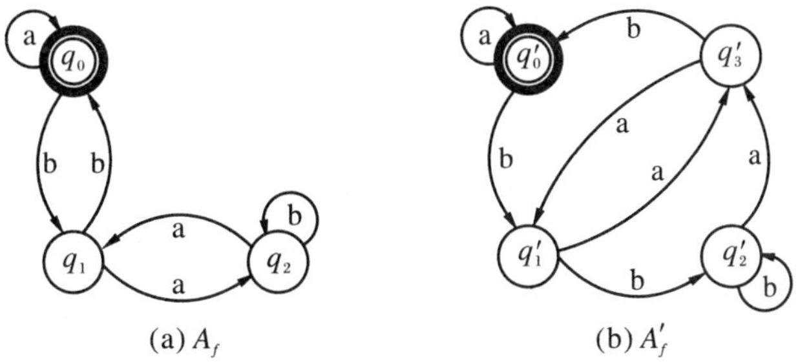

图6.16　等价性待判决的两个有限状态自动机.

与例6.13一样,利用两个有限状态自动机之间的等价判定算法进行判决.如表6.4所示,当迭代至第2次时,第2行第3列处出现状态对 (q_0,q_2').其中,q_0 为终结态,而 q_2' 不是终结态,故不满足等价性的条件.根据算法,判断 A_f 和 A_f' 不等价.

表6.4　基于状态对列表的两个有限状态自动机之间的等价判决

状态对 / 迭代次数	(q_c,q_c')	(q_a,q_a')	(q_b,q_b')
1	(q_0,q_0')	(q_0,q_0')	(q_1,q_1')
2	(q_1,q_1')	(q_2,q_3')	(q_0,q_2')

两类有限状态自动机之间的等价性

前已指出,*NFA* 是 *DFA* 的推广.换句话说,*DFA* 是 *NFA* 的特例.故对于任何一个 *DFA* 而言,必定可找到一个与其相对应的 *NFA*,使得任何由该 *DFA* 所接受的符号串集合也为相应的 *NFA* 所接受.但问题是反过来会怎么样呢?结论依然成立吗?答案是肯定的.我们有下面的定理.

定理 6.1 设 L 是被一个非确定的有限状态自动机所接受的语言,则存在一个确定的有限状态自动机也接受这个语言.

证明 设 $A_f=(Q,\Sigma_I,\delta,q_0,F)$ 是一个接受 L 的 *NFA*,为证明存在一个 *DFA* 也接受 L,如下定义对应于 A_f 的 *DFA*

$$A'_f=(Q',\Sigma_I,\delta',q'_0,F') \tag{6.23}$$

其中,$Q'=2^Q$,$F'\subseteq Q'$ 且至少包含 F 中的一个状态,$q'_0=\{q_0\}$,$\delta':Q'\times\Sigma_I\to Q'$.

值得注意的是,Q'中的所有元素均为 Q 的一个子集.为强调 Q 的子集是 Q' 中的一个元素,引入如下的标记:若$\{q_1,q_2,\cdots,q_i\}$是 Q 的一个子集,且出现在 δ 的规则集中,则在 Q'中,它被视为一个元素,记为$[q_1,q_2,\cdots,q_i]$.

此外,A'_f中的 δ' 根据 A_f 中的 δ 进行定义.例如,考虑 Q' 中的任一个元素 $[q_1,q_2,\cdots,q_i]$(它是 Q'中的一个状态),则对 $a\in\Sigma_I$,定义

$$\delta'([q_1,q_2,\cdots,q_i],a)=\delta(\{q_1,q_2,\cdots,q_i\},a)=\bigcup_{m=1,2,\cdots,i}\delta(q_m,a)$$

其中,每一个 Q 中的映射 $\delta(q_m,a)$,$m=1,2,\cdots,i$ 所到达的状态均是 Q 的一个子集.根据集合运算规则,和集 $\bigcup_{m=1,2,\cdots,i}\delta(q_m,a)$ 仍是 Q 的一个子集.记

$$\bigcup_{m=1,2,\cdots,i}\delta(q_m,a)=\{p_1,p_2,\cdots,p_j\}$$

则

$$\delta'([q_1,q_2,\cdots,q_i],a)=\{p_1,p_2,\cdots,p_j\}=[p_1,p_2,\cdots,p_j]$$

因此,δ'中的映射可定义为

$$\delta'([q_1,q_2,\cdots,q_i],a)=[p_1,p_2,\cdots,p_j]$$
$$\text{当且仅当 }\delta(\{q_1,q_2,\cdots,q_i\},a)=\{p_1,p_2,\cdots,p_j\}$$

显然,若能证明

$$\begin{aligned}&\delta'(q'_0,x)=\delta'([q_0],x)=[p_1,p_2,\cdots,p_i]\\&\text{当且仅当 }\delta(q_0,x)=\{p_1,p_2,\cdots,p_i\},x\in\Sigma_I^*\end{aligned} \tag{6.24}$$

成立,则根据自动机所接受语言的定义,$L(A_f)=L(A'_f)$也成立.其中,$\{p_1,p_2,\cdots,p_i\}$是 Q 的一个子集,而$[p_1,p_2,\cdots,p_i]$是 Q'中的一个状态.事实上,对 $\forall x\in\Sigma_I^+$,若 A_f 扫描完串 x 后落在终结状态$\{p_1,p_2,\cdots,p_i\}$上,其中,$p_1,p_2,\cdots,p_i$ 至

少有一个在 F 中，则根据定义，$x \in L(A_f)$. 另一方面，当把该串 x 输入到 A_f' 中时，根据式(6.24)的结论，知：A_f' 扫描完串 x 后必落在终结状态 $[p_1, p_2, \cdots, p_i] \in F'$ 上. 这表明，$x \in L(A_f')$，即 x 在 A_f 中. 由于 x 是任给的，故有：$L(A_f) = L(A_f')$.

下面，用归纳法证明由式(6.24)表达的命题.

当 $|x| = 0$，即当 $x = \lambda$ 时，

因在 A_f 中，有：$\delta(q_0, \lambda) = \{q_0\}$，而在 A_f' 中，有：$\delta'(q'_0, \lambda) = \delta'([q_0], x) = [q_0]$，故结论成立.

设对于长度不超过 m 的输入串 x，结论成立，即有

$$\delta'(q'_0, x) = \delta'([q_0], x) = [p_1, p_2, \cdots, p_i]$$

$$\text{当且仅当 } \delta(q_0, x) = \{p_1, p_2, \cdots, p_i\}, x \in \Sigma_I^*$$

则对长度为 $m+1$ 的输入串 xa，由归纳法假设，存在 Q 的子集 $\{p_1, p_2, \cdots, p_i\}$ 和 Q' 中的状态 $[p_1, p_2, \cdots, p_i]$，使

在 A_f 中，有：$\delta(q_0, xa) = \delta(\delta(q_0, x), a) = \delta(\{p_1, p_2, \cdots, p_i\}, a)$；

而在 A_f' 中，有：$\delta'(q'_0, xa) = \delta'(\delta'(q'_0, x), a) = \delta'([p_1, p_2, \cdots, p_i], a)$.

不妨设 δ' 中的映射 $\delta'([p_1, p_2, \cdots, p_i], a)$ 由下式定义

$$\delta'([p_1, p_2, \cdots, p_i], a) = [r_1, r_2, \cdots, r_k]$$

$$\text{当且仅当 } \delta(\{p_1, p_2, \cdots, p_i\}, a) = \{r_1, r_2, \cdots, r_k\}$$

则在输入串为上述 xa 的情况下，

在 A_f 中，有：$\delta(q_0, xa) = \delta(\{p_1, p_2, \cdots, p_i\}, a) = \{r_1, r_2, \cdots, r_k\}$；

以及在 A_f' 中，有：$\delta'(q'_0, xa) = \delta'([p_1, p_2, \cdots, p_i], a) = [r_1, r_2, \cdots, r_k]$.

即有 $\delta'([q_0], xa) = [r_1, r_2, \cdots, r_k]$ 当且仅当 $\delta(q_0, xa) = \{r_1, r_2, \cdots, r_k\}$ 成立.

得证.

定理 6.1 的证明过程实际上给出了如何从一个非确定的有限状态自动机构建一个与之等价的确定的有限状态自动机的方法：

(1) 令 $[q_0]$ 是 A_f' 的初态；

(2) 若在 δ 中，有 $\delta(q, a) = \{p_1, p_2, \cdots, p_i\}$，这里，$a \in \Sigma_I, q, p_1, p_2, \cdots, p_i \in Q$，则在 A_f' 中，有状态 $[p_1, p_2, \cdots, p_i]$.

(3) 若在 δ 中，有 $\delta(\{p_1, p_2, \cdots, p_i\}, a) = \{r_1, r_2, \cdots, r_k\}$，这里，$a \in \Sigma_I$，$[p_1, p_2, \cdots, p_i] \in Q'$，则在 A_f' 中，有状态 $[r_1, r_2, \cdots, r_k]$.

(4) 由以上各步骤所确定的状态之间的状态转移由 δ 中相应的映射规则确定. 例如，若 δ 中有 $\delta(\{p_1, p_2, \cdots, p_i\}, a) = \{r_1, r_2, \cdots, r_k\}$，则在输入为 a 的

情况下 $A'_f=(\Sigma_I, Q', \delta', q'_0, F')$ 中的状态 $[p_1, p_2, \cdots, p_i]$ 将转移至 $[r_1, r_2, \cdots, r_k]$.

下面举一个例子对以上方法进行说明.

例 6.15 设有如图 6.13 所示非确定的有限状态自动机 $A_f=(Q, \Sigma_I, \delta, q_0, F)$,求与之等价的确定的有限状态自动机 $A'_f=(Q', \Sigma_I, \delta', q'_0, F')$.

解 所求确定的有限状态自动机 $A'_f=(Q', \Sigma_I, \delta', q'_0, F')$ 可按照以下步骤获得:

图 6.17 仅含初始状态的局部状态转移图

(1) A'_f 的初态为 $[q_0]$,如图 6.17 所示.

(2) 考虑初始状态 $[q_0]$ 在输入符号为 0,1 情况下的状态转移情况.

因在 δ 中,有:$\delta(q_0, 0)=\{q_0, q_1\}$,而 A'_f 中无对应的转移状态,故新增状态 $[q_0, q_1]$. 又因在 δ 中,有:$\delta(q_0, 1)=\{q_0, q_2\}$,而 A'_f 中无对应的转移状态,故新增状态 $[q_0, q_2]$.

相应的局部状态转移图如图 6.18 所示.

(3) 考虑状态 $[q_0, q_1]$ 在输入符号为 0,1 情况下的状态转移情况.

因在 δ 中,有:$\delta(\{q_0, q_1\}, 0)=\{q_0, q_1, q_3\}$,而 A'_f 中无对应的转移状态,故新增状态 $[q_0, q_1, q_3]$;此外,因 $\{q_0, q_1, q_3\}$ 中含有 A_f 中的终结状态 q_3,故 $[q_0, q_1, q_3]$ 为 A'_f 中的终结状态. 又因在 δ 中,有:$\delta(\{q_0, q_1\}, 1)=\{q_0, q_2\}$,而在 A'_f 中已有状态 $[q_0, q_2]$,故利用已有的 $[q_0, q_2]$.

相应的局部状态转移图如图 6.19 所示.

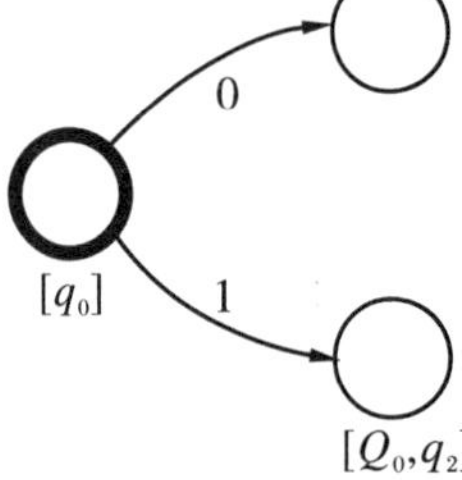

图 6.18 局部状态转移图

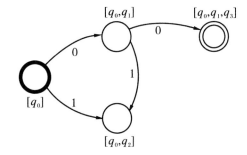

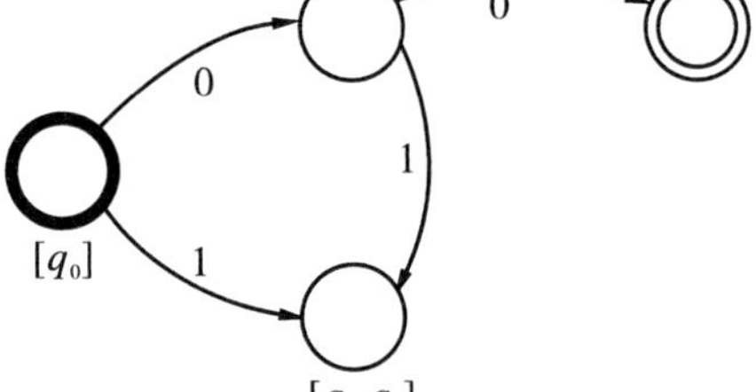

图 6.19 局部状态转移图

(4) 考虑 $[q_0, q_2]$ 在输入符号为 0,1 情况下的状态转移情况.

因在 δ 中,有:$\delta(\{q_0, q_2\}, 0)=\{q_0, q_1\}$,而在 A'_f 中已有状态 $[q_0, q_1]$,故利

用已有的$[q_0,q_1]$；又因在 δ 中，有：$\delta(\{q_0,q_2\},1)=\{q_0,q_2,q_3\}$，而 A_f' 中无对应的转移状态，故新增状态$[q_0,q_2,q_3]$；此外，因$\{q_0,q_2,q_3\}$中含有 A_f 中的终结状态 q_3，故$[q_0,q_2,q_3]$为 A_f' 中的终结状态.

相应的局部状态转移图如图 6.20 所示.

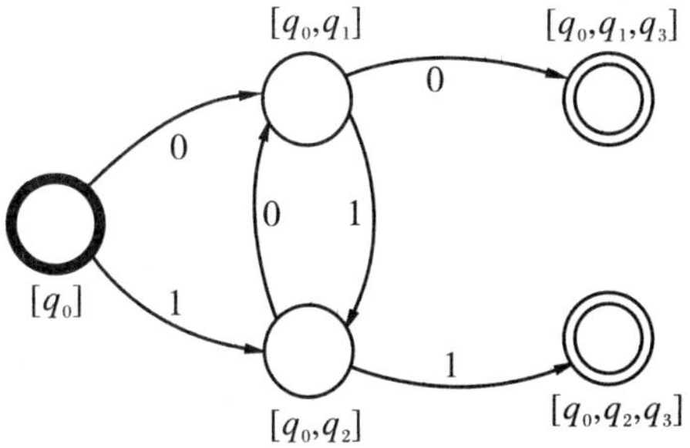

图 6.20 局部状态转移图

(5) 考虑$[q_0,q_1,q_3]$在输入符号为 0,1 情况下的状态转移情况.

因在 δ 中，有：$\delta(\{q_0,q_1,q_3\},0)=\{q_0,q_1,q_3\}$，而在 A_f' 中已有状态$[q_0,q_1,q_3]$，故利用已有的$[q_0,q_1,q_3]$. 又因在 δ 中，有：$\delta(\{q_0,q_1,q_3\},1)=\{q_0,q_2,q_3\}$，而在 A_f' 中已有状态$[q_0,q_2,q_3]$，故利用已有的$[q_0,q_2,q_3]$.

相应的局部状态转移图如图 6.21 所示.

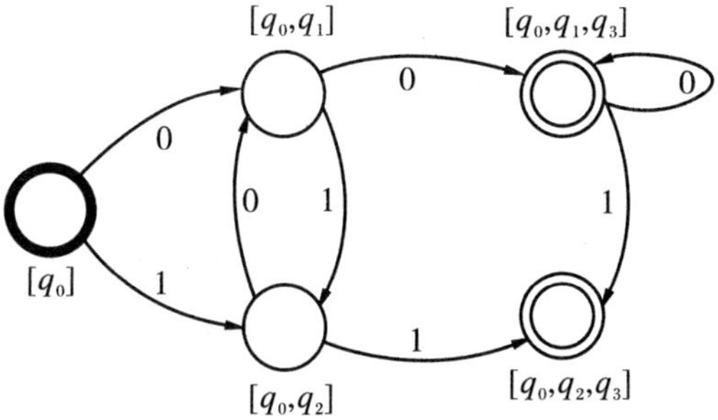

图 6.21 局部状态转移图

(6) 考虑$[q_0,q_2,q_3]$在输入符号为 0,1 情况下的状态转移情况.

因在 δ 中，有：$\delta(\{q_0,q_2,q_3\},0)=\{q_0,q_1,q_3\}$，而在 A_f' 中已有状态$[q_0,q_1,q_3]$，故利用已有的$[q_0,q_1,q_3]$；又因在 δ 中，有：$\delta(\{q_0,q_2,q_3\},1)=\{q_0,q_2,q_3\}$，而在 A_f' 中已有状态$[q_0,q_2,q_3]$，故利用已有的$[q_0,q_2,q_3]$.

相应的局部状态转移图如图 6.22 所示.

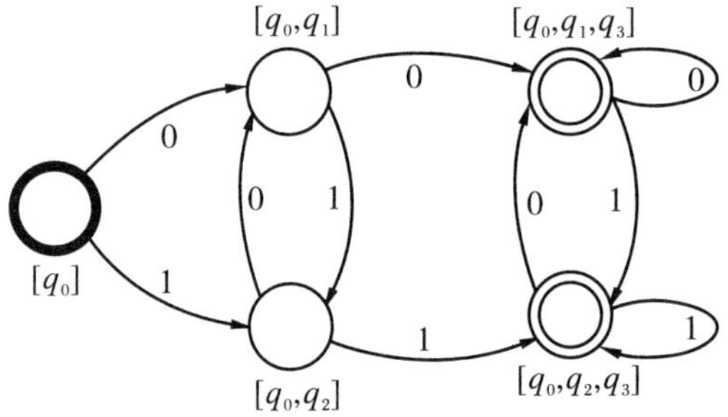

图 6.22 局部状态转移图

至此,因 Q'中所有的状态已被遍历,故所得状态转移图即为所求状态转移图.

6.3.4 有限状态文法和有限状态自动机

下面,讨论有限状态自动机和有限状态文法之间的关系.我们有以下的定理.

定理 6.2 设文法 $G=(N,T,P,S)$是一个有限状态文法,则必存在一个有限状态自动机 $A_f=(Q,\Sigma_I,\delta,q_0,F)$接受 $G=(N,T,P,S)$所产生的语言,即 $L(A_f)=L(G)$.

定理 6.3 设 $A_f=(Q,\Sigma_I,\delta,q_0,F)$是一个有限状态自动机,则必存在一个有限状态文法 $G=(N,T,P,S)$产生由 $A_f=(Q,\Sigma_I,\delta,q_0,F)$所接受的语言,即 $L(G)=L(A_f)$.

下面给出定理 6.2 的一个简要证明.

证明 显然,只要证明对一个有限状态文法 $G=(N,T,P,S)$而言,可构造出一个与之对应的有限状态自动机 $A_f=(Q,\Sigma_I,\delta,q_0,F)$,使 $L(A_f)=L(G)$.

不失一般性,假设 $G=(N,T,P,S)$中除起始符 S(记为 X_0)之外,共有 n 个非终结符,分别记为 $X_1,X_2,\cdots,X_n$.显然,$N\cup S=\{X_0,X_1,X_2,\cdots,X_n\}$.

为证明结论成立,如下构造确定的有限状态自动机 $A_f=(Q,\Sigma_I,\delta,q_0,F)$:

(1) A_f 中的状态集合 Q 为:

1a. A_f 中的初始状态为 q_0;

1b. 若 G 中有非终结符 X_i,$i=1,2,\cdots,n$,则 A_f 中有状态 q_i,$i=1,2,\cdots,n$;

1c. A_f 中的终结状态为 q_{n+1}.

(2) $\Sigma_I=T$.

(3) A_f 中的映射规则集 δ 如下确定:

3a. 若 P 中有 $X_i \to aX_j$，这里，$a \in T, i, j = 0,1,\cdots,n$，

则 δ 中有映射 $\delta(q_i, a) = q_j$，这里，$a \in \Sigma_I, i, j = 0,1,\cdots,n$；

3b. 若 P 中有 $X_i \to a$，这里，$a \in T, i = 0,1,\cdots,n$，

则 δ 中有映射 $\delta(q_i, a) = q_{n+1}$，这里，$a \in \Sigma_I, i = 0,1,\cdots,n$.

显然，有：$L(A_f) = L(G)$.

事实上，对 $\forall a_1 a_2, \cdots, a_{m-1} a_m \in T^+$，有

$$
\begin{aligned}
& a_1 a_2, \cdots, a_{m-1} a_m \in L(G) \\
& \Leftrightarrow S \Rightarrow a_1 a_2, \cdots, a_{m-1} a_m \\
& \Leftrightarrow S \Rightarrow a_1 Z_1 \Rightarrow a_1 a_2 Z_2 \Rightarrow \cdots \Rightarrow a_1 a_2, \cdots, a_{m-2} Z_{m-2} \Rightarrow a_1 a_2, \cdots, a_{m-1} Z_{m-1} \Rightarrow a_1 a_2, \cdots, a_{m-1} a_m \\
& \Leftrightarrow S \to a_1 Z_1,\ Z_1 \to a_2 Z_2,\ \cdots, Z_{m-2} \to a_{m-1} Z_{m-1},\ Z_{m-1} \to a_m \in P \qquad (6.25)
\end{aligned}
$$

这里，$Z_1, Z_2, \cdots, Z_{m-1} \in N \cup S$. 值得注意的是，上式中的各非终结符不一定是唯一的；视具体情况可以有多种选择，只要保证通过调用相应的产生式能最终派生出给定的符号串即可.

另一方面，对上述 $a_1 a_2, \cdots, a_{m-1} a_m \in \Sigma_I^+$，有

$$
\begin{aligned}
& a_1 a_2, \cdots, a_{m-1} a_m \in L(A_f) \\
& \quad \Leftrightarrow \delta(q_0, a_1 a_2, \cdots, a_{m-1} a_m) = q_{n+1} \\
& \quad \Leftrightarrow \delta(q_0, a_1) = p_1, \delta(p_1, a_2) = p_2, \cdots, \delta(p_{m-1}, a_m) = q_{n+1} \qquad (6.26)
\end{aligned}
$$

这里，$p_1, p_2, \cdots, p_{m-1} \in Q = \{q_0, q_1, q_2, \cdots, q_n, q_{n+1}\}$. 同样，在上式中除了初始状态 q_0 和终结状态 q_{n+1} 之外，其余的各个状态也不要求是唯一的；具体到达哪个状态由与式(6.25)中相应产生式对应的 A_f 中的映射规则确定.

由 A_f 的构造方法可知，式(6.25)中的每一次派生都有式(6.26)中唯一的一个映射规则与之对应. 因此，如果 $a_1 a_2, \cdots, a_{m-1} a_m \in L(G)$ 可由式(6.25)派生，则必有

$$
\begin{aligned}
& \delta(q_0, a_1 a_2, \cdots, a_{m-1} a_m) \\
& \quad = \delta(\delta(\delta \cdots \delta(\delta(\delta(q_0, a_1), a_2), a_3), \cdots, a_{m-2}), a_{m-1}), a_m) \\
& \quad = \delta(\delta(\delta \cdots \delta(\delta(p_1, a_2), a_3), \cdots, a_{m-2}), a_{m-1}), a_m) \\
& \quad = \delta(\delta(\delta \cdots \delta(p_2, a_3), \cdots, a_{m-2}), a_{m-1}), a_m) \\
& \qquad \cdots \\
& \quad = \delta(\delta(p_{m-2}, a_{m-1}), a_m) \\
& \quad = \delta(p_{m-1}, a_m) \\
& \quad = q_{n+1} \qquad (6.27)
\end{aligned}
$$

即，可推出 $a_1 a_2, \cdots, a_{m-1} a_m \in L(A_f)$. 因此，有：$L(A_f) \supseteq L(G)$ 成立.

类似地，可证：对 $\forall a_1 a_2, \cdots, a_{m-1} a_m \in \Sigma_I^+$，若 $a_1 a_2, \cdots, a_{m-1} a_m \in L(A_f)$，则

$a_1a_2,\cdots,a_{m-1}a_m \in L(G)$,即 $L(A_f) \subseteq L(G)$.

事实上,由 $a_1a_2,\cdots,a_{m-1}a_m \in L(A_f)$,知:$\exists\, q_0,p_1,p_2,\cdots,p_{m-1},q_{n+1} \in Q$,使式(6.27)成立.但由 A_f 的构造方法可知,式(6.27)中每一个映射规则

$$\delta(q_0,a_1) = p_1,\ \delta(p_1,a_2) = p_2,\ \cdots,\ \delta(p_{m-1},a_m) = q_{n+1}$$

都有以下所示 G 中的产生式

$$S \rightarrow a_1Z_1,\ Z_1 \rightarrow a_2Z_2,\ \cdots,Z_{m-2} \rightarrow a_{m-1}Z_{m-1},\ Z_{m-1} \rightarrow a_m$$

唯一地与之对应.因此,通过连续调用 G 中的上述产生式,可有以下派生

$$S \Rightarrow a_1Z_1 \Rightarrow a_1a_2Z_2 \Rightarrow \cdots \Rightarrow a_1a_2,\cdots,a_{m-2}Z_{m-2} \Rightarrow a_1a_2,\cdots,a_{m-1}Z_{m-1} \Rightarrow a_1a_2,\cdots,a_{m-1}a_m$$

即,可推出 $a_1a_2,\cdots,a_{m-1}a_m \in L(G)$.这就证明了:$L(A_f) \subseteq L(G)$.

综合以上证明步骤,有:$L(A_f) = L(G)$.

其次说明相对于有限状态自动机 $A_f = (Q,\Sigma_I,\delta,q_0,F)$,可构造与之对应的有限状态文法 $G = (N,T,P,S)$,使 $L(G) = L(A_f)$.

为简单起见,仅对确定的有限状态自动机 $A_f = (Q,\Sigma_I,\delta,q_0,F)$的情况予以说明.构造相应的有限状态文法 $G = (N,T,P,S)$的关键是使 G 中的派生对应于 A_f 中的状态转移.具体的构造步骤如下:

(1) G 中的终结符集合为 $T = \Sigma_I$.

(2) G 中的非终结符集合如下确定:

2a.若 A_f 中有状态 q_0,则 G 中有起始符 S(记为 X_0);

2b.若 A_f 中有状态 q_i,$i \neq 0$,则 G 中有非终结符 X_i,$i \neq 0$.

(3) G 中的产生式集合 P 如下确定:

3a.若 δ 中有映射 $\delta(q_i,a) = q_j$,这里,$a \in \Sigma_I$,$q_i,q_j \in Q$ 且 $q_j \notin F$,则 P 中有 $X_i \rightarrow aX_j$,这里,$a \in T$,$X_i,X_j \in N \cup S$;

3b.若 δ 中有映射 $\delta(q_i,a) = q_j$,这里,$a \in \Sigma_I$,$q_i \in Q$ 以及 $q_j \in F$,则 P 中有 $X_i \rightarrow a$,这里,$a \in T$,$X_i \in N \cup S$.

仿照定理 6.2 的证明步骤,可证 $L(G) = L(A_f)$.过程从略.

6.4 下推自动机

从 6.3 节我们看到,有限状态自动机可用于识别由有限状态文法所生成的语

言.那么,我们自然会问,这样的有限状态自动机是否也可以用来识别由上下文无关文法所产生的非正则语言呢?遗憾的是,答案是否定的.由上下文无关文法所产生的语言不能为有限状态自动机所识别,但稍后我们会看到,该类语言可由所谓的"下推自动机"进行识别.本节重点讨论与下推自动机相关的一些问题.为表述简便起见,用对应英文单词 Push Down Automaton 的头字母拼合起来的 *PDA* 来标记下推自动机.

下推自动机的具体组成如图 6.23 所示.它是通过对有限状态自动机进行拓展而形成的.从功能上来说,一个下推自动机实际上就是一个附加有下推存储器的有限状态自动机.

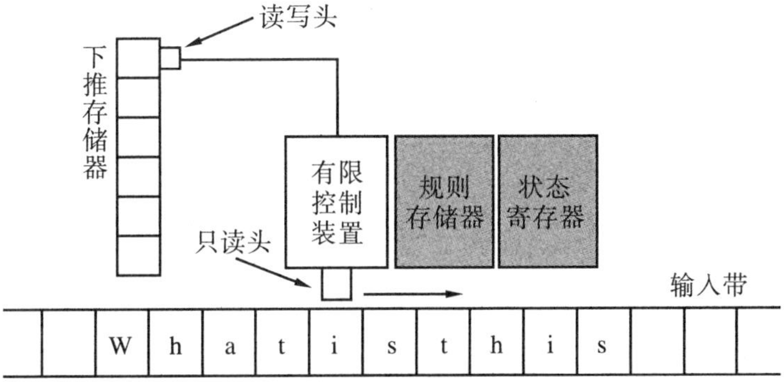

图 6.23 下推自动机的图示

这里所谓的下推存储器是一个长度不受限制的"后入先出"的堆栈.对该堆栈的操作遵循以下规则:向栈内写入符号时,最后进入堆栈的符号被置于栈顶,而栈内原有的符号被依次下推;而从栈内读出符号时,被置于栈顶的符号则首先被弹出.

下面,给出下推自动机的定义:

定义 6.14 一个非确定的下推自动机 *PDA* 是一个七元式

$$A_p = (Q, \Sigma_I, \Gamma, \delta, q_0, Z_0, F) \tag{6.28}$$

其中,

Q 为状态的非空有限集合;

Σ_I 为输入符号的有限集合,即字母表;

Γ 为堆栈符号的有限集合;

$q_0 \in Q$ 为初始状态;

$Z_0 \in \Gamma$ 为栈底符号,也即下推自动机启动时最初出现在堆栈中的唯一符号;

$F \subseteq Q$ 为终结(或接受)状态集合；

δ 为从 $Q \times (\Sigma_I \cup \{\lambda\}) \times \Gamma$ 到 $Q \times \Gamma^*$ 的有限子集的映射，记为

$$\delta: Q \times (\Sigma_I \cup \{\lambda\}) \times \Gamma \rightarrow 2^{Q \times \Gamma^*}$$

通常，δ 由一组具有以下形式

$$\delta(q, a, Z) = \{(p_1, \gamma_1), (p_2, \gamma_2), \cdots, (p_m, \gamma_m)\} \tag{6.29}$$

的状态转移函数所组成. 其中，a 可为空串 λ. 式(6.29)的涵义是，下推自动机在状态 q、读入符号 a、而栈顶符号为 Z 时，可从 $1, 2, \cdots, m$ 中选择一个下标 i，将下推自动机的下一个状态变为 p_i，并将栈顶符号 Z 用 γ_i 进行替换. 在下推自动机中，规定做上述替换时首先将栈顶符号 Z 从堆栈中弹出，然后将 γ_i 中的符号按照从右到左的顺序依次压入栈中(显然，如果 γ_i 为 λ，则替换的结果等同于仅将栈顶符号 Z 从堆栈中弹出). 与此同时，根据 a 的取值，完成以下操作：若 $a \in \Sigma_I$，则将只读头右移一格，使其指向输入符号串的下一个符号；若 a 为空串 λ，则只读头不移动，仍指向原先的符号(相应的操作称为"λ 移动").

和有限状态自动机一样，下推自动机也有确定的和非确定的之分. 一个下推自动机 $A_p = (Q, \Sigma_I, \Gamma, \delta, q_0, Z_0, F)$ 如果满足以下条件：对于 $\forall\, \delta(q, a, Z) \in Q \times \Sigma_I \times \Gamma$，有 $|\delta(q, a, Z)| + |\delta(q, \lambda, Z)| \leqslant 1$，则称该下推自动机是确定的，否则称其是非确定的.

值得指出的是，之所以在下推自动机中设置堆栈并按照从右到左的顺序对堆栈内容进行替换，是希望所构造的下推自动机能用于对具有最左导出的上下文无关语言的识别. 一方面，使用堆栈可存放在相应的导出中出现的变量串；另一方面，可按照最左导出的导出顺序，使处于当前句型最左边的变量首先被处理.

下推自动机的工作过程如下：启动时，使下推自动机的状态为 q_0，栈中存有栈底符号 Z_0，而只读头指向存放于输入带上的输入符号串 x 的最左一个符号. 进入运行后，下推自动机依据 δ 映射完成对输入符号串 x 的处理. 具体言之，根据下推自动机的当前状态、当前输入符号或空串以及栈顶的当前堆栈符号，由 δ 映射控制只读头的指向、确定下推自动机的下一个状态并改变相应堆栈的内容. 随着处理的不断进行，只读头从左到右逐个扫描符号串 x 的每一个符号，直到 x 中的所有符号均被扫描为止. 若扫描完符号串 x 后，下推自动机停留在终结(或接受)状态集合 F 的一个状态上，或者停留在空栈上，则称符号串 x 可为该下推自动机所识别或接受. 由所有这样的符号串所形成的集合即为该下推自动机所识别的语言. 具体言之，我们有如下两种定义.

定义 6.15 设 $A_p = (Q, \Sigma_I, \Gamma, \delta, q_0, Z_0, F)$ 是一个 PDA，称

$L(A_p)=\{x \mid x \in \Sigma_I^+$ 且 A_p 从 q_0 和 Z_0 出发扫描完 x 后停留在 F 的一个状态上$\}$

(6.30)

为 A_p 以终结状态方式所接受的语言.

定义 6.16 设 $A_p=(Q,\Sigma_I,\Gamma,\delta,q_0,Z_0,F)$是一个 PDA,称

$N(A_p)=\{x \mid x \in \Sigma_I^+$ 且 A_p 从 q_0 和 Z_0 出发扫描完 x 后停留在空栈上$\}$

(6.31)

为 A_p 以空堆栈方式所接受的语言.

可以证明,以终结状态方式接受语言的 PDA 和以空堆栈方式接受语言的 PDA 是等价的.即,我们有以下的两个定理:

定理 6.4 设 A_{p1} 是一个下推自动机,它以终结状态方式接受的语言为 $L(A_{p1})$,则存在另一个以空堆栈方式接受语言的下推自动机 A_{p2},使得 $N(A_{p2})=L(A_{p1})$.

定理 6.5 设 A_{p1} 是一个下推自动机,它以空堆栈方式接受的语言为$N(A_{p1})$,则存在另一个以终结状态方式接受语言的下推自动机 A_{p2},使得 $L(A_{p2})=N(A_{p1})$.

在定义 6.16 的情况下,终结状态集合 F 可置为$\varnothing$.因为此时终结状态是没有任何意义的.

例 6.16 作为一个例子,考虑如下所示用空堆栈方式接收句子的非确定下推自动机

$$A_p=(Q,\Sigma_I,\Gamma,\delta,q_0,Z_0,F)$$

这里,$Q=\{q_0\}$,$\Sigma_I=\{a,b,c,d\}$,$\Gamma=\{S,A,B,C,D\}$,$Z_0=S$,$F=\varnothing$,而映射 δ 为

(1) $\delta(q_0,c,S)=\{(q_0,DAB),(q_0,C)\}$, (2) $\delta(q_0,a,D)=\{(q_0,\lambda)\}$,

(3) $\delta(q_0,d,C)=\{(q_0,\lambda)\}$, (4) $\delta(q_0,b,B)=\{(q_0,\lambda)\}$,

(5) $\delta(q_0,a,A)=\{(q_0,AB),(q_0,CB)\}$.

由该下推自动机所识别的语言为

$$N(A_p)=\{x \mid x=ca^n db^n, n \geqslant 0\} \tag{6.32}$$

下面,以输入串“$caadbb$”为例具体看一下该下推自动机的处理过程.

该下推自动机从起始状态 q_0 和栈底符号 S 出发,逐个读入输入符号并依据映射规则实施相应的处理.

(1) 当读入第一个符号“c”时,相应的映射规则为

$$\delta(q_0,c,S)=\{(q_0,DAB),(q_0,C)\}$$

此时,有两种动作可供选择:(q_0,DAB)或(q_0,C).正确的选择是(q_0,DAB).

此时，下推自动机保持当前状态不变，并用 DAB 替代当前堆栈中的栈顶 S；与此同时，移动只读头使其指向下一个输入符号"a".

其后的动作依次分别为：

(2) 读入下一个符号"a"，并依据映射规则 $\delta(q_0,a,D)=\{(q_0,\lambda)\}$，将当前的栈顶符号 D 从堆栈中弹出使栈内容变为 AB. 与此同时，移动只读头使其指向下一个输入符号"a".

(3) 读入下一个符号"a"，并依据映射规则 $\delta(q_0,a,A)=\{(q_0,AB),(q_0,CB)\}$完成规定的动作. 此时，也有两种动作可供选择：$(q_0,AB)$或$(q_0,CB)$. 正确的选择是$(q_0,CB)$. 动作的结果是当前的栈顶符号 A 为 CB 所替代，处理后的栈内容成为 CBB. 与此同时，移动只读头使其指向下一个输入符号"d".

(4) 读入下一个符号"d"，并依据映射规则 $\delta(q_0,d,C)=\{(q_0,\lambda)\}$，将当前的栈顶符号 C 从堆栈中弹出使栈内容变为 BB. 与此同时，移动只读头使其指向下一个输入符号"b".

(5) 读入下一个符号"b"，并依据映射规则 $\delta(q_0,b,B)=\{(q_0,\lambda)\}$，将当前的栈顶符号 B 从堆栈中弹出使栈内容变为 B. 与此同时，移动只读头使其指向下一个输入符号"b".

(6) 读入最后一个符号"b"，并依据映射规则 $\delta(q_0,b,B)=\{(q_0,\lambda)\}$，将当前的栈顶符号 B 从堆栈中弹出使栈内容成为空.

至此，由于已扫描完整个输入符号串，且下推自动机停留在空栈上，故根据定义，判定输入串"$caadbb$"为例中的下推自动机所接受.

在以上的处理中，如果在读入第一个符号"c"时选择了错误的映射(q_0,C)，则继续读入下一个符号"a"时映射表中将无合适的映射可供选择. 此时，按照约定下推自动机将停机. 类似的情况发生在读入第三个符号"a"时.

应该指出的是，下推自动机在处理某个输入串时出现停机的情况并不一定意味着所输入的符号串不能为该下推自动机所识别. 只有当所有可能的映射均被遍历，且没有一组映射可使下推自动机在扫描完输入符号串时停留在终结(或接受)状态集合 F 的一个状态上或停留在空栈上，才可判定所输入的符号串不能为该下推自动机所识别.

6.4.1 下推自动机的即时描述

与有限状态自动机相比，下推自动机较为复杂. 表格、有向图以及用于有限状态自动机的即时描述等表示方法并不能直接适用于下推自动机. 为了对下推自动机的工作过程进行恰当和便利的描述，下面介绍一种基于三元组序列的即时描述法.该方法借助于一个三元组序列的演进来具体描述一个下推自动机的工作过程.

所引入的三元组

$$(q, \omega, \alpha)$$

称为当前时刻所述下推自动机的一个即时描述.其中,q 为所述下推自动机的当前状态,ω 为输入符号串的剩余部分,而 α 为下推自动机当前堆栈中的内容.

为了判定一个输入串能否为所述下推自动机所接受,从所述下推自动机最初的即时描述出发,依据剩余输入串的当前符号、所述下推自动机的当前状态和当前堆栈中的内容以及所适用的下推自动机的映射规则不断确定下一时刻所述下推自动机的即时描述.重复以上的处理过程使所引入的三元组不断发生演进,直至下列情况之一出现:① 输入符号串的剩余部分为空,且下推自动机停留在终结状态集合的一个状态上,或者停留在空栈上;② 输入符号串的剩余部分不为空,但下推自动机中无合适的映射规则可以适用;③ 输入符号串的剩余部分为空,但下推自动机停留的状态不属于终结状态集合且停留的堆栈非空.根据定义,在第一种情况下,判定输入串能够为所述下推自动机所识别,而在其余的两种情况下,则判定输入串不能为所述下推自动机所识别.

下面,举例对上述基于三元组序列的即时描述法进行说明.

例 6.17 考虑如下所示的下推自动机

$$A_p = (Q, \Sigma_I, \Gamma, \delta, q_0, Z_0, F)$$

其中,$Q = \{q_0, q_1, q_2\}$,$\Sigma_I = \{0, 1\}$,$\Gamma = \{Z_0, A\}$,$F = \{q_2\}$,而映射 δ 为

(1) $\delta(q_0, 0, Z_0) = \{(q_0, AZ_0)\}$, (2) $\delta(q_0, 0, A) = \{(q_0, AA)\}$,

(3) $\delta(q_0, 1, A) = \{(q_1, \lambda)\}$, (4) $\delta(q_1, 1, A) = \{(q_1, \lambda)\}$,

(5) $\delta(q_1, \lambda, Z_0) = \{(q_2, \lambda)\}$.

易见,该下推自动机有如下特点:当待处理的当前输入符号为 0 时,在当前的堆栈中压入一个 A,而当待处理的当前输入符号为 1 时,则从堆栈中弹出一个 A.据此不难推断,该下推自动机仅接收由个数相等的连续的若干个 0 和连续的若干个 1 所组成的符号串.即有

$$L(A_p) = \{x \mid x = 0^n 1^n, n \geqslant 1\}$$

下面,以输入符号串“010101”为例来具体看一下所述下推自动机的工作过程.相应的三元组序列如下所示

$$\begin{aligned}(q_0, 010101, Z_0) &\overset{(1)}{\vdash} (q_0, 10101, AZ_0)\\ &\overset{(3)}{\vdash} (q_1, 0101, Z_0)\end{aligned}$$

其中,$\vdash$ 上方小括弧中的数字表示根据剩余输入串的当前符号、所述下推自动机的

当前状态和当前堆栈的栈顶所确定的映射，而 $\vdash$ 所连接的两个三元组则分别表示映射前后下推自动机所对应的即时描述.起始时，根据下推自动机输入符号串的当前符号 0，当前状态 q_0，以及当前堆栈的栈顶 Z_0，从映射集 δ 中选择(1)为所施行的映射.执行映射后得到即时描述$(q_0, 10101, AZ_0)$.其后，进一步施行类似的动作.由于第一步映射后下推自动机剩余输入符号串的当前符号为 1，当前状态为 q_0，而当前堆栈的栈顶为 A，故根据给定的映射集 δ，选择其中的(3)为所施行的下一个映射.结果，得到映射后的即时描述$(q_1, 0101, Z_0)$.由于此后下推自动机中无合适的映射规则可以适用，故根据定义判定所输入的符号串“010101”不能为所述下推自动机所识别.

类似地，如果输入符号串为“000111”，则可得到如下所示的三元组序列

$$
\begin{aligned}
(q_0, 000111, Z_0) &\overset{(1)}{\vdash} (q_0, 00111, AZ_0) \\
&\overset{(2)}{\vdash} (q_0, 0111, AAZ_0) \\
&\overset{(2)}{\vdash} (q_0, 111, AAAZ_0) \\
&\overset{(3)}{\vdash} (q_1, 11, AAZ_0) \\
&\overset{(4)}{\vdash} (q_1, 1, AZ_0) \\
&\overset{(4)}{\vdash} (q_1, \lambda, Z_0) \\
&\overset{(5)}{\vdash} (q_2, \lambda, \lambda)
\end{aligned}
$$

由于最终得到的下推自动机的即时描述为(q_2, λ, λ)，故下推自动机在扫描完整个输入符号串后，停留在终结状态 q_2 上(也同时停留在空栈上).根据定义，判定输符号串“000111”可以为所述下推自动机所识别.

6.4.2 上下文无关文法和下推自动机

下面讨论上下文无关文法和下推自动机之间的关系.我们将看到，可以用上下文无关语言将两者联系起来.换言之，两者之间存在如下的等价性，即下推自动机接受的语言类和上下文无关文法产生的语言类是一致的，它们都是上下文无关语言.

为方便分析、处理以及后续算法的需要，引入文法的若干规范表示.

首先引入文法的乔姆斯基规范表示.

定义 6.17 设 $G=(N, T, P, S)$是一个文法，若 G 中所有的产生式均具有所谓乔姆斯基范式的形式

$$A \to BC \quad 或者 \quad A \to a$$

其中，$A,B,C \in N$，$a \in T$，则称该文法为乔姆斯基范式(Chomsky Normal Form)文法，简记为 $CNFG$.

借助于乔姆斯基范式，可以得到下述关于上下文无关语言的非常有用的结论.

定理 6.6 任何上下文无关语言都可以由仅包含形如 $A \to BC$ 或 $A \to a$ 的产生式的文法所产生. 这里，$A,B,C \in N$ 和 $a \in T$.

下面给出该定理的简要证明.

证明 只要证上下文无关文法中形如 $A \to \beta$，$A \in N$，$\beta \in \Sigma^+ = (N \cup T)^+$ 的产生式可以用仅包含形如 $A \to BC$ 或 $A \to a$，$A,B,C \in N$ 和 $a \in T$ 的产生式表示即可.

为简单起见，假设所述上下文无关文法已经过适当化简. 特别地，其中不包含任何带无用符号的产生式. 这里的无用符号是指：① 所述符号属于 $N \cup T$，但不出现在任何由 S 所派生出的符号串中；② 所述符号属于 N，但由该符号不能派生出任何由终结符构成的符号串.

根据定义，上下文无关文法中的产生式具有形式

$$A \to \beta \tag{6.33}$$

其中，$A \in N$，$\beta \in \Sigma^+ = (N \cup T)^+$.

(1) 对每一个形如式(6.33)的产生式，实施以下处理.

不失一般性，设其右端的 β 由 n(因 β 非空，故 $n \geqslant 1$)个符号(终结符或非终结符)所组成，则 $A \to \beta$ 可写成以下形式

$$A \to X_1 X_2 \cdots X_n \tag{6.34}$$

这里，$A \in N$，$X_i \in N \cup T$，$i = 1,2,\cdots,n$.

若 $A \to X_1 X_2 \cdots X_n$ 的右端包含终结符 X_i，则引入新的非终结符 X_i'，并用

$$A \to X_1 X_2 \cdots X_i' \cdots X_n$$
$$X_i' \to X_i$$

替换式(6.34).

对式(6.34)右端可能包含的所有终结符实施相似的处理.

这样，经过处理后可得到一组新产生式，其中仅包含形如

$$A \to X_1 X_2 \cdots X_n, \quad A \in N \text{ 以及 } X_i \in N, i = 1,2,\cdots,n, n \geqslant 1$$
$$A \to a, \quad A \in N \text{ 以及 } a \in T$$

的产生式.

(2) 检查所获得的所有可能的产生式中是否包含以下形式的单一产生式

$$A \to X, \quad A, X \in N$$

若有,则在已生成的产生式组中必定包含形如

$$X \to \alpha_i,\ \alpha_i \in N^+,\quad i=1,2,\cdots,m$$

的产生式组($m \geqslant 1$).此时,用

$$A \to \alpha_i,\ \alpha_i \in N^+,\quad i=1,2,\cdots,m$$

对上述相关的产生式组进行置换.如果 α_i 仍为单一的非终结符,则继续上述操作,直至相应的产生式右端由多个(2 个以上)非终结符构成为止.

经过上面两步处理后,所得到的产生式将全部具有以下形式

$$A \to X_1 X_2 \cdots X_n,\quad A \in N \text{ 以及 } X_i \in N, i=1,2,\cdots,n,\ n \geqslant 2$$

$$A \to a,\quad A \in N \text{ 以及 } a \in T$$

(3) 对所有形如 $A \to X_1 X_2 \cdots X_n$ 的产生式作如下分解

$$A \to X_1 X'_1$$

$$X'_1 \to X_2 X'_2$$

$$X'_2 \to X_3 X'_3$$

$$\vdots$$

$$X'_{n-2} \to X_{n-1} X_n$$

这里,$X'_1, X'_2, \cdots, X'_{n-2}$为新导入的非终结符.

至此,在所得到的新的产生式组中,仅存在形如

$$A \to BC,\quad A,B,C \in N$$

$$A \to a,\quad a \in T$$

的产生式.证毕.

接着,引入文法的格雷巴赫规范表示.

定义 6.18 设 $G=(N,T,P,S)$是一个文法,若 G 中所有的产生式均具有所谓格雷巴赫范式的形式

$$A \to a\gamma \tag{6.35}$$

其中,$A \in N$, $a \in T$, $\gamma \in N^*$,则称该文法为格雷巴赫范式(Greibach Normal Form)文法,简记为 $GNFG$.

据此定义,知:在格雷巴赫范式文法中,仅包含如下两种形式的产生式

$$A \to aA_1 A_2 \cdots A_n,\quad n \geqslant 1$$

$$A \to a$$

其中,$A \in N, A_i \in N, i=1,2,\cdots,n, a \in T$.

与前类似,借助于格雷巴赫范式,可以得到以下关于上下文无关语言的有用结论.

定理 6.7 任何上下文无关语言都可以由仅包含形如 $A \to a\gamma$ 的产生式的文

法所产生.这里,$A\in N,a\in T,\gamma\in N^*$.

证明 只要证上下文无关文法中形如 $A\rightarrow\beta,A\in N,\beta\in\Sigma^+=(N\cup T)^+$ 的产生式可以用仅包含形如 $A\rightarrow a\gamma,A\in N,a\in T,\gamma\in N^*$ 的产生式表示即可.

等价地,只要证上下文无关文法中形如 $A\rightarrow\beta,A\in N,\beta\in\Sigma^+=(N\cup T)^+$ 的产生式可以用仅包含形如

$$A\rightarrow aA_1A_2\cdots A_n,\quad n\geqslant 1,\ A\in N,\ A_i\in N,\ i=1,2,\cdots,n,\ a\in T$$

$$A\rightarrow a,\quad A\in N,\ a\in T$$

的产生式表示即可.

在定理 6.6 的证明中,已证:一个经过适当化简的上下文无关文法的产生式可以仅由形如

$$A\rightarrow X_1X_2\cdots X_n,\quad A\in N\text{ 以及 }X_i\in N,i=1,2,\cdots,n,n\geqslant 2 \tag{6.36}$$

$$A\rightarrow a,\quad A\in N\text{ 以及 }a\in T \tag{6.37}$$

的产生式组所表示.

如果化简后的产生式具有和式(6.37)相同的形式,则结论已成立.故仅需对形如式(6.36) 的产生式,证明其可被置换为以格雷巴赫范式表示的形式即可.

由于已假设所有产生式中不包含任何无用符号,故式(6.36)右端的第一个非终结符 X_1 一定可以被形如

$$X_1\rightarrow Y_1Y_2\cdots Y_m,\quad X_1\in N\text{ 以及 }Y_i\in N,i=1,2,\cdots,m,m\geqslant 2 \tag{6.38}$$

或

$$X_1\rightarrow a,\quad X_1\in N\text{ 以及 }a\in T \tag{6.39}$$

的产生式所置换.若 X_1 可被形如式(6.39)的产生式所置换,则结论已成立.如若不然,则其必定可以被形如式(6.38)的产生式所置换;显然,置换后得到的产生式仍然具有和式(6.36)类似的形式.由于所有产生式中不包含任何无用符号,故经过有限次类似上面的操作后,X_1 最终一定会被首符号为单个终结符、而剩余符号为非终结符的符号串所替代.证毕.

借助于上下文无关文法的上述规范表示,可以证明以下两个重要定理.

定理 6.8 对于任意的上下文无关语言 L 而言,存在下推自动机 A_p,使 $N(A_p)=L$.

定理 6.9 对于任意的下推自动机 A_p 而言,存在上下文无关文法 $GNFG$,使得 $L(GNFG)=N(A_p)$.

下面仅对定理 6.8 给出证明.证明分两步进行.

(1) 构造所需的下推自动机.

设所述上下文无关语言 $L-\{\lambda\}$ 由格雷巴赫范式文法 $G=(N,T,P,S)$ 所产

生，即有 $L(G)=L$，如下构造下推自动机

$$A_p=(\{q\},T,N,\delta,q,S,\Phi)$$

其中，映射 δ 如下确定：若在 P 中有 $A\to a\gamma$，则在 δ 中有 $\delta(q,a,A)=\{(q,\gamma)\}$.

(2) 证明所构造的下推自动机 A_p 确能以空堆栈的方式识别 $L-\{\lambda\}$. 即有 $N(A_p)=L$ 成立.

为此，证明一个更一般的结论

$$S\overset{*}{\underset{G}{\Rightarrow}}x\rho \quad 当且仅当 \quad (q,x,S)\ \underset{A_p}{\overset{*}{\vdash}}(q,\lambda,\beta) \tag{6.40}$$

这里，$x\in T^*$ 以及 $\beta\in N^*$.

首先对 x 的长度施用归纳法证明：若 $(q,x,S)\ \underset{A_p}{\overset{n}{\vdash}}(q,\lambda,\beta)$，则有 $S\overset{*}{\underset{G}{\Rightarrow}}x\beta$.

当 $n=0$ 时，结论显然成立. 此时有，$x=\lambda,\beta=S$，即 $S\overset{0}{\underset{G}{\Rightarrow}}S$.

设 $n=k,k\geqslant1$ 时，结论成立. 即当 $(q,x,S)\ \underset{A_p}{\overset{k}{\vdash}}(q,\lambda,\beta)$ 时，有 $S\overset{*}{\underset{G}{\Rightarrow}}x\beta$.

下面考虑 $n=k+1$ 时的情况. 为方便起见，不妨记 $x=ya$，这里，$|y|=k$，而 a 为单个终结符. 此时，有

$$(q,x,S)=(q,ya,S)\ \underset{A_p}{\overset{k}{\vdash}}(q,a,\beta_1)\ \underset{A_p}{\overset{1}{\vdash}}(q,\lambda,\beta)$$

其中，第一步映射结果由归纳法假设得到，而第二步映射结果则由已知条件得到. 根据第二步的映射结果以及 A_p 中 δ 的定义方式，知第二步映射适用了 $\delta(q,a,A)=\{q,\beta_3\}$. 其中，$A\in N$ 为 β_1 的栈顶. 由于该步映射的结果是用 β_3 置换了现行堆栈 β_1 中的栈顶 A，故若记 $\beta_1=A\beta_2$，则执行映射后相应的堆栈内容应为 $\beta=\beta_3\beta_2$.

综上，并根据 δ 的定义，知在 P 中必有 $A\to a\beta_2$. 另外，由归纳法假设，有

$$S\overset{*}{\underset{G}{\Rightarrow}}y\beta_1$$

这样，综合两方面的结果，当 $n=k+1$ 时，有

$$S\overset{*}{\underset{G}{\Rightarrow}}y\beta_1 = yA\beta_2\underset{G}{\Rightarrow}ya\beta_3\beta_2 = x\beta$$

其次证明：若 $S\overset{n}{\underset{G}{\Rightarrow}}x\beta$，则有 $(q,x,S)\ \underset{A_p}{\overset{*}{\vdash}}(q,\lambda,\beta)$.

证明方法与上类似，对 x 的长度施用归纳法.

当 $n=0$ 时，结论显然成立. 此时有，$x=\lambda,\beta=S$，即 $(q,\lambda,S)\ \underset{A_p}{\overset{0}{\vdash}}(q,\lambda,S)$.

设 $n=k,k\geqslant1$ 时，结论成立. 即当 $S\overset{k}{\underset{G}{\Rightarrow}}x\beta$ 时，有 $(q,x,S)\ \underset{A_p}{\overset{*}{\vdash}}(q,\lambda,\beta)$.

接着考虑 $n=k+1$ 时的情况.与前类似,不妨记 $x=ya$,这里,$|y|=k$,而 a 为单个终结符.我们有

$$S \overset{k}{\underset{G}{\Rightarrow}} y\beta_1 = yA\beta_2 \overset{1}{\underset{G}{\Rightarrow}} ya\beta_3\beta_2 = x\beta$$

其中,第一步是基于归纳法假设,而后一步则是因为适用了 P 中的产生式 $A \to a\beta_3$. 这里,$A\in N$ 为 β_1 的栈顶,以及 $\beta_1 = A\beta_2$,$\beta=\beta_3\beta_2$.

另一方面,根据归纳法假设,有

$$(q,x,S)=(q,ya,S)\ \underset{A_p}{\overset{k}{\vdash}}(q,a,\beta_1)=(q,a,A\beta_2)\ \underset{A_p}{\overset{1}{\vdash}}(q,\lambda,\beta_3\beta_2)=(q,\lambda,\beta)$$

其中,第一步映射结果是根据归纳法假设得到的,而后一步映射结果则是因为适用了根据 P 中的产生式 $A\to a\beta_3$ 所确定的映射 $\delta(q,a,A)=\{(q,\beta_3)\}$.

至此,式(6.40)的命题得证.

从上面的证明可以看到,式(6.40)对所有满足 $\beta\in N^*$ 的 β 都是成立的.若取 $\beta=\lambda$,则有

$$S\overset{*}{\underset{G}{\Rightarrow}}x \text{ 当且仅当}(q,x,S)\ \underset{A_p}{\overset{*}{\vdash}}(q,\lambda,\lambda)$$

即,$x\in L(G)$当且仅当 $x\in N(A_p)$.

此外,若 $\lambda\in L(G)$,则在所构建的下推自动机 A_p 中可添加如下的映射

$$\delta(q,\lambda,S)=\{(q,\lambda)\}$$

定理得证.

上下文无关语言分非正则的和正则的两大类.如果一个上下文无关语言是有限状态语言,则称其为正则的;否则称其为非正则的.非正则的上下文无关语言也称为严格的上下文无关语言.

对于一个上下文无关文法 G 而言,如果其中的一个非终结符 A 具有性质

$$A\overset{*}{\underset{G}{\Rightarrow}}\alpha_1 A\alpha_2,\quad \text{其中 } \alpha_1,\alpha_2\in\Sigma^+$$

则称 G 是"自嵌入的",也称非终结符 A 是"自嵌入的".

一个具有自嵌入性质的文法可以产生形如 uv^iwx^iy 的句子.例如,考虑包含下述产生式组

$$(1)\ S\to uAy,\quad (2)\ A\to vAx,\quad (3)\ A\to w.$$

的文法,用该组产生式可导出如下形式的符号串

$$S\overset{(1)}{\Rightarrow}uAy\overset{(2)}{\Rightarrow}uvAxy\overset{(2)}{\Rightarrow}uv^2Ax^2y\overset{(2)}{\Rightarrow}\cdots\overset{(2)}{\Rightarrow}uv^iAx^iy\overset{(3)}{\Rightarrow}uv^iwx^iy,\quad i\geqslant 0$$

显然,没有一个有限状态自动机能够识别类似上面的符号串集合.

利用上述自嵌入的性质,可以将严格的上下文无关语言和所谓的有限状态语

言(也即正则语言)两者区分开来.事实上,我们有以下的结论:如果一个上下文无关文法是非自嵌入的,则由它所产生的语言是一个有限状态语言,可以为有限状态自动机所识别;否则,由它所产生的语言是一个严格的上下文无关语言.一个严格的上下文无关语言,仅能够用下推自动机进行识别.

最后,简单讨论一下确定的和非确定的下推自动机之间的关系.如前所述,根据定理6.1,确定的和非确定的有限状态自动机对于所接受的语言而言是等价的.然而,需要注意的是,类似的结论对下推自动机并不成立.可以举出一个反例.例如,语言 $L(G)=\{xx^R \mid x\in\{0,1\}^*,\ x^R$ 为 x 的倒序串$\}$为下列非确定的下推自动机 A_p 所接受.这里

$$A_p = (Q,\Sigma,\Gamma,\delta,q_0,Z_0,\varnothing)$$

其中,$Q=\{q_1,q_2\}$,$\Sigma=\{0,1\}$,$\Gamma=\{A,B,C\}$,$Z_0=A$,而 δ 为

(1) $\delta(q_1,0,A)=\{(q_1,BA)\}$, (2) $\delta(q_1,1,C)=\{(q_1,CC),(q_2,\lambda)\}$,

(3) $\delta(q_1,1,A)=\{(q_1,CA)\}$, (4) $\delta(q_2,0,B)=\{(q_2,\lambda)\}$,

(5) $\delta(q_1,0,B)=\{(q_1,BB),(q_2,\lambda)\}$, (6) $\delta(q_2,1,C)=\{(q_2,\lambda)\}$,

(7) $\delta(q_1,0,C)=\{(q_1,BC)\}$, (8) $\delta(q_1,\lambda,A)=\{(q_2,\lambda)\}$,

(9) $\delta(q_1,1,B)=\{(q_1,CB)\}$, (10) $\delta(q_2,\lambda,A)=\{(q_2,\lambda)\}$.

但是,上述 $L(G)=\{xx^R \mid x\in\{0,1\}^*\}$不能被任何确定的下推自动机所接受.理由是显然的.因为 $L(G)$中的符号串必定具有以下形式:或者可表示为 $x00x^R$,或者可表示为 $x11x^R$,两者必居其一.这里,$x\in\{0,1\}^*$ 是符号串中的一个子串.根据定义,$L(G)$中的符号串是有对称中心的,且对称中心就在相邻的两个0或相邻的两个1的中间.因此,当接收到两个连续的0或者1时,必须对其进行考察,看其是否构成符号串的对称中心.但是,另一方面,子串 x 中也可能包含两个以及两个以上连续的0或者1.这也是下推自动机必须考虑的情况.由于上述两种情况在符号串中出现的机会是均等的,所以,下推自动机必须同等地对待它们.换句话说,当下推自动机接收到两个连续的0或者1时,既要考察它们是否构成对称中心,也要看一下它们是否仅为子串 x 的一部分.在下推自动机的情况下,上述行为只能以类似于上面映射 δ 中的(2)和(5)的形式实现.这就证明了能够接受 $L(G)=\{xx^R \mid x\in\{0,1\}^*\}$的下推自动机必是一个非确定的下推自动机.

6.5 图 灵 机

在历史上图灵机是作为一种通用的计算模型而被提出的.但在模式识别领域，它的作用主要是被当作一种用于识别语言的识别装置.与有限状态自动机可用于识别由有限状态文法所生成的语言、下推自动机可用于识别由上下文无关文法所产生的语言不同,图灵机是一种通用的识别装置,它可以用于识别由无约束文法(也即0型文法)所产生的语言.本节重点讨论与图灵机相关的一些问题.为表述简便起见,今后用对应英文单词 Turing Machine 的头字母拼合得到的 TM 来标记图灵机.

图灵机的结构如图 6.24 所示,由一个带读写头的有限控制装置和输入带所组成.输入带包含无穷多个单元,其左端的若干个单元为输入符号串所占据,而右端的无穷多个单元中则存放着所谓的“空白符”.空白符是一种特殊的符号,习惯上用“$\mathscr{B}$”表示.

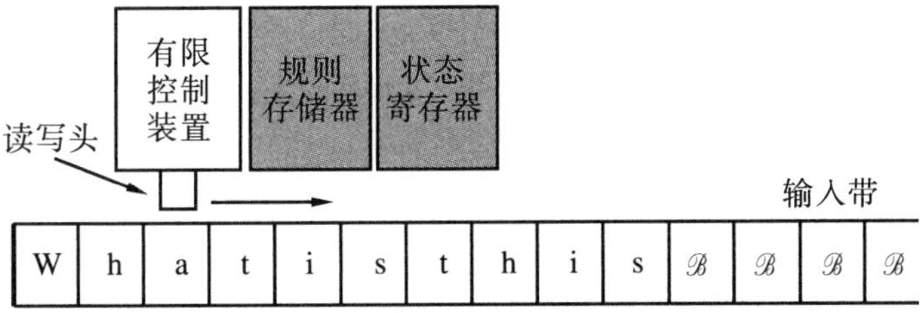

图 6.24 图灵机

由图可见,在结构上图灵机和有限状态自动机是非常相似的.其区别仅在于图灵机能够通过其所带的读写头更换输入带上的符号,而有限状态自动机则不具有此功能.

下面,给出图灵机的一个形式定义：

定义 6.19 一个确定的图灵机是一个七元式

$$A_T = (Q, \Sigma_I, \mathscr{B}, \Gamma, \delta, q_0, F) \tag{6.41}$$

其中,

Q 为状态的非空有限集合；

Γ 为带符号表，只有 Γ 中的符号可以出现在输入带上；

$\Sigma_I \subseteq \Gamma - \{\mathscr{B}\}$ 为输入符号的有限集合，即输入字母表；

$\mathscr{B}$ 为空白符号，含有 $\mathscr{B}$ 的带上单元被认为是空的；

$q_0 \in Q$ 为初始状态；

$F \subseteq Q$ 为终结状态集合；

δ 为 $Q \times \Gamma$ 到 $Q \times \Gamma \times \{L, R\}$ 的映射，记为

$$\delta: Q \times \Gamma \rightarrow Q \times \Gamma \times \{L, R\}$$

δ 中的映射具有以下形式

$$\delta(q, X) = (p, Y, L) \tag{6.42}$$

或者

$$\delta(q, X) = (p, Y, R) \tag{6.43}$$

其中，$\delta(q, X) = (p, Y, L)$ 表示图灵机 A_T 在状态 q 读入符号 X 后，将当前状态由 q 变为 p，并用 Y 对 X 所在的带单元进行改写，然后将读写头左移一个单元.类似地，$\delta(q, X) = (p, Y, R)$ 表示图灵机 A_T 在状态 q 读入符号 X 后，将当前状态由 q 变为 p，并用 Y 对 X 所在的带单元进行改写，然后将读写头右移一个单元.

作为对上述图灵机定义的补充，以下几点是需要特别注意的：

(1) 启动时，除了空白符号外，只有 Σ_I 中的符号可以出现在输入带上.

(2) 启动时，图灵机处于初始状态 q_0，由 Σ_I 中的符号组成的输入符号串被放置于输入带的左端，而读写头指向其最左端的一个符号.

(3) 运行过程中，可以用 Γ 中的带符号对输入带上的非空白符号进行改写.

(4) 运行过程中，读写头可在输入带上左右移动.

(5) 运行过程中，一旦发现当前状态变为一个终结状态，则立即停机.

(6) 根据需要，终结状态集合 F 可由不相交的两个子集 FA 和 FR 所组成.其中，FA 称为接受状态集合，而 FR 称为拒绝状态集合.有些情况下，F 可以不包含拒绝状态集合 FR.此时，终结状态就是接受状态.

由式(6.41)所定义的图灵机也称作基本图灵机.除了基本图灵机之外，图灵机尚有若干种变形.限于篇幅，这里不一一介绍.

和有限状态自动机和下推自动机一样，图灵机也有确定的和非确定的之分.

对一个基本图灵机 A_T 而言，如果其中包含形如

$$\delta(q, X) = \{(p_1, Y_1, D_1), (p_2, Y_2, D_2), \cdots, (p_n, Y_n, D_n)\}, \quad n \geqslant 2$$

的映射(即 δ 为 $Q \times \Gamma$ 到 $Q \times \Gamma \times \{L, R\}$ 的子集的映射)，则称该基本图灵机是非确定的.其中，$D_i \in \{L, R\}$，$i = 1, 2, \cdots, n$ 表示读写头的移动方向.可以证明，非确定的图灵机和基本图灵机是等价的.

为了更好地描述图灵机的工作过程，引入所谓的即时描述.图灵机的即时描述由下式给出

$$\alpha_1 q \alpha_2$$

其中，$q \in Q$ 表示图灵机的当前状态，$\alpha_1 \in (\Gamma - \{\mathscr{B}\})^*$ 表示当前时刻输入带上位于读写头左边的带上符号，而 $\alpha_2 \in (\Gamma - \{\mathscr{B}\})^*$ 表示当前时刻输入带上位于读写头右边不包括空白符号在内的带上符号.注意：α_2 的最左一个符号为读写头正注视的符号.为强调这一点，可在该符号的下端加下划线进行表示.

例如，设

$$X_1 X_2 \cdots X_{i-1} q \underline{X_i} X_{i+1} \cdots X_n$$

为当前时刻图灵机的一个即时描述，则该即时描述表示图灵机的当前状态为 q，当前带上符号串为 $X_1 X_2 \cdots X_{i-1} X_i X_{i+1} \cdots X_n$，而读写头正注视的带上符号为 X_i.若图灵机的 δ 中存在映射$\delta(q, X_i) = (p, Y, L)$，则下一时刻图灵机的即时描述将变为

$$X_1 X_2 \cdots X_{i-2} p \underline{X_{i-1}} Y X_{i+1} \cdots X_n$$

即，图灵机的当前状态将由 q 变为p，带上符号 X_i 将被改写为Y，而读写头将左移一个单元，使 X_{i-1}成为下一个被注视的带上符号.

上述对图灵机的操作可记作

$$X_1 X_2 \cdots X_{i-1} q X_i X_{i+1} \cdots X_n \;\underset{A_T}{\vdash} X_1 X_2 \cdots X_{i-2} p X_{i-1} Y X_{i+1} \cdots X_n$$

这里，为了表示更加简洁，式中省略了下划线.

借助于即时描述可实现对图灵机工作过程的完整描述.

显然，$\underset{A_T}{\vdash}$是一个二元关系，它表示了图灵机从一个即时描述到另一个即时描述的转换.设 ID_1 和 ID_2 分别是图灵机的两个即时描述，则按照二元关系合成的定义，可以有以下表示：

(1) $ID_1 \;\underset{A_T}{\overset{n}{\vdash}} ID_2$ 表示经过 n 次转换后图灵机的即时描述由 ID_1 变为 ID_2.

(2) $ID_1 \;\underset{A_T}{\overset{+}{\vdash}} ID_2$ 表示经过至少一次转换后图灵机的即时描述由 ID_1 变为 ID_2.

(3) $ID_1 \;\underset{A_T}{\overset{*}{\vdash}} ID_2$ 表示经过若干次转换后图灵机的即时描述由 ID_1 变为 ID_2.

特别地，在意义明确的情况下，$\underset{A_T}{\vdash}$中的A_T 可以省略.

从上面的讨论可以看出，用于描述图灵机工作过程的即时描述和有限状态自动机的即时描述存在许多相似之处.但也存在显著的不同.这些不同源于各自的自

动机所具有的特点，主要表现在以下几点：

(1) 图灵机即时描述中的状态符可随读写头的左右移动而向左、向右双向地变换位置.相比之下，有限状态自动机即时描述中的状态符只能单向地向左移动.

(2) 对图灵机而言，一旦其即时描述中的状态符变为终结状态符，则立即可对输入符号串做出是否接受的判断.相比之下，有限状态自动机需要扫描完整个输入符号串，即其即时描述中的状态符被移至最后一个位置时，才能对输入符号串做出是否接受的判断.

(3) 图灵机即时描述中的符号串是$(\Gamma-\{\mathscr{B}\})^*Q(\Gamma-\{\mathscr{B}\})^*$的一个元素，而相比之下，有限状态自动机即时描述中的符号串是 $\Sigma_I^*Q\Sigma_I^*$ 的一个元素.换言之，图灵机即时描述中的符号串中可包含除空白符号之外的任何带符号.这一点是由图灵机允许用除空白符号之外的任何带符号置换当前带上符号决定的.

下面对图灵机的终结状态做进一步的讨论.

一般情况下，一旦图灵机的当前状态到达一个终结状态，则立即停机，并根据该终结状态做进一步的判断.如果该终结状态为一个接受状态，则判输入的符号串为可接受的，否则，拒绝该输入符号串.作为一个特例，在图灵机到达终结状态的时候，为明确表示将停机，相应映射中表示移位操作的符号(L 或 R)将为 0 所替代.此时，不再发生任何移位操作.

综合上面的讨论，可对图灵机的工作过程做如下的概述：启动后，图灵机根据当前状态和读写头所指向的当前带上符号，由 δ 映射对读写头所指向的当前带上符号进行改写并控制读写头向左或向右移动一个单元.上述操作不断进行直至图灵机到达下列事态之一：① 到达一个终结状态.此时，停机并做如下判断：如果该终结状态为接受状态，则判输入符号串可被接受，否则，拒绝之；② 当前状态是一个非终结状态，但 δ 中无相应的映射可以适用.此时，停机并判输入符号串不能被接受.

下面，以一个实例来具体体会一下图灵机的工作过程.

例 6.18 考虑如下所示的图灵机

$$A_T=(Q,\Sigma_I,\mathscr{B},\Gamma,\delta,q_0,F)$$

其中，$Q=\{q_0,q_1,q_2,q_3,q_4,q_5\}$，$\Sigma_I=\{0,1\}$，$\Gamma=\{0,1,X,Y,\mathscr{B}\}$，$F=\{q_5\}$，而映射 δ 为

(1) $\delta(q_0,0)=(q_1,X,R)$，　　(2) $\delta(q_1,0)=(q_1,0,R)$，

(3) $\delta(q_2,Y)=(q_2,Y,L)$，　　(4) $\delta(q_3,Y)=(q_3,Y,R)$，

(5) $\delta(q_4,0)=(q_4,0,L)$，　　(6) $\delta(q_1,Y)=(q_1,Y,R)$，

(7) $\delta(q_2,X)=(q_3,X,R)$，　　(8) $\delta(q_3,\mathscr{B})=(q_5,Y,0)$，

(9) $\delta(q_4, X) = (q_0, X, R)$, (10) $\delta(q_1, 1) = (q_2, Y, L)$,

(11) $\delta(q_2, 0) = (q_4, 0, L)$.

容易验证,该图灵机所接受的符号串集合为$\{x \mid x = 0^n 1^n, n \geqslant 1\}$.

当输入符号串为“0011”时,相应的运行结果可用如下所示的即时描述序列表示.运行至第13步时,图灵机到达终结状态 q_5.这表明:“0011”可以被接受.

$$
\begin{aligned}
q_0 0011 &\overset{(1)}{\vdash} Xq_1 011 \overset{(2)}{\vdash} X0q_1 11 \overset{(11)}{\vdash} Xq_2 0Y1 \overset{(11)}{\vdash} q_4 X0Y1 \\
&\overset{(9)}{\vdash} Xq_0 0Y1 \overset{(1)}{\vdash} XXq_1 Y_1 \overset{(6)}{\vdash} XXYq_1 1 \overset{(10)}{\vdash} XXq_2 YY \\
&\overset{(3)}{\vdash} Xq_2 XYY \overset{(7)}{\vdash} XXq_3 YY \overset{(4)}{\vdash} XXYq_3 Y \overset{(4)}{\vdash} XXYYq_3 \\
&\overset{(8)}{\vdash} XXYYq_5
\end{aligned}
$$

这里,上方小括弧中的数字表示所采用映射在映射集合中的序号.

最后,讨论0型文法和图灵机之间的关系.

首先,对图灵机所接受的语言进行定义.我们有:

定义 6.20 设 $A_T = (Q, \Sigma_I, \mathscr{B}, \Gamma, \delta, q_0, F)$是一个 TM,称

$$
L(A_T) = \{x \mid x \in \Sigma_I^+ \text{ 且 } q_0 x \overset{*}{\underset{A_T}{\vdash}} \alpha_1 q \alpha_2 \text{ 且 } q \in F \text{ 且 } \alpha_1, \alpha_2 \in (\Gamma - \{\mathscr{B}\})^*\} \tag{6.44}
$$

为 A_T 所接受的语言.

与有限状态自动机和正则文法之间、下推自动机和上下文无关文法之间所具有的等价关系类似,可以证明,图灵机和0型文法也是等价的.我们有以下两个定理.

定理 6.10 设 $G = (N, T, P, S)$是一个短语结构文法,$L(G)$为由 G 所产生的语言,则存在一个图灵机 A_T,使 $L(A_T) = L(G)$.

定理 6.11 设 $L(A_T)$为一个图灵机 A_T 所接受的语言,则存在一个短语结构文法 $G = (N, T, P, S)$,使 $L(G) = L(A_T)$.

至此,对有限状态自动机、下推自动机和图灵机等三种自动机进行了较为详细的讨论.除了这三种自动机之外,还存在一种称之为线性有界自动机(Linear Bounded Automaton,简记为 LBA)的自动机.线性有界自动机是一种非确定的图灵机,它和上下文有关文法之间存在等价关系.限于篇幅,这里不对线性有界自动机做更深入的讨论,仅给出如下所示相关的两个定理.

定理 6.12 设 $G = (N, T, P, S)$是一个上下文有关文法,$L(G)$为由 G 所产生的语言,则存在一个线性有界自动机 A_l,使 $L(A_l) = L(G)$.

定理 6.13 设 $L(A_l)$为线性有界自动机 A_l 所接受的语言,则存在一个上下文有关文法 $G=(N,T,P,S)$,使 $L(G)=L(A_l)-\{\lambda\}$.

6.6 关于语言、文法和自动机的再讨论

在前面几节中,分别对语言(准确地说是形式语言)、文法和自动机进行了讨论.本节将在前述讨论的基础上,以语言为中心对三者以及三者之间的关系做进一步的探讨.

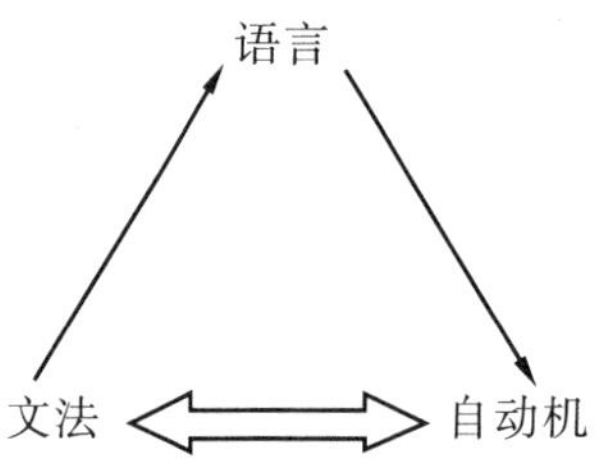

图 6.25 语言、文法和自动机三者关系

粗略地说,语言、文法和自动机三者之间的关系可形象地用图 6.25 进行表示.其中,文法→语言表示语言可以由合适的文法所产生,语言→自动机表示语言可以为一定的自动机所识别,而文法⇔自动机则表示在文法和自动机之间存在一定的等价关系.

关于文法和自动机之间所存在的等价关系,前面已有详述.这里,仅讨论文法和语言以及自动机和语言的相关问题.

6.6.1 语言的命名

给定一个文法可以产生由这个文法所描述的语言.对语言的命名可以依据产生语言的文法来进行.参照 Chomsky 对文法的分类,将由短语结构文法所产生的语言称为短语结构语言(简记为 *PSL*),将由上下文有关文法所产生的语言称为上下文有关语言(简记为 *CSL*),由上下文无关文法所产生的语言称为上下文无关语言(简记为 *CFL*),而将由正则文法所产生的语言称为正则语言(简记为 *RL*).

但是需要注意的是,这样的命名方法并不严格.因为有时候同一个语言可能可以由几种不同类型的文法所产生.

例如,考虑短语结构文法 $G_0=(N,T,P,S)$,其中,$N=\{S,A\}$,$T=\{0,1\}$以及 P:(1)$S\to 0A1$,(2)$A\to 00A1$,(3)$A\to\lambda$.

由该文法所产生的语言为

$$L(G_0)=\{x\mid x=0^n1^n,n\geqslant 1\}$$

按照上面给出的语言命名方法，似乎可将该语言看作是一个短语结构语言．然而，这显然是不合理的．因为我们不难验证：上述语言实际上也可由一个上下文无关文法 $G_2=(N,T,P,S)$ 所产生．其中，$N=\{S,A\}$，$T=\{0,1\}$ 以及 P：(1) $S\to 0S1$，(2) $S\to 01$．

鉴于此，一般的做法是在这种情况发生时将相应的语言命名为由受约束最多的文法所产生的语言．例如，在上面的例子中，称语言 $\{x\mid x=0^n1^n,n\geqslant 1\}$ 是一个上下文无关语言．

对一个语言的命名是重要的，因为它可能涉及对一个语言进行识别时所采用的方法．例如，对语言 $\{x\mid x=0^n1^n,n\geqslant 1\}$ 而言，我们仅需构造一个能够识别它的下推自动机就可以了，而不必去构造一个似乎更复杂一些的图灵机．

6.6.2　从语言构建自动机

实际中，很多待求问题可以转化为对一个已知语言的识别问题．

例 6.19　考虑一个图形模式的识别问题．其中，待识别图形模式如图 6.26 第 2 行所示．

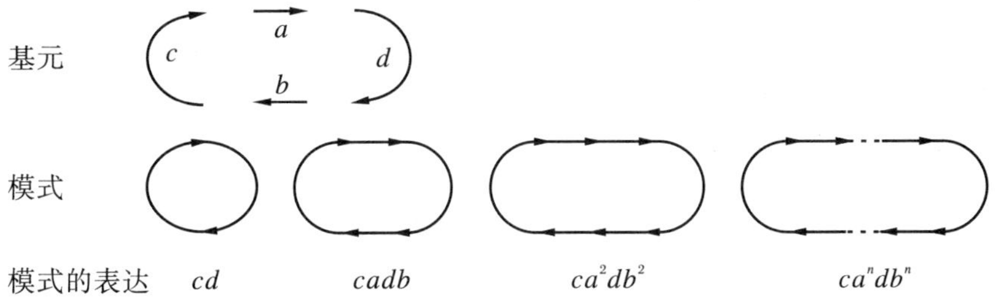

图 6.26　图形模式的基元选择和串表达

现在，我们希望设计一个能够对这些图形模式进行识别的自动机．为此，选用图中第 1 行所示的图形部件作为基元（分别用符号 a、b、c、d 表示）．这样，第 2 行中所示的各图形模式可用第 3 行中对应的符号串进行表达．对所得到的各符号串进行归纳整理，不难发现：图中所示的图形模式类可用形式语言

$$L=\{x\mid x=ca^n db^n,n\geqslant 0\}$$

进行描述．注意：这里为了简化对问题的处理，在形成相应的符号串表达时，遵循了以下原则，即首先从图像中找到图形基元 c，然后沿顺时针方向不断寻找新的图形基元直至找不到与已有图形基元相链接的图形基元为止．这样，经过若干非语言学的图像处理步骤和形式化处理后，我们把一个图形识别问题转化成了一个语言识

别问题.接下来,为了完成所需要的识别任务,只需要根据已得到的已知图形模式类的形式语言表示构建一个能够识别该语言的识别器即可.正如我们已看到的那样,这样的识别器可以是一个自动机.

那么,在给定一个语言的情况下,如何构建一个能够识别该语言的自动机呢?显然,有两个问题必须解决:① 选择一个合适的自动机类型;② 根据所选择的自动机类型,构建一个能够识别给定语言的自动机.

第一个问题的解决有赖于对给定语言的了解.如果已知语言的类型,则我们可以据此选择一个合适类型的自动机作为设计目标.例如,给定语言如果是一个正则语言,则可以任选一种类型的自动机进行设计,如果是一个上下文无关语言,则可以从下推自动机、线性有界自动机和图灵机中进行选择,……,如果是短语结构语言,则只能选用图灵机,等等.当有多种选择时,则可根据实际需要(例如,从设计的难易程度和执行的效率等方面考虑),权衡利弊后做出决定.一旦选择了希望构建的自动机类型,接下来的任务只有一个,那就是具体构建一个能够识别给定语言的自动机.应该说,该问题没有系统化的解决方案.问题能否得到解决在很大程度上取决于当事人的智力和技巧.但也有一些一般性的设计思路可供借鉴.

下面,以例 6.19 为例,考察一下如何构建所期望的自动机.

在本例中,由于语言 $L=\{x\mid x=ca^n db^n, n\geqslant 0\}$ 是一个上下文无关语言(做出该论断的理由在下一小节给出),故可选择设计一个下推自动机来识别它.不妨将待构建的下推自动机记为

$$A_p=(Q,\Sigma_I,\Gamma,\delta,q_0,Z_0,F)$$

令 $Q=\{q_0,q_1,q_2\}$,$\Sigma_I=\{a,b,c,d\}$,$\Gamma=\{Z_0,A,C\}$ 以及 $F=\Phi$.其中,Σ_I 的设置是显然的,而对 Q 和 Γ 作上述设置的理由稍后会看出.另外,令 $F=\Phi$ 是因为希望以空栈方式接受输入符号串.

为了确定 δ,对该语言的特点进行分析.注意到:该语言中的句子具有一定的对称性.为处理方便起见,利用这种对称性将句子划分为 ca^n 和 db^n,$n\geqslant 0$ 两个子串,并分别用 q_1 和 q_2 两个状态与之对应.

下面来具体确定 δ.

首先,由于该语言生成的句子必须以符号 c 开头,故为了满足这个要求,可在 δ 中引入

(1) $\delta(q_0,c,Z_0)=\{(q_1,CZ_0)\}$ ——发现头符号 c;

其中,状态由 q_0 变为 q_1 表示已在句子中发现了头符号 c,而对堆栈内容作如此设置则是为了其后在句子中读到符号 d 时对 d 前面已读到的一个符号是 c 还是 a 加以区分.

由于符号 a 在句子中要么出现在头符号 c 之后，要么出现在符号 a 之后，故应在 δ 中引入针对这两种情况的映射：

(2) $\delta(q_1,a,C)=\{(q_1,AC)\}$ ——在头符号 c 后发现 a；

(3) $\delta(q_1,a,A)=\{(q_1,AA)\}$ ——在符号 a 后发现 a；

这里，之所以要在两种情况下在堆栈中压入 A，是为了计数符号 a 在句子中出现的次数.另外，保持状态 q_1 不变则是为了表示当前符号属于句子的前一个子串.

另外，针对符号 d 在句子中要么出现在符号 a 之后，要么直接出现在头符号 c 之后的情况，在 δ 中引入如下两个映射：

(4) $\delta(q_1,d,A)=\{(q_2,A)\}$ ——在符号 a 后发现 d；

(5) $\delta(q_1,d,C)=\{(q_2,\lambda)\}$ ——在头符号 c 后发现 d；

其中，将状态由 q_1 变为 q_2 是为了表示已进入对句子后一个子串的处理.为了后续对符号 b 进行计数的需要，(4)维持当前堆栈内容不变.此时，堆栈中所存放的堆栈符 A 的个数正好和句子前一个子串中已出现的符号 a 的个数相等.另外，(5)对应于 $n=0$ 的情况.它在栈顶为 C、当前输入为 d 的情况下，将 C 弹出，表明：当前已扫描完的子串是符合要求的句子 cd.

读入符号 d 之后，接下来要做的工作就是检查其后读入的子串（如果有的话）中是否包含应有个数的符号 b.为此，在 δ 中引入下面的映射：

(6) $\delta(q_2,b,A)=\{(q_2,\lambda)\}$ ——发现符号 b；

该条映射的目的很明确，就是计数句子中符号 b 的个数.计数操作通过将当前栈顶的 A 弹出实现.

如果读完句子中所有的符号 b 后，当前的栈顶为 C，则表明出现在句子中的符号 a 的个数和符号 b 的个数是相等的且当前已扫描完的子串是符合要求的句子.此时，可通过弹出 C 对上述事实予以确认.故，在 δ 中引入下面的映射：

(7) $\delta(q_2,\lambda,C)=\{(q_2,\lambda)\}$ ——符号 a 的个数和符号 b 的个数相等；

显然，将 C 弹出后的栈顶如果是 Z_0，则输入句子是满足要求的句子这一点将最终得到印证.故引入下面的映射使堆栈成为空栈.

(8) $\delta(q_2,\lambda,Z_0)=\{(q_0,\lambda)\}$ ——句子符合要求.

至此，我们得到了以空栈方式接受输入符号串集合 $\{x \mid x=ca^n db^n, n\geqslant 0\}$ 的确定的下推自动机.为了给读者一个整体的印象，重写所得到的下推自动机于下.

$$A_p=(Q,\Sigma_I,\Gamma,\delta,q_0,Z_0,F)$$

其中，$Q=\{q_0,q_1,q_2\}$，$\Sigma_I=\{a,b,c,d\}$，$\Gamma=\{Z_0,A,C\}$，$F=\Phi$，而 δ 为：

(1) $\delta(q_0,c,Z_0)=\{(q_1,CZ_0)\}$ ——发现头符号 c；

(2) $\delta(q_1, a, C) = \{(q_1, AC)\}$ ——在头符号 c 后发现 a；
(3) $\delta(q_1, a, A) = \{(q_1, AA)\}$ ——在符号 a 后发现 a；
(4) $\delta(q_1, d, A) = \{(q_2, A)\}$ ——在符号 a 后发现 d；
(5) $\delta(q_1, d, C) = \{(q_2, \lambda)\}$ ——在头符号 c 后发现 d；
(6) $\delta(q_2, b, A) = \{(q_2, \lambda)\}$ ——发现符号 b；
(7) $\delta(q_2, \lambda, C) = \{(q_2, \lambda)\}$ ——符号 a 的个数和符号 b 的个数相等；
(8) $\delta(q_2, \lambda, Z_0) = \{(q_0, \lambda)\}$ ——句子符合要求.

显然，如果令 $F = \{q_0\}$，则上述下推自动机也可以终结状态的方式接受语言 $L = \{x \mid x = ca^n db^n, n \geqslant 0\}$.

最后顺便指出，在例 6.16 中我们也曾讨论了 $L = \{x \mid x = ca^n db^n, n \geqslant 0\}$ 的识别问题，给出了相应的下推自动机. 两个下推自动机的效果显然是一样的，但与本例不同的是，例 6.16 中给出的是一个非确定的下推自动机.

6.6.3 语言类型的确定

前面已看到，确定一个给定语言的类型是非常重要的. 知道一个语言的类型，可以使我们能够对症下药，采用与之对应的识别器来识别它. 反之，如果不知道一个语言的类型，那么，为保守起见，我们只能用一个图灵机来识别它. 如果选择了错误的自动机类型，例如，一个语言是上下文无关语言，却企图选择用有限状态自动机来识别它，则结果只能是无功而返. 因此，如果有方法能对一个语言的所属类型做出界定，则是我们非常希望的. 那么，这一点是否可以做到呢？如果不能完全做到的话，可以做到什么程度呢？显然，这些都是我们想了解的.

对于一个给定的语言，我们可以通过实际构建一个能够识别它的自动机而对该语言的所属类型做出一定的界定. 例如，如果可以构建一个下推自动机实现对语言 $\{x \mid x = 0^n 1^n, n \geqslant 1\}$ 的识别，则表明语言 $\{x \mid x = 0^n 1^n, n \geqslant 1\}$ 至少可称为是上下文无关的. 但是，上述结论对判断该语言是否也是一个正则语言则并无多少帮助. 而且，既然已经构建了一个能够识别它的自动机，从应用的角度考虑，这个语言究竟属于哪一类语言似乎就不那么重要了. 因此，在很多情况下确定一个语言不是什么语言也许更有实际意义. 例如，如果知道一个给定的语言不是正则语言，则在构建能够识别它的自动机的时候，就可以不选择有限状态自动机. 或者，如果知道一个给定的语言不是上下文无关语言，则在构建能够识别它的自动机的时候，就可以不选择下推自动机. 等等. 幸运的是，从各类语言所具有的性质入手，这些目标在一定程度上是可以实现的.

下面将给出对于判定一个语言不是什么语言非常有帮助的几个定理. 为便于

理解,我们从一个例子谈起.

例 6.20 考查语言 $L=\{x \mid x=0^n1^n, n\geqslant 1\}$ 是否可用有限状态自动机进行识别.

首先分析一下该语言的特点.易见,该语言中所包含的句子具有某种“对称性”,即句子中所含符号 0 和 1 的个数必须相等,且符号 0 出现在符号 1 之前.这样,为了识别该语言中的句子,必须记住已读入的子串中所包含的 0 的个数.注意:符号 0 的个数可能是无穷的.在下推自动机的情况下,可以用堆栈来实现上述记忆功能.但是,对有限状态自动机而言,类似的记忆功能是无法实现的.因为有限状态自动机只能通过设置状态的方式实现记忆,而且可以使用的状态数是有限的.因此,无法用任何一个有限状态自动机实现对例中语言的识别.

下面,给出结论的一个严格证明.用反证法.设存在一个确定的有限状态自动机 $A_f=(Q,\Sigma_I,\delta,q_0,F)$ 能接受语言 $L=\{x \mid x=0^n1^n, n\geqslant 1\}$,即 $L(A_f)=L$,其中,A_f 的状态数为 k.现考察将 $0^n1^n, n>k$ 作为输入时 A_f 的动作.由于假定 $0^n1^n, n>k$ 可以为 A_f 所识别,故必存在一个终结状态 $q_f\in F$,使 A_f 从初态终结状态 q_0 出发,经过若干中间状态后最终到达终结状态 q_f.这一过程可以用图 6.27 表示.

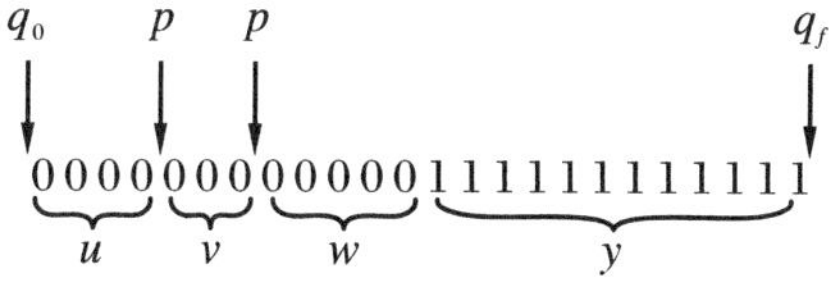

图 6.27 输入符号串 $0^n1^n, n>k$ 时 A_f 的动作过程之图示

因 $n>k$,故 A_f 读完前 n 个 0 的时候,其间所经过的状态中必有重复的.不妨设有重复的其中一个状态为 p,而 p 第一次出现的位置为 $n_1<n$,最后一次出现的位置为 n_f,$n_1<n_f\leqslant n$.这样,依据 n_1 和 n_f,可以将输入串 0^n1^n 划分为如图所示的四个子串 $uvwy$.其中,根据 n_1 和 n_f 的具体取值,u 和 w 可以是空串.由于 $uvwy\in L$,故显然有 $|uvw|=|y|=n$ 成立.

依据假设,对 $uvwy$,我们有

$$\begin{aligned}\delta(q_0,uvwy) &= \delta(\delta(q_0,u),vwy) = \delta(p,vwy)\\ &= \delta(\delta(p,v),wy) = \delta(p,wy) = q_f\end{aligned}$$

现构造符号串 uv^iwy,$i\geqslant 2$,并将其输入到 A_f 中.如图 6.28 所示,此时有

$$\begin{aligned}\delta(q_0,uv^iwy) &= \delta(\delta(q_0,u),v^iwy) = \delta(p,v^iwy)\\ &= \delta(\delta(p,v),v^{i-1}wy) = \delta(p,v^{i-1}wy)\end{aligned}$$

$$= \delta(\delta(p,v),v^{i-2}wy) = \delta(p,v^{i-2}wy)$$
$$= \cdots = \delta(p,vwy)$$
$$= \delta(\delta(p,v),wy) = \delta(p,wy) = q_f$$

即推出uv^iwy，$i \geqslant 2$ 也能为 A_f 所识别.

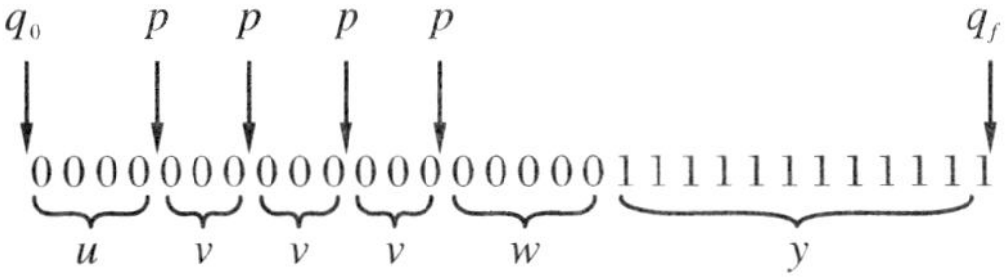

图 6.28 输入符号串uv^iwy，$i \geqslant 2$ 时 A_f 的动作过程

但是，由于 v 非空，故$|v|>0$，以及$|v^i| = i|v|>|v|$，从而推出$|uv^iw|>|uvw| = |y|$，$i \geqslant 2$. 这意味着 0 和 1 的个数不相等的符号串也能为 A_f 所识别. 显然，与假设 $L(A_f) = L$ 矛盾. 这表明假设是不能成立的，即语言 $L = \{x | x = 0^n1^n, n \geqslant 1\}$不是正则语言，不能用有限状态自动机进行识别. 证毕.

将上面例子的结论一般化，可得到下面的定理.

定理 6.14(正则语言的泵引理) 设 L 是一个正则语言，则存在(依赖于 L 的)正整数 k，使得对于任何 $y_1xy_2 \in L$，只要$|x| \geqslant k$，就一定存在非空的 v 和 $x = uvw$，使对于任何 $i \geqslant 0$，都有 $y_1uv^iwy_2 \in L$.

这里的正整数 k 的取值与能够识别L 的有限状态自动机所具有的状态数有关. 我们知道，在所有能够识别 L 的有限状态自动机当中，必存在一个或一个以上的有限状态自动机具有最小的状态数. 定理中正整数 k 的最小取值正好就是这样的最小状态数.

上述定理的直观解释是：给定一个属于正则语言 L 的句子，任意截取它的一个子串，只要该子串的长度足够长，就一定可以从中找到非空的子串 v，使得删除(也称泵出)v 或任意多次膨胀(也称泵入)v 所得到的新句子仍然属于L.

定理的证明是简单的，可以仿照例 6.20 给出.

设 $A_f = (Q, \Sigma_I, \delta, q_0, F)$是一个能够识别 L 的状态数为k 的确定的有限状态自动机，即 $L(A_f) = L$，则对于任何 $y_1xy_2 \in L$，在 A_f 中必存在中间状态 $q_1 \in Q$、$q_2 \in Q$ 和终结状态 $q_f \in F$，使

$$\delta(q_0, y_1xy_2) = \delta(\delta(q_0, y_1), xy_2) = \delta(q_1, xy_2)$$
$$= \delta(\delta(q_1, x), y_2) = \delta(q_2, y_2) = q_f$$

成立. 又因 L 的状态数为k，故若$|x| \geqslant k$，则当 A_f 读完子串x 的时候，其间所经过的状态(包括开始读 x 时的状态 q_1 和读完 x 后的状态 q_2)中必有重复的. 不妨设

有重复的其中一个状态为 p，则依据第一次出现状态 p 时当前符号所在的位置和最后一次出现状态 p 时当前符号所在的位置，可以将 x 划分成由 uvw 表示的三个子串．其中，v 非空且进入和离开该子串时 A_f 的状态均为 p，而 $u\in\Sigma_I^*$ 和 $w\in\Sigma_I^*$ 可以是空串．

现考察将 $y_1uv^iwy_2, i\geqslant 0$ 输入到 A_f 中的情况．

显然，当 $i=1$ 时，由于 $y_1xy_2=y_1uvwy_2$ 以及 $y_1xy_2\in L$，故 $y_1uvwy_2\in L$．

当 $i=0$（即将 v 从 $y_1xy_2=y_1uvwy_2$ 中删除）时，由于

$$\begin{aligned}\delta(q_0,y_1uwy_2)&=\delta(\delta(q_0,y_1),uwy_2)=\delta(q_1,uwy_2)\\&=\delta(\delta(q_1,u),wy_2)=\delta(p,wy_2)\\&=\delta(\delta(p,w),y_2)=\delta(q_2,y_2)=q_f\end{aligned}$$

故推出 y_1uwy_2 可被 A_f 接受，即 $y_1uwy_2\in L$．

而当 $i\geqslant 2$ 时，由于

$$\begin{aligned}\delta(q_0,y_1uv^iwy_2)&=\delta(\delta(q_0,y_1),uv^iwy_2)=\delta(q_1,uv^iwy_2)\\&=\delta(\delta(q_1,u),v^iwy_2)=\delta(p,v^iwy_2)\\&=\cdots=\delta(p,vwy_2)\\&=\delta(\delta(p,v),wy_2)=\delta(p,wy_2)\\&=\delta(\delta(p,w),y_2)=\delta(q_2,y_2)=q_f\end{aligned}$$

故推出 $y_1uv^iwy_2, i\geqslant 2$ 也可被 A_f 接受，即 $y_1uv^iwy_2\in L$．证毕．

实际中经常使用的是上述泵引理的否定形式．它可以用来指明哪些符号串集合不是正则语言．

定理 6.15　设 L 是一个符号串的集合，若对于所有的正整数 k，存在 $y_1xy_2\in L$，$|x|\geqslant k$，且对于满足 $x=uvw$ 的任意非空的 v，存在某个选定的 $i\geqslant 0$，使得 $y_1uv^iwy_2\notin L$，则称 L 不是一个正则语言．

作为定理 6.15 的一个应用，我们来看下面的例子．

证明集合 $L=\{a^lb^mb^n, l>m\geqslant 1, n\geqslant 1\}$ 不是一个正则语言．

证明　对任意的正整数 k，取 $y_1=a^{k+1}$、$x=b^k$ 和 $y_2=c^2$ 构成符号串 $y_1xy_2\in L$，显然，此时有 $|x|=k$．满足 $x=uvw$ 的非空的 v 可表为 $v=b^j$，$1\leqslant j\leqslant k$，取 $i=3$，则有 $y_1uv^iwy_2=a^{k+1}b^{3j+k-j}c^2$，$1\leqslant j\leqslant k$．由于 $3j+k-j=2j+k>k+1$，故根据 L 的定义，知 $y_1uv^3wy_2=a^{k+1}b^{2j+k}c^2\notin L$．由定理 6.15，集合 $L=\{a^lb^mb^n, l>m\geqslant 1, n\geqslant 1\}$ 不是一个正则语言．证毕．

对上下文无关语言而言，也存在类似上面的泵引理等定理．我们将相关的定理整理、罗列于下．但限于篇幅，不再给出证明．

定理 6.16(上下文无关语言的泵引理) 设 L 是一个上下文无关语言,则存在正整数 k,使对于任何 $z\in L$,只要 $|z|\geqslant k$,就可将 z 用 5 个子串表示为 $z=uvwxy$,这里,$|vx|\geqslant 1$,$|vwx|\leqslant k$,且对于任何 $i\geqslant 0$,都有 $uv^i wx^i y\in L$.

上述定理的直观解释是:给定一个属于上下文无关语言 L 的句子,只要该句子的长度足够长,就一定可以从中找到两个相距不远的子串 v 和 x(其中一个非空),使得删除(也称泵出)v 和 x 或在 v 和 x 原来的位置任意多次膨胀(也称泵入)v 和 x 所得到的新句子仍然属于 L.

与正则语言的情形类似,实际中经常使用的是上述泵引理的否定形式.它可以用来指明哪些符号串集合不是上下文无关语言.

定理 6.17 设 L 是一个符号串集合,若对于所有的正整数 k,存在 $z\in L$,$|z|\geqslant k$,且将 z 表示为 $z=uvwxy$ 时,对满足条件 $|vx|\geqslant 1$ 和 $|vwx|\leqslant k$ 的 z 的任意划分,存在某个选定的 $i\geqslant 0$,使有 $uv^i wx^i y\notin L$,则称 L 不是一个上下文无关语言.

下面用一个例子来说明定理 6.17 的实际应用.

例 6.22 证明集合 $L=\{ss\mid s\in\{0,1\}^*\}$ 不是一个上下文无关语言.

证明 对任意的正整数 k,取 $z=0^k1^k0^k1^k\in L$.此时,显然有 $|z|>k$.为方便后面的叙述,将出现在 $z=\bar{0}^k\ \bar{1}^k\ \underline{0}^k\ \underline{1}^k\in L$ 中上划线位置的 0 和 1 分别称为前面的 0 和 1,记为 $\bar{0}$ 和 $\bar{1}$;而将出现在下划线位置的 0 和 1 分别称为后面的 0 和 1,记为 $\underline{0}$ 和 $\underline{1}$.

将 z 表示为 $z=uvwxy$,则满足条件 $|vx|\geqslant 1$ 和 $|vwx|\leqslant k$ 的 z 的任意划分大致包括以下两种情况:

(1) v 或 x 包含两种符号.此时,可进一步细分为以下几种情况.

1a. v 包含若干个连续的 $\bar{0}$ 和 $\bar{1}$,x 包含若干个连续的 $\bar{1}$ 或为空.

1b. v 包含若干个连续的 $\bar{1}$ 和 $\underline{0}$,x 包含若干个连续的 $\underline{0}$ 或为空.

1c. v 包含若干个连续的 $\underline{0}$ 和 $\underline{1}$,x 包含若干个连续的 $\underline{1}$ 或为空.

1d. v 包含若干个连续的 $\bar{0}$ 或为空,x 包含若干个连续的 $\bar{0}$ 和 $\bar{1}$.

1e. v 包含若干个连续的 $\bar{1}$ 或为空,x 包含若干个连续的 $\bar{1}$ 和 $\underline{0}$.

1f. v 包含若干个连续的 $\underline{0}$ 或为空,x 包含若干个连续的 $\underline{0}$ 和 $\underline{1}$.

不论是上面哪种情况,当取 $i=2$ 时,uv^2wx^2y 必定具有 $0^{k1}1^{k2}0^{k3}1^{k4}0^{k5}1^{k6}$ 的形式.其中,$k1,k2,k3,k4,k5,k6>0$.显然,$0^{k1}1^{k2}0^{k3}1^{k4}0^{k5}1^{k6}\notin L$.

(2) v 和 x 仅包含一种符号.此时,也可进一步细分为以下几种情况.

2a. v 和 x 都只包含连续的 $\bar{0}$(或连续的 $\bar{1}$ 或连续的 $\underline{0}$ 或连续的 $\underline{1}$).其中,v 和 x 中的一方可为空.

2b. v 包含连续的 $\bar{0}$，x 包含连续的 $\bar{1}$. 其中，v 和 x 中的一方可为空.

2c. v 包含连续的 $\bar{1}$，x 包含连续的 $\underline{0}$. 其中，v 和 x 中的一方可为空.

2d. v 包含连续的 $\underline{0}$，x 包含连续的 $\underline{1}$. 其中，v 和 x 中的一方可为空.

取 $i=0$，则不论是上面哪种情况，$uv^0\ wx^0y=uwy$ 必定具有 $0^{k1}1^{k2}0^{k3}1^{k4}$ 的形式. 其中，$k1$ 和 $k3$ 以及 $k2$ 和 $k4$ 至少有一组不相等. 此时，显然有 $0^{k1}1^{k2}0^{k3}1^{k4}\notin L$.

综合上面的讨论，由定理 6.17，集合 $L=\{ss\mid s\in\{0,1\}^*\}$ 不是一个上下文无关语言. 证毕.

6.7 句法分析

本节讨论与句法分析有关的几个问题. 正如我们在前面所看到的那样，句法模式识别系统的主要任务之一就是要设计一个句法分析器，使其能够对输入模式进行剖析，从而确定输入模式的所属类别，并给出其结构描述. 完成上述任务的途径主要有两条：一是确定一个文法，看输入模式能否由该文法所生成；二是构建一个自动机，看输入模式能否被所构建的自动机接受. 前者称为基于文法的句法分析，后者称为基于自动机的句法分析. 对于后者，我们已经花费了较多的篇幅对其进行了较为详尽的描述. 本节主要对前者进行讨论. 我们对基于文法的句法分析方法本身及其相关算法感兴趣.

给定一个文法 $G=(N,T,P,S)$ 和一个符号串 x，如果能由起始符 S 出发，通过适用文法中的产生式 P 最终导出给定的符号串 x，则说 x 属于给定文法所对应的模式类，否则说 x 不属于给定文法所对应的模式类. 如果 G 是一个上下文无关文法，则上述导出过程可以用一个导出树表示.

例 6.23　考虑文法 $G=(N,T,P,S)$，其中，$N=\{S,T\}$，$T=\{a,b,c,+,*\}$，以及 P：

(1) $S\rightarrow T$，(2) $S\rightarrow S+T$，(3) $T\rightarrow I$，(4) $T\rightarrow T*I$，

(5) $I\rightarrow a$，(6) $I\rightarrow b$，(7) $I\rightarrow c$.

这是一个上下文无关文法. $x=a*b+c*a+b$ 是可由它导出的一个句子，相应的导出树由图 6.29 给出.

由图可见，可以将整个导出树收纳在一个三角形框架内. 其中，起始符 S 位于三角形的顶点处，而符号串 $x=a*b+c*a+b$ 位于三角形的底部. 显然，有两种

方法可确认符号串 $x=a*b+c*a+b$ 能否由文法 $G=(N,T,P,S)$ 所导出.一种方法即是从三角形顶点处的起始符 S 出发,通过适用文法中的产生式逐个地置换所遇到的非终结符以期最终到达三角形的底部,导出给定的符号串.另一种方法则是从位于三角形底部的符号串出发反向地适用文法中的产生式以期最终能到达三角形顶点处的起始符 S.为方便记忆,通常将前者称为自顶向底的剖析,而将后者称为由底至顶的剖析.但是,从剖析的工作内容来看,将前者称为正向剖析、将后者称为反向剖析似乎要更合理一些.本书采用后面一种命名方法.

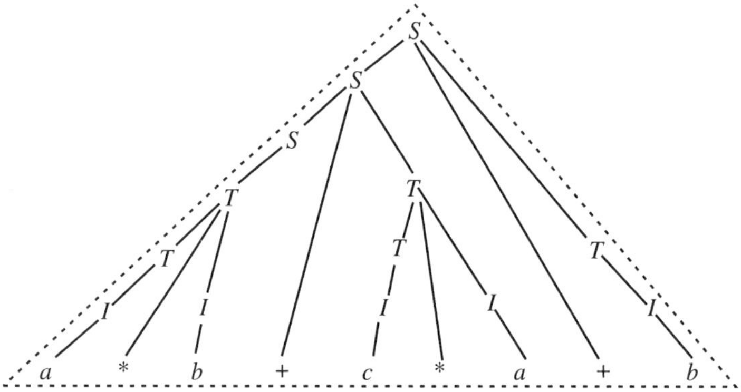

图 6.29　符号串 $x=a*b+c*a+b$ 的导出树

下面以正向剖析为例,看一下它的具体工作过程.

一个纯正向的剖析过程完全是目标导向的.起始目标是起始符 S,被分析的符号串 x 相对于给定的文法 $G=(N,T,P,S)$ 而言是一个句子.剖析的第一步是考察 S 能否被 P 中的某个产生式的右端所置换.如果在 P 中有

$$S \to X_1 X_2 \cdots X_n$$

则尝试用 $X_1 X_2 \cdots X_n$ 置换S.对每个 X_i, $i=1,2,\cdots,n$,做以下处理:如果 X_i 是一个终结符,则将其保存起来以便在后续步骤中对其作进一步的考察.如果 X_i 是一个非终结符,则建立一个子目标.上述过程称为"搜索".对每一个子目标,执行类似于上面的操作看其能否被 P 中的某个产生式的右端所置换.上述过程不断重复,直到所有的非终结符(即所建立的子目标)被终结符所置换.然后,将这样得到的全部由终结符组成的符号串(显然,它是 G 的一个导出)与 x 进行比较.比较时,按从左到右的次序(或者反过来)依次检查每个终结符是否与 x 中对应位置的符号一致.如果所有终结符均与 x 中对应位置的符号相同(称导出的由终结符组成的符号串与 x 相匹配),则判符号串 x 可以由文法 G 所导出.否则,在检测到的第一个不

相同的终结符处执行“回溯”处理.检查导出该终结符的子目标有无别的产生式可以适用.若有,适用它并对本次导出得到的新的终结符进行检查看其是否满足要求.执行上述操作并在必要的时候进行“回溯”和“搜索”处理直到导出正确的终结符或确认导出操作失败为止.在导出成功的情况下,继续检查其后的终结符,而在失败的情况下则放弃本次导出,转而尝试别的选择.

不断进行上述的“搜索”和“回溯”处理,直到下列事态之一发生:① 某次导出的符号串与 x 相匹配.此时,判符号串 x 可以由文法 G 所导出;② 在尝试了所有可能的选择之后,仍未导出所需要的符号串.此时,判符号串 x 不能由文法 G 所导出.

反向剖析的工作过程与上面正好相反.它从被分析的符号串 x 开始,反向适用产生式以期对 x 中的符号进行置换.换句话说,通过对 x 进行探查以寻找其中与 P 中某个产生式的右端相同的子串,然后将这些子串用相应产生式左端的符号进行置换.不断地对置换后的符号串重复上述处理直至下列事态之一发生:① 经最后一次置换后到达起始符 S.此时,判符号串 x 可以由文法 G 所导出;② 未达到起始符 S,且不再有可能的置换发生.此时,判符号串 x 不能由文法 G 所导出.与前述的“回溯”操作类似,当发现某个置换无效的时候,可尝试其他的置换.

从上面的陈述可以看到,上述两种剖析方法都具有较大的盲目性.特别是当被分析的符号串很长的时候,这种盲目性导致算法的效率可能是非常低下的.剖析所需的时间近乎达到按指数律计算的程度.

6.7.1 正向剖析过程的树表示

正向剖析过程可以借助生长树的概念进行表示.为简单起见,以上下文无关文法 $G=(N,T,P,S)$ 为例进行说明.树从树根开始生长,随着剖析过程的不断深入,树也不断长大.这里所谓的树由按照一定规则相互连接的节点组成,树的每一个节点对应于剖析过程中的一个导出式.起始符 S 是这个树的树根,也是最初的导出式.节点分叶节点和非叶节点两大类.叶节点对应的导出式全部由终结符所组成,而非叶节点对应的导出式则至少包含一个非终结符.树在每一个非叶节点处可发生分叉.分叉方式有多种,深度优先方式是其中的一种.分叉方式不同,树的生长过程也不同.下面以深度优先方式为例对树的生长过程进行说明.假设树经过生长后到达当前的非叶节点.若当前非叶节点所对应的导出式中含有多个非终结符,则原则上从该节点可分出多个分叉,但深度优先方式规定首先从导出式中的最左一个非终结符开始分叉.长出的新节点对应的导出式由该非终结符和 P 中对应的产生式所联合确定.为便于说明,不妨设当前非叶节点所对应的导出式为 $wA\alpha$,其中,$w\in T^*$,

$A \in N, \alpha \in (N \cup T)^*$，若 P 中左端为 A 的产生式共有 n 个，分别记为(a_i) $A \rightarrow \beta_i$，$i = 1,2,\cdots,n$，其中，$\beta_i \in (N \cup T)^+$，而 a_i，$i = 1,2,\cdots,n$ 为标号，则原则上可由当前非叶节点长出 n 个导出式分别为 $w\beta_i\alpha$，$i = 1,2,\cdots,n$ 的新节点．但在深度优先方式下，一般选择仅长出一个新节点．具体选择先长出哪个节点可视求解问题的需要而定．其中的一种方案是在可选的产生式中选择具有最小序号的那个产生式．记标号 a_i，$i = 1,2,\cdots,n$ 中最小的一个为 $a_{\min}$，对应的产生式为$(a_{\min})$ $A \rightarrow \beta_{\min}$，则首先长出的新节点对应的导出式为 $w\beta_{\min}\alpha$．当新节点是一个叶节点时，停止生长并返回父节点，而当新节点是一个非叶节点时，则就地按深度优先方式继续寻找新的分叉点．在选择回到父节点的情况下，将在剩余的可选产生式中按照最小序号原则选择下一个分叉点．当可选产生式不存在时返回上一级父节点并重复上面的动作．

随着上述分叉—返回—分叉过程的不断进行，树将不断长大．

将前述正向剖析过程和上述树的成长过程进行对比不难发现，生长树表示中的分叉和返回操作分别相应于正向剖析过程中的“搜索”和“回溯”操作，生长树表示中的“长出一个新节点”相应于正向剖析过程中的“建立一个子目标”，而生长树表示中的每一个叶节点则对应着一个可以由所述文法生成的符号串．因此，借助于生长树表示完全可以实现一个正向剖析过程．所需要做的工作就是利用给定的产生式不断生成相应的符号串并将其与待识别的符号串进行比较以确认是否可以接受该符号串．

6.7.2 先验规则引导的树正向剖析算法

前面已经看到，无论是正向剖析还是反向剖析，其算法的时间效率都是很低的．因此，如何采取措施以减少算法的执行时间就是非常重要的一个问题．设计新的高效算法当然是解决问题的一个途径．除此之外，对已有算法进行适当改进，特别是在选用产生式的时候，适时放弃选择那些没有希望的产生式对于提高算法的时间效率将是非常有帮助的．实践证明，针对实际问题，从一些简短而有效的考察当中提炼出来的产生式选用规则对于帮助判断哪些产生式是有望的产生式是大有裨益的．为叙述方便起见，将这些从实际中抽象出来的、可用于指导产生式的选用以达到控制剖析过程的规则称为先验规则．

有效的先验规则在很多情况下是与具体问题直接关联的．但是，也存在如下所示的一些具有普遍意义的先验规则：

(PR1) 若适用某个产生式会导出被分析的符号串中没有的终结符，则应放弃适用该产生式．

例如，在例 6.23 中，若设 $x = a * b * c$，则在导出过程中可考虑不选用第(2)条产生式．因为，若选用 $S \rightarrow S + T$，则会导出 x 中不存在的终结符 $+$．

（PR2）设 w 为剖析过程中由某个产生式所导出的导出式，其中，$w\in T^{+}$，则当 w 的长度和被分析的符号串的长度不相等时，应放弃适用该产生式.

（PR3）设 $w\alpha$ 为剖析过程中由某个产生式所导出的导出式，其中，$w\in T^{+}$，$\alpha\in N^{+}(N\cup T)^{*}$，则当 w 与被分析的符号串对应位置处的终结符串不一致时，应放弃适用该产生式.

（PR4）只要 G 不是一个严格的无约束文法（即 G 是一个正则文法，或是一个上下文无关文法，或是一个上下文有关文法），则当适用其中的某个产生式导出的符号串的长度大于被分析的符号串的长度时，应放弃适用该产生式，即使在导出的符号串中包含非终结符的情况下也是如此.

形如 $A\rightarrow A\alpha$ 的产生式可以引出无穷左循环，这里，$\alpha\in(N\cup T)^{*}$. 同样，形如 $A\rightarrow\alpha A$ 的产生式可以引出无穷右循环. 对正向剖析而言，如果对这样的无穷循环不加以处理，结果可能是致命的，它可使剖析过程永无休止地继续下去. 解决这个问题的途径是：利用先验规则 PR4，当在剖析过程中发现某次导出得到的符号串的长度大于被分析的符号串的长度时立即停止后续子目标的执行.

此外，根据所处理实际问题的特点，通过引入附加的先验规则也是提高算法时间效率的一种有效途径.

下面，举一个实例说明如何使用先验规则来简化和加速剖析过程.

例 6.24　试利用正向剖析算法判断符号串 $x=a+b*c$ 可否由例 6.23 中的文法 $G=(N,T,P,S)$ 所导出.

显然，因原产生式中包含 $S\rightarrow S+T$ 和 $T\rightarrow T*I$，故它可以产生无穷左循环. 正如前面所指出的那样，如果对这种情况不加以处理，结果可能是致命的，它有可能使所期望的剖析过程无法完成. 但是，幸运的是，引入上述先验规则后，情况将得到很大的改观. 我们将看到，它可以很好地帮助我们完成给定的剖析任务.

为帮助理解如何构建所需要的生长树以及如何利用所构建的生长树完成所期望的剖析任务，引入如下所示的一些标记：

用 $n>$ 标记一个节点，其中的 n 是所述节点的标号. 起始节点用 S 表示. 此外，用 $\Rightarrow$ 表示派生或导出，用 (m) 表示标号为 m 的产生式，用

$$\langle i\rangle I+T\Rightarrow\begin{cases}\langle i+1\rangle a+T\\ \otimes\\ \otimes\end{cases}$$

表示由导出运算产生的分叉. 其中，$\otimes$ 表示可选择但尚未执行的导出运算结果.

用于实现本例中给定正向剖析问题的生长树如图 6.30 所示.

整个剖析过程如下：

目标是 S(即从起始符 S 出发),有(1)和(2)两个产生式可选,至〈1〉.

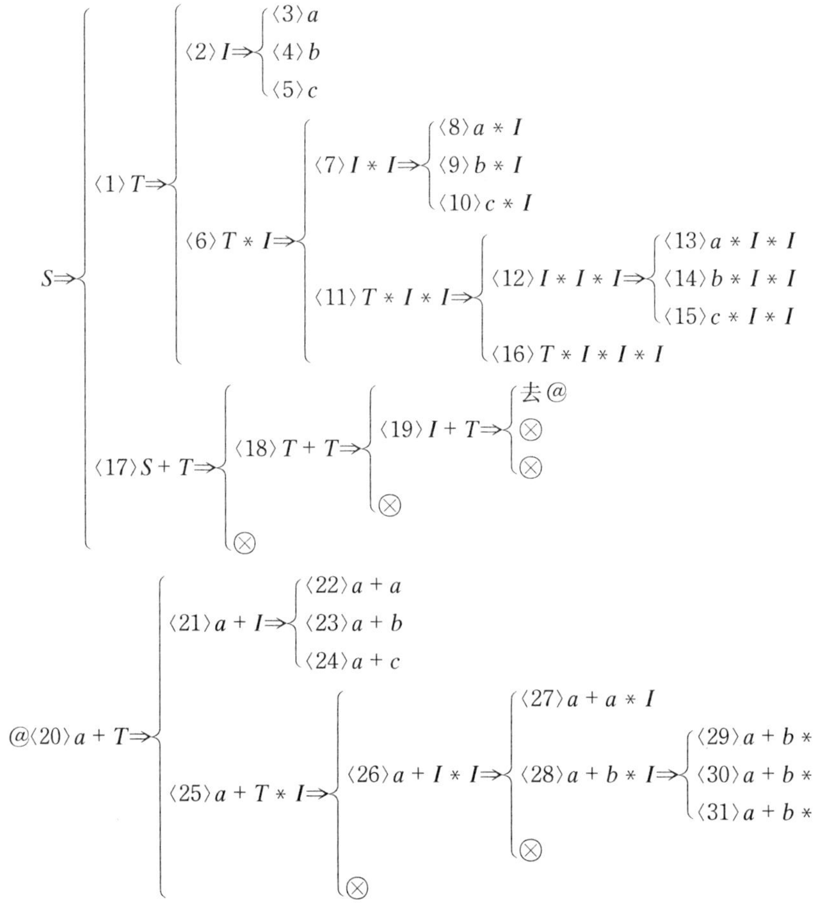

图 6.30　符号串 $x=a+b*c$ 的正向剖析过程

〈1〉:按照约定(即,从可选的产生式中选择具有最小序号的那个产生式.下同),选(1),用 T 置换S,得导出式 T.后续子目标是 T,有(3)和(4)两个产生式可选,先至〈2〉.

〈2〉:按照约定,选(3),用 I 置换 T,得导出式 I.后续子目标是 I,有(5)、(6)和(7)三个产生式可选,先至〈3〉.

〈3〉:按照约定,选(5),用 a 置换 I,得导出式 a.由于 a 的长度为 1,与 x 的长度不相等,故根据先验规则 PR2,放弃本次导出.搜索别的可适用产生式,至〈4〉.

〈4〉:按照约定,选(6),用 b 置换 I,得导出式 b.由于 b 的长度为 1,与 x 的长度不相等，故根据先验规则 PR2，放弃本次导出. 搜索别的可适用产生式，至〈5〉.

〈5〉：按照约定，选(7)，用 c 置换 I，得导出式 c. 由于 c 的长度为 1，与 x 的长度不相等，故根据先验规则 PR2，放弃本次导出. 因此时已无待处理的候选产生式，故执行“回溯”操作至〈6〉.

〈6〉：用 $T*I$ 置换 T，得导出式 $T*I$. 后续子目标是 T，有(3)和(4)两个产生式可选，至〈7〉.

〈7〉：按照约定，选(3)，用 I 置换 T，得导出式 $I*I$. 后续子目标是 I，有(5)、(6)和(7)三个产生式可选，先至〈8〉.

〈8〉：按照约定，选(5)，用 a 置换 I，得导出式 $a*I$. 由于 $a*I$ 的前两个终结符 $a*$ 与 x 对应位置处的终结符不相同，故根据先验规则 PR3，放弃本次导出. 搜索别的可适用产生式，至〈9〉.

〈9〉：按照约定，选(6)，用 b 置换 I，得导出式 $b*I$. 由于 $b*I$ 的前两个终结符 $b*$ 与 x 对应位置处的终结符不相同，故根据先验规则 PR3，放弃本次导出. 搜索别的可适用产生式，至〈10〉.

〈10〉：按照约定，选(7)，用 c 置换 I，得导出式 $c*I$. 由于 $c*I$ 的前两个终结符 $c*$ 与 x 对应位置处的终结符不相同，故根据先验规则 PR3，放弃本次导出. 因此时已无待处理的候选产生式，故执行“回溯”操作至〈11〉.

〈11〉：按照约定，选(4)，用 $T*I$ 置换 T，得导出式 $T*I*I$. 后续子目标是 T，有(3)和(4)两个产生式可选，先至〈12〉.

〈12〉：按照约定，选(3)，用 I 置换 T，得导出式 $I*I*I$. 后续子目标是 I，有(5)、(6)和(7)三个产生式可选，先至〈13〉.

〈13〉：按照约定，选(5)，用 a 置换 I，得导出式 $a*I*I$. 由于 $a*I*I$ 的前两个终结符 $a*$ 与 x 对应位置处的终结符不相同，故根据先验规则 PR3，放弃本次导出. 搜索别的可适用产生式，至〈14〉.

〈14〉：按照约定，选(6)，用 b 置换 I，得导出式 $b*I*I$. 由于 $b*I*I$ 的前两个终结符 $b*$ 与 x 对应位置处的终结符不相同，故根据先验规则 PR3，放弃本次导出. 搜索别的可适用产生式，至〈15〉.

〈15〉：按照约定，选(7)，用 c 置换 I，得导出式 $c*I*I$. 由于 $c*I*I$ 的前两个终结符 $c*$ 与 x 对应位置处的终结符不相同，故根据先验规则 PR3，放弃本次导出. 因此时已无待处理的候选产生式，故执行“回溯”操作至〈16〉.

〈16〉：按照约定，选(4)，用 $T*I$ 置换 T，得导出式 $T*I*I*I$. 由于 $T*I*I*I$ 的长度大于 x 的长度，故根据先验规则 PR4，放弃本次导出. 因此时已无待处理的候选产生式，故执行“回溯”操作至〈17〉.

〈17〉:按照约定,选(2),用 $S+T$ 置换 S,得导出式 $S+T$.后续子目标是 S,有(1)和(2)两个产生式可选,先至〈18〉.

〈18〉:按照约定,选(1),用 T 置换 S,得导出式 $T+T$.后续子目标是 T,有(3)和(4)两个产生式可选,先至〈19〉.

〈19〉:按照约定,选(3),用 I 置换 T,得导出式 $I+T$.后续子目标是 I,有(5)、(6)和(7)三个产生式可选,先至〈20〉.

〈20〉:按照约定,选(5),用 a 置换 I,得导出式 $a+T$.后续子目标是 T,有(3)和(4)两个产生式可选,先至〈21〉.

〈21〉:按照约定,选(3),用 I 置换 T,得导出式 $a+I$.后续子目标是 I,有(5)、(6)和(7)三个产生式可选,先至〈22〉.

〈22〉:按照约定,选(5),用 a 置换 I,得导出式 $a+a$.由于 $a+a$ 的长度为3,与 x 的长度不相等,故根据先验规则 PR2,放弃本次导出.搜索别的可适用产生式,至〈23〉.

〈23〉:按照约定,选(6),用 b 置换 I,得导出式 $a+b$.由于 $a+b$ 的长度为3,与 x 的长度不相等,故根据先验规则 PR2,放弃本次导出.搜索别的可适用产生式,至〈24〉.

〈24〉:按照约定,选(7),用 c 置换 I,得导出式 $a+c$.由于 $a+c$ 的长度为3,与 x 的长度不相等,故根据先验规则 PR2,放弃本次导出.因此时已无待处理的候选产生式,故执行"回溯"操作至〈25〉.

〈25〉:按照约定,选(4),用 $T*I$ 置换 T,得导出式 $a+T*I$.后续子目标是 T,有(3)和(4)两个产生式可选,先至〈26〉.

〈26〉:按照约定,选(3),用 I 置换 T,得导出式 $a+I*I$.后续子目标是 I,有(5)、(6)和(7)三个产生式可选,先至〈27〉.

〈27〉:按照约定,选(5),用 a 置换 I,得导出式 $a+a*I$.由于 $a+a*I$ 的前三个终结符 $a+a$ 与 x 对应位置处的终结符不相同,故根据先验规则 PR3,放弃本次导出.搜索别的可适用产生式,至〈28〉.

〈28〉:按照约定,选(6),用 b 置换 I,得导出式 $a+b*I$.后续子目标是 I,有(5)、(6)和(7)三个产生式可选,先至〈29〉.

〈29〉:按照约定,选(5),用 a 置换 I,得导出式 $a+b*a$.由于 $a+b*a$ 与 x 不相同,故根据先验规则 PR3,放弃本次导出.搜索别的可适用产生式,至〈30〉.

〈30〉:按照约定,选(6),用 b 置换 I,得导出式 $a+b*b$.由于 $a+b*b$ 与 x 不相同,故根据先验规则 PR3,放弃本次导出.搜索别的可适用产生式,至〈31〉.

〈31〉:按照约定,选(7),用 c 置换 I,得导出式 $a+b*c$.由于 $a+b*c$ 与 x 完

全一致,故判决 x 可由 G 导出.

由上述剖析过程我们看到,先验规则的使用确实起到了简化和加速剖析过程的作用.例如,在节点⟨16⟩,先验规则 PR4 帮助我们避免了无穷左循环的发生,而在节点⟨13⟩,先验规则 PR3 则帮助我们避免了若干无用的剖析,等等.

在有些情况下,结合给定问题所具有的特点,根据实际情况对给定文法加以改造并适当补充一些有用的附加先验规则,可以取得更高的剖析效率.例如,在上例中,首先将给定的产生式改造为:

(1) $S \rightarrow T$, (2) $S \rightarrow T+S$, (3) $T \rightarrow I$, (4) $T \rightarrow I * T$,

(5) $I \rightarrow a$, (6) $I \rightarrow b$, (7) $I \rightarrow c$.

并进一步引入如下两个先验规则:

(PR-A1) 对 S,若 x 当前尚未匹配的子串中含有终结符 +,则适用标号为(2)的产生式:$S \rightarrow T+S$,否则,适用标号为(1)的产生式:$S \rightarrow T$.

(PR-A2) 对 T,若 x 当前尚未匹配的子串中含有终结符 *,则适用标号为(4)的产生式:$T \rightarrow I * T$,否则,适用标号为(3)的产生式:$T \rightarrow I$.

这里,x 为待识别的符号串.

利用改造后的句法分析器对符号串 $x=a+b*c$ 进行剖析的结果如图 6.31 所示.至⟨15⟩,判 x 可由 G 所导出.可见,进一步提高了剖析效率.

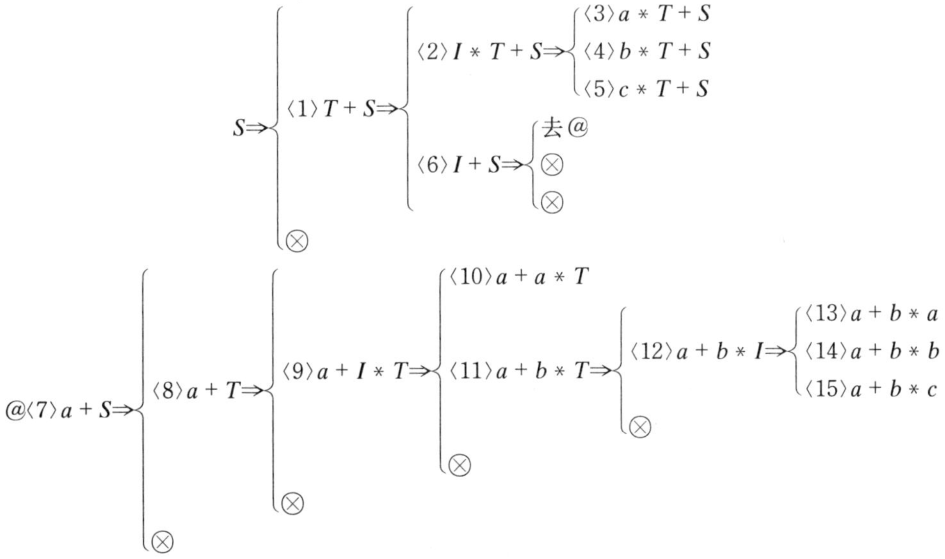

图 6.31　利用改造后的句法分析器对符号串 $x=a+b*c$ 的正向剖析结果

详细的剖析过程不再赘述.这里,仅对附加先验规则中的"x 当前尚未匹配的子串”的涵义稍加讨论.举例加以说明.例如,在上述剖析过程的⟨7⟩处,因当前的导出式 $a+S$ 的前两个符号 $a+$ 和待识别符号串 $x=a+b*c$ 中的对应符号已相匹配,故 x 当前尚未匹配的子串为 $b*c$.由于 $b*c$ 中不包含终结符 +,故根据附加先验规则 PR-A1,在接下来的导出⟨8⟩中首先适用标号为(1)的产生式 $S\rightarrow T$,生成 $a+T$.同理,在⟨8⟩处,由于 x 当前尚未匹配的子串 $b*c$ 中包含终结符 *,故根据附加先验规则 PR-A2,在接下来的导出⟨9⟩中首先适用标号为(4)的产生式 $T\rightarrow I*T$,生成 $a+I*T$,等等.

6.7.3 基于三角表格的反向剖析算法

下面,介绍一种基于表格表示的反向剖析算法.该算法由 Kasami、Younge 和 Cocke 三人分别独立提出.习惯上,取三人姓氏的头字母称其为 *CYK* 算法.

该算法适用于以乔姆斯基范式形式表示的上下文无关文法.

设给定的文法为 $G=(N,T,P,S)$,则由假设,知 G 中仅包含形如 $A\rightarrow BC$,$A\rightarrow a$ 的产生式.其中,$A,B,C\in N$,$a\in T$.现假设待识别的符号串为 $x=a_1a_2\cdots a_n$,则算法的目标是要确认是否有 $x\in L(G)$成立.

为实现以上目标,采用反向剖析的方法.具体思路如下:

首先考虑 x 中单个符号的派生.用 $A_{i,1}$,$1\leqslant i\leqslant n$ 标记可派生 a_i 的非终结符.为此,在 P 中寻找形如 $A_{i,1}\rightarrow a_i$,$1\leqslant i\leqslant n$ 的产生式.若有,则记录 $A_{i,1}$,$1\leqslant i\leqslant n$ 的所有可能取值,表明 a_i 可由 $A_{i,1}$派生;若无,则令 $A_{i,1}=\phi$,表明 a_i 不能由任何非终结符所派生.

其次考虑 x 中所有由两个符号组成的子串的派生.用 $x_{i,2}=a_ia_{i+1}$,$1\leqslant i\leqslant n-1$表示 x 中起始于第 i 个符号且长度为 2 的子串,用 $A_{i,2}$,$1\leqslant i\leqslant n-1$ 标记可派生 $x_{i,2}$的非终结符.为此,在 P 中寻找形如 $A_{i,2}\rightarrow A_{i,1}A_{i+1,1}$的产生式,若有(即存在 $A_{i,1}\neq\phi$ 和 $A_{i+1,1}\neq\phi$ 的组合,使 $A_{i,2}\rightarrow A_{i,1}A_{i+1,1}$成立),则记录 $A_{i,2}$,$1\leqslant i\leqslant n-1$ 的所有可能取值,表明 $x_{i,2}$可由 $A_{i,2}$派生;若无,则令 $A_{i,2}=\phi$,表明 $x_{i,2}$不能由任何非终结符所派生.

接下来考虑 x 中由三个符号组成的子串的派生.用 $x_{i,3}=a_ia_{i+1}a_{i+2}$,$1\leqslant i\leqslant n-2$ 表示 x 中起始于第 i 个符号且长度为 3 的子串,用 $A_{i,3}$,$1\leqslant i\leqslant n-2$ 标记可派生 $x_{i,3}$的非终结符.为此,在 P 中寻找形如 $A_{i,3}\rightarrow A_{i,1}A_{i+1,2}$或者 $A_{i,3}\rightarrow A_{i,2}A_{i+2,1}$的产生式,若有(即存在 $A_{i,1}\neq\phi$ 和 $A_{i+1,2}\neq\phi$ 的组合,使 $A_{i,3}\rightarrow A_{i,1}A_{i+1,2}$成立,或者存在 $A_{i,2}\neq\phi$ 和 $A_{i+2,1}\neq\phi$ 的组合,使 $A_{i,3}\rightarrow A_{i,2}A_{i+2,1}$成立),则记录 $A_{i,3}$的所有可能取值,表明 $x_{i,3}$可由 $A_{i,3}$派生;若无,则令 $A_{i,3}=\phi$,表明 $x_{i,3}$不能由任何非终结符所派生.

…………

最后考虑 x 的派生.用 $A_{1,n}$ 标记可派生 x 的非终结符.为此,在 P 中寻找形如 $A_{1,n}\to A_{1,1}A_{2,n-1}$,或者 $A_{1,n}\to A_{1,2}A_{3,n-2}$,…,或者 $A_{1,n}\to A_{1,n-1}A_{n,1}$ 的产生式,若有(即存在 $A_{1,1}\neq\phi$ 和 $A_{2,n-1}\neq\phi$ 的组合,使 $A_{1,n}\to A_{1,1}A_{2,n-1}$ 成立,或者存在 $A_{1,2}\neq\phi$ 和 $A_{3,n-2}\neq\phi$ 的组合,使 $A_{1,n}\to A_{1,2}A_{3,n-2}$ 成立,……,或者存在 $A_{1,n-1}\neq\phi$ 和 $A_{n,1}\neq\phi$ 的组合,使 $A_{1,n}\to A_{1,n-1}A_{n,1}$ 成立),则记录 $A_{1,n}$ 的所有可能取值,表明 x 可由 $A_{1,n}$ 派生;若无,则令 $A_{1,n}=\phi$,表明 x 不能由任何非终结符所派生.

至此,可根据所得到的 $A_{1,n}$ 的取值,做如下判决:若 $A_{1,n}$ 的可能取值中包含 S,则表示 x 可由 S 派生,即 $x\in L(G)$.否则,判 $x\notin L(G)$.

对上述各派生步骤加以整理可得到如下所示更简洁也更通用的描述.若用 $A_{i,j}$ 标记可派生 x 中由 j 个符号组成的子串 $x_{i,j}=a_ia_{i+1}\cdots a_{i+j-1}$,$1\leqslant i\leqslant n-j+1$ 的非终结符,则 $A_{i,j}$ 可如下获得:对所有 $1\leqslant k\leqslant j-1$,检查是否存在 $A_{i,k}\neq\phi$ 和 $A_{i+k,j-k}\neq\phi$ 的组合,使在 P 中有 $A_{i,j}\to A_{i,k}A_{i+k,j-k}$,$1\leqslant k\leqslant j-1$ 成立.若有,则记录 $A_{i,j}$ 的所有可能取值,并判 $x_{i,j}$ 可由 $A_{i,j}$ 派生.若无,则令 $A_{i,j}=\phi$,表明 x 不能由任何非终结符所派生.

将上述思路具体化即可得到所谓的 CYK 算法.

为此,依据下述步骤构造如图 6.32 所示倒置的三角表格.

首先写入待识别的符号串 $x=a_1a_2\cdots a_n$.

接着,在该符号串的下方构造表格的第 1 行.它由 n 个单元格组成.每个单元格对应于 $x=a_1a_2\cdots a_n$ 中的一个符号.第 $i(1\leqslant i\leqslant n)$ 个单元格的内容如下确定:在 P 中检查是否有形如 $A_{i,1}\to a_i$ 的产生式.若有,则将相应产生式左端的 $A_{i,1}$ 依次写入单元格中(当 $A_{i,1}$ 有多个取值时,中间用逗号隔开);若没有,则将 ϕ 写入其中.

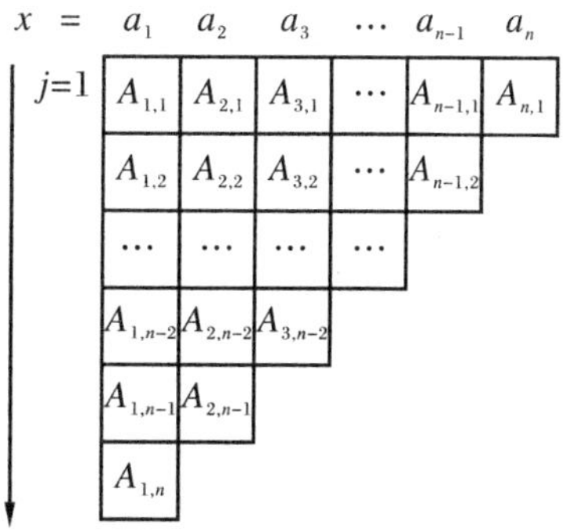

图 6.32　基于三角表格的 *CYK* 算法

然后,在表格第 1 行的下方构造表格的第 2 行.它由 $n-1$ 个单元格组成.其中,第 $i(1\leqslant i\leqslant n-1)$ 个单元格的内容如下确定:在 P 中检查是否有形如 $A_{i,2}\to A_{i,1}A_{i+1,1}$ 的产生式,这里,$A_{i,1}$ 和 $A_{i+1,1}$ 分别已存放在表格第 1 行的对应单元中.若有,则将相应产生式左端的 $A_{i,2}$ 依次写入单元格中(当 $A_{i,1}$ 有多个取值时,中间用逗号隔开);若没有,则将 ϕ 写入其中.

如此这般,在表格第 $j-1$ 行的下方构造表格的第 $j(3\leqslant j\leqslant n-1)$ 行.其中,第 $i(1\leqslant i\leqslant n-j+1)$ 个单元格的内容如下确定:在 P 中检查是否有形如 $A_{i,j}\to A_{i,k}$

$A_{i+k,j-k}$，$1\leqslant k\leqslant j-1$ 的产生式，这里，$A_{i,k}$ 和 $A_{i+k,j-k}$ 分别已存放在表格第 1 行至第 $j-1$ 行的对应单元中．若有，则将相应产生式左端的 $A_{i,j}$ 依次写入单元格中（当 $A_{i,j}$ 有多个取值时，中间用逗号隔开）；若没有，则将 ϕ 写入其中．

最后，在表格第 $n-1$ 行的下方构造表格的最后一行（第 n 行）．该行只有一个单元格．放置于其中的内容如下确定：在 P 中检查是否有形如 $A_{1,n}\to A_{1,1}A_{2,n-1}$，$A_{1,n}\to A_{1,2}A_{3,n-2}$，…，$A_{1,n}\to A_{1,n-1}A_{n,1}$（即 $A_{1,n}\to A_{1,k}A_{1+k,n-k}$，$1\leqslant k\leqslant n-1$）的产生式，这里，$A_{1,k}$ 和 $A_{1+k,n-k}$ 分别已存放在表格前 $n-1$ 行的对应单元中．若有，则将相应产生式左端的 $A_{1,n}$ 依次写入单元格中（当 $A_{1,n}$ 有多个取值时，中间用逗号隔开）；若没有，则将 ϕ 写入其中．

最后，进行判决：若表格的最后一行中包含 S，则表示 x 可由 S 派生，即 $x\in L(G)$．否则，判 $x\notin L(G)$．

为加深对上述 CYK 算法的理解，举一个例子．

试用 CYK 算法判断符号串 $x=a+b*c$ 能否被上下文无关文法 $G=(N,T,P,S)$ 所接受．其中：$N=\{S,T\}$，$T=\{a,b,c,+,*\}$，以及 P：

(1) $S\to T$，(2) $S\to S+T$，(3) $T\to I$，(4) $T\to T*I$，

(5) $I\to a$，(6) $I\to b$，(7) $I\to c$．

解 因文法 $G=(N,T,P,S)$ 不是以乔姆斯基范式的形式给出的，故首先对其进行改写．改写后的文法为 $G'=(N',T,P',S)$．其中，$N'=\{S,T,A,B,M\}$，以及 P'：

(1) $S\to SB$，(2) $B\to AT$，(3) $T\to TC$，(4) $C\to MI$，

(5) $S\to a$，(6) $S\to b$，(7) $S\to c$，(8) $A\to +$

(9) $T\to a$，(10) $T\to b$，(11) $T\to c$，(12) $M\to *$，

(13) $I\to a$，(14) $I\to b$，(15) $I\to c$．

将 CYK 算法适用于符号串 $x=a+b*c$，可得到如图 6.33 所示的三角表格．

x=	a	+	b	*	c
j=1	S,T,I	A	S,T,I	M	S,T,I
	ϕ	B	ϕ	C	
	S	ϕ	T		
	ϕ	B			
↓	S				

图 6.33 基于三角表格的 CYK 算法之图示

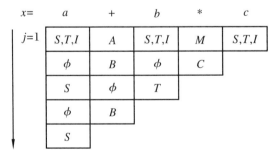

由于表格的最后一行中包含 S，故由 CYK 算法的结论，判 x 由 S 派生，即 x 能被上下文无关文法 $G=(N,T,P,S)$ 所接受.易见，CYK 算法给出的结果和例 6.24 是一致的.除了可以得到上述结论外，参考图 6.33 的剖析过程，还可给出符号串 $x=a+b*c$ 的导出序列及其导出树表示，如图 6.34 所示.

$$S \to SB$$
$$\to SAT$$
$$\to SATC$$
$$\to SATMI$$
$$\to aATMI$$
$$\to a+TMI$$
$$\to a+bMI$$
$$\to a+b*I$$
$$\to a+b*c$$

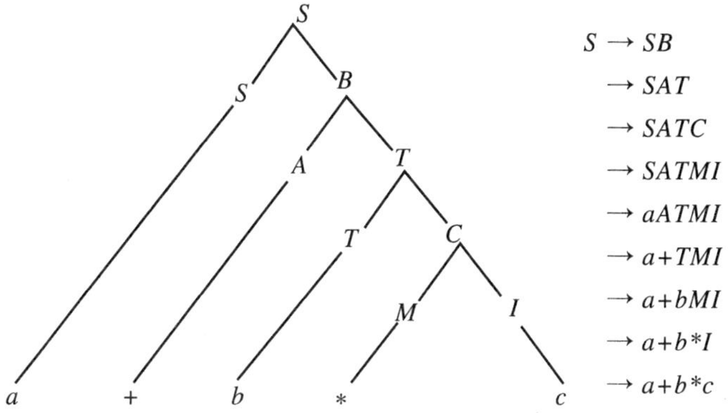

图 6.34　符号串 $x=a+b*c$ 的一个导出序列及其导出树表示

最后，讨论一下 CYK 算法的时间复杂度.这里，以待识别符号串的长度 n 为参数，对算法的时间复杂度进行粗略的估算.显然，算法的运行时间主要取决于构造三角表格所花费的时间.因三角表格的行数等于 n，每行的单元格数不大于 n（例如，第 j 行所含的单元格数等于 $n-j+1$），而在每个单元格所执行的基本处理（指检查形如 $A_{i,j} \to A_{i,k}A_{i+k,j-k}$，$1 \leqslant k \leqslant j-1$ 的产生式是否在 P 中的操作）的次数不大于 n（例如，对第 j 行每个单元格的处理次数为 $j-1$），故 CYK 算法总的时间复杂度为 $O(n^3)$.

6.8　文 法 推 断

上面关于句法模式识别的讨论是在相应文法假定为已知的情况下展开的.但是，实际情况并非如此.在我们处理一个句法模式识别问题的时候，用于描述给定模式的文法一般是未知的.和统计模式识别的情况一样，我们可能仅有一些来源于实际问题的句子可以使用.因此，为了能够运用句法分析的方法对输入到一个句法模式识别系统的句子进行分类和描述，有必要从给定的句子集合（也称为样本集合）中推断出可以产生这些输入句子的相应的文法.把上述从给定的句子出发，通过学习得到相应文法的过程称为文法推断.不难看到，可以将文法推断和统计模式识别中用样本训练分类器的工作进行类比.两者在概念上是类似的，都是利用已知样本通过训练来完成规定的任务.但这里所谓的任务，在两者之间是有明显差异的.在前者的情况下是要确定一个合适的文法，使得用于训练的样本可以由该文法所生成，而在后者的情况下则是要确定所设计分类器的参数，使得用于训练的样本可以由所设计的分类器进行识别.

那么，如何根据已知样本集合来确定一个可以产生给定样本集合的合适的文法呢？在具体讨论该问题之前，让我们首先来粗略看一下什么样的文法是我们所期望得到的文法.为叙述方便起见，将拟推断的文法记为 $G=(N,T,P,S)$，由 G 生成的语言记为$L(G)$.假设在进行文法推断之前，我们已得到一个训练样本集合 R，它由 R^+ 和 R^- 组成，记为 $R=\{R^+,R^-\}$.其中，R^+ 称为正样本集合，其成员均在 $L(G)$中，R^- 称为负样本集合，其成员均不在 $L(G)$中.若引入记号$\overline{L(G)}=T^*-L(G)$，则上述正样本集合 R^+ 和负样本集合 R^- 可表示为

$$R^+=\{x\,|\,x\in L(G)\}$$

$$R^-=\{x\,|\,x\in \overline{L(G)}\}$$

这样，所谓的文法推断就是根据给定的已知样本集合 R 推断出文法 G.由于实际中样本集合往往是有限的，R^+ 和 R^- 通常仅分别是 $L(G)$和$\overline{L(G)}$的一个子集，因此，仅根据这种给定的不完全的样本集合 R^+ 和 R^-，一般不一定能得到“理想”的文法推断结果.为了得到好的文法推断结果，需要对给定的不完全的样本集合 R^+ 和 R^- 进行分析，找出其中所含符号串的规律.从这个意义上说，文法推断是一个富于挑战性的、需要有“智力”参与的工作.显然，在进行文法推断的过程中，必须遵循以下原则：首先，推断出的文法 G 需满足$L(G)\supseteq R^+$ 和$\overline{L(G)}\supseteq R^-$ 的条件，其次，推断出的文法 G 应尽可能使不在R^+ 中也不在 R^- 中，但与 R^+ 中的符号串在某种意义上具有相同性质的符号串属于 $L(G)$.

下面，介绍由已知样本集合推断文法的几种方法.

6.8.1 正则文法的推断

在很多情况下，仅能得到正样本集合.因此，研究仅由正样本集合进行文法推断的方法是非常必要的.这里，首先介绍一种由正样本集合推断一个递归的、非含混的正则文法的方法.

该方法的大要如下：首先，构建一个恰好能产生给定正样本集合的非递归正则

文法;然后,根据得到的产生式组对相关的终结符进行合并以得到一个相对简单的、递归的正则文法.

下面,对推断过程进行说明.

设给定的正样本集合为 $R^+ = \{X_1, X_2, \cdots, X_m\}$,则由 R^+ 推断所求文法 $G=(N,T,P,S)$ 的具体步骤如下:

(1) 检查 R^+ 中的每一个符号串 $X_i, i=1,2,\cdots,m$,列出其中所包含的所有终结符.对重复出现的终结符,仅保留其一.由此得到的终结符集合即为所求文法的终结符集合 T.

(2) 对 R^+ 中的每一个符号串 $X_i, i=1,2,\cdots,m$,通过适当引入非终结符的方法,构建恰好能产生相应符号串 $X_i, i=1,2,\cdots,m$ 的一组产生式.不失一般性,以 R^+ 中的第 i 个符号串 X_i 为例说明其构建过程.不妨设 $X_i = a_{i1}a_{i2}\cdots a_{in_i}$,其中,$n_i$ 为 X_i 的长度,$a_{ij}\in T, j=1,2,\cdots,n_i$ 为 X_i 中的第 j 个终结符,则恰好能产生 X_i 的一组产生式为

$$P:(1)S\to a_{i1}Z_{i1},(2)Z_{i1}\to a_{i2}Z_{i2},\cdots,(n_i-1)Z_{in_i-2}\to a_{in_i-1}Z_{in_i-1},(n_i)Z_{in_i-1}\to a_{in_i}$$

其中,S 为起始符,$Z_{i1}, Z_{i2},\cdots,Z_{in_i-1}$ 为引入的非终结符.该组产生式可如下得到:(a)取出 X_i 最左端的一个终结符 a_{i1},剩余的子串仍记为 X_i,若其为空,则构建产生式 $S\to a_{i1}$,过程结束;否则,引入非终结符 Z_{i1},构建 $S\to a_{i1}Z_{i1}$,并置 $j=2$.(b)取出 X_i 最左端的一个终结符,剩余的子串仍记为 X_i,若 X_i 为空,则构建产生式 $Z_{i(j-1)}\to a_{ij}$,过程结束;否则,引入非终结符 Z_{ij},构建 $Z_{i(j-1)}\to a_{ij}Z_{ij}$.(c)置 $j=j+1$,返回(b).

对给定的正样本集合 R^+ 中的所有符号串 $X_i, i=1,2,\cdots,m$,实施上面的操作,即可得到所需的产生式组和非终结符集合 N.至此,利用所得到的文法 $G=(N,T,P,S)$ 可产生正样本集合 R^+ 中的所有符号串.

(3) 对得到的文法 $G=(N,T,P,S)$ 中非终结符和产生式,进行必要的化简和合并,最终得到所推断的文法.

下面,举一个例子说明算法的具体推断过程.

例 6.26　设正样本集合为 $R^+=\{01,001,0001\}$,试据此推断可产生 R^+ 的正则文法 $G=(N,T,P,S)$.

解　根据给定的 R^+,所求正则文法 G 的终结符集合显然为 $T=\{0,1\}$.

记 $X_1=01$,引入起始符 S 和非终结符 Z_{11},得到:

(1) $S\to 0Z_{11}$,　(2) $Z_{11}\to 1$.

类似地,记 $X_2=001$,引入非终结符 Z_{21} 和 Z_{22},得到:

(3) $S\to 0Z_{21}$,　(4) $Z_{21}\to 0Z_{22}$,　(5) $Z_{22}\to 1$.

记 $X_3=0001$,引入非终结符 Z_{31}、Z_{32} 和 Z_{33},得到:

(6) $S\to 0Z_{31}$，　(7) $Z_{31}\to 0Z_{32}$，　(8) $Z_{32}\to 0Z_{33}$，　(9) $Z_{33}\to 1$.

至此，可得到所求正则文法 $G=(N,T,P,S)$，其中 $N=\{S,Z_{11},Z_{21},Z_{22},Z_{31},Z_{32},Z_{33}\}$，$T=\{0,1\}$以及 P：

(1) $S\to 0Z_{11}$，　(2) $Z_{11}\to 1$；

(3) $S\to 0Z_{21}$，　(4) $Z_{21}\to 0Z_{22}$，　(5) $Z_{22}\to 1$；

(6) $S\to 0Z_{31}$，　(7) $Z_{31}\to 0Z_{32}$，　(8) $Z_{32}\to 0Z_{33}$，　(9) $Z_{33}\to 1$.

容易验证，所推断的文法 $G=(N,T,P,S)$恰好可产生正样本集合 R^+ 中的所有符号串.把依据上面的过程得到的文法称为穷举文法.由上面的例子可以看出，穷举文法的推断过程本身是非常简单的，但缺点也是明显的.首先，推断过程中引入的非终结符和产生式的数目过多，致使所得到的文法不够精炼；其次，所推断文法的推广能力不强，仅能产生给定正样本集合 R^+ 中的所有符号串.因此，有必要对经推断得到的文法进行改造(例如，引入化简和合并等处理)以增强所推断文法的推广能力.下面，仍以上例为例来看一下如何进行化简和合并等处理.考察产生式组，发现其中的(1)、(3)和(6)具有相似的形式，其左端均为 S，其右端均为一个终结符 0 的后面紧跟着一个非终结符，分别是 Z_{11}、Z_{21}和 Z_{31}.因此，可考虑将 Z_{11}、Z_{21}和 Z_{31}合并，并代之以一个新的非终结符，例如 A_1.另外，发现产生式组中的(4)、(7)和(8)也具有相似的形式，其左端分别为一非终结符(分别为 Z_{21}、Z_{31}和 Z_{32})，其右端均为一个终结符 0 的后面紧跟着一个非终结符(分别为 Z_{22}、Z_{32}和 Z_{33}).因此，可考虑将 Z_{22}、Z_{32}和 Z_{33}合并，代之以另一个新的非终结符，例如 A_2.采用上述取代方案，得到以下结果：

所求文法为 $G=(N,T,P,S)$.其中，$N=\{S,A_1,A_2\}$，$T=\{0,1\}$以及 P：

(1) $S\to 0A_1$，　(2) $A_1\to 1$；

(3) $S\to 0A_1$，　(4) $A_1\to 0A_2$，　(5) $A_2\to 1$；

(6) $S\to 0A_1$，　(7) $A_1\to 0A_2$，　(8) $A_2\to 0A_2$，　(9) $A_2\to 1$.

对上述产生式组中的相同产生式进行合并，得到如下结果：

所求产生式组为 P：

(1) $S\to 0A_1$，　(2) $A_1\to 1$；

(3) $A_1\to 0A_2$，　(4) $A_2\to 0A_2$，　(5) $A_2\to 1$.

事实上，对以上产生式组进行进一步化简，可得到最终的推断结果如下：

所求文法为 $G=(N,T,P,S)$.其中，$N=\{S,A_1\}$，$T=\{0,1\}$以及 P：

(1) $S\to 0A_1$，　(2) $A_1\to 0A_1$，　(3) $A_1\to 1$.

由该文法所产生的语言由下式给出

$$L(G)=\{0^n1\mid n=1,2,\cdots\}$$

这个结果在例 6.9 中曾经给出过．一般而言，经必要的合并和化简处理后得到的推断文法不同于恰好可产生正样本集合 R^+ 中的所有符号串的最初的推断文法，它具有较强的推广能力．除了可产生给定的正样本集合 R^+ 中的符号串之外，还可产生不在 R^+ 中但与 R^+ 中的符号串在某种意义上具有相同性质的符号串．但是，由于正样本集合 R^+ 总是有限的，由这样的文法导出的符号串是否总可由原文法所产生这一点并不是不证自明的，需要在实际中进行验证．可以仿照在统计模式识别中所采用的方法，将给定的正样本集合 R^+ 分成两组，一组用于推断文法，另一组则用于对所推断文法的检验．如果检验组的样本都可由所推断的文法所产生，则我们有足够的理由相信推断是正确的，至少是可接受的．另外，需要指出的是，按上面的方法所推断的文法可能不止一种．不同的产生式分组和对非终结符不同的代换处理将导致不同的推断文法．下面再看一个例子．

例 6.27　设正样本集合为 $R^+=\{00,11,0110,0101,1001,011101\}$，试据此推断可产生 R^+ 的正则文法 $G=(N,T,P,S)$．

解　根据给定的 R^+，所求正则文法 G 的终结符集合显然为 $T=\{0,1\}$．

适当引入起始符 S 和非终结符 $Z_{11}\sim Z_{65}$，可得到如下恰好能产生正样本集合 R^+ 的最初的产生式组：

(1) $S\to 0Z_{11}$，　(2) $Z_{11}\to 0$；

(3) $S\to 1Z_{21}$，　(4) $Z_{21}\to 1$；

(5) $S\to 0Z_{31}$，　(6) $Z_{31}\to 1Z_{32}$，　(7) $Z_{32}\to 1Z_{33}$，　(8) $Z_{33}\to 0$；

(9) $S\to 0Z_{41}$，　(10) $Z_{41}\to 1Z_{42}$，　(11) $Z_{42}\to 0Z_{43}$，　(12) $Z_{43}\to 1$；

(13) $S\to 1Z_{51}$，　(14) $Z_{51}\to 0Z_{52}$，　(15) $Z_{52}=0Z_{53}$，　(16) $Z_{53}=1$；

(17) $S=0Z_{61}$，　(18) $Z_{61}=1Z_{62}$，　(19) $Z_{62}\to 1Z_{63}$，　(20) $Z_{63}\to 1Z_{64}$，

(21) $Z_{64}\to 0Z_{65}$，　(22) $Z_{65}\to 1$．

与前例相仿，首先根据产生式在形式上的相似性，对上述产生式组进行如下分组：

组 1：$S\to 0Z_{11}$，$S\to 0Z_{31}$，$S\to 0Z_{41}$，$S=0Z_{61}$；

组 2：$S\to 1Z_{21}$，$S\to 1Z_{51}$；

组 3：$Z_{31}\to 1Z_{32}$，$Z_{32}\to 1Z_{33}$，$Z_{41}\to 1Z_{42}$，$Z_{61}=1Z_{62}$，$Z_{62}\to 1Z_{63}$，$Z_{63}\to 1Z_{64}$；

组 4：$Z_{42}\to 0Z_{43}$，$Z_{51}\to 0Z_{52}$，$Z_{52}=0Z_{53}$，$Z_{64}\to 0Z_{65}$．

然后，根据分组结果适当引入新的非终结符，并确定如下的代换方案：

$\{Z_{11},Z_{31},Z_{41},Z_{61}\}$用 A_1 取代，$\{Z_{21},Z_{51}\}$用 A_2 取代，$\{Z_{32},Z_{33},Z_{42},Z_{62},Z_{63},Z_{64}\}$用 A_3 取代，$\{Z_{43},Z_{52},Z_{53},Z_{65}\}$用 A_4 取代．

依据上述代换方案进行代换处理，得到所求文法 $G=(N,T,P,S)$．其中，$N=$

$\{S,A_1,A_2,A_3,A_4\}$，$T=\{0,1\}$以及 P：

(1) $S\to 0A_1$，　(2) $A_1\to 0$；

(3) $S\to 1A_2$，　(4) $A_2\to 1$；

(5) $S\to 0A_1$，　(6) $A_1\to 1A_3$，　(7) $A_3\to 1A_3$，　(8) $A_3\to 0$；

(9) $S\to 0A_1$，　(10) $A_1\to 1A_3$，　(11) $A_3\to 0A_4$，　(12) $A_4\to 1$；

(13) $S\to 1A_2$，　(14) $A_2\to 0A_4$，　(15) $A_4\to 0A_4$，　(16) $A_4\to 1$；

(17) $S\to 0A_1$，　(18) $A_1\to 1A_3$，　(19) $A_3\to 1A_3$，　(20) $A_3\to 1A_3$，

(21) $A_3\to 0A_4$，　(22) $A_4\to 1$.

对在上述代换中产生的相同产生式进行合并，得到最终的推断文法 $G=(N,T,P,S)$. 其中，$N=\{S,A_1,A_2,A_3,A_4\}$，$T=\{0,1\}$以及 P：

(1) $S\to 0A_1$，　(2) $A_1\to 0$，

(3) $S\to 1A_2$，　(4) $A_2\to 1$，

(5) $A_1\to 1A_3$，　(6) $A_3\to 1A_3$，　(7) $A_3\to 0$，

(8) $A_3\to 0A_4$，　(9) $A_4\to 1$，

(10) $A_2\to 0A_4$，　(11) $A_4\to 0A_4$，　(12) $A_4\to 1A_3$.

容易验证，上述文法确实可产生给定的正样本集合 R^+.

在有些情况下，除正样本集合之外，负样本集合也是可利用的. 例如，在上例中，最终得到的文法除了可产生给定的正样本集合 R^+ 外，也会产生不在给定的正样本集合 R^+ 中的一些样本. 例如，10001 和 0111101 等. 如果没有负样本集合的相关信息，这些符号串也是可接受的. 但若被告知这些符号串属于负样本集合，则可依据它们对所推断的文法进行进一步的修改，使之更接近于待求的文法.

下面，结合实例具体说明如何依据负样本集合对所推断的文法进行必要的修改. 仍以上例为例进行说明. 假设 10001 是一个给定的负样本. 首先删除其中的一些符号，看剩余的子串是否可接受（必要时，通过人机交互的方式由用户予以确认）. 例如，假设删除头部或（和）尾部的 1 后，剩余的子串仍然是不可接受的，但删除中间 0 串中的一个 0 后，剩余的子串 1001 是可接受的（事实上，1001 在给定的正样本集合 R^+ 中）. 这表明，在适用推断的文法产生 10001 时，0 被多产生了一个. 进一步考察产生 10001 的过程，发现该符号串是通过顺序适用产生式(3)、(10)、(11)、(11)和(9)得到的. 分析发现，问题出在产生式(11). 这是一个具有自循环形式的产生式，为避免不利的自循环，可在剩余产生式中寻找形式上与产生式(11)类似且右端含非终结符 A_4 的产生式（*），以便据此对产生式(11)进行修改，使适用(11)后仍能到达（*）. 做此修改的目的如下：一方面要保证修改后的文法不影响对给定正样本集合的处理，另一方面要避免产生负样本. 在本例中，有资格成为（*）

的仅有(10)一个产生式.因此,可考虑将(11)修改为 $A_4 \to 0A_2$.这里,其右端的非终结符取为(10)左端的非终结符,以便文法在适用(11)后能继续适用(10).在本例中,做此修改是合适的.验证结果表明,修改后的文法可在不影响产生给定正样本集合的前提下,避免产生负样本 10001.对负样本 0111101 的分析、处理可类似进行.处理结果如下:将产生式 $A_3 \to 1A_3$ 修改为 $A_3 \to 1A_1$.经过上述处理后,可在不影响产生给定正样本集合的前提下,避免产生形如 10001 和 0111101 的负样本.这样,根据给定的正样本集合和负样本集合,可得到修改后的推断文法为 $G=(N,T,P,S)$.其中,$N=\{S,A_1,A_2,A_3,A_4\}$,$T=\{0,1\}$以及 P:

(1) $S \to 0A_1$, (2) $A_1 \to 0$,

(3) $S \to 1A_2$, (4) $A_2 \to 1$,

(5) $A_1 \to 1A_3$, (6) $A_3 \to 1A_1$, (7) $A_3 \to 0A_4$, (8) $A_4 \to 1$,

(9) $A_2 \to 0A_4$, (10) $A_4 \to 0A_2$, (11) $A_4 \to 1A_3$, (12) $A_3 \to 0$.

如果负样本集合中还包括 01001 和 1011110 的符号串,则可进一步对上述文法进行修改.事实上,01001 和 1011110 均可由上述文法产生.其中,01001 可由产生式(1)、(5)、(7)、(10)和(4)得到,而 1011110 可由产生式(3)、(9)、(11)、(6)、(5)、(6)和(2)得到.经过和前面类似的分析,不难发现:导致负样本 01001 被推断文法接受的根源出在产生式(7),而导致负样本 1011110 被推断文法接受的根源则出在产生式(11).为避免上述不利情况,可考虑将产生式(7)、(11)以及产生式(8)、(12)删除,并将非终结符 A_3 和 A_4 合并(合并后的非终结符记为 A_3).这样,最终可得到如下的推断文法 $G=(N,T,P,S)$.其中,$N=\{S,A_1,A_2,A_3\}$,$T=\{0,1\}$以及 P:

(1) $S \to 0A_1$, (2) $A_1 \to 0$,

(3) $S \to 1A_2$, (4) $A_2 \to 1$,

(5) $A_1 \to 1A_3$, (6) $A_3 \to 1A_1$,

(9) $A_2 \to 0A_3$, (10) $A_3 \to 0A_2$.

容易验证,对于给定的正、负样本集合,上述推断文法均满足要求.事实上,由上述文法产生的语言为$\{0,1\}^+$中由偶数个 0 和偶数个 1 组成的串的集合.在例 6.10 中我们曾讨论过该语言.当时,我们给出了一个可以识别该语言的确定的有限状态自动机.

下面,再介绍一种从给定的正样本集合推断相应正则文法的方法.为叙述方便起见,这里将符号串看作是由一些码字(即符号)组成的链,称其为链码.因该方法涉及求取给定字符串舍弃头部子串后剩余的子串的相关操作,故通常将据此推断的文法称为余码文法.

在叙述该方法之前，首先简略介绍几个相关的定义.

定义 6.21 考虑链码集合(即由链码组成的集合)A，称$\{x \mid \alpha x \in A\}$为 A 舍去 α 后的余码集合，记为 $D_\alpha A$.

这里，α 既可以是单个符号，也可以是一串符号. 特别地，α 可以是空串(即 $\alpha = \lambda$). 当 α 为空串时，根据定义，显然有 $D_\lambda A = A$ 成立.

可以将 D_α 视为一个算子，称其为余码算子. 由于根据定义，对 $\alpha x \in A$，有 $D_\alpha(\alpha x) = x$ 成立，故有时也将 D_α 称为形式微商算子.

不难证明，算子 D_α 具有以下性质：若 α_1 和 α_2 是两个符号串，$\alpha = \alpha_1\alpha_2$，则

$$D_\alpha A = D_{\alpha_1\alpha_2} A = D_{\alpha_2}(D_{\alpha_1} A)$$

类似地，若 $\alpha_1\alpha_2\cdots\alpha_n$ 是符号串，$\alpha = \alpha_1\alpha_2\cdots\alpha_n$，则

$$D_\alpha A = D_{\alpha_1\alpha_2\cdots\alpha_n} A = D_{\alpha_n}(\cdots D_{\alpha_2}(D_{\alpha_1} A)\cdots)$$

例 6.28 设 $R^+ = \{00,11,0110,0101,1001,011101\}$，试求 $D_0 R^+$、$D_1 R^+$、$D_{00} R^+$、$D_{01} R^+$、$D_{10} R^+$、$D_{11} R^+$、$D_{011} R^+$和 $D_{111} R^+$.

解 根据定义，显然有

$$D_0 R^+ = \{0,110,101,11101\}$$

$$D_1 R^+ = \{1,001\}$$

$$D_{00} R^+ = \{\lambda\}$$

$$D_{01} R^+ = \{10,01,1101\}$$

$$D_{10} R^+ = \{01\}$$

$$D_{11} R^+ = \{\lambda\}$$

$$D_{011} R^+ = \{0\}$$

$$D_{111} R^+ = \varnothing$$

由给定的正样本集合 R^+，可按照如下步骤构建相应的余码文法

$$G_c = (N_c, T_c, P_c, S_c)$$

(1) 检查 R^+，用其中所包含的所有互异的终结符形成终结符集合 T_c.

(2) 根据形式微商算子的运算规则，求出 R^+ 所有可能的余码集合，并以 $S_c = U_1$ 标记 $D_\lambda R^+$，以 $U_2, \cdots, U_n$ 标记其余的余码集合，则

$$S_c \text{ 为起始符}, \quad N_c = \{S_c, U_2, \cdots, U_n\}$$

(3) 如下获得 P_c：对于任意的 $a \in T_c$ 以及 U_i 和 U_j，若 $D_a U_i = U_j$，$i, j = 1,2,\cdots,n$，则构建产生式 $U_i \to aU_j$；又若 $D_a U_i = \{\lambda\}$，$i = 1,2,\cdots,n$，则构建产生式 $U_i \to a$.

例 6.29 设 $R^+ = \{01,001,0001\}$，试推断 R^+ 的余码文法 $G_c = (N_c, T_c, P_c, S_c)$.

解 所求余码文法 $G_c = (N_c, T_c, P_c, S_c)$的各部分可如下得到：

根据 $R^+=\{01,001,0001\}$，显然有：$T_c=\{0,1\}$.

此外，根据形式微商算子的运算规则可求出 R^+ 所有可能的余码集合.对顺序发现的余码集合按下标递增的方式进行命名，有

$$D_\lambda R^+=R^+=\{01,\ 001,\ 0001\}=U_1$$
$$D_0R^+=D_0U_1=\{1,\ 01,\ 001\}=U_2$$
$$D_{00}R^+=D_0(D_0R^+)=D_0U_2=\{1,\ 01\}=U_3$$
$$D_{01}R^+=D_1(D_0R^+)=D_1U_2=\{\lambda\}$$
$$D_{000}R^+=D_0(D_{00}R^+)=D_0(U_3)=\{1\}=U_4$$
$$D_{001}R^+=D_1(D_{00}R^+)=D_1U_3=\{\lambda\}$$
$$D_{0001}R^+=D_1(D_{000}R^+)=D_1U_4=\{\lambda\}$$

取 $S_c=U_1$，$N_c=\{S_c,U_2,U_3,U_4\}$.

而 P_c 由以下产生式组成：

(1) $S_c\to 0U_2$，(2) $U_2\to 0U_3$，(3) $U_2\to 1$，

(4) $U_3\to 0U_4$，(5) $U_3\to 1$，(6) $U_4\to 1$.

上面得到的文法即为所求余码文法.由结果可见，该文法较例 6.26 中依据穷举法给出的最初的推断结果要简单一些.不难验证，对于本例而言，经过化简和合并等处理后两种方法所得到的推断结果是相同的.

顺便指出，因余码文法涉及形式微商算子的相关运算，在有些书中也称其为形式微商文法或规范微商文法.

余码文法虽然相对简单，但当给定的正样本集合中所含符号串的数目较多时，其给出的产生式的数目一般仍嫌过多.因此，如果能对其进行改进，使得到的文法具有更简洁的形式，当然是我们所希望的.

下面，介绍一种在余码文法的基础上对余码集合中的最长链码的长度施加约束的文法，即所谓的 K 余文法.首先，给出 K 余集合的定义.

定义 6.22　考虑链码集合 A，称 $\{x\mid \alpha x\in A,\ |x|\leqslant K\}$ 为 A 舍去 α 后的 K 余集合，记为 $D_\alpha^k A$

这里，α 的意义与定义 6.21 中的相同，而 $|x|$ 表示剩余链码 x 的长度.为表述方便起见，称 D_α^k 为 K 余算子.显然，根据定义，K 余集合可由余码集合得到.选择不同的 K 值，会得到不同的子余码集合（余码集合中舍去长度值大于 K 的链码后形成的子集），并由此推断出不同的文法.在本书中，用 $G_K=(N_K,T_K,P_K,S_K)$ 表示 K 余文法.显然，对给定的正样本集合，当 K 大于某个给定的阈值时，K 余文法即退化为余码文法.

例 6.30 设 $R^+=\{01,001,0001\}$,试推断 R^+ 的 3 余文法 $G_3=(N_3,T_3,P_3,S_3)$、2 余文法 $G_2=(N_2,T_2,P_2,S_2)$和 1 余文法 $G_1=(N_1,T_1,P_1,S_1)$.

解 用表 6.5 汇总 K 取不同值时所得到的子余码集合.

表 6.5 K 取不同值时所得到的正余码集合

D_α \ K	4	3	2	1
$D_\lambda R^+$	$\{01, 001, 0001\}$	$\{01, 001\}$	$\{01\}$	Φ
$D_0 R^+$	$\{1, 01, 001\}$	$\{1, 01, 001\}$	$\{1, 01\}$	$\{1\}$
$D_{00} R^+ = D_0(D_0 R^+)$	$\{1, 01\}$	$\{1, 01\}$	$\{1, 01\}$	$\{1\}$
$D_{01} R^+ = D_1(D_0 R^+)$	$\{\lambda\}$	$\{\lambda\}$	$\{\lambda\}$	$\{\lambda\}$
$D_{000} R^+ = D_0(D_{00} R^+)$	$\{1\}$	$\{1\}$	$\{1\}$	$\{1\}$
$D_{001} R^+ = D_1(D_{00} R^+)$	$\{\lambda\}$	$\{\lambda\}$	$\{\lambda\}$	$\{\lambda\}$
$D_{0001} R^+ = D_1(D_{000} R^+)$	$\{\lambda\}$	$\{\lambda\}$	$\{\lambda\}$	$\{\lambda\}$

由上表,为得到 3 余文法 $G_3=(N_3,T_3,P_3,S_3)$,选择 $T_3=\{0,1\}$,$N_3=\{S_3,U_2,U_3,U_4\}$.其中,$S_3=U_1=\{01,\ 001\}$、$U_2=\{1,\ 01,\ 001\}$、$U_3=\{1,\ 01\}$、$U_4=\{1\}$以及 P_3:

(1) $S_3\to 0U_2$, (2) $U_2\to 0U_3$, (3) $U_2\to 1$,

(4) $U_3\to 0U_4$, (5) $U_3\to 1$, (6) $U_4\to 1$.

易见,结果与余码文法相同.

又,为得到 2 余文法 $G_2=(N_2,T_2,P_2,S_2)$,可选择 $T_2=\{0,1\}$,$N_2=\{S_2,U_2,U_3\}$.其中,$S_2=U_1=\{01\}$、$U_2=\{1,\ 01\}$、$U_3=\{1\}$以及 P_2:

(1) $S_2\to 0U_2$, (2) $U_2\to 0U_3$, (3) $U_2\to 1$,

(4) $U_2\to 0U_2$, (5) $U_3\to 1$.

类似地,可得到 1 余文法 $G_1=(N_1,T_1,P_1,S_1)$,其中,$T_1=\{0,1\}$,S_1 为起始符,$N_1=\{S_1,U_2\}$,$U_2=\{1\}$,以及 P_1:

(1) $S_1\to 0U_2$, (2) $U_2\to 0U_2$, (3) $U_2\to 1$.

这个结果与例 6.26 中给出的最终结果是一致的.

例 6.31 设 $R^+=\{00,11,0000,0011,1100,1111,0110,0101,1001,1010,011101,011110\}$,试据此推断可产生 R^+ 的 2 余文法 $G_2=(N_2,T_2,P_2,S_2)$.

解 如表 6.6 所示,列出 $K=2$ 时的余码集合.

表 6.6　$K=2$ 时的余码集合

D_α \ K	6	2
$D_\lambda R^+$	R^+	{00,11}
$D_0 R^+$	{0, 000, 011,110,101,11101,11110}	{0}
$D_1 R^+$	{1, 100, 111,001,010}	{1}
$D_{00} R^+ = D_0(D_0 R^+)$	{00,11}	{00,11}
$D_{01} R^+ = D_1(D_0 R^+)$	{10,01,1101,1110}	{01,10}
$D_{10} R^+ = D_0(D_1 R^+)$	{01,10}	{01,10}
$D_{11} R^+ = D_1(D_1 R^+)$	{00,11}	{00,11}
$D_{000} R^+ = D_0(D_{00} R^+)$	{0}	{0}
$D_{001} R^+ = D_1(D_{00} R^+)$	{1}	{1}
$D_{010} R^+ = D_0(D_{01} R^+)$	{1}	{1}
$D_{011} R^+ = D_1(D_{01} R^+)$	{0,101,110}	{0}
$D_{100} R^+ = D_0(D_{10} R^+)$	{1}	{1}
$D_{101} R^+ = D_1(D_{10} R^+)$	{0}	{0}
$D_{110} R^+ = D_0(D_{11} R^+)$	{0}	{0}
$D_{111} R^+ = D_1(D_{11} R^+)$	{1}	{1}
$D_{0000} R^+ = D_0(D_{000} R^+)$	{λ}	{λ}
$D_{0011} R^+ = D_1(D_{001} R^+)$	{λ}	{λ}
$D_{0101} R^+ = D_1(D_{010} R^+)$	{λ}	{λ}
$D_{0110} R^+ = D_0(D_{011} R^+)$	{λ}	{λ}
$D_{0111} R^+ = D_1(D_{011} R^+)$	{01,10}	{01,10}
$D_{1001} R^+ = D_1(D_{100} R^+)$	{λ}	{λ}
$D_{1010} R^+ = D_0(D_{101} R^+)$	{λ}	{λ}
$D_{1100} R^+ = D_0(D_{110} R^+)$	{λ}	{λ}
$D_{1111} R^+ = D_1(D_{111} R^+)$	{λ}	{λ}
$D_{01110} R^+ = D_0(D_{0111} R^+)$	{1}	{1}
$D_{01111} R^+ = D_1(D_{0111} R^+)$	{0}	{0}
$D_{011101} R^+ = D_1(D_{01110} R^+)$	{λ}	{λ}
$D_{011110} R^+ = D_0(D_{01111} R^+)$	{λ}	{λ}

所求 2 余文法 $G_2=(N_2,T_2,P_2,S_2)$为 $T_2=\{0,1\}$，$N_2=\{S_2,U_2,U_3,U_4\}$. 其中，$S_2=U_1=\{00,11\}$、$U_2=\{0\}$、$U_3=\{1\}$、$U_4=\{01,10\}$以及 P_2：

(1) $S_2\to 0U_2$，　(2) $S_2\to 1U_3$，　(3) $U_2\to 0S_2$，　(4) $U_2\to 1U_4$，

(5) $U_3\to 0U_4$，　(6) $U_3\to 1S_2$，　(7) $U_4\to 0U_3$，　(8) $U_4\to 1U_2$，

(9) $U_2\to 0$，　(10) $U_3\to 1$.

由上面的例子可以看出，余码文法，尤其是 K 余文法通常可给出相对简洁的结果，即使是给定的正样本集合中包含较多数目的符号串时也是如此. 不仅如此，K 余文法(当然也包括余码文法)还可从给定的正样本集合出发，直接给出包含递归结构的产生式组合. 这是余码文法很有魅力的一个地方，它允许我们可以根据有限数目的样本推断出包含无穷多个符号串的语言的文法. 当然，为了获得较理想的 K 余文法，要求有较完备的正样本集合. 限于篇幅，这里不对正样本集合的完备性做更深入的讨论. 可以粗略地认为，如果根据一个正样本集合推断出的文法可以产生所有期望出现的符号串，则称该正样本集合是完备的，否则称该正样本集合是不完备的. 当正样本集合不完备时，可采用人机交互的方式予以补充. 其中的一种方法是利用负样本集合：将负样本中所包含的一些子串删除后提示给用户，询问这样的符号串是否是可接受的. 如果是可接受的，则将其加入到正样本集合中，否则弃用.

6.8.2 非正则文法的推断

给定一个正样本集合，如果该样本集合中的样本均来自一个正则文法产生的语言，则运用上一小节给出的正则文法的推断方法来推断可产生给定正样本集合的正则文法的做法是合理的. 但是，如果给定的正样本集合不是由一个正则文法而是由一个非正则文法所生成的，那么，选择用一个正则文法来产生给定正样本集合的做法就不是一个明智之举. 此时，往往导致以下事态的发生：虽然所推断的正则文法中引入了数量庞大的非终结符，但仍然不能很好地产生所需要的样本集合. 特别是所推断正则文法的推广能力差，一方面不能很好地产生除给定正样本集合之外的所需符号串，另一方面还可能产生大量不需要的符号串. 因此，研究非正则文法的推断问题在实际中是非常有意义的. 但是，相对于正则文法而言，非正则文法的推断问题要更加复杂和困难. 为解决相应的问题，通常需要引入一些启发式的方法和试探性的步骤.

下面，简要介绍几种上下文无关文法的推断方法.

1. 基于上下文无关文法自嵌套性质的推断方法

定理 6.16 告诉我们，上下文无关文法具有所谓的自嵌套性质. 利用该性质，可

以从给定的正样本集合出发，发现待求文法所具有的嵌套或递归结构，从而帮助完成对文法的推断．具体过程如下：

（1）对给定正样本集合中的每一个符号串，试探性地删除其中的一些子串，然后向用户询问，余下的子串是否是可接受的．

（2）如果余下的子串是可接受的，则将删除的子串重复若干次后在原位置处插入形成一个新的串，并再次询问用户，新生成的串是否是可接受的．如果仍是可接受的，则判断待求文法的产生式中存在递归结构．

下面，举例进行说明．设给定的正样本集合中包含形如"uwx"的串，首先删除其中一些子串，例如，u 和 x，然后询问用户，余下的子串 w 是否是可接受的．这里，u 和 x 不同时为空串．如果答案是肯定的，则将被删除的子串 u 和 x 重复若干次后重新在原位置处插入形成一个新的串，例如，u^iwx^i，这里，i 为大于 1 的整数．再次询问用户，新生成的串 u^iwx^i 是否仍是可接受的．如果是，则判定在待求文法的产生式中包括以下形式的产生式组合

$$A \to uAx$$
$$A \to w$$

为了了解在实际中如何运用上述方法来推断具有递归结构的文法，我们来看下面的两个实例．

例 6.32　设 $R^+=\{cd, cadb, caadbb, caaadbbb, caaaadbbbb, caaaaadbbbbb\}$，试据此推断可产生 R^+ 的文法 $G=(N,T,P,S)$．

解　从最短的符号串 cd 开始处理．首先将两个符号中的一个符号删除后向用户询问，剩余的符号串是否是可接受的．假设回答是否定的，则表明在所推断的文法 $G=(N,T,P,S)$ 中可包含以下的产生式组：

（1）$S\to AB$，（2）$A\to c$，（3）$B\to d$．

接着，对次短的符号串 $cadb$ 进行处理．试探性地删除其中的一些子串后，向用户询问，余下的子串是否是可接受的．假设余下的子串中仅有 cd 是可接受的，则将对应的被删除符号 a 和 b 重复若干次后重新嵌入到原位置处以形成一些新的串，如 $caadbb$，$caaadbbb$ 和 $caaaadbbbb$ 等，并向用户询问，新生成的这些串是否是可接受的．若假设回答是肯定的，则表明在所推断的文法 $G=(N,T,P,S)$ 中存在递归结构．为确定相应的递归结构，首先考察子串 cd 的产生问题，形成相应的产生式组．在本例中，该子问题已被考虑，相应的产生式组如（1）～（3）所示．接着，在已形成的以产生子串 cd 为目的的产生式组中，寻找以下形式的产生式：

$$X\to d$$

其中，d 是被 a、b 所夹持的符号．在本例中，$X=B$．依据上述信息，可确定如下的

产生式组：

(4) $B \to aBb$，　(5) $B \to d$.

其中，产生式(5)与已有产生式(3)相同.两个产生式中仅需保留其一即可.在此，假设保留(3).

检查给定的正样本集合，看其中是否尚有不能用已有产生式组产生的符号串.如有，则继续对剩余的符号串进行处理.和前面的步骤一样，首先对剩余符号串中最短的符号串进行处理.上述过程不断重复，直到正样本集合中已没有不能用已有产生式组产生的符号串为止.

在本例中，获得产生式组(1)～(4)后，已没有不能用该产生式组产生的符号串.至此，推断过程结束.

最终得到的推断文法为 $G=(N,T,P,S)$；其中，$N=\{S,A,B\}$，$T=\{a,b,c,d\}$以及 P 为：

(1) $S \to AB$，(2) $A \to c$，(3) $B \to aBb$，(4) $B \to d$.

这是一个上下文无关文法.由该文法产生的语言为

$$L=\{x \mid x=ca^n db^n, n \geqslant 0\}$$

在例 6.19 中，我们曾对该语言进行过讨论.当时，我们给出了一个可以识别该语言的下推自动机.

例 6.33　设 $R^+=\{a+a, a+a+a, a+a+a+a, a+a+a+a+a, a+a+a+a+a+a\}$，试据此推断可产生 R^+ 的文法 $G=(N,T,P,S)$.

解　从最短的符号串 $a+a$ 开始处理.首先将符号串中的一些符号删除后向用户询问，剩余的符号串是否是可接受的.若回答是否定的，则表明所推断的文法 $G=(N,T,P,S)$应能产生符号串 $a+a$.于是，可在 $G=(N,T,P,S)$中引入以下的产生式组：

(1) $S \to ABC$，(2) $A \to a$，(3) $B \to +$，(4) $C \to a$.

接着，对次短的符号串 $a+a+a$ 进行处理.试探性地删除其中的一些子串后，向用户询问，余下的子串是否是可接受的.假设余下的子串中仅有 $a+a$ 是可接受的，则删除子串的可能方案包括以下三种

$$\underline{a+}a+a,\quad a\underline{+a}+a,\quad a+a\underline{+a}$$

这里，下划线的部分表示可删除的子串.任取其中的一种删除方案进行后续处理.例如，考察第一种删除方案的情况.此时，可认为第二个 a 左侧的符号串 $a+$ 被删除(或等价地认为位于第二个 a 两侧的符号串 $a+$ 和 λ 被删除).将左侧的被删除符号 $a+$ 重复若干次后重新嵌入到原位置处以形成一些新的串，如 $a+a+a$，$a+a+a+a$ 和 $a+a+a+a+a$ 等，并向用户询问，新生成的这些串是否仍是可接受

的.若假设回答是肯定的,则表明在所推断的文法 $G=(N,T,P,S)$ 中存在递归结构.为确定相应的递归结构,考察子串 $a+a$ 的产生问题,并引入相应的产生式组.在本例中,该问题已被考虑,相应的产生式组如(1)～(4)所示.采用与例6.32中类似的步骤,在已形成的以产生子串 $a+a$ 为目的的产生式组中,寻找以下形式的产生式

$$X \to a$$

其中,a 是被 $a+$ 和 λ 所夹持的符号.在本例中,显然有,$X=A$ 或 $X=C$.任取其一(例如,取 $X=A$),则在文法中所引入的递归产生式组可表示为:

(5) $A \to a+A$, (6) $A \to a$.

其中,产生式(6)与已有产生式(2)相同,两者仅需保留其一即可.在此,假设保留(2).

检查给定的正样本集合,看其中是否尚有不能用已有产生式组产生的符号串.

假设在本例中获得产生式组(1)～(5)后,已没有不能用该产生式组产生的符号串,则推断过程结束.

最终得到的推断文法为 $G=(N,T,P,S)$;其中,$N=\{S,A,B,C\}$,$T=\{a,+\}$以及 P 为:

(1) $S \to ABC$,(2) $A \to a$,(3) $B \to +$,(4) $C \to a$,(5) $A \to a+A$.

显然,这是一个上下文无关文法.由该文法产生的语言为

$$L=\{x \mid x=(a\ +)^n a, n \geqslant 1\}$$

从上面的例子可以看出,在推断相应上下文无关文法的时候,我们采用了向用户进行询问的方式.当这种方式不是很方便利用时,也可以仅根据正样本集合做出判断.只要正样本集合包含足够多的信息,同样能很好地推断出所需要的文法.

2. 基于分割子模式的推断方法

在很多应用场合,给定正样本集合中的样本是由若干个子模式所构成的.此时,可采用以下方法对文法进行推断:

(1) 对给定的正样本集合中的样本进行分析和归纳,将每个样本分割成若干个性质相同或相似的部分,并将不同样本中性质相同或相似的部分组合在一起,形成一个子模式样本集.经过处理后,正样本集合被分割成若干个子模式样本集.

(2) 对每一个子模式样本集进行文法推断,得到相应的文法.由于相对于原模式而言,每一个子模式都较为简单,因此,其对应文法的推断过程也相对简单.

(3) 对所有子模式的推断文法进行综合,最终形成原模式的推断文法.

下面举例进行说明.为便于理解,仍使用例6.32中的正样本集合为学习样本.经过分析,不难发现:正样本集合中的所有样本均可以分割成如下所示左右两个

部分

$$c \mid d, ca \mid db, caa \mid dbb, caaa \mid dbbb, caaaa \mid dbbbb, caaaaa \mid dbbbbb$$

当然,分割方式不是唯一的.例如,下面的分割方案显然也是可接受的

$$c \mid d, c \mid adb, c \mid aadbb, c \mid aaadbbb, c \mid aaaadbbbb, c \mid aaaaadbbbbb$$

下面,首先针对第一种分割方案,看一下进行文法推断的具体过程.显然,根据所得到的分割结果,原正样本集合可一分为二,形成如下两个子集

$$R_1^+ = \{c, ca, caa, caaa, caaaa, caaaaa\}$$

$$R_2^+ = \{d, db, dbb, dbbb, dbbbb, dbbbbb\}$$

对子模式样本集 R_1^+,利用其中的样本所具有的自嵌套性质,通过与例 6.32 中类似的步骤,不难得到所推断的子文法为 $G_1 = (N_1, T_1, P_1, S_1)$.其中,$N_1 = \{S_1\}$,$T = \{a, c\}$以及 P_1 为:

(1) $S_1 \to S_1 a$, (2) $S_1 \to c$;

类似地,对子模式样本集 R_2^+,利用其中的样本所具有的自嵌套性质,通过与例 6.32 中类似的步骤,也不难得到所推断的子文法为 $G_2 = (N_2, T_2, P_2, S_2)$.其中,$N_2 = \{S_2\}$,$T = \{b, d\}$以及 P_2 为:

(3) $S_2 \to S_2 b$, (4) $S_2 \to d$.

为形成原模式样本的推断文法,对上面得到的两个子文法进行综合.注意到原模式正样本集合中的每一个样本都是由相应两个子模式样本集中的两个样本直接拼合得到的,故综合处理是简单的,只需要将两个子文法中相应的终结符集合、非终结符集合以及产生式组等相关部分进行适当的合并,并同时增加一个定义拼接操作的产生式即可.

经综合处理后最终得到的推断文法为 $G = (N, T, P, S)$.其中,$N = \{S, S_1, S_2\}$,$T = \{a, b, c, d\}$以及 P 为:

(1) $S \to S_1 S_2$, (2) $S_1 \to S_1 a$, (3) $S_1 \to c$, (4) $S_2 \to S_2 b$, (5) $S_2 \to d$.

显而易见,该文法可产生给定正样本集合中的所有样本.但是,应该指出的是,该文法在产生所需样本的同时,也产生了大量不在给定正样本集合中的样本.这个结果是由对样本的分割方式以及对所推断子文法的综合方式所决定的.不同的分割方式和综合方式一般将得到不完全一致的结果.例如,在本例中若采用第二种分割方案,则最终得到的推断文法将和采用第一种分割方案得到的结果有所不同.限于篇幅,这里略去具体的推断过程,仅给出推断结果.最终得到的推断文法为 $G = (N, T, P, S)$.其中,$N = \{S, S_1, S_2\}$,$T = \{a, b, c, d\}$以及 P 为:

(1) $S \to S_1 S_2$, (2) $S_1 \to c$, (3) $S_2 \to aS_2 b$, (4) $S_2 \to d$.

这个结果和前面利用基于上下文无关文法自嵌套性质得到的推断结果是完全

一致的.

3. 基于样本结构的推断方法

在有些应用场合，给定正样本集合中的样本在结构上呈现明显的规律性.此时，可利用这种规律性对文法进行推断.

下面举例进行说明.设给定的正样本集合与例6.33中的一样，为

$$R^+=\{a+a, a+a+a, a+a+a+a, a+a+a+a+a, a+a+a+a+a+a\}$$

试采用基于样本结构的方法推断可产生 R^+ 的文法 $G=(N,T,P,S)$.经分析不难发现，该样本集合中的样本呈现以下规律：除集合中的第一个样本之外，其余的任一个样本均可由前一个样本在其后链接符号串"$+a$"得到.利用该规律性，稍加试探后不难给出可产生给定正样本集合的一个文法为 $G=(N,T,P,S)$.其中，$N=\{S,A\}$，$T=\{a,+\}$以及 P 为：

(1) $S\to A+a$，　(2) $A\to A+a$，　(3) $A\to a$.

事实上，产生给定正样本集合的文法可以有以下更为简洁的形式

$$G=(N,T,P,S)$$

其中，$N=\{S\}$，$T=\{a,+\}$以及 P 为：

(1) $S\to S+a$，　(2) $S\to a+a$.

顺便指出，该文法产生的语言为：

$$L=\{x \mid x=a\,(+a)^n, n\geqslant 1\}$$

显然，它和例6.33中给出的结果本质上是一致的.但是，值得指出的是，相比于例6.33，基于样本结构的推断方法得到的文法具有非常简洁的形式.

本章小结　本章主要涉及基于结构信息的模式识别问题.首先简略讨论了模式基元的选择和模式的表达问题.接着，对一个句法模式识别系统所涉及的两个主要问题，学习和识别问题进行了较为详尽的讨论.这里，利用模式结构和语言结构之间存在的可类比性，将一组再生规则所描述的文法用于结构模式识别，形成了以文法为中心的两部分内容：句法分析和文法推断.前者涉及利用已知的文法规则(或等价地，已知的自动机)对输入模式的分析和识别，而后者则涉及如何根据给定的符号串推断可生成这些符号串的文法(或等价地，构建可识别给定语言的自动机).

第7章　总　　结

作为对全书的总结，在图7.1中对模式识别所涉及的主要研究内容进行了概要表示.由于有限纸面空间上的限制，这里仅列出了在模式识别领域中被广泛使用的一些主要的方法.

- 模式识别
  - 统计模式识别
    - 几何分类法
      - 非线性分类器
        - 广义线性函数法
        - 分段线性近似法
        - 势函数法
      - 线性分类器
        - 支持向量机
        - 感知器算法
        - H-K算法
    - 概率分类法
      - 贝叶斯分类器
      - 最小风险分类器
      - 纽曼皮尔逊分类器
      - 最小最大分类器
  - 结构模式识别
    - 有限状态自动机
    - 下推自动机
    - 线性有界自动机
    - 图灵机
  - 有监督的模式识别
    - 参数估计
      - 最大似然估计
      - 贝叶斯估计和贝叶斯学习
    - 非参数估计
      - Parzen窗估计法
      - k_n-近邻估计法
  - 无监督的模式识别
    - 基于分裂的聚类方法
    - 基于合并的聚类方法
    - 动态聚类方法
    - 基于核函数的聚类方法
    - 近邻函数值聚类方法

图7.1　模式识别的概要表示

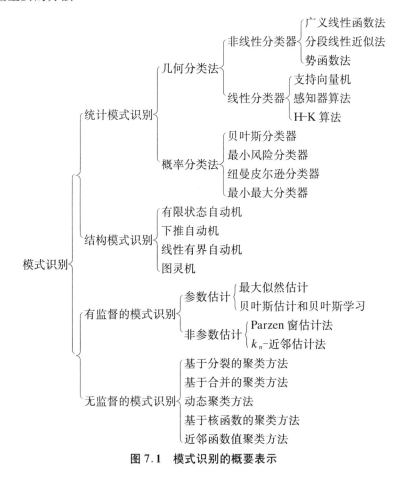

正如在第1章绪论中所指出的那样，模式识别虽然已经历了五十余年的沧桑变化，但作为一个方兴未艾、正处于不断发展中的新兴学科，必将获得更强大的生命力.我们期待着模式识别能在理论方面有新的突破，我们更期待着模式识别能在应用领域中不断崭露头角、创造辉煌.

附　　录

A.1　多元标量函数及其导数

设 $\boldsymbol{X}=(x_1,x_2,\cdots,x_n)^{\mathrm{T}}$ 是一个 n 维列向量，$f(\boldsymbol{X})$是以 X 为自变量的标量函数，则称 $f(\boldsymbol{X})$为 n 元标量函数，称 $f(\boldsymbol{X})$对 X 的导数为$f(\boldsymbol{X})$的梯度，记为$\nabla_X f(\boldsymbol{X})$或 $\mathrm{grad}f(\boldsymbol{X})$，它是如下所示的一个 n 维列向量

$$\nabla_X f(\boldsymbol{X}) = \begin{pmatrix} \dfrac{\partial f(\boldsymbol{X})}{\partial x_1} \\ \dfrac{\partial f(\boldsymbol{X})}{\partial x_2} \\ \vdots \\ \dfrac{\partial f(\boldsymbol{X})}{\partial x_n} \end{pmatrix}$$

令 $\boldsymbol{A}=[a_{ij}]_{n\times n}$是与$\boldsymbol{X}$ 无关的一个$n\times n$ 阶方阵，$\boldsymbol{Y}=(y_1,y_2,\cdots,y_n)^{\mathrm{T}}$ 是与 $\boldsymbol{X}$ 无关的一个n 维列向量，则我们有以下公式

$$\nabla_X(\boldsymbol{Y}^{\mathrm{T}}\boldsymbol{X}) = \nabla_X(\boldsymbol{X}^{\mathrm{T}}\boldsymbol{Y}) = \boldsymbol{Y}$$

$$\nabla_X(\boldsymbol{X}^{\mathrm{T}}\boldsymbol{A}\boldsymbol{Y}) = \boldsymbol{A}\boldsymbol{Y}$$

$$\nabla_X(\boldsymbol{Y}^{\mathrm{T}}\boldsymbol{A}\boldsymbol{X}) = \boldsymbol{A}^{\mathrm{T}}\boldsymbol{Y}$$

$$\nabla_X(\boldsymbol{X}^{\mathrm{T}}\boldsymbol{A}\boldsymbol{X}) = (\boldsymbol{A}+\boldsymbol{A}^{\mathrm{T}})\boldsymbol{X}$$

特别地，当 $\boldsymbol{A}$ 为对称阵时，有：$\nabla_X(\boldsymbol{X}^{\mathrm{T}}\boldsymbol{A}\boldsymbol{X})=2\boldsymbol{A}\boldsymbol{X}$ 成立.

类似地，设 $\boldsymbol{A}=[a_{ij}]_{n\times m}$是一个$n\times m$ 阶矩阵，$f(\boldsymbol{A})$是以 $\boldsymbol{A}$ 为自变量的一个标量函数，则称 $f(\boldsymbol{A})$为 $n\times m$ 元标量函数，其对 $\boldsymbol{A}$ 的导数由下式定义

$$\frac{\mathrm{d}f(\boldsymbol{A})}{\mathrm{d}\boldsymbol{A}}=\begin{bmatrix}\frac{\partial f}{\partial a_{11}} & \frac{\partial f}{\partial a_{12}} & \cdots & \frac{\partial f}{\partial a_{1m}}\\ \frac{\partial f}{\partial a_{21}} & \frac{\partial f}{\partial a_{22}} & \cdots & \frac{\partial f}{\partial a_{2m}}\\ \vdots & \vdots & & \vdots\\ \frac{\partial f}{\partial a_{n1}} & \frac{\partial f}{\partial a_{n2}} & \cdots & \frac{\partial f}{\partial a_{nm}}\end{bmatrix}$$

若 $\boldsymbol{A}=[a_{ij}]_{n\times n}$ 是一个 $n\times n$ 阶方阵，$f(\boldsymbol{A})=\det\boldsymbol{A}=|\boldsymbol{A}|$，则有

$$\frac{\mathrm{d}\ \det\boldsymbol{A}}{\mathrm{d}\boldsymbol{A}}=\det\boldsymbol{A}\ (\boldsymbol{A}^{\mathrm{T}})^{-1}$$

证明　记 a_{ij} 的余子式为 M_{ij}，a_{ij} 的代数余子式为 A_{ij}，则有

$$A_{ij}=(-1)^{i+j}\det M_{ij},\quad i,j=1,2,\cdots,n$$

利用拉普拉斯展开定理，将行列式 $\det\boldsymbol{A}$ 按第 i 行展开，有

$$\det\boldsymbol{A}=\sum_{j=1}^{n}a_{ij}A_{ij}$$

由于 A_{ij} 中不含 $\boldsymbol{A}$ 的第 i 行元素，故有

$$\frac{\partial\det\boldsymbol{A}}{\partial a_{ik}}=A_{ik},\quad k=1,2,\cdots,n$$

从而，根据定义，有

$$\frac{\mathrm{d}\ \det\boldsymbol{A}}{\mathrm{d}\boldsymbol{A}}=\begin{bmatrix}A_{11} & A_{12} & \cdots & A_{1n}\\ A_{21} & A_{22} & \cdots & A_{2n}\\ \vdots & \vdots & & \vdots\\ A_{n1} & A_{n2} & \cdots & A_{nn}\end{bmatrix}=(\mathrm{adj}\boldsymbol{A})^{\mathrm{T}}$$

其中，$\mathrm{adj}\boldsymbol{A}$ 为 $\boldsymbol{A}$ 的伴随矩阵．若 $\boldsymbol{A}$ 非奇异，则以下关系成立

$$\boldsymbol{A}^{-1}=\frac{\mathrm{adj}\boldsymbol{A}}{\det\boldsymbol{A}}$$

因此，最后有

$$\frac{\mathrm{d}\ \det\boldsymbol{A}}{\mathrm{d}\boldsymbol{A}}=(\boldsymbol{A}^{-1}\det\boldsymbol{A})^{\mathrm{T}}=\det\boldsymbol{A}\ (\boldsymbol{A}^{-1})^{\mathrm{T}}=\det\boldsymbol{A}\ (\boldsymbol{A}^{\mathrm{T}})^{-1}=|\boldsymbol{A}|(\boldsymbol{A}^{\mathrm{T}})^{-1}$$

证毕．

A.2 多元向量函数和雅可比矩阵

设 $\boldsymbol{X}=(x_1,x_2,\cdots,x_n)^{\mathrm{T}}$ 是一个 n 维列向量，$f(\boldsymbol{X})=(f_1(\boldsymbol{X}),f_2(\boldsymbol{X}),\cdots,f_m(\boldsymbol{X}))^{\mathrm{T}}$是以 $\boldsymbol{X}$ 为自变量的向量函数，则称 $f(\boldsymbol{X})$为 n 元向量函数，称 $\boldsymbol{f}(\boldsymbol{X})$对 $\boldsymbol{X}$ 的导数为 $\boldsymbol{f}(\boldsymbol{X})$的雅可比矩阵，记为 $\boldsymbol{J}(\boldsymbol{X})$.$\boldsymbol{J}(\boldsymbol{X})$由下式定义

$$\boldsymbol{J}(\boldsymbol{X})=\frac{\partial \boldsymbol{f}(\boldsymbol{X})}{\partial \boldsymbol{X}}=\begin{bmatrix}\dfrac{\partial f_1(\boldsymbol{X})}{\partial x_1} & \dfrac{\partial f_1(\boldsymbol{X})}{\partial x_2} & \cdots & \dfrac{\partial f_1(\boldsymbol{X})}{\partial x_n}\\ \dfrac{\partial f_2(\boldsymbol{X})}{\partial x_1} & \dfrac{\partial f_2(\boldsymbol{X})}{\partial x_2} & \cdots & \dfrac{\partial f_2(\boldsymbol{X})}{\partial x_n}\\ \vdots & \vdots & & \vdots\\ \dfrac{\partial f_m(\boldsymbol{X})}{\partial x_1} & \dfrac{\partial f_m(\boldsymbol{X})}{\partial x_2} & \cdots & \dfrac{\partial f_m(\boldsymbol{X})}{\partial x_n}\end{bmatrix}$$

显然，可以借助于多元标量函数的梯度来表示 $\boldsymbol{J}(\boldsymbol{X})$

$$\boldsymbol{J}(\boldsymbol{X})=\begin{bmatrix}\nabla_X^{\mathrm{T}} f_1(\boldsymbol{X})\\ \nabla_X^{\mathrm{T}} f_2(\boldsymbol{X})\\ \vdots\\ \nabla_X^{\mathrm{T}} f_n(\boldsymbol{X})\end{bmatrix}$$

A.3 函数矩阵的导数

设 x 是一个标量，$\boldsymbol{A}(x)=[a_{ij}(x)]_{n\times m}$是一个 $n\times m$ 阶矩阵，其中的每一个矩阵元素 a_{ij}均是以x 为自变量的标量函数，则称 $\boldsymbol{A}(x)$为(一元)函数矩阵，其对 x 的导数由下式定义

$$\frac{\mathrm{d}\boldsymbol{A}(x)}{\mathrm{d}x}=\begin{bmatrix}\frac{\mathrm{d}a_{11}}{\mathrm{d}x} & \frac{\mathrm{d}a_{12}}{\mathrm{d}x} & \cdots & \frac{\mathrm{d}a_{1m}}{\mathrm{d}x}\\ \frac{\mathrm{d}a_{21}}{\mathrm{d}x} & \frac{\mathrm{d}a_{22}}{\mathrm{d}x} & \cdots & \frac{\mathrm{d}a_{2m}}{\mathrm{d}x}\\ \vdots & \vdots & & \vdots\\ \frac{\mathrm{d}a_{n1}}{\mathrm{d}x} & \frac{\mathrm{d}a_{n2}}{\mathrm{d}x} & \cdots & \frac{\mathrm{d}a_{nm}}{\mathrm{d}x}\end{bmatrix}$$

函数矩阵的导数具有以下性质：

(1) $\left(\frac{\mathrm{d}\boldsymbol{A}(x)}{\mathrm{d}x}\right)^{\mathrm{T}}=\frac{\mathrm{d}\,\boldsymbol{A}^{\mathrm{T}}(x)}{\mathrm{d}x}$.

(2) 若 $\boldsymbol{A}(x)$和 $\boldsymbol{B}(x)$为函数矩阵，α 和β 为与 x 无关的加权系数，则

$$\frac{\mathrm{d}}{\mathrm{d}x}[\alpha\boldsymbol{A}(x)+\beta\boldsymbol{B}(x)]=\alpha\frac{\mathrm{d}\boldsymbol{A}(x)}{\mathrm{d}x}+\beta\frac{\mathrm{d}\boldsymbol{B}(x)}{\mathrm{d}x}$$

(3) 如果函数矩阵 $\boldsymbol{A}(x)$为非奇异的方阵，则

$$\frac{\mathrm{d}\,\boldsymbol{A}^{-1}(x)}{\mathrm{d}x}=-\boldsymbol{A}^{-1}(x)\frac{\mathrm{d}\boldsymbol{A}(x)}{\mathrm{d}x}\boldsymbol{A}^{-1}(x)$$

(4) 若 $\boldsymbol{A}(x)$和 $\boldsymbol{B}(x)$为函数矩阵，则

$$\frac{\mathrm{d}}{\mathrm{d}x}[\boldsymbol{A}(x)\boldsymbol{B}(x)]=\frac{\mathrm{d}\boldsymbol{A}(x)}{\mathrm{d}x}\boldsymbol{B}(x)+\boldsymbol{A}(x)\frac{\mathrm{d}\boldsymbol{B}(x)}{\mathrm{d}x}$$

以上四条性质除(3)之外，都是显然的.下面给出(3)的简要证明.

首先注意到 $\boldsymbol{A}(x)$非奇异，故有

$$\boldsymbol{A}(x)\boldsymbol{A}^{-1}(x)=\boldsymbol{I}$$

这里，$\boldsymbol{I}$ 为单位阵.对上式两端关于 x 求导，并应用性质(4)，有

$$\frac{\mathrm{d}\boldsymbol{A}(x)}{\mathrm{d}x}\boldsymbol{A}^{-1}(x)+\boldsymbol{A}(x)\frac{\mathrm{d}\boldsymbol{A}^{-1}(x)}{\mathrm{d}x}=\boldsymbol{0}$$

将左端第一项移至右端，有

$$\boldsymbol{A}(x)\frac{\mathrm{d}\,\boldsymbol{A}^{-1}(x)}{\mathrm{d}x}=-\frac{\mathrm{d}\boldsymbol{A}(x)}{\mathrm{d}x}\boldsymbol{A}^{-1}(x)$$

以$\boldsymbol{A}^{-1}(x)$左乘上式两端，得到

$$\frac{\mathrm{d}\boldsymbol{A}^{-1}(x)}{\mathrm{d}x}=-\boldsymbol{A}^{-1}(x)\frac{\mathrm{d}\boldsymbol{A}(x)}{\mathrm{d}x}\boldsymbol{A}^{-1}(x)$$

证毕.

A.4 随机向量的统计特性

仅给出连续型随机向量的相关结果.设 $\boldsymbol{X}=(x_1,x_2,\cdots,x_n)^{\mathrm{T}}$ 是一个连续型随机向量,则 $\boldsymbol{X}$ 的均值向量 $\boldsymbol{\mu}$ 和协方差矩阵 $\boldsymbol{\Sigma}$ 由下面的式子所定义

$$\boldsymbol{\mu} = E\{\boldsymbol{X}\} = \int_{-\infty}^{\infty}\cdots\int_{-\infty}^{\infty}\boldsymbol{X}p(\boldsymbol{X})\mathrm{d}x_1\mathrm{d}x_2\cdots\mathrm{d}x_n = \int_{-\infty}^{\infty}\cdots\int_{-\infty}^{\infty}\boldsymbol{X}p(\boldsymbol{X})\mathrm{d}\boldsymbol{X}$$

$$\begin{aligned}\boldsymbol{\Sigma} &= E\{(\boldsymbol{X}-\boldsymbol{\mu})(\boldsymbol{X}-\boldsymbol{\mu})^{\mathrm{T}}\} = \int_{-\infty}^{\infty}\cdots\int_{-\infty}^{\infty}(\boldsymbol{X}-\boldsymbol{\mu})(\boldsymbol{X}-\boldsymbol{\mu})^{\mathrm{T}}p(\boldsymbol{X})\mathrm{d}x_1\mathrm{d}x_2\cdots\mathrm{d}x_n \\ &= \int_{-\infty}^{\infty}\cdots\int_{-\infty}^{\infty}(\boldsymbol{X}-\boldsymbol{\mu})(\boldsymbol{X}-\boldsymbol{\mu})^{\mathrm{T}}p(\boldsymbol{X})\mathrm{d}\boldsymbol{X}\end{aligned}$$

其中,$p(\boldsymbol{X})=p(x_1,x_2,\cdots,x_n)$为 $\boldsymbol{X}=(x_1,x_2,\cdots,x_n)^{\mathrm{T}}$ 的联合概率密度函数.

参 考 文 献

［1］ Duda R O,Hart P E,Stork D G. Pattern Classification[M].2nd ed. Malden:John Wiley & Sons, Inc., 2001.

Duda R O,Hart P E,Stork D G. Pattern Classification[M].影印版. 北京:机械工业出版社,2004.

Duda R O,Hart P E,Stork D G. 模式分类[M].李宏东,姚天翔,等,译.(英文第2版,中译本第1版).北京:机械工业出版社,2003.

［2］ 边肇祺,等.模式识别[M].2版.北京:清华大学出版社,2000.

［3］ 李金宗.模式识别导论[M].北京:高等教育出版社,1994.

［4］ 孙即祥,等.现代模式识别[M].长沙:国防科技大学出版社,2002.

［5］ 傅京孙. 模式识别及其应用[M].戴汝为,胡启恒,译.北京:科学出版社,1983.

［6］ Andrew R W. Statistical Pattern Recognition[M]. 2nd ed. Chichester: John Wiley & Sons, Ltd.,2002.

［7］ 罗耀光,盛立东.模式识别[M].北京:人民邮电出版社,1989.

［8］ Vladimir N V.统计学习理论的本质[M].张学工,译.北京:清华大学出版社,2000.

［9］ 沈清,汤霖.模式识别导论[M].长沙:国防科技大学出版社,1991.

［10］ 杨光正,吴岷,张晓莉.模式识别[M].合肥:中国科学技术大学出版社,2001.

［11］ Christopher M B. Pattern Recognition and Machine Learning[M]. Heidelberg: Springer, 2006.

［12］ Sergios T, Konstantinos K. Pattern Recognition[M].2nd ed. Maryland: Elsevier Science, 2003.

Sergios T, Konstantinos K.模式识别[M].2版,影印版.北京:机械工业出版社,2003.

［13］ [英] Nello C,John S T.支持向量机导论[M].李国正,王猛,曾华军,译.北京:电子工业出版社,2004.

［14］ [美] 斯克兰斯基 J,瓦塞尔 G N.模式分类器和可训练机器[M].阎平凡,等,译. 北京:科学出版社,1987.

［15］ [英] 厄尔曼 J R.文字图形识别技术[M].刘定一,译.北京:人民邮电出版社,1983.

［16］ 陈有祺.形式语言与自动机[M]. 天津:南开大学出版社,1999.

［17］ 長尾真,辻井潤一,山崎進.情報基礎論[M]. 東京:オーム社,1988.

[18] 蒋宗礼,姜守旭.形式语言与自动机理论[M].2版.北京:清华大学出版社,2003.

[19] 杨振明.概率论[M].北京:科学出版社,1999.

[20] 陈希孺.概率论与数理统计[M].2版.合肥:中国科学技术大学出版社,2009.

[21] 孙荣恒.应用数理统计[M].北京:科学出版社,1998.

[22] [美]尼尔森 N J.人工智能[M].郑扣根,庄挺越,译.潘云鹤,校.北京:机械工业出版社,2000.

[23] 蔡自兴,徐光佑.人工智能及其应用[M].北京:清华大学出版社,1996.

[24] 王琦,汪增福.基于分段线性化的分类器设计方法[J].模式识别与人工智能,2009,22(2):214-222.

[25] Burges J C. A Tutorial on Support Vector Machines for Pattern Recognition[J]. Data Mining and Knawledge Discovery, 1998, 2(2): 121-167.

[26] Filip M. Vapnik-Chervonenkis(VC) Learning Theory and Its Applications[J]. IEEE Transactions on Neural Networks,1999,10(5):985-987.

[27] 张瑞岭.文法推断研究的历史和现状[J].软件学报,1999, 10(8):850-860.